"十三五"普通高等教育本科规划教材
全国本科院校机械类创新型应用人才培养规划教材

# 液压与气压传动

Hydraulic and Pneumatic Transmission

主 编 马 恩 李素敏

## 内 容 简 介

本书是针对 21 世纪人才培养和教学改革的需要，配合教育部实施的"质量工程"，在总结国内外众多院校教学实践和科学研究成果的基础上编写的。

本书包含液压传动和气压传动两部分内容，配有多媒体课件，全书共分 16 章。第 1 章讲述液压与气压传动的工作原理、组成、图形符号、优缺点、应用和发展；第 2 章讲述液压传动工作介质的性质和选用；第 3 章讲述液压流体力学基础知识；第 4—第 7 章分别讲述液压动力元件、执行元件、控制元件和辅助元件；第 8 章讲述液压传动基本回路；第 9 章讲述典型液压传动系统分析；第 10 章讲述液压传动系统的设计与计算；第 11—第 16 章分别讲述气压传动基础知识、气源装置和辅助元件、气动执行元件、气动控制元件、气动基本回路和气动控制系统分析。每章都有教学要点、导入案例、重点和难点课堂讨论、本章小结、思考题和习题。

本书可作为高等学校机械设计制造及其自动化、汽车服务工程、动力与车辆工程、机械工程及其自动化和机械电子工程等专业教材，也可供从事液压技术的工程技术人员和研究人员学习与参考。

### 图书在版编目（CIP）数据

液压与气压传动/马恩，李素敏主编．—北京：北京大学出版社，2017.1
（全国本科院校机械类创新型应用人才培养规划教材）
ISBN 978-7-301-27628-0

Ⅰ.①液…　Ⅱ.①马…②李…　Ⅲ.①液压传动—高等学校—教材②气压传动—高等学校—教材　Ⅳ.①TH137②TH138

中国版本图书馆 CIP 数据核字(2016)第 236983 号

| | |
|---|---|
| 书　　名 | 液压与气压传动<br>YEYA YU QIYA CHUANDONG |
| 著作责任者 | 马　恩　李素敏　主编 |
| 责任编辑 | 童君鑫 |
| 标准书号 | ISBN 978-7-301-27628-0 |
| 出版发行 | 北京大学出版社 |
| 地　　址 | 北京市海淀区成府路 205 号　100871 |
| 网　　址 | http://www.pup.cn　新浪微博：@北京大学出版社 |
| 电子信箱 | pup_6@163.com |
| 电　　话 | 邮购部 62752015　发行部 62750672　编辑部 62750667 |
| 印刷者 | 三河市北燕印装有限公司 |
| 经销者 | 新华书店 |
| | 787 毫米×1092 毫米　16 开本　24.5 印张　575 千字<br>2017 年 1 月第 1 版　2019 年 3 月第 2 次印刷 |
| 定　　价 | 54.00 元 |

未经许可，不得以任何方式复制或抄袭本书之部分或全部内容。
**版权所有，侵权必究**
举报电话：010-62752024　电子信箱：fd@pup.pku.edu.cn
图书如有印装质量问题，请与出版部联系，电话：010-62756370

# 前 言
## Foreword

本书是作者为了适应我国现代工业自动化飞速发展的要求并满足教学需要,在多年教学、科研和生产实践的基础上总结同类教材的编写经验并汲取本学科国内外最新的教学和科研成就精心组织编写的。

液压与气压传动技术是自动化和智能制造生产中的先进科学技术之一,在现代科学技术发展中占有非常重要的地位。

本书包含液压传动和气压传动两部分内容,全书共分 16 章。每章都有教学要点、导入案例、重点和难点课堂讨论、本章小结;每章附有思考题和习题。本书配有电子课件,使用本教材的任课老师可向作者或出版社索取,邮箱地址:maenmaen@163.com。

在编写本书过程中,贯彻了少而精、系统性强、理论联系实际的原则,注重理论教学和实训教学密切结合,注重学生在知识的应用和解决实际问题的能力及工程应用素质等方面的培养,列举了大量实践的例子,使学生具有独立从事液压气动元件与系统工程设计、制造、安装、调试、试验、维修保养和应用的综合能力。

本书适用于普通工科院校机械类各专业,也适用于各类成人高校和参加自学考试的机械类学生,还可供从事液压与气动的工程技术人员和研究人员学习与参考。

本书由马恩、李素敏担任主编,畅为航、唐友亮、于雷、张元越、安爱琴担任副主编。参加本书编写的有:南阳理工学院马恩教授(第 1、4、6、9、10、16 章),长春工程学院于雷副教授(第 2 章),洛阳拖拉机研究所李素敏高级工程师(第 3、5 章),南阳理工学院畅为航讲师(第 7、8 章),宿迁学院唐友亮副教授(第 11 章),河南科技学院安爱琴讲师(第 12、13 章),湖南工学院崔晓利教授和南阳师范学院马世榜副教授(第 14 章),徐州工程学院张元越副教授(第 15 章)。全书由马恩教授完成英文翻译、统稿和修改定稿。本书由河南科技大学博士生导师周志立教授审阅。

本书是在河南省科技厅重点科技攻关计划项目(142102210313)和河南省教育厅重点科学技术研究计划项目(14A460026)的资助下完成的。

由于编者水平有限和液压气动技术发展迅速,加之时间仓促,书中难免存在疏漏和不足之处,恳请广大读者批评指正。

编 者
2016 年 10 月

# 目 录

第1章 绪论 …………………………… 1
  1.1 液压与气压传动的研究对象 ……… 2
  1.2 液压与气压传动的工作原理及
       特征 …………………………………… 2
    1.2.1 液压与气压传动的
          工作原理 …………………… 2
    1.2.2 液压与气压传动的特征 …… 4
  1.3 液压传动系统的组成 ……………… 5
  1.4 液压传动系统的图形符号表示 …… 6
  1.5 液压传动的控制方式 ……………… 6
  1.6 液压传动的优缺点 ………………… 7
  1.7 液压传动的应用 …………………… 8
  1.8 液压传动技术的历史进展和
       发展趋势 …………………………… 9
    1.8.1 液压传动技术的历史进展 … 9
    1.8.2 液压传动技术的发展趋势 … 10
  重点和难点课堂讨论 ………………… 10
  本章小结 ……………………………… 11
  思考题和习题 ………………………… 11

第2章 液压传动工作介质 ……………… 12
  2.1 液压传动工作介质的性能和
       选用 ………………………………… 13
    2.1.1 液压传动工作介质的
          分类 ………………………… 13
    2.1.2 液压传动工作介质的
          物理性能 …………………… 14
    2.1.3 液压传动工作介质的
          化学性能 …………………… 19
    2.1.4 对液压传动工作介质的
          主要性能要求 ……………… 20
    2.1.5 液压传动工作介质的选择 … 20
    2.1.6 液压传动工作介质的使用 … 22
  2.2 液压传动工作介质的污染和
       控制 ………………………………… 23

    2.2.1 液压传动工作介质污染物的
          种类 ………………………… 23
    2.2.2 液压传动工作介质污染的
          原因 ………………………… 23
    2.2.3 液压传动工作介质污染度的
          测定 ………………………… 24
    2.2.4 液压传动工作介质污染度的
          等级 ………………………… 25
    2.2.5 液压传动工作介质污染的
          危害 ………………………… 27
    2.2.6 液压传动工作介质污染的
          控制及措施 ………………… 28
  重点和难点课堂讨论 ………………… 30
  本章小结 ……………………………… 30
  思考题和习题 ………………………… 30

第3章 液压流体力学基础知识 ………… 31
  3.1 液体静力学基础知识 ……………… 32
    3.1.1 液体静压力及特征 ………… 32
    3.1.2 重力作用下静止液体中的
          压力分布和静力学
          基本方程 …………………… 33
    3.1.3 帕斯卡原理 ………………… 34
    3.1.4 绝对压力、相对压力和
          真空度 ……………………… 35
    3.1.5 液体静压力作用在
          固体壁面上的力 …………… 35
  3.2 流体动力学基础知识 ……………… 36
    3.2.1 流动液体的基本概念 ……… 37
    3.2.2 流量连续性方程 …………… 38
    3.2.3 伯努利方程 ………………… 39
    3.2.4 动量方程 …………………… 43
  3.3 液体在管路中流动时压力损失 …… 46
    3.3.1 层流、紊流和雷诺数 ……… 46
    3.3.2 沿程压力损失 ……………… 48
    3.3.3 局部压力损失 ……………… 50

3.3.4 管路系统总压力损失 …… 51
3.4 液体流经小孔的流量 …… 52
3.5 液体流经缝隙的流量 …… 54
3.6 液压冲击 …… 62
3.7 空穴现象 …… 66
重点和难点课堂讨论 …… 67
本章小结 …… 67
思考题和习题 …… 67

## 第4章 液压动力元件 …… 69

4.1 液压泵概述 …… 70
    4.1.1 液压泵的工作原理 …… 70
    4.1.2 液压泵的分类 …… 71
    4.1.3 液压泵的图形符号 …… 71
    4.1.4 液压泵的基本性能参数和计算公式 …… 71
    4.1.5 液压泵的特性曲线和检测 …… 73
4.2 齿轮泵 …… 75
    4.2.1 外啮合齿轮泵的工作原理 …… 75
    4.2.2 外啮合齿轮泵的排量和流量计算 …… 75
    4.2.3 外啮合齿轮泵的结构特点分析 …… 76
    4.2.4 提高外啮合齿轮泵工作压力的措施 …… 78
    4.2.5 渐开线内啮合齿轮泵 …… 80
    4.2.6 摆线内啮合齿轮泵 …… 81
    4.2.7 配装有溢流阀的内啮合齿轮泵 …… 82
    4.2.8 齿轮泵的主要性能 …… 82
    4.2.9 齿轮泵的优缺点 …… 83
    4.2.10 螺杆泵 …… 83
    4.2.11 螺杆泵的主要性能 …… 84
    4.2.12 螺杆泵的优缺点 …… 84
4.3 叶片泵 …… 84
    4.3.1 双作用叶片泵 …… 84
    4.3.2 单作用叶片泵 …… 87
    4.3.3 限压式变量叶片泵 …… 89
    4.3.4 叶片泵的主要性能 …… 92
    4.3.5 叶片泵的优缺点 …… 92

4.4 柱塞泵 …… 92
    4.4.1 斜盘式轴向柱塞泵 …… 92
    4.4.2 通轴式轴向柱塞泵 …… 95
    4.4.3 斜轴式轴向柱塞泵 …… 96
    4.4.4 径向柱塞泵 …… 97
    4.4.5 柱塞泵的主要性能 …… 99
    4.4.6 柱塞泵的优缺点 …… 99
4.5 各类液压泵的主要性能及应用 …… 99
重点和难点课堂讨论 …… 100
本章小结 …… 100
思考题和习题 …… 100

## 第5章 液压执行元件 …… 102

5.1 液压马达概述 …… 103
    5.1.1 液压马达的特点和分类 …… 103
    5.1.2 液压马达的基本性能参数 …… 104
5.2 高速液压马达 …… 105
    5.2.1 齿轮液压马达 …… 106
    5.2.2 叶片液压马达 …… 106
    5.2.3 轴向柱塞液压马达 …… 106
5.3 低速液压马达 …… 107
    5.3.1 单作用曲轴连杆径向柱塞液压马达 …… 107
    5.3.2 多作用内曲线径向柱塞液压马达 …… 108
5.4 液压缸 …… 110
    5.4.1 液压缸的分类及特点 …… 110
    5.4.2 液压缸的结构形式及安装方式 …… 112
    5.4.3 液压缸的设计与计算 …… 118
    5.4.4 液压缸的安装和常见故障分析及排除方法 …… 122
5.5 数字控制液压缸和模拟控制液压缸 …… 124
    5.5.1 数字控制液压缸 …… 124
    5.5.2 模拟控制液压缸 …… 125
重点和难点课堂讨论 …… 125
本章小结 …… 126
思考题和习题 …… 126

# 第6章 液压控制元件 ······ 127

## 6.1 液压控制阀概述 ······ 129
### 6.1.1 液压控制阀的基本结构和工作原理 ······ 129
### 6.1.2 液压控制阀的分类 ······ 129
### 6.1.3 液压控制阀的基本性能参数 ······ 130
### 6.1.4 对液压控制阀的基本要求 ······ 130

## 6.2 方向控制阀 ······ 131
### 6.2.1 单向阀 ······ 131
### 6.2.2 换向阀 ······ 133

## 6.3 压力控制阀 ······ 140
### 6.3.1 溢流阀 ······ 140
### 6.3.2 顺序阀 ······ 145
### 6.3.3 减压阀 ······ 147
### 6.3.4 压力继电器 ······ 150

## 6.4 流量控制阀 ······ 151
### 6.4.1 节流口的形式和流量特性 ······ 152
### 6.4.2 节流阀 ······ 154
### 6.4.3 调速阀 ······ 155
### 6.4.4 旁通式调速阀 ······ 156
### 6.4.5 分流集流阀 ······ 158
### 6.4.6 限速切断阀 ······ 160

## 6.5 叠加阀 ······ 161
## 6.6 多路阀 ······ 162
## 6.7 插装阀 ······ 163
## 6.8 电液比例控制阀 ······ 167
### 6.8.1 电液比例控制阀的主要性能指标 ······ 167
### 6.8.2 电液比例压力控制阀 ······ 169
### 6.8.3 电液比例流量控制阀 ······ 170
### 6.8.4 电液比例方向控制阀 ······ 172

## 6.9 电液数字控制阀 ······ 173
### 6.9.1 增量式电液数字控制阀 ······ 173
### 6.9.2 脉宽调制式电液数字控制阀 ······ 174

## 6.10 电液伺服控制阀 ······ 176
### 6.10.1 液压伺服控制元件的基本类型 ······ 176
### 6.10.2 机液伺服控制阀 ······ 180
### 6.10.3 电液伺服控制阀 ······ 180

重点和难点课堂讨论 ······ 184
本章小结 ······ 184
思考题和习题 ······ 184

# 第7章 液压辅助元件 ······ 187

## 7.1 液压密封装置 ······ 188
### 7.1.1 对密封装置的基本要求 ······ 188
### 7.1.2 密封件的分类 ······ 188
### 7.1.3 常用密封件的材料 ······ 190
### 7.1.4 常用密封件的结构与性能 ······ 190

## 7.2 液压油箱 ······ 197
### 7.2.1 液压油箱的功能与类型 ······ 197
### 7.2.2 液压油箱容积的计算 ······ 198
### 7.2.3 液压油箱的设计要点 ······ 199

## 7.3 加热器 ······ 200
## 7.4 冷却器 ······ 200
### 7.4.1 无冷却介质冷却器 ······ 201
### 7.4.2 有冷却介质冷却器 ······ 201
### 7.4.3 冷却器的计算 ······ 201

## 7.5 管道及管接头 ······ 203
### 7.5.1 管道的种类及材料 ······ 203
### 7.5.2 管道内径及壁厚的确定 ······ 204
### 7.5.3 管道安装要求 ······ 205
### 7.5.4 管接头 ······ 205

## 7.6 过滤器 ······ 209
### 7.6.1 过滤器的基本性能参数 ······ 209
### 7.6.2 过滤器的分类和结构特点 ······ 210
### 7.6.3 过滤器的选用 ······ 213
### 7.6.4 过滤器的安装 ······ 214

## 7.7 蓄能器 ······ 215
### 7.7.1 蓄能器的类型、结构和工作原理 ······ 215
### 7.7.2 蓄能器参数的计算 ······ 217
### 7.7.3 蓄能器的安装和选用 ······ 219

重点和难点课堂讨论 ……… 219
　　本章小结 ………………… 220
　　思考题和习题 …………… 220

## 第8章 液压传动基本回路 …… 222

### 8.1 速度控制回路 ……………… 224
　　8.1.1 速度控制回路概述 …… 224
　　8.1.2 节流调速回路 ………… 225
　　8.1.3 容积调速回路 ………… 230
　　8.1.4 容积节流调速回路 …… 234
　　8.1.5 快速运动回路 ………… 237
　　8.1.6 速度换接回路 ………… 238

### 8.2 压力控制回路 ……………… 240
　　8.2.1 调压回路 ……………… 240
　　8.2.2 卸荷回路 ……………… 241
　　8.2.3 减压回路 ……………… 243
　　8.2.4 增压回路 ……………… 243
　　8.2.5 保压回路 ……………… 244
　　8.2.6 释压回路 ……………… 245
　　8.2.7 平衡回路 ……………… 246

### 8.3 方向控制回路 ……………… 247
　　8.3.1 换向回路 ……………… 247
　　8.3.2 锁紧回路 ……………… 248
　　8.3.3 浮动回路 ……………… 248
　　8.3.4 制动回路 ……………… 249

### 8.4 多执行元件运动控制回路 … 250
　　8.4.1 多路换向阀控制回路 … 250
　　8.4.2 顺序运动回路 ………… 251
　　8.4.3 同步运动回路 ………… 253
　　8.4.4 互不干扰回路 ………… 256

　　重点和难点课堂讨论 ……… 258
　　本章小结 ………………… 258
　　思考题和习题 …………… 259

## 第9章 典型液压传动系统分析 … 261

### 9.1 1m³单斗全液压挖掘机液压传动系统分析 …………… 264
　　9.1.1 概述 …………………… 264
　　9.1.2 全液压挖掘机液压传动系统及其工作原理 ……… 265
　　9.1.3 全液压挖掘机液压传动系统的主要特点 ……… 267

### 9.2 XS-ZY-250A型塑料注射成型机液压传动系统分析 …… 268
　　9.2.1 概述 …………………… 268
　　9.2.2 塑料注射成型机液压传动系统及其工作原理 …… 269
　　9.2.3 塑料注射成型机液压传动系统的主要特点 …… 273

### 9.3 3150kN液压机液压传动系统分析 …………………… 273
　　9.3.1 概述 …………………… 273
　　9.3.2 液压机液压传动系统及其工作原理 …………… 274
　　9.3.3 液压机液压传动系统的主要特点 …………… 278
　　9.3.4 液压机插装阀集成液压传动系统及其工作原理 … 278

### 9.4 YT4543型组合机床动力滑台液压传动系统分析 …… 282
　　9.4.1 概述 …………………… 282
　　9.4.2 YT4543型组合机床动力滑台液压传动系统工作原理 ………………… 283
　　9.4.3 YT4543型组合机床动力滑台液压传动系统特点 … 285

### 9.5 Q2-8型汽车起重机液压传动系统分析 ……………… 286
　　9.5.1 概述 …………………… 286
　　9.5.2 Q2-8型汽车起重机液压传动系统工作原理 …… 287
　　9.5.3 Q2-8型汽车起重机液压传动系统特点 ……… 289

### 9.6 计算机电液控制技术分析 … 289
　　9.6.1 概述 …………………… 289
　　9.6.2 液压泵控制容积调速计算机电液控制系统组成 … 290
　　9.6.3 液压泵控制容积调速计算机电液控制系统硬件设计 ………………… 290
　　9.6.4 液压泵控制容积调速计算机电液控制系统软件设计 … 291

9.7 带钢光电液伺服跑偏控制
　　系统分析 ································ 292
　　9.7.1 概述 ······························ 292
　　9.7.2 带钢光电液伺服跑偏控制
　　　　　系统组成及工作原理 ······ 292
9.8 液压助力器伺服控制系统分析 ··· 294
9.9 φ710 盘式热分散机电液比例流量和
　　压力液压传动系统分析 ············ 295
　　9.9.1 概述 ······························ 295
　　9.9.2 φ710 盘式热分散机液压传动
　　　　　系统组成及工作原理 ······ 295
　　9.9.3 φ710 盘式热分散机液压传动
　　　　　系统的主要特点 ············ 296
重点和难点课堂讨论 ························ 297
本章小结 ········································ 297
思考题和习题 ································· 297

## 第 10 章 液压传动系统的设计与
　　　　　计算 ································ 299

10.1 液压传动系统设计要求及
　　　工况分析 ······························ 309
10.2 确定液压传动系统
　　　主要性能参数 ······················· 311
10.3 液压传动系统方案设计 ············ 314
10.4 液压元件的计算与选择 ············ 316
10.5 液压传动系统的性能验算 ········ 317
10.6 绘制工作图和编写技术文件 ···· 319
重点和难点课堂讨论 ························ 320
本章小结 ········································ 320
思考题和习题 ································· 320

## 第 11 章 气压传动基础知识 ········· 322

11.1 概述 ······································ 322
　　11.1.1 气压传动系统的组成及
　　　　　 工作原理 ······················ 323
　　11.1.2 气压传动的优缺点 ·········· 324
　　11.1.3 气压传动的应用和发展 ··· 325
11.2 气动工作介质的性质 ··············· 325
　　11.2.1 气动工作介质的组成 ······ 325
　　11.2.2 气动工作介质的基本状态
　　　　　 参数 ······························ 325

本章小结 ········································ 328
思考题和习题 ································· 328

## 第 12 章 气源装置和辅助元件 ······· 329

12.1 气源装置 ································ 329
　　12.1.1 气源装置的组成及
　　　　　 工作原理 ······················ 330
　　12.1.2 空气压缩机 ··················· 330
　　12.1.3 压缩空气净化设备 ········· 332
12.2 辅助元件 ································ 334
　　12.2.1 分水过滤器 ··················· 335
　　12.2.2 油雾器 ·························· 335
　　12.2.3 消声器 ·························· 337
本章小结 ········································ 338
思考题和习题 ································· 338

## 第 13 章 气动执行元件 ················ 339

13.1 气缸 ······································ 340
　　13.1.1 气缸的分类 ··················· 340
　　13.1.2 典型气缸的工作原理 ······ 340
　　13.1.3 气缸的输出力和耗气量
　　　　　 计算 ······························ 344
13.2 气动马达 ································ 345
　　13.2.1 气动马达的分类 ············ 345
　　13.2.2 典型气动马达的
　　　　　 工作原理 ······················ 346
　　13.2.3 气动马达工作特性与
　　　　　 工作压力的关系 ············ 346
本章小结 ········································ 347
思考题和习题 ································· 347

## 第 14 章 气动控制元件 ················ 348

14.1 方向控制阀 ····························· 349
　　14.1.1 单向阀 ·························· 349
　　14.1.2 换向阀 ·························· 351
14.2 压力控制阀 ····························· 353
　　14.2.1 安全阀 ·························· 354
　　14.2.2 减压阀 ·························· 354
　　14.2.3 单向顺序阀 ··················· 356
14.3 流量控制阀 ····························· 357

      14.3.1　节流阀 ………………… 357
      14.3.2　单向节流阀 …………… 357
      14.3.3　排气消声节流阀 ……… 358
    本章小结 ……………………………… 359
    思考题和习题 ………………………… 359

## 第 15 章　气动基本回路 …………… 360

    15.1　速度控制回路 ………………… 361
    15.2　压力控制回路 ………………… 362
    15.3　方向控制回路 ………………… 363
    15.4　气—液联动控制回路 ………… 365
    15.5　连续往复运动回路 …………… 366
    本章小结 ……………………………… 366
    思考题和习题 ………………………… 366

## 第 16 章　气动控制系统分析 ……… 367

    16.1　气动控制系统举例 …………… 370
      16.1.1　工件夹紧气动控制
             系统分析 ……………… 370
      16.1.2　数控加工中心换刀气动
             控制系统分析 ………… 371
    16.2　气动行程程序控制系统的 $X-D$
         线图法设计 ………………… 372
    16.3　气动控制系统的安装、调试、使用与
         维修 ………………………… 373
    重点和难点课堂讨论 ………………… 379
    本章小结 ……………………………… 379
    思考题和习题 ………………………… 380

**参考文献** ……………………………… 381

# 第 1 章 绪 论

## Chapter1　Introduction

本章教学要点

| 知识要点 | 掌握程度 | 相关知识 |
| --- | --- | --- |
| 静压传递原理 | 熟练掌握帕斯卡原理在液压与气压传动中的应用 | 液压与气压传动的工作原理 |
| 两个重要特征 | 熟练掌握与运用"系统压力取决于外负载"和"外负载的运动速度取决于流量"这两个重要特征 | 液压与气压传动的特征 |

### 导入案例

如图 1 所示的大小两个液压缸由连通管相连构成密闭容器。已知大液压缸内径 $D=200\text{mm}$,小液压缸内径 $d=20\text{mm}$,大活塞上的外负载力 $F_1=20000\text{N}$,要想使大活塞顶起重物需要在小活塞上施加多大的推力 $F_2$?

**解**:大小两个液压缸活塞面积分别为

$$A_1=\frac{\pi D^2}{4} \qquad A_2=\frac{\pi d^2}{4}$$

根据帕斯卡原理可知,由外负载力产生的液体压力在两缸中相等,即

$$p=\frac{F_2}{A_2}=\frac{F_1}{A_1}=\frac{4F_2}{\pi d^2}=\frac{4F_1}{\pi D^2}$$

故顶起重物时在小活塞上应施加的推力为

$$F_2 = \frac{d^2}{D^2}F_1 = \frac{(20\text{mm})^2}{(200\text{mm})^2} \times 20000 \text{ N} = 200\text{N}$$

上式表明，只要大小两个液压缸活塞面积之比 $A_1/A_2$ 足够大，用很小的推力 $F_2$ 就可以产生很大的推力 $F_1$。这说明液压传动装置具有力的放大作用，液压压力机和液压千斤顶就是根据这一原理制成的。

图 1　帕斯卡原理应用实例
(FIGURE1 Application example of Pascal's Law)

## 1.1　液压与气压传动的研究对象
### (Study on hydraulic and pneumatic transmission)

液压与气压传动(Hydraulic and pneumatic transmission)被称为流体传动与控制(Fluid transmission and control)，是研究以有压流体为传动介质来实现各种机械的传动和控制的学科。液压与气压传动技术是机电领域发展速度最快的技术之一。

液压传动与气压传动实现传动和控制的方法是基本相同的，它们都是基于流体力学的帕斯卡原理，利用各种控制元件组成具有所需功能的基本回路，再由若干基本回路有机组合成传动和控制系统，从而实现能量的传递、转换与控制。

用液体作工作介质进行能量传递和控制的称为液体传动。按其工作原理的不同，液体传动又被分为液压传动(静液压传动)(Hydrostatic pressure transmission)和液力传动(动液压传动)(Hydrokinetic energy transmission)。静液压传动主要是利用液体的压力能来传递能量；动液压传动主要是利用液体的动能来传递能量。

用气体作工作介质进行能量传递和控制的称为气压传动(Pneumatic transmission)。气压传动所用的工作介质是空气。

## 1.2　液压与气压传动的工作原理及特征
### (Operating principles and features of hydraulic and pneumatic transmission)

#### 1.2.1　液压与气压传动的工作原理(Operating principles of hydraulic and pneumatic transmission)

液压与气压传动的工作原理基本相似，是根据 17 世纪法国物理学家帕斯卡(Blaise

Pascal)提出的液体静压力传动原理来实现的。现以图 1.1 所示的液压千斤顶(Hydraulic jack)为例,简述液压传动的工作原理。

如图 1.1 所示,当使液压千斤顶的杠杆 1 向上移动时,小液压缸 2 中的小活塞 3 向上移动,小液压缸 2 无杆腔内的容积增大形成局部真空,排油单向阀 13 关闭。液压油箱 6 中液体在大气压力作用下,经吸油管 5 打开进油单向阀 4 流入小液压缸 2 无杆腔;当使杠杆 1 向下移动时,小活塞 3 受驱动力 $F_1$ 的作用,向下移动 $s_1$ 的位移量,小液压缸 2 无杆腔容积减小,油液受挤压,压力 $p$ 升高,关闭进油单向阀 4,打开排油单向阀 13,油液经压油管 12 流入大液压缸 10 无杆腔,使大活塞 9 上移 $s_2$ 的位移量,克服重物即外负载 11 的重力 $F_2$ 而做功,即完成一次压油动作;如此不断地使杠杆 1 上下移动,就会有油液不断地流入大液压缸 10 无杆腔,使外负载 11 逐渐举升;当停止杠杆 1 的上下运动时,大液压缸 10 无杆腔中的油压 $p$ 关闭排油单向阀 13,使油液不能倒流,大活塞 9 和外负载 11 就停止在举升位置被锁住不动;当需要大活塞 9 和外负载 11 向下返回到原始位置时,就打开截止阀 8,在外负载 11 重力 $F_2$ 的作用下,大液压缸 10 无杆腔的液体经截止阀 8 和回油管 7 流回液压油箱 6,大活塞 9 和外负载 11 即可回到原始位置。这就是液压千斤顶的工作原理。

(a) 结构原理图　　　　　　　　　　(b) 图形符号图

图 1.1　液压千斤顶工作原理图

(FIGURE 1.1 Schematic illustration of operating principles of hydraulic jack)

1—杠杆;2—小液压缸(手动液压泵);3—小活塞;4—进油单向阀;
5—吸油管;6—液压油箱;7—回油管;8—截止阀;9—大活塞;
10—大液压缸(执行元件);11—重物(外负载);
12—压油管;13—排油单向阀

由液压千斤顶的工作原理可知,小液压缸 2 被称为手动液压泵(Hand hydraulic pumps),它与进油单向阀 4 和排油单向阀 13 一起完成吸油与压油,将杠杆的机械能转换为油液的压力能输出。大液压缸 10 被称为举升液压缸即执行元件,它将油液的压力能转换为机械能输出,顶起外负载 11。图 1.1 中的所有元件组成了一个最简单的液压传动系统,实现了力和运动的传递。

### 1.2.2 液压与气压传动的特征(Features of hydraulic and pneumatic transmission)

液压与气压传动具有以下两个基本特征。

1. 按照帕斯卡原理(静压传递原理)进行力(或力矩)的传递 (Force or torque transmission with respect to Pascal's Law or Hydrostatic Pressure Transmission Theory)

在液压千斤顶工作的过程中,进油单向阀 4 和小活塞 3 无杆腔通过管路与大活塞 9 无杆腔和截止阀 8 之间形成了密闭的工作容积,根据帕斯卡原理"在密闭容器内,施加于静止液体上的压力将以等值同时传到液体各点"的描述,密闭容器内液体的压力 $p$ 即液压泵的排油压力,又称为系统压力。其平衡方程式为

> The effect of a force acting on stationary liquid spreads within the liquid. The amount of pressure in the liquid is equal to the acting force, with respect to the area being acted upon. The pressure always acts at right angles to the limiting surfaces of the container.

$$p = \frac{F_1}{A_1} = \frac{F_2}{A_2} \tag{1-1}$$

其中:$p$ 为系统压力;$F_1$ 为驱动力;$F_2$ 为外负载力;$A_1$ 为小液压缸活塞面积;$A_2$ 为大液压缸活塞面积。

可见在 $A_1$、$A_2$ 一定时,外负载力 $F_2$ 越大,系统压力 $p$ 也越高,所需的驱动力也越大,即系统压力是由外负载建立起来的,而与流入执行元件大液压缸 10 的流体多少无关。这是液压与气压传动工作原理的第一个重要特征:系统压力取决于外负载。

> The pressure of system is dependent on the external load

2. 按照容积变化相等的原则进行速度或转速的传递 (Speed or rotate speed with respect to Variable Volume Equivalence Principle)

假定系统密封非常好没有任何损失,手动液压泵 2 排出的液体体积必然等于进入大液压缸 10 的液体体积,即

$$A_1 s_1 = A_2 s_2 = V \tag{1-2}$$

其中:$V$ 为小液压缸排出的液体体积;$s_1$ 为小液压缸活塞位移;$s_2$ 为大液压缸活塞位移。

式(1-2)两端同除以活塞运动时间 $\Delta t$ 得

$$v_1 A_1 = v_2 A_2 = \frac{V}{\Delta t} \tag{1-3}$$

式中:$v_1$ 为小液压缸活塞平均运动速度;$v_2$ 为大液压缸活塞平均运动速度。

在流体力学中,单位时间内流过某一通流截面的流体体积叫做流量(Liquid volume $V$ divided by time $\Delta t$ is flow $q$)。则流量

$$q = \frac{V}{\Delta t} \tag{1-4}$$

则式(1-3)可变为

$$v_2 = \frac{q}{A_2} \tag{1-5}$$

因为 $A_1$、$A_2$ 是常数,所以大液压缸活塞的平均运动速度 $v_2$ 正比于进入其内的流量 $q$,而与流体压力大小无关,即与外负载无关。这是液压与气压传动工作原理的第二个重

要特征：外负载的运动速度取决于流量。

> The speed, at which the external load moves, is dependent on the flow which is fed to the actuator components.

由式(1-1)和式(1-5)可以看出，液压与气压传动的两个重要特征是相互独立的。压力 $p$ 和流量 $q$ 是液压与气压传动中两个最基本的参数。

在图1.1中，若忽略各种能量损失，小液压缸输入的机械功率等于大液压缸输出的机械功率，即

$$P = F_1 v_1 = F_2 v_2 = pA_1 v_1 = pA_2 v_2 = pA_2 \frac{q}{A_2} = pq \tag{1-6}$$

在式(1-6)中，压力 $p$ 的单位为 Pa，流量 $q$ 的单位为 $m^3/s$，则功率 $P$ 的单位为 W。由此可见，液压传动系统工作压力 $p$ 与流量 $q$ 之积就是功率，被称为液压功率 $P$（Operating pressure $p$ times flow $q$ is hydraulic power $P$ of hydraulic transmission system.）。上述液压千斤顶的工作过程是先将手驱动的机械能转变为液体压力能，后又将液体压力能转变为机械能。

## 1.3 液压传动系统的组成
### (Components of hydraulic transmission system)

液压千斤顶是一种较完整又简单的液压传动系统。下面以图1.2所示的磨床工作台液压传动系统为例，进一步说明其组成。其工作原理是：液压泵5由电动机4驱动旋转，从油箱2经过滤器3吸油，排出的压力油经节流阀6、手动换向阀7（假设手动换向阀左位工作）进入液压缸8的右腔，推动活塞和工作台9向左运动。液压缸左腔的油液经手动换向阀7左位和回油管道流回液压油箱。当手动换向阀7换向到右位工作时，液压缸活塞和工作台9反向向右运动。当手动换向阀7处于中位时，工作台9停止运动，此时液压泵5排出的压力油经溢流阀1和回油管道流回液压油箱2。当工作台做往复运动时，其速度由节流阀6调节，克服外负载所需的工作压力则由溢流阀1控制。因为液压传动系统的工作压力不会超过溢流阀1的调定值，所以溢流阀1还对液压传动系统起到过载保护的作用。

根据液压千斤顶和磨床工作台液压系统的工作原理可知，液压传动是以液体为工作介质的，一个完整的液压传动系统由以

图1.2 磨床工作台液压传动系统工作原理图
(FIGURE 1.2 Schematic illustration of hydraulic transmission system operating principles of power work table in grinding machine)
1—溢流阀；2—液压油箱；3—过滤器；
4—电动机；5—液压泵；
6—节流阀；7—手动换向阀；
8—液压缸；9—工作台

下 5 个主要部分组成。

1. 液压动力元件（Hydraulic power components）

液压动力元件是将原动机输出的机械能转换成液体压力能的元件，向液压传动系统提供压力油。常见的是液压泵。

2. 液压执行元件（Hydraulic actuator components）

液压执行元件是将液体的压力能转换成机械能的元件，液压马达是驱动外负载作回转运动，液压缸是驱动外负载作直线运动。

3. 液压控制元件（Hydraulic control components）

液压控制元件是对液压传动系统中液体的压力、流量和流动方向进行控制和调节的阀类，如压力、流量和方向等控制阀。

4. 液压辅助元件（Hydraulic accessories）

液压辅助元件是上述 3 个组成部分以外的其他元件，如液压油箱、滤油器、蓄能器、加热器、冷却器、管道和接头等。

5. 液压工作介质（Hydraulic operating medium）

液压工作介质是传递能量和信号的介质，即液压油。

## 1.4　液压传动系统的图形符号表示
## (Diagram symbols of hydraulic transmission system)

图 1.1(a)所示的液压传动系统工作原理图是一种半结构式的，其直观性强，易于理解，但图形比较复杂，尤其是液压传动系统中元件数量较多时，绘制起来就很麻烦。图 1.1(b)所示液压千斤顶和图 1.2 所示磨床工作台的液压传动系统工作原理图就是用液压传动系统图形符号绘制而成的，表明了组成系统的元件、元件间的相互关系及整个液压传动系统的工作原理。其简单明了，便于绘制，图形符号表示元件的功能，而不表示元件的具体结构、实际安装位置和参数。图中的符号可参见国标 GB/T 786.1—2009《部分液压与气压传动系统图形符号》。

## 1.5　液压传动的控制方式
## (Control modes of hydraulic transmission)

液压传动的控制方式有两种不同的含义：一种是指对传动部分的操纵调节方式；另一种是指控制部分本身的结构组成形式。

液压传动的操纵调节方式基本上可以分成手动式、半自动式和全自动式 3 种。图 1.1 所示的液压千斤顶是需要由人提拉和下压杠杆才能实现液压传动系统工作的，因此属于手动式的操纵调节方式。若需要由人启动之后液压传动系统的所有动作或状态都能在机械的、电气的、电子的或其他机构操纵下按一定顺序实现出来,且在全部工作完成后就能自动停车的液压传动系统,如图 1.2 所示的磨床工作台液压传动系统,就属于半自动式的。当启动不需要人参与时,这样的液压传动系统操纵调节方式就属于全自动式的。

液压传动系统中控制部分的结构组成形式可分为开环式和闭环式两种,它们的概念和定义与"控制理论"中的描述完全一样。图 1.1 所示的液压千斤顶和图 1.2 所示的磨床工作台液压传动系统都属于开环式液压传动系统。图 1.3 为磨床工作台液压传动系统的开环控制系统方框图。开环控制的精度受外负载和油温等工作条件的影响很大,当工作条件变化很大时,开环式液压传动系统甚至无法达到既定的目标。

图 1.3 磨床工作台液压传动开环控制系统工作原理框图

(FIGURE 1.3 Schematic illustration of operating principles of hydraulic transmission open loop control system)

如将图 1.3 中的换向阀用伺服阀代替,就是一个简单的手动控制闭环液压伺服系统,其闭环控制系统工作原理方框图,如图 1.4 所示。磨床工作台液压传动闭环控制系统能在工作过程中自动调节,控制精度受工作条件的影响很小,能进行很精确的控制。

图 1.4 磨床工作台液压传动闭环控制系统工作原理框图

(FIGURE 1.4 Schematic illustration of operating principles of hydraulic transmission closed loop servo control system)

## 1.6 液压传动的优缺点
## (Advantages and disadvantages of hydraulic transmission)

1. 液压传动的主要优点(Main advantages of hydraulic transmission)

(1) 单位功率的重量轻,即能以较轻的设备重量获得很大的输出力和转矩。如在同等功率下,液压马达的重量只有电动机的 10%~20%。液压传动可以采用很高的工作压力,一般已达到 32MPa,个别场合更高。

(2) 液压装置运动比较平稳,由于体积小、重量轻,因此其响应速度快、惯性小、起动、制动迅速,换向冲击小,便于实现频繁换向。如在同等功率条件下,加速电动机需要

1秒至几秒，加速液压马达仅需 0.1s。液压装置的换向频率，在实现往复回转运动时可达 500 次/min，实现往复直线运动时可达 1000 次/min。

（3）液压传动的执行元件可在运行过程中方便地实现无级调速，调速范围大，可达 100∶1～2000∶1，且最低稳定转速比较小，即低速性能好。如单作用静力平衡马达的最低稳定转速可小于 5r/min，多作用内曲线马达可在 0.5～1r/min 下平稳运行。

（4）操作简单方便和省力，易于实现机器的自动化，当采用机电液联合控制时，不仅可实现更高程度的自动控制过程，而且还可以实现远距离遥控。

（5）在液压传动系统工作中，因功率损失而产生的热量可以被流动的液压油带走，所以能避免系统中某些局部位置上产生过度温升的现象。

（6）液压元件已实现了标准化、系列化和通用化，使液压传动系统设计、制造和使用都比较方便。

（7）液压传动系统借助压力控制阀等可自动实现过载保护，工作安全可靠，能实现自润滑，使用寿命长。

（8）借助集成阀块、硬管、软管和接头等把液压元件连接起来，可以方便灵活地布置传动机构，使机器的整体结构简化。

2. 液压传动的主要缺点（Main disadvantages of hydraulic transmission）

（1）液压传动系统中存在泄漏和液压油的可压缩性及管路弹性变形等因素，难以实现严格的传动比。

（2）液压传动系统存在能量损失，因此液压能不宜远距离输送。液压传动在能量转换及传递过程中存在机械摩擦损失、压力损失和流量损失比较大，因此传动效率较低。

（3）液压传动系统对油液的污染比较敏感，需有良好的过滤和防护措施。

（4）液压传动系统的故障诊断和维修有一定难度。

（5）液压传动对油温变化较敏感，这会影响其工作的稳定性，所以液压传动系统不宜在很高或很低的温度下工作，工作温度一般在 −15℃～60℃ 范围内较合适。

（6）液压传动在能量转换及传递过程中存在机械摩擦损失、压力损失和流量损失比较大，因此传动效率较低。

（7）液压元件的制造精度要求高，因此造价也高。

（8）液压元件中的摩擦副承受很大的比压和相对运动速度，很容易导致磨损失效，因此液压传动系统的工作可靠性目前还不如机械传动和电力传动。

# 1.7　液压传动的应用
# (Applications of hydraulic transmission)

工业生产的各部门应用液压传动技术的出发点是不尽相同的。例如，在压力机械、矿山机械、工程机械和航空工业中采用液压传动主要原因是取其结构简单、体积小、输出力或力矩大等特点；机床上采用液压传动的主要原因是取其能在工作过程中方便地实现无级调速，易于实现频繁换向，易于实现自动化等特点。近年来液压传动在各类机械行业中的应用实例见表 1-1。

表1-1 液压传动在各类机械行业中的应用实例
(TABLE 1-1 Application examples of hydraulic transmission in mechanical industries)

| 行业名称 | 应用场所举例 |
| --- | --- |
| 工程机械 | 推土机、挖掘机、装载机、铲运机、压路机等 |
| 矿山机械 | 液压支架、开采机、凿岩机、破碎机、开掘机、提升机等 |
| 农业机械 | 拖拉机、联合收割机、农机具悬挂系统等 |
| 建筑机械 | 混凝土泵、平地机、钢筋弯箍机、自动打桩机、液压千斤顶、自动校直切断机等 |
| 冶金机械 | 轧钢机、电炉炉顶及电极升降机等 |
| 汽车工业 | 高空作业车、自卸式汽车、平板车、汽车中的减振器、转向器等 |
| 轻工机械 | 造纸机、橡胶硫化机、打包机、注塑机、校直机等 |
| 铸造机械 | 压铸机、砂型压实机、加料机等 |
| 机床工业 | 铣床、刨床、磨床、组合机床、拉床、自动机床、压力机、数控机床、加工中心等 |
| 起重运输机械 | 皮带运输机、叉车、装卸机械、汽车吊等 |
| 智能机械 | 机器人、折臂式小汽车装卸器、模拟驾驶舱、数字式体育锻炼机等 |
| 船舶港口机械 | 港口龙门吊、舵机、锚机等 |
| 航空航天工程 | 卫星发射设备、飞机场地面设备、飞机机轮轴承清洗补油装置、飞机起落架收放试验车、飞机包伞机等 |
| 灌装机械 | 食品包装机、化肥包装机、真空镀膜机等 |
| 纺织机械 | 印染机、织布机、抛砂机等 |
| 海洋开发工程 | 海底钻探、海洋开发平台、海洋工作机械、水下作业机械等 |
| 武器装备 | 地空导弹发射装置、炮塔仰俯装置、枪管旋压机、大型炮弹底螺拆卸机等 |
| 家用电器 | 电冰箱压缩机、电冰箱内胆热成形机、冰箱箱体折弯机、电机转子叠片机、制冷热交换器U形管自动成形机、显像管玻壳剪切机等 |
| 五金制造 | 门锁整体成形压机、工具锤装柄机、制钉机等 |
| 建材机械 | 墙地砖压机、石材肥料模压成形机、卫生瓷高压注浆成形机等 |

## 1.8 液压传动技术的历史进展和发展趋势
(Development history and trend of hydraulic transmission)

### 1.8.1 液压传动技术的历史进展(Development history of hydraulic transmission)

液压传动技术的发展是与流体力学、机械制造、材料学、机构学等相关基础学科的发展紧密相关的。从1648年法国物理学家帕斯卡(Blaise Pascal)提出静止液体中压力传递的基本定律、17世纪力学奠基人牛顿(Newton)提出黏性流体运动时存在内摩擦力的牛顿黏性定律、1795年英国人布拉默(Joseph Bramah)登记第一项关于液压机的英国专利,且在两年后制造出世界上第一台手动泵供压的水压机算起,液压传动技术已有二百多年的历史了。1905年,美国人詹尼(Janney)首先将矿物油作为液压传动的工作介质,设计制造出了第一台油压轴向柱塞泵及由其驱动的油压传动装置并于1906年应用于军舰的炮塔装置上,为现代油压技术的发展揭开了序幕。1922年,瑞士人托马(H. Thoma)发明了径向柱塞泵。1936年,美国人威克斯(Harry Vickers)发明了以先导控制压力阀为标志的管式系列液压控制元件。美国麻省理工学院(MIT)的Blackburn、Lee及Shearer在电液伺服机构方面做出了突出贡献。20世纪中叶以后,液压传动在工业上才被广泛采用并有较大幅度的发展。在第二次世界大战期间,军事上迫切地需要重量轻、功率大、反应快和动作准确的各种武器装备,液压传动技术及时地满足了这一要求,同时也大大地促进了液压传动技术本身的发展。第二次世界大战结束后,液压传动技术由军事迅速转入其他领域,在机械制造、工程机械、农业机械、汽车、冶金设备、液压机、塑料机械和船舶等行业中得到了大幅度的应用和发展。20世纪60年代以后,随着原子能、空间技术、微电子技术等方面的发展,再次将液压传动技术推向更广阔的领域。如今,采用液压传动技术的程度已成为衡量一个国家工业水平和现代工业发展水平的重要标志之一。液压传动在某些领域内甚至已占有绝对的优势,如发达国家生产的90%以上的数控加工中心、95%以上的工程机械和95%以上的自动化生产线都采用了液压传动技术。

### 1.8.2 液压传动技术的发展趋势(Trend of hydraulic transmission)

现代液压传动技术与微电子技术、传感技术和计算机技术的紧密结合已发展成为由传动、检测和控制组成的一门完整的自动化技术。目前,已研发出电液比例控制阀、数字阀和电液伺服液压缸等机电液一体化元件,使得液压传动技术在高压、高速、大功率、低噪音、经久耐用和高度集成化等各方面都取得了重大进展。与此同时,液压元件和液压传动系统的计算机辅助设计(CAD)、计算机辅助分析(CAE)、计算机辅助测试(CAT)、计算机辅助检验(CAI)、计算机辅助工艺规划(CAPP)、计算机集成制造系统(CIMS)、计算机实时控制(Computer real time control technology)、液电一体化(Fluitronics)、机电液一体化(Hydromechatronics)、噪音控制(Noise control)、能耗控制(Energy source consume control)、污染控制(Pollution control)、可靠性(Reliability)、小型微型化(Miniature)和主动维护(Initiative maintenance)等方面也是液压传动技术发展和研究的方向。

# 重点和难点课堂讨论
# (Important and difficult understanding knowledge points discussion in this chapter)

**课堂讨论:** 系统压力取决于外负载和外负载的运动速度取决于流量。

## 本 章 小 结(Summary)

本章通过液压千斤顶和磨床工作台的液压传动系统实例,正确地运用帕斯卡原理,讲述了液压与气压传动的工作原理;强调了液压与气压传动具有的两个相互独立的重要特征——系统的压力取决于外负载,外负载的运动速度取决于流量。一个完整的液压传动系统是由5个部分组成的,它们分别是动力元件、执行元件、控制元件、辅助元件和工作介质。简明扼要地介绍了液压传动的控制方式、优缺点、应用领域、历史进展和发展趋势。

## 思考题和习题(Review Questions)

1. 液压传动是以_____为工作介质,利用液体的_____来实现运动和动力传递的一种传动方式。

2. 液压传动必须在_____进行,依靠液体的_____来传递动力,依靠_____来传递运动。

3. 液压传动系统由_____、_____、_____、_____和_____ 5部分组成。

4. 在液压传动中,液压泵是_____元件,它可将输入的_____能转换成_____能,它的作用是向液压传动系统提供_____。

5. 在液压传动中,液压缸是_____元件,它可将输入的_____能转换成_____能。

6. 举例说明目前液体传动技术发展的方向。

# 第 2 章
# 液压传动工作介质

Chapter 2　Hydraulic transmission operating medium

本章教学要点

| 知识要点 | 掌握程度 | 相关知识 |
| --- | --- | --- |
| 液体的可压缩性、黏性及黏性的度量 | 掌握液压传动工作介质的物理性能 | 液压传动工作介质的物理性能 |
| 工作介质的污染、污染度的测定及等级，危害和控制 | 掌握工作介质的污染；<br>了解工作介质污染度的测定；<br>了解工作介质污染度的等级；<br>掌握工作介质污染的危害；<br>掌握工作介质污染的控制及措施 | 液压传动工作介质污染的原因；<br>工作介质污染度的测定；<br>工作介质污染度的等级；<br>工作介质污染的危害；<br>工作介质污染的控制及措施 |

### 导入案例

某一黏度计，若外筒直径 $D=100\text{mm}$，内筒直径 $d=98\text{mm}$，筒长 $l=200\text{mm}$，密度 $\rho=900\text{kg/m}^3$，外筒转速 $n=8\text{r/s}$，测得其转矩 $M=40\text{N·cm}$，试求其油液的黏度。

**解**：油液在同心筒内旋转后，因油液黏性而产生的阻力矩的情况，理解黏度测量的原理和意义。

因 
$$M=F\frac{D}{2}=\mu A\frac{u}{h}\frac{D}{2}$$

故 
$$\mu=\frac{2Mh}{AuD}$$

又因　　　$M=40\text{N·cm}\quad h=(100-98)/2\text{mm}=1\text{mm}$

$$A = \pi Dl = \pi \times 100 \times 200 \text{ mm}^2 = 2\pi \times 10^4 \text{ mm}^2$$
$$\mu = \pi Dn = \pi \times 100 \times 8 \text{mm/s} = 800\pi \text{mm/s}$$

故
$$\mu = \frac{2 \times 40 \times 1 \times 10 - 1}{2\pi \times 10^4 \times 800\pi \times 10 - 3} \text{N} \cdot \text{s/cm}^2 = 0.507 \text{N} \cdot \text{s/m}^2$$

则运动黏度 $\nu = \frac{\mu}{\rho} = \frac{0.507}{900} \text{m}^2/\text{s} = 56.3 \times 10^{-6} \text{m}^2/\text{s}$。

## 2.1 液压传动工作介质的性能和选用 (Characteristics and selection and application of hydraulic transmission operating medium)

液压传动是用液体作为工作介质来传递能量的。在液压传动系统中，通常采用矿物油作为工作介质，它还具有冷却、润滑和防锈的作用。液压传动系统能否可靠、有效地工作，在很大程度上取决于系统中使用的工作介质。据统计，75%～85%的各类液压传动系统故障与工作介质的选择、使用和维护不当有关。因此，在掌握液压传动系统之前，必须先对液压传动工作介质有清晰的了解。

### 2.1.1 液压传动工作介质的分类 (Classification of hydraulic transmission operating medium)

1. 液压传动工作介质按黏度分类（Hydraulic transmission operating medium viscosity variety）

黏度是划分液压传动工作介质牌号的依据，按国际标准化组织 ISO 3448—1992 进行分类。我国使用的液压传动工作介质的黏度（等效采用 ISO 3448）按国家标准 GB/T 3141—1994《工业液体润滑剂 ISO 黏度分类》进行分类。该标准对液压及润滑油液的黏度进行了分级，液压及润滑油液的黏度牌号是用 40℃时油液运动黏度（$\text{mm}^2/\text{s}$）中心值的近似值表示。液压传动工作介质常用的为 10、15、22、32、46、68、100、150 号 8 个黏度等级，最主要的为 15～68 号。

2. 液压传动工作介质按品种分类（Hydraulic transmission operating medium variety）

液压传动系统中使用的液压传动工作介质按国际标准化组织 ISO 6743/4—1999 进行分类，我国国家标准 GB/T 7631.2—2003 与此等效，见表 2-1。目前 90%以上的液压传动设备采用的液压传动工作介质是石油基液压传动工作介质。石油基液压传动工作介质是以精炼后的机械油为基料，在基油中按需要加入各种添加剂，以改善液压油液的性能和满足液压传动设备的要求。添加剂有两类：一类是改善液压油液物理性能的，如抗磨剂、防爬剂、增黏剂等；另一类是改善液压油液化学性能的，如抗防腐剂、氧化剂、防锈剂等。

中国、美国、英国、日本等国家正在研究电流变液体（简称 ERF），它是在绝缘的液压传动工作介质中加入精细的固体颗粒而形成的悬浊液。液压传动工作介质是不导电的油。悬浮在油中的颗粒尺寸为 1～100μm，是不导电的有机材料和元件。粒子占工作介质总体积的10%～40%。ERF液体在外加静电场作用下其性质会发生迅速变化。当施加一电压时，液体就会固化；当电压取消后，又立即恢复其液体状态。使用ERF液体的优点是整个液压传动系统仅需要很少或根本不用运动部件，因此可降低零部件制造精度，提高可靠性和延长使用寿命，实现寂静液压传动系统的功能；具有与电传动系统相匹配的响应速度，并且可以在被动系统中引入主动性能，从而实现了电控制下的无级调速。因此，ERF液体未来的应用前景十分看好。

表 2-1 液压传动工作介质的分类（摘自 GB/T 7631.2—2003）
(TABLE 2-1 Classification of hydraulic transmission operating medium)
(Source：GB/T 7631.2—2003)

| 类别 | | | 产品符号 | 组成和特性 | |
|---|---|---|---|---|---|
| 液压传动工作介质 | 石油基液压液 | | L-HM | HL+抗磨剂 | |
| | | | L-HS | 无特定难燃性的合成液（特殊性能） | |
| | | | L-HV | HM+增黏剂 | |
| | | | L-HG | HM+防爬剂 | |
| | | | L-HR | HL+增黏剂 | |
| | | | L-HH | 无添加剂的石油基液压液 | |
| | | | L-HL | HH+抗氧化剂、防锈剂 | |
| | 难燃液压液 | 含水液压液 | L-HFA | L-HFAS | 高含水液压液 | 水的化学溶液 | 含水大于80%（体积分数） |
| | | | | L-HFAE | | 水包油乳化液 | |
| | | | L-HFB | 油包水乳化液 | 含水小于80%（体积分数） |
| | | | L-HFC | 含聚合物水溶液/水-乙二醇液 | |
| | | 合成液压液 | L-HFD | L-HFDT | HFDR 和 HFDS 液混合的无水合成液 |
| | | | | L-HFDS | 氯化烃无水合成液 |
| | | | | L-HFDR | 磷酸酯无水合成液 |
| | | | | L-HFDU | 其他成分的无水合成液 |

### 2.1.2 液压传动工作介质的物理性能（Physical characteristics of hydraulic transmission operating medium）

1. 液体的密度（Density of fluid）

单位体积液体所具有的质量被称为液体的密度（The mass per unit volume of a substance is called density of fluid.），即

$$\rho = \frac{m}{V} \tag{2-1}$$

式中：$\rho$ 为液体的密度，单位：$kg/m^3$；$V$ 为液体的体积，单位：$m^3$；$m$ 为体积为 $V$ 的液体的质量，单位：$kg$。

液体的密度随着压力或温度的变化而变化，因其变化量一般很小，所以在实际工程计算中可以忽略不计。

部分常用液压传动工作介质的密度值见表 2-2。

表 2-2 部分常用液压传动工作介质的密度值(20℃)

(TABLE 2-2 Density value of part of hydraulic transmission operating medium)

| 液压工作介质 | 密度 $\rho/(kg/m^3)$ | 液压工作介质 | 密度 $\rho/(kg/m^3)$ |
| --- | --- | --- | --- |
| 10 号航空液压油 | $0.85\times10^3$ | 水包油乳化液 L-HFAE | $0.9977\times10^3$ |
| 抗磨液压液 L-HM32 | $0.87\times10^3$ | 飞机用磷酸酯液压液 L-HFDR | $1.05\times10^3$ |
| 抗磨液压液 L-HM46 | $0.875\times10^3$ | 水-乙二醇液压液 L-HFC | $1.06\times10^3$ |
| 油包水乳化液 L-HFB | $0.932\times10^3$ | 通用磷酸酯液压液 L-HFDR | $1.15\times10^3$ |

2. 液体的可压缩性(compressibility of fluid)

液体受压力作用而使其体积缩小的性质被称为液体的可压缩性。液体的可压缩性通常用体积压缩系数度量,是指当温度不变时,单位压力变化下液体体积的相对变化量,即

> The ratio of the change in pressure acting on a volume to the fractional change in volume is called compressibility of fluid.

$$\kappa = -\frac{1}{\Delta p}\frac{\Delta V}{V_0} \qquad (2-2)$$

式中:$\kappa$ 为液体的体积压缩系数,单位:$m^2/N$;$V_0$ 为加压前液体体积,单位:$m^3$;$\Delta V$ 为加压后液体体积减少量,单位:$m^3$;$\Delta p$ 为液体压力增量,单位:$N/m^2$。

由于压力增大时液体的体积减小,因此式(2-2)右边须加一负号,以使 $\kappa$ 为正值。一般情况下,液压传动工作介质的可压缩性很小,当液压传动系统在静态(稳态)工作状态时,可以忽略不计;但液压传动系统在高压状态或研究液压传动系统动态性能及计算远距离控制的液压机构时,就必须予以考虑。

液体的体积压缩系数 $\kappa$ 的倒数被称为液体的体积弹性模量,用 $K$ 表示,即

> Fluid bulk modulus of elasticity $K$ which is inversely proportional to the coeffcient of volume compressibility $\kappa$, is defined as the ratio of the change in pressure $\Delta p$ to relative change in volume $\Delta V/V_0$ at constant temperature.

$$K = \frac{1}{\kappa} = -\frac{\Delta p}{\Delta V}V_0 \qquad (2-3)$$

部分常用液压传动工作介质的体积弹性模量见表 2-3。

表 2-3 部分常用液压传动工作介质的体积弹性模量(20℃,标准大气压)

(TABLE 2-3 The bulk elastic modular of part of hydraulic transmission operating medium) (20℃, standard atmosphere)

| 液压传动工作介质 | 体积弹性模量/$(K/MPa)$ | 液压传动工作介质 | 体积弹性模量/$(K/MPa)$ |
| --- | --- | --- | --- |
| 水包油乳化液 L-HFAE | $1.95\times10^3$ | 水 | $2.4\times10^3$ |
| 石油基液压油 | $(1.4\sim2)\times10^3$ | 通用磷酸酯液压液 L-HFDR | $2.65\times10^3$ |
| 油包水乳化液 L-HFB | $2.3\times10^3$ | 水-乙二醇液压液 L-HFC | $3.45\times10^3$ |

### 3. 液体的黏性(Viscosity of fluid)

液体在外力作用下流动时,液体分子间内聚力会阻碍分子相对运动而产生一种内摩擦力,这一特性被称为液体的黏性。黏性是液体的重要物理特性,也是选择液压工作介质的重要依据。

> Viscosity can be thought of as the internal stickiness of a fluid. Under the action of an external force, the cohesion between fluid molecules would stop the fluid flow, which is called internal friction force. This is referred to the viscosity of fluid.

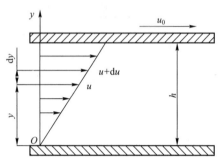

图 2.1 液体的黏性示意图
(FIGURE 2.1 Schematic illustration of viscosity of fluid)

黏性使流动液体内部各处的速度不相等,现以图 2.1 为例说明液体的黏性。假设距离为 $h$ 的两平行平板之间充满液体,下平板固定,上平板以速度 $u_0$ 向右平行运动。在附着力的作用下,会使流动液体内部各液层的速度大小不等:紧贴于下平板上表面的液体层速度为零,紧贴于上平板下表面的液体层黏附于该表面上,其速度与上平板相同为 $u_0$,而中间各层液体的速度当层间距离 $h$ 减小时,由上到下近似呈线性递减的规律分布。这是因为在相邻两液体层间存在内摩擦力的缘故,该力对下层液体起拖拽作用,而对上层液体起阻滞作用。

实验结果表明,液体在流动时相邻流体层间的内摩擦力 $F_f$ 与流体层的接触面积 $A$ 及流体层的相对运动速度梯度 $\dfrac{\mathrm{d}u}{\mathrm{d}y}$ 成正比,即

$$F_f = \mu A \frac{\mathrm{d}u}{\mathrm{d}y} \qquad (2-4)$$

式中:$\mu$ 为比例系数,被称为绝对黏度或动力黏度。

若以 $\tau = \dfrac{F_f}{A}$ 表示流体层间切应力,即单位面积上的内摩擦力,则有

$$\tau = \mu \frac{\mathrm{d}u}{\mathrm{d}y} \qquad (2-5)$$

这就是牛顿液体内摩擦定律。

> If the $\tau$ is described as the internal friction force per unit area $A$, it is the Newtoniau's Law of Inner Friction.

由式(2-5)可知,在静止液体中,因速度梯度 $\dfrac{\mathrm{d}u}{\mathrm{d}y}=0$,故其内摩擦力为零,因此静止液体不呈现黏性。液体只有在流动时才显示其黏性。

1) 黏性的度量(Viscosity measurement)

度量黏性大小的物理量被称为黏度。液体的黏度是指在单位速度梯度下流动时单位面积上产生的内摩擦力。常用的黏度有 3 种,即动力黏度、运动黏度和相对黏度。

> The viscosity of fluid is the internal friction force on per unit of area fluid under per unit of velocity gradient as fluid flows.

(1) 动力黏度 $\mu$。动力黏度又称绝对黏度，它是表征液体黏性的内摩擦系数，用 $\mu$ 表示，由式(2-5)可得

> Dynamic viscosity or absolute viscosity

$$\mu = \frac{\tau}{\dfrac{du}{dy}} \tag{2-6}$$

由式(2-6)可知动力黏度 $\mu$ 的物理意义是：当速度梯度 $\dfrac{du}{dy}=1$ 时，流动液层间单位面积上产生的内摩擦力。国际计量单位为 Pa·s(帕·秒)，也可用 N·s/m²(牛·秒/米²)表示。

当速度梯度发生变化时，动力黏度 $\mu$ 为变量的液体被称为非牛顿液体，动力黏度 $\mu$ 为常量的液体被称为牛顿液体，石油基液压油一般为牛顿液体。

(2) 运动黏度 $\nu$。液体的动力黏度 $\mu$ 与密度 $\rho$ 的比值称为运动黏度，用 $\nu$ 表示，国际计量单位为 m²/s(米²/秒)。计算公式为

> The ratio of dynamic viscosity to the mass density is called the kinematic viscosity.

$$\nu = \frac{\mu}{\rho} \tag{2-7}$$

运动黏度 $\nu$ 没有明确的物理意义，在工程中经常用到它。因其中只有长度和时间的量纲，故得名为运动黏度。黏度是液压油划分牌号的依据，例如，VG46 液压油是指该液压油在 40℃时其运动黏度 $\nu$ 的平均值是 46mm²/s。

国际标准化组织 ISO 按运动黏度值对液压传动工作介质的黏度等级进行了划分，部分常用液压传动工作介质的新、旧标准中运动黏度等级(或称牌号)的对照见表 2-4。旧标准是以 50℃的运动黏度值作为液压传动工作介质的运动黏度值。液压工作介质常用的黏度等级为 10～100 号，实际使用主要集中在 15～68 号。

表 2-4 部分常用液压传动工作介质的牌号和运动黏度($\times 10^{-6}$ m²/s)
(TABLE 2-4 Grade and kinetic viscosity of part of hydraulic transmission operating medium)

| 运动黏度等级<br>ISO 3448—1992 | 现牌号<br>GB/T 3141—1994 | 过渡牌号<br>1983—1990 年 | 旧牌号<br>1982 年以前 | 40℃时运动<br>黏度范围 | 40℃时运动<br>黏度平均值 |
|---|---|---|---|---|---|
| VG10 | 10 | N10 | 7 | 9.00～11.0 | 10 |
| VG15 | 15 | N15 | 10 | 13.5～16.5 | 15 |
| VG22 | 22 | N22 | 15 | 19.8～24.2 | 22 |
| VG32 | 32 | N32 | 20 | 28.8～35.2 | 32 |
| VG46 | 46 | N46 | 30 | 41.4～50.6 | 46 |
| VG68 | 68 | N68 | 40 | 61.2～74.8 | 68 |
| VG100 | 100 | N100 | 60 | 90.0～110 | 100 |

(3) 相对黏度。相对黏度又称条件黏度(Relative viscosity or conditional viscosity)。它是采用特定的黏度计在规定的条件下测量出来的液体黏度。根据测量条件和使用仪器的

不同,各国采用的相对黏度单位有所不同。如我国、德国及俄罗斯等国家采用恩氏黏度($°E$);美国采用赛氏黏度(SSU);英国采用雷氏黏度(R)等。

恩氏黏度使用恩氏黏度计测定,方法为:将 200mL 温度为 $t℃$ 的被测液体装入底部有 $\phi 2.8mm$ 小孔的恩氏黏度计内,先测定该液体在重力作用下通过小孔流尽所需时间 $t_1$ 后,再测出同体积温度为 20℃ 的蒸馏水在同一恩氏黏度计内通过小孔流尽所需时间 $t_2$($t_2$ = 50~52s)。$t_1$ 与 $t_2$ 的比值即为被测液体在 $t℃$ 时的恩氏黏度值,即

$$°E_t = \frac{t_1}{t_2} \tag{2-8}$$

在工业上,一般以 20℃、50℃ 和 100℃ 作为测定恩氏黏度值的标准温度,分别以符号 $°E_{20}$、$°E_{50}$ 和 $°E_{100}$ 表示。

恩氏黏度 $°E$ 和运动黏度 $\nu$($m^2/s$)的换算关系式为

$$\nu = \left(7.31°E - \frac{6.31}{°E}\right) \times 10^{-6} \tag{2-9}$$

2) 调和油的黏度(The viscosity of blending oil)

选择合适黏度的液压传动工作介质,对液压传动系统的工作性能有重要影响。当现有的液压油黏度不能满足要求时,可把两种不同黏度的液压油按一定的比例混合起来使用,这就是调和油。调和油的黏度可用下面的经验公式计算:

$$°E = \frac{a°E_1 + b°E_2 - c(°E_1 - °E_2)}{100} \tag{2-10}$$

式中:$°E_1$、$°E_2$ 为混合前两种不同液压油的黏度,取 $°E_1 > °E_2$;$°E$ 为混合后调和油的黏度;$a$、$b$ 为参与调和的两种不同液压油各占的百分比($a\% + b\% = 100\%$);$c$ 为实验系数,见表 2-5。

表 2-5 实验系数 $c$ 的数值
(TABLE 2-5 Value of testing coefficient $c$)

| $a/(\%)$ | 10 | 20 | 30 | 40 | 50 | 60 | 70 | 80 | 90 |
|---|---|---|---|---|---|---|---|---|---|
| $b/(\%)$ | 90 | 80 | 70 | 60 | 50 | 40 | 30 | 20 | 10 |
| $c$ | 6.7 | 13.1 | 17.9 | 22.1 | 25.5 | 27.9 | 28.2 | 25 | 17 |

3) 压力对黏度的影响(Viscosity - pressure characteristics)

当液压传动工作介质所受的压力加大时,分子之间的距离缩小,内聚力增大,液压传动工作介质的黏度也随之增大。当压力低于 5MPa 时,黏度值的变化很小,可以忽略不计;当压力超过 20MPa 时,这种影响就十分明显;当压力增加到 50MPa 时,液压传动工作介质的运动黏度就会增加 3 倍以上。压力对运动黏度的影响可用式(2-11)计算:

$$\nu_p = \nu_a e^{cp} \approx \nu_a(1 + cp) \tag{2-11}$$

式中:$\nu_p$ 为液压传动工作介质在压力 $p$(Pa)时的运动黏度,单位:$m^2/s$;$\nu_a$ 为绝对压力为 1 个大气压时液压传动工作介质的运动黏度,单位:$m^2/s$;e 为自然对数的底;$c$ 为系数,对于矿物油,$c = 0.015 \sim 0.035$,单位:$MPa^{-1}$;$p$ 为液压传动工作介质的压力,单位:MPa。

4) 温度对黏度的影响(Viscosity - temperature characteristics)

液压传动工作介质的黏度受温度的影响很大,当液压传动工作介质温度升高时,其分

子之间的内聚力减小,黏度就随之降低。液压传动工作介质的黏度随温度变化的性质被称为黏温特性。液压传动工作介质黏度的变化直接影响到液压传动系统的性能和泄漏量,因此希望液压传动工作介质黏度随温度的变化越小越好。不同种类的液压传动工作介质有不同的黏温特性,黏温特性通常用黏度指数 VI 来度量。黏度指数 VI 表示该液压传动工作介质的黏度随温度变化的程度与标准液的黏度变化程度之比。黏度指数越高,说明黏度随温度变化越小,其黏温特性就越好。

通常要求液压传动工作介质的黏度指数应在 90 以上,当液压传动系统的工作温度范围较大时,应选用黏度指数较高的液压传动工作介质。几种典型液压传动工作介质的黏度指数 VI 见表 2-6。

表 2-6 典型液压传动工作介质的黏度指数 VI

(TABLE 2-6 Viscosity index VI of typical hydraulic transmission operating medium)

| 液压工作介质种类 | 黏度指数 VI | 液压工作介质种类 | 黏度指数 VI |
| --- | --- | --- | --- |
| 磷酸酯液压液 L-HFDR | 31~170 | 低温液压油 L-HV | 130 |
| 普通液压油 L-HL | 90 | 高黏度指数液压油 L-HR | ≥160 |
| 石油基液压油 L-HG | ≥90 | 油包水乳化液 L-HFB | 130~170 |
| 抗磨液压油 L-HM | ≥95 | 水-乙二醇液压液 L-HFC | 140~170 |
| 高含水液压油 L-HFAE | ≈130 | | |

5) 气泡对黏度的影响(Viscosity-foam characteristics)

液压传动工作介质中混入直径为 0.25~0.5mm 悬浮状态的气泡时,这些悬浮状态的气泡对液压传动工作介质的黏度具有一定的影响,其值可按式(2-12)计算:

$$\nu_b = \nu_0(1+0.015b) \qquad (2-12)$$

式中:$\nu_b$ 为混入 $b$ 空气时液压传动工作介质的运动黏度,单位:$m^2/s$;$\nu_0$ 为不含空气时液压传动工作介质的运动黏度,单位:$m^2/s$;$b$ 为混入空气的体积分数。

## 2.1.3 液压传动工作介质的化学性能(Chemical characteristics of hydraulic transmission operating medium)

1. 水解稳定性(Hydrolytic stability)

液压传动工作介质遇水分解变质的程度被称为水解稳定性。水在液压传动工作介质中大部分沉淀在油箱的底部,但有一部分会成为液压传动工作介质中渣泥物的成分。在低温时,水会从液压传动工作介质中析出,凝成坚硬的细冰粒,会划伤机件的工作表面。

2. 热稳定性(Thermal resistance)

液压传动工作介质抵抗其受热时发生化学变化的能力被称为热稳定性。热稳定性差的液压传动工作介质在温度升高到一定程度时,可能产生裂化和聚合作用,所产生的物质和外来的杂质(水、灰尘等)混在一起会形成一种渣泥物。渣泥物的一部分悬浮在液压传动工作介质中,另一部分沉积在液压传动系统的各个组成部分里。由于这种化学反应随温度升高而加快,所以一般液压传动工作介质的工作温度应低于 65℃。

### 3. 相容性(Compatibility)

液压传动工作介质抵抗与各种材料起化学反应的能力被称为相容性。液压传动工作介质与所接触的油漆、密封件、电绝缘物质、软管等，都可能起化学反应。如果化学反应不发生或很少发生，则表明此液压传动工作介质相容性好。

### 4. 氧化稳定性(Anti-oxygenation)

液压传动工作介质与空气中的氧或其他氧化物发生反应的程度被称为氧化稳定性。液压传动工作介质氧化后通常使油液的黏度增加，并生成酸性化合物，从而引起液压传动系统中金属部分的腐蚀。所以，要求液压传动工作介质在90℃以下化学稳定性好，以保证液压传动系统正常工作。

## 2.1.4 对液压传动工作介质的主要性能要求(Main performance requirements of hydraulic transmission operating medium)

液压传动工作介质是液压传动系统中十分重要的组成部分，具有双重作用：一是作为传递能量和信号的工作介质，二是作为润滑剂润滑运动零件的工作表面，也起着冷却运动部件和保护金属不被锈蚀的作用。如果说液压泵是液压传动系统的心脏，那么液压传动工作介质就相当液压传动系统的血液，液压传动系统能否可靠、安全、高效率、长寿命和经济地运行，与所选用的液压传动工作介质的各种性能和质量密切相关，不同的工作机械、不同的使用情况对液压传动工作介质的要求有很大的不同，为了更好地传递动力和运动，液压传动系统使用的液压传动工作介质应具备如下性能。

(1) 合适的黏度，$\nu_{40}=15\sim68\text{mm}^2/\text{s}$，较好的黏温特性。

(2) 良好的水解稳定性和抗乳化性。

(3) 与密封材料和环境具有良好的相容性。

(4) 热膨胀系数小，比热、热传导率大。

(5) 对金属材料需要具有良好的防腐性和防锈蚀性。

(6) 良好的空气释放性和抗泡沫性。

(7) 良好的过滤性能。

(8) 良好的抗磨性即润滑性。

(9) 良好的氧化稳定性、热稳定性和剪切稳定性。当温度低于57℃时，油液的氧化进程缓慢，之后，温度每增加10℃，氧化的程度增加一倍，所以控制液压传动工作介质的温度特别重要。

(10) 凝固点和流动点低，闪点(明火能使液压油面上油蒸气内燃，但液压油本身不燃烧的温度)和燃点高。

(11) 质地纯净，杂质少。

(12) 无毒无味、对人体无害，成本低。

另外，对挤压机、轧钢机、飞机、压铸机等处则须突出耐高温、热稳定、无毒、不腐蚀、不挥发、防火等项要求。

## 2.1.5 液压传动工作介质的选择(Selection of hydraulic transmission operating medium)

实践证明，正确而合理地选用液压传动工作介质是保证液压传动设备高效率正常运转的前提。液压传动工作介质的选择包含两个方面：黏度和品种。选择液压传动工作介质需考虑的因素见表2-7。

表2-7 选择液压传动工作介质时考虑的因素
(TABLE 2-7 Selection of hydraulic transmission operating medium)

| 考虑因素 | 考虑内容 |
|---|---|
| 液压传动系统工作条件 | 温度范围(黏温特性、黏度、热稳定性、剪切损失、低温流动性、挥发性等)；<br>压力范围(承载能力、润滑性等)；<br>转速(对支承面浸润能力、气蚀等) |
| 液压传动系统工作环境 | 抑制噪声的能力(消泡性、空气溶解度等)；<br>要否阻燃(燃点、闪点等)；<br>废液压传动工作介质再生处理及环保要求 |
| 液压传动工作介质的品质 | 物理化学指标；<br>氧化稳定性；<br>剪切稳定性；<br>防锈蚀性；<br>对金属和密封件等的相容性；<br>吸气情况、过滤性能、去垢能力 |
| 液压传动工作介质的经济性 | 货源情况；<br>维护、更换的难易程度；<br>价格及使用寿命 |

在众多的考虑因素中，最重要的因素是液压传动工作介质的黏度。当黏度太小时，泄漏增大使液压传动系统效率下降；当黏度太大时，液流的压力损失和发热大，也影响液压传动系统效率。在液压传动系统中，液压泵的工作条件最为恶劣，不但压力高、转速高和温度高，而且液压传动工作介质被液压泵吸入和压出时都要受到剪切作用，因此，液压传动工作介质的黏度是根据液压泵的要求来确定的。液压泵用液压传动工作介质的黏度范围及推荐牌号见表2-8。

表2-8 液压泵用液压工作介质的黏度范围及推荐牌号
(TABLE 2-8 Viscosity range and grade of hydraulic transmission operating medium applied to pumps)

| 名称 | 工作压力/MPa | 工作温度/℃ | 运动黏度/($10^{-6} \cdot m^2 \cdot s^{-1}$) | | 推荐用油 |
|---|---|---|---|---|---|
| | | | 允许 | 最佳 | |
| 齿轮泵 | 12.5以下 | 5~40 | 4~220 | 25~54 | L-HL32，L-HL46 |
| | | 40~80 | | | L-HL46，L-HL68 |
| | 10~20 | 5~40 | | | L-HL46，L-HL68 |
| | | 40~80 | | | L-HM46，L-HM68 |
| | 16~32 | 5~40 | | | L-HM32，L-HM68 |
| | | 40~80 | | | L-HM46，L-HM68 |

(续)

| 名　称 | 工作压力/MPa | 工作温度/℃ | 运动黏度/($10^{-6} \cdot m^2 \cdot s^{-1}$) 允许 | 运动黏度/($10^{-6} \cdot m^2 \cdot s^{-1}$) 最佳 | 推荐用油 |
|---|---|---|---|---|---|
| 螺杆泵 | 10.5 以上 | 5～40 | 19～49 | | L-HL32, L-HL46 |
| | | 40～80 | | | L-HL46, L-HL68 |
| 叶片泵 1200r/min | 7 | 5～40 | 16～220 | 26～54 | L-HH32, L-HH46 |
| | | 40～80 | | | L-HH46, L-HH68 |
| 叶片泵 1800r/min | 14 以上 | 5～40 | 20～220 | 25～54 | L-HL32, L-HL46 |
| | | 40～80 | | | L-HL46, L-HL68 |
| 径向柱塞泵 轴向柱塞泵 | 14～35 | 5～40 | 10～65 | 16～48 | L-HM32, L-HM46 |
| | | 40～80 | | | L-HM46, L-HM68 |
| | 35 以上 | 5～40 | 4～76 | 16～47 | L-HM32, L-HM68 |
| | | 40～80 | | | L-HM68, L-HM100 |

### 2.1.6 液压传动工作介质的使用(Application of hydraulic transmission operating medium)

按要求选择好液压传动工作介质后，在使用液压传动工作介质时，还应注意以下几方面情况。

(1) 在贮存、搬运和加注过程中，应防止液压传动工作介质被污染。
(2) 对液压传动工作介质定期抽样检验，并建立定期更换制度。
(3) 保持液压传动系统的密封，发现泄漏，立即排除。
(4) 液压油箱的贮油量应充分，以利于液压传动系统散热。
(5) 对长期使用的液压传动工作介质，氧化稳定性和热稳定性是决定温度界限的主要因素，因此，应使液压传动工作介质长期处在低于它开始氧化的温度下工作。

另外，在使用液压工作介质时，还要考虑液压传动系统工作条件的特殊要求，如在寒冷地区工作的液压传动系统则要求低温流动性好、凝固点低，应使用黏度较低的液压传动工作介质；在环境温度较高，工作压力高或运动速度较低时，为减小泄漏，应选用黏度较高的液压传动工作介质。各种液压传动工作介质的性能比较和应用范围见表2-9。

表2-9 液压传动工作介质性能比较和应用范围
(TABLE 2-9 Property comparison and application range of hydraulic transmission operating medium)

| 项　目 | 水的化学溶液 | 水包油乳化液 | 油包水乳化液 | 水-乙二醇液压液 | 石油基液压油 | 磷酸酯液压液 |
|---|---|---|---|---|---|---|
| 黏度 | 低 | 低 | 低 | 低～高 | 低～很高 | 低～高 |
| 抗燃性 | 不燃 | 不燃 | 抗燃 | 抗燃 | 易燃 | 抗燃 |
| 润滑性 | 差 | 差 | 良 | 良～优 | 优 | 优 |
| 腐蚀性 | 中等 | 小 | 小 | 极小 | 无 | 极小 |
| 锈蚀性 | 小 | 小 | 极小 | 极小 | 无 | 极小 |

（续）

| 项　　目 | | 水的化学溶液 | 水包油乳化液 | 油包水乳化液 | 水-乙二醇液压液 | 石油基液压油 | 磷酸酯液压液 |
|---|---|---|---|---|---|---|---|
| 抗泡性 | | 差 | 差 | 差 | 差 | 差～好 | 良 |
| 黏温性能 | | 差 | 差 | 良 | 优 | 良～好 | 差～良 |
| 适用温度/℃ | | 0～49 | 4～49 | 4～66 | -18～66 | -29～100 | -7～130 |
| 常用压力/MPa | 叶片泵 | 21 | <14 | <7 | <14 | 全域 | 14～21 |
| | 柱塞泵 | | | <14 | <21 | | 21 |
| 蒸发性 | | 大 | 大 | 大 | 大 | 小 | 小 |
| 毒性 | | 无 | 无 | 无 | 极微 | 无 | 轻微 |
| 过滤器吸入阻力/MPa | | 极小 | 极小 | 0.09 | 0.2 | 0.1 | 0.15 |
| 泵寿命 | | 短 | 短 | 较长 | 较短 | 长 | 长 |
| 换油周期 | | 长 | 短 | 短 | 长 | 长 | 长 |
| 不相容密封材料 | | — | — | 丁基橡胶<br>乙烯橡胶<br>聚尿烷橡胶 | 聚尿烷橡胶<br>硅橡胶 | 天然橡胶<br>丁基橡胶<br>乙烯橡胶 | 丁腈橡胶<br>丙烯酯橡胶 |
| 维护保养 | | 较易 | 难 | 难 | 较易 | 易 | 较易 |
| 相对价格/(%) | | 10～30 | 10～15 | 150 | 300～400 | 100 | 500～800 |

## 2.2　液压传动工作介质的污染和控制
## (Pollution and control of hydraulic transmission operating medium)

### 2.2.1　液压传动工作介质污染物的种类（Pollution classification of hydraulic transmission operating medium）

液压传动工作介质污染物是指对液压传动系统正常工作、使用寿命和工作可靠性产生不良影响的各种外来杂物，如水、空气、固体颗粒、化学物质、微生物和污染能量等。液压传动工作介质的污染物根据其物理形态可分为液体、气体和固体 3 种类型。液态污染物主要是从外界侵入系统的水；气态污染物主要是空气；固体污染物主要是液压传动系统工作介质中存在的颗粒状态物质。其中固体污染物是液压传动系统中最普遍、危害最大的污染物。

### 2.2.2　液压传动工作介质污染的原因（Pollution causation of hydraulic transmission operating medium）

液压传动工作介质遭受污染的原因是多方面的，污染物的来源见表 2-10。

表 2-10　液压传动工作介质的污染物

(TABLE 2-10　Contaminant of hydraulic transmission operating medium)

| 外来侵入的污染物 | | | 工作过程中产生的污染物 | |
|---|---|---|---|---|
| 液压传动装置组装时残留下来的污染物 | 液压传动工作介质运输过程中带来的污染物 | 从周围环境混入的污染物 | 液压传动工作介质物理化学性质变化时产生的污染物 | 液压传动装置中相对运动件磨损时产生的污染物 |

在表 2-10 中，液压传动工作介质运输过程中带来的污染物是指新生产的液压传动工作介质被污染，包括从炼制、分装、运输和储存等过程中产生的污染。试验证明，在长期储存过程中新液压传动工作介质的颗粒污染物有聚积成团的趋势，大于 $10\mu m/mL$ 的颗粒数超过 20000 个，50% 新液压传动工作介质的污染度超过液压元件的污染耐受度水平。周围环境混入的污染物是指从液压油箱通气孔注油、液压缸活塞杆和维修设备等过程中侵入的污染物。液压传动装置组装时残留下来的污染物是指液压元件和系统在加工、装配等过程中残留下来的型砂、切屑、毛刺、磨粒、焊渣、铁锈、纤维、灰尘等。液压传动工作介质在工作过程中产生的污染物是指工作介质氧化和分解所产生的固体颗粒和胶状物质、液压元件磨损产生的磨屑、密封物的剥离片、管道内锈蚀剥落物等。其中磨屑是液压传动系统中最具破坏性、最危险的污染物。

## 2.2.3　液压传动工作介质污染度的测定(Pollution measurement of hydraulic transmission operating medium)

液压传动工作介质的污染度是指单位体积工作介质中固体颗粒污染物的含量，即液压传动工作介质中所含固体颗粒的浓度。液压传动工作介质污染度的测定方法主要有质量分析法和颗粒分析法。

1. 质量分析法（Mass methods of analysis）

液压传动工作介质污染度测定的质量分析法是指测定单位体积工作介质中所含固体污染物的质量，通常用 mg/L 表示。国际标准 ISO 4405《用质量测定法测定颗粒污染物》中有详细规定和说明。该方法测定的结果只能反映工作介质中颗粒污染物的总量，而不能反映颗粒的大小和尺寸分布，将逐渐被颗粒计数法代替。

2. 显微镜计数法（Microscope count method）

液压传动工作介质污染度测定的显微镜计数法是指用微孔滤膜过滤一定体积的样液，将样液中的颗粒污染物全部收集在滤膜表面上，然后在显微镜下测定颗粒的大小，再按要求的尺寸范围计数。国际标准 ISO/DIS 4407《透射光显微镜计数法》和 ISO/DIS 4408《入射光显微镜计数法》中有详细规定和说明。显微镜计数法是应用比较普遍的一种方法。其缺点是计数准确性在很大程度上取决于试验人员的经验和主观性；对尺寸小、数量多的颗粒、检测精度较差；计数重复性较差，偏差高达 30% 左右。

3. 自动颗粒计数法（Aautomatic count method）

自动颗粒计数法是指使用自动颗粒计数器测出单位体积液压传动工作介质中所含各种

尺寸范围的固体颗粒污染物的数量，通常用 μm 表示。在液压传动工作介质污染分析中，广泛地应用自动颗粒计数器。根据工作原理的不同，自动颗粒计数器有遮光型、电阻型和光散射型等几种类型，应用较多的是遮光型自动颗粒计数器。

### 2.2.4 液压传动工作介质污染度的等级(Contamination grade of hydraulic transmission operating medium)

为了定量地描述和评定液压传动工作介质的污染程度，我国、美国和国际标准化组织等都制订了污染度等级标准。我国国家标准 GB/T 14039—2002《液压系统工作介质固体颗粒污染等级代号》与国际标准 ISO 4406—1999 等效，见表 2-11。

表 2-11 ISO 4406—1999 污染度等级数码

(TABLE 2-11 Contamination grade of hydraulic transmission operating medium in ISO 4406—1999)

| 每毫升颗粒数 | | 等级数码 |
|---|---|---|
| 下限值 | 上限值 | |
| 80000 | 160000 | 24 |
| 40000 | 80000 | 23 |
| 20000 | 40000 | 22 |
| 10000 | 20000 | 21 |
| 5000 | 10000 | 20 |
| 2500 | 5000 | 19 |
| 1300 | 2500 | 18 |
| 640 | 1300 | 17 |
| 320 | 640 | 16 |
| 160 | 320 | 15 |
| 80 | 160 | 14 |
| 40 | 80 | 13 |
| 20 | 40 | 12 |
| 10 | 20 | 11 |
| 5 | 10 | 10 |
| 2.5 | 5 | 9 |
| 1.3 | 2.5 | 8 |
| 0.64 | 1.3 | 7 |
| 0.32 | 0.64 | 6 |
| 0.16 | 0.32 | 5 |
| 0.08 | 0.16 | 4 |
| 0.04 | 0.08 | 3 |
| 0.02 | 0.04 | 2 |
| 0.01 | 0.02 | 1 |
| 0.005 | 0.01 | 0 |
| 0.0025 | 0.005 | 0.9 |

ISO 4406—1999 污染度等级标准采用两个数码代表液压传动工作介质中固体颗粒污染度等级，前面的数码代表 1mL 液压传动工作介质中尺寸大于 5μm 颗粒数等级，后面的

数码代表 1mL 液压传动工作介质中尺寸大于 15μm 颗粒数等级，两个数码之间用一斜线分开。例如：污染度等级数码为 21/18 的液压传动工作介质，表示它在每 1mL 内大于 5μm 的颗粒数为 10000～20000，大于 15μm 的颗粒数为 1300～2500。对于按 ISO 11171 校准的自动颗粒计数器计数，用 ≥4μm、≥6μm 和 ≥14μm 3 个尺寸范围的颗粒浓度等级数码表示液压传动工作介质的污染度。

美国汽车工程师学会标准 SAE749D 液压传动工作介质的污染度等级标准见表 2-12。

表 2-12 SAE749D 污染度等级(100mL 中的颗粒数)

(TABLE 2-12 Contamination grade of hydraulic transmission operating medium in SAE749D)

| 污染度等级 | 颗粒尺寸范围/μm | | | | |
|---|---|---|---|---|---|
| | 5～10 | 10～25 | 25～50 | 50～100 | >100 |
| 0 | 2700 | 670 | 93 | 16 | 1 |
| 1 | 4600 | 1340 | 210 | 26 | 3 |
| 2 | 9700 | 2680 | 350 | 56 | 5 |
| 3 | 24000 | 5360 | 780 | 110 | 11 |
| 4 | 32000 | 10700 | 1510 | 225 | 21 |
| 5 | 87000 | 21400 | 3130 | 430 | 41 |
| 6 | 128000 | 42000 | 6500 | 1000 | 92 |

美国宇航学会标准 NAS1638 液压传动工作介质的污染度等级标准见表 2-13。

表 2-13 NAS1638 污染度等级(100mL 中的颗粒数)

(TABLE 2-13 Contamination grade of hydraulic operating medium in NAS1638)

| 污染度等级 | 颗粒尺寸范围/μm | | | | |
|---|---|---|---|---|---|
| | 5～10 | 10～25 | 25～50 | 50～100 | >100 |
| 00 | 125 | 22 | 4 | 1 | 0 |
| 0 | 250 | 44 | 8 | 2 | 0 |
| 1 | 500 | 89 | 16 | 3 | 1 |
| 2 | 1000 | 178 | 32 | 6 | 1 |
| 3 | 2000 | 356 | 63 | 11 | 2 |
| 4 | 4000 | 712 | 126 | 22 | 4 |
| 5 | 8000 | 1425 | 253 | 45 | 8 |
| 6 | 16000 | 2850 | 506 | 90 | 16 |
| 7 | 32000 | 5700 | 1012 | 180 | 32 |
| 8 | 64000 | 11400 | 2025 | 360 | 64 |
| 9 | 128000 | 22800 | 4050 | 720 | 128 |
| 10 | 256000 | 45600 | 8100 | 1440 | 256 |
| 11 | 512000 | 91200 | 16200 | 2880 | 512 |
| 12 | 1024000 | 182400 | 32400 | 5760 | 1024 |

## 2.2.5 液压传动工作介质污染的危害(Pollution hazard of hydraulic transmission operating medium)

1. 固体颗粒污染物的危害(Solid particles pollution hazard)

固体颗粒污染物是液压传动和润滑系统中最普遍、危害最大的污染物,实践证明,因固体颗粒污染物引起的液压传动和润滑系统的故障占总污染故障的60%~70%。固体颗粒污染物对液压传动元件和系统的危害主要为以下3个方面。

(1) 固体颗粒污染物进入液压传动元件摩擦副的间隙内,可能使摩擦副卡死而导致液压传动元件失效;固体颗粒污染物也可能会堵塞节流口、阻尼小孔或过滤器,使液压传动元件性能下降,产生噪声,甚至不能正常工作。

(2) 固体颗粒污染物进入液压传动元件摩擦副的间隙内,对液压传动元件表面产生磨料磨损、疲劳磨损和冲蚀磨损,使表面材料受到破坏;还会使密封间隙增大,泄漏增加。

(3) 金属颗粒污染物对液压传动工作介质的氧化有催化作用。试验表明,当工作介质中同时存在水和金属颗粒时,工作介质的氧化速度急剧增加,铁或铜对液压传动工作介质的氧化作用使工作介质的氧化速度分别增加10倍和30倍以上。

2. 液态污染物的危害(Hazard of liquid pollutants)

液态污染物主要是从外界侵入液压传动系统的水,液压传动和润滑系统的水主要来自周围的湿空气。其中,矿物油型液压传动工作介质的吸水饱和度一般为0.02%~0.03%,润滑油的吸水饱和度一般为0.05%~0.06%。水对液压传动元件和系统的危害主要为以下3个方面。

(1) 水侵入液压传动工作介质会加速油液的氧化,并与添加剂起作用产生粘性胶质,使滤芯堵塞。

(2) 使液压传动工作介质乳化,降低油液的润滑性能。

(3) 液压传动工作介质在低温下可能会结成冰粒,堵塞液压传动元件的间隙或小孔,导致液压传动元件或系统故障。

3. 气态污染物的危害(Hazard of atmospheric pollutants)

气态污染物主要是从大气侵入液压传动系统的空气,液压传动工作介质中的空气有两种存在形式:一种是溶解在工作介质中,另一种是以微小气泡状态悬浮在工作介质中。溶解气体不会改变工作介质的性质,悬浮在工作介质中的微小气泡对液压传动元件和系统的危害主要为以下4个方面。

(1) 微小气泡会降低液压传动工作介质的体积弹性模量,试验表明,液压传动工作介质中混有1%的微小气泡,其体积弹性模量会降低到纯净工作介质的35.6%,会严重影响液压传动系统的刚性和响应特性。

(2) 降低润滑性能。

(3) 加速液压传动元件腐蚀,引起液压传动系统强烈地振动和噪声。

(4) 使液压传动工作介质的可压缩性增大,在工作过程中,使工作介质的温度升高,能量消耗增大。

### 2.2.6 液压传动工作介质污染的控制及措施（Pollution control and measures of hydraulic transmission operating medium）

**1. 液压传动工作介质污染的控制**（Pollution control of hydraulic transmission operating medium）

为了有效地控制液压传动系统的污染，以保证液压传动系统工作的可靠性和液压元件的使用寿命，我国机械行业已制订了典型液压元件清洁度等级表（2-14）和典型液压传动系统清洁度等级（表2-15）。

表 2-14 典型液压元件清洁度等级

(TABLE 2-14 Cleanliness grade of typical hydraulic component)

| 液压元件类型 | 优等品 | 一等品 | 合格品 |
| --- | --- | --- | --- |
| 各种类型液压泵 | 16/13 | 18/15 | 19/16 |
| 一般液压阀 | 16/13 | 18/15 | 19/16 |
| 电液比例控制阀 | 14/11 | 15/12 | 16/13 |
| 电液伺服阀 | 13/10 | 14/11 | 15/12 |
| 摆动液压缸 | 17/14 | 19/16 | 20/17 |
| 液压缸 | 16/13 | 18/15 | 19/16 |
| 液压马达 | 16/13 | 18/15 | 19/16 |
| 储能器 | 16/13 | 18/15 | 19/16 |
| 过滤器壳体 | 15/12 | 16/13 | 17/14 |

表 2-15 典型液压传动系统清洁度等级

(TABLE 2-15 Cleanliness grade of typical hydraulic transmission system)

| 液压传动系统类型 | 12/9 | 13/10 | 14/11 | 15/12 | 16/13 | 17/14 | 18/15 | 19/16 | 20/17 | 21/18 | 22/19 |
| --- | --- | --- | --- | --- | --- | --- | --- | --- | --- | --- | --- |
| 对污染极敏感的液压传动系统 | ------ | ------ | ------ | ------ | ------ | | | | | | |
| 液压传动伺服系统 | | ------ | ------ | ------ | ------ | ------ | | | | | |
| 高压液压传动系统 | | | ------ | ------ | ------ | ------ | ------ | | | | |
| 中压液压传动系统 | | | | ------ | ------ | ------ | ------ | ------ | | | |
| 低压液压传动系统 | | | | | ------ | ------ | ------ | ------ | ------ | | |
| 低敏感液压传动系统 | | | | | | ------ | ------ | ------ | ------ | ------ | |
| 数控机床液压传动系统 | | ------ | ------ | ------ | ------ | | | | | | |
| 机床液压传动系统 | | | | | ------ | ------ | ------ | | | | |
| 一般机械液压传动系统 | | | | | | ------ | ------ | ------ | | | |
| 行走机械液压传动系统 | | | | | | | ------ | ------ | ------ | | |
| 重型机械液压传动系统 | | | | | | | | ------ | ------ | ------ | |
| 重型和行走设备液压传动系统 | | | | | | | | | ------ | ------ | ------ |
| 冶金轧钢设备液压传动系统 | | | | | | ------ | ------ | ------ | | | |

注：表中划横线的地方表示推荐使用的清洁度等级；空的地方表示没有数字。

2. 液压传动工作介质污染的控制措施(Pollution control and preventive measures of hydraulic transmission operating medium)

液压传动工作介质中的污染源可分为液压传动系统内部残留的、系统在工作过程中内部生成的和外界侵入3类。为了有效地保持液压传动系统清洁度的要求,液压传动工作介质污染的控制要贯穿于整个液压传动元件和系统的设计、制造、安装、调试、使用、日常维护、各种修理和管理等各个阶段。液压传动系统可能的污染源和相应的控制措施见表2-16。

表2-16 液压传动工作介质污染源和相应的控制措施

(TABLE 2-16 Pollution source and preventive measures of hydraulic transmission operating medium)

| 污染物类型 | 污染源类型 | 控制措施 |
| --- | --- | --- |
| 内部残留的污染物 | 液压传动元件加工装配残留的污染物 | 完成各个加工工序后,进行清洗;零件装配时先清洗,达到规定的清洁度要求后再装配成元件 |
| | 管件、液压油箱锈蚀物和残留的污染物 | 组装液压传动系统前,对管件、液压油箱进行酸洗和表面处理,使其达到规定的清洁度要求 |
| | 液压传动系统组装过程中残留的污染物 | 液压传动系统组装后进行循环清洗,使其达到规定的清洁度要求 |
| 内部生成的污染物 | 液压传动工作介质氧化分解产物 | 选用化学稳定性良好的工作介质;去除工作介质中的金属颗粒和水,控制工作介质的温度,采用静电净油法处理工作介质中的胶状黏稠物 |
| | 液压元件磨损产物 | 选用耐磨损的材料;选择的过滤器能滤除尺寸与关键液压元件运动副油膜厚度相当的颗粒物,阻止磨损的链式反应 |
| 外界侵入的污染物 | 侵入水 | 液压传动工作介质除水处理 |
| | 侵入空气 | 去除液压传动工作介质中的空气;防止液压油箱内工作介质中的气泡被吸入液压传动系统中 |
| | 液压油箱的呼吸孔 | 设置高精度吸水或阻水空气过滤器 |
| | 补充或更换液压传动工作介质 | 补充或更换新液压传动工作介质时,新的工作介质清洁度应高于液压传动系统工作介质1~2级 |
| | 液压缸活塞杆和液压马达输出轴 | 采用合格的液压缸活塞杆和液压马达输出轴防尘密封圈 |
| | 检修与维护 | 定期检修保持液压设备清洁;彻底去除维修中残留的脱脂剂或清洗液,维修后循环过滤清洗整个液压传动系统 |

## 重点和难点课堂讨论
(Important and difficult understanding knowledge points discussion in this chapter)

**课堂讨论**：液体的可压缩性、黏性及黏性的度量，牛顿液体内摩擦定律。

## 本章小结(Summary)

> 本章介绍了液压传动工作介质的物理和化学性质及其选用原则，强调了黏度这一重要参数对液压传动系统正常工作的重要意义。重点分析了液体的可压缩性、黏性及黏性的度量，明确了液压传动工作介质可压缩性、动力黏度和运动黏度等重要的基本概念和计算方法，详细说明了它们的物理意义和应用。黏性是选择液压传动工作介质的重要依据。讲述了液压传动工作介质污染的原因及危害，污染度的测定及等级，正确控制污染的措施。

## 思考题和习题(Review Questions)

1. 对液压传动工作介质的主要性能要求是什么？
2. 液压传动工作介质的体积为 $18×10^{-3}$ m³，质量为18kg，求该工作介质的密度。
3. 液体流动时，_____的性质，称为液体的黏性。其大小用_____表示，常用的黏度为_____、_____和_____。
4. 各种矿物油的牌号就是该种油液在40℃时的_____的平均值。
5. 密闭容器内液压传动工作介质的体积压缩系数 $\kappa = 1.5×10^{-3}$ MPa，压力在1MPa时的容积为2L。试求在压力升高到10MPa时液压传动工作介质的容积。
6. 用恩氏黏度计测得200mL某液压传动工作介质在40℃时流过的时间为 $t_1=153$s；20℃时200mL的蒸馏水流过的时间为 $t_2=51$s，已知 $\rho=850$kg/m³。求：该液压传动工作介质在40℃时的恩氏黏度°$E$、运动黏度 $\nu$ 和动力黏度 $\mu$ 各为多少？

# 第3章 液压流体力学基础知识

## Chapter 3　Hydro-mechanics basic knowledge

 本章教学要点

| 知识要点 | 掌握程度 | 相关知识 |
| --- | --- | --- |
| 液体静力学 | 掌握静力学基本方程；<br>掌握绝对压力、相对压力和真空度 | 重力作用下静止液体中的压力分布和静力学基本方程；<br>绝对压力、相对压力和真空度 |
| 层流、紊流和雷诺数 | 掌握层流、紊流和雷诺数 | 层流、紊流和雷诺数 |
| 液压冲击 | 掌握液压冲击 | 液压冲击 |
| 空穴现象 | 掌握空穴现象 | 空穴现象 |

### 导入案例

计算图1所示的液压泵吸油口处的真空度或液压泵允许的最大吸油高度。

**解：** 对液压油箱液面1-1和液压泵吸油口截面2-2列实际液体伯努利方程，则有

$$\frac{p_1}{\rho g}+\frac{v_1^2}{2g}=\frac{p_2}{\rho g}+h+\frac{v_2^2}{2g}+h_w$$

图示液压油箱液面与大气接触，故 $p_1$ 为大气压力，即 $p_1=p_a$；$v_1$ 为液压油箱液面下降速度，由于 $v_1 \ll v_2$，故 $v_1$ 可近似为零；$v_2$ 为液压泵吸油口处的流速，它等于流体在吸油管内的流速；$h_w$ 为吸油管路的能量损失。因此，上式可简化为

$$\frac{p_a}{\rho g}=\frac{p_2}{\rho g}+h+\frac{v_2^2}{2g}+h_w$$

所以液压泵吸油口处的真空度为

$$p_a-p_2=\rho g h+\frac{1}{2}\rho v_2^2+\rho g h_w=\rho g h+\frac{1}{2}\rho v_2^2+\Delta p$$

由此可见，液压泵吸油口处的真空度由3部分组成，分别是把油液提升到高度h所需的压力、将静止液体加速到$v_2$所需的压力和吸油管路的压力损失。

液压泵吸油口处的真空度不能太大，即液压泵吸油口处的绝对压力不能太低，否则会形成气穴现象，产生噪声和振动，影响液压泵和系统的工作性能，因此在实际使用中一般$h<0.5 \mathrm{m}$，有时为使吸油条件得以改善，采用倒灌式或浸入式安装，即使液压泵的油口高度小于零。

图1
(FIGURE 1)

流体力学是研究液体平衡和运动规律的一门学科。本章主要叙述与液压传动有关的流体力学的基本内容，为正确分析、合理设计和使用液压传动系统打下必要的理论基础。

➢ Hydro‐mechanics studies the laws when fliud is balance and flow.

# 3.1 液体静力学基础知识
# (Hydro‐static mechanics basic knowledge)

液体静力学是研究液体在静止状态下的力学平衡规律及其实际应用。静止液体是指液体内部质点间没有相对运动，至于液体整体，完全可以像刚体一样做各种运动。静止液体不显示黏性，液体内部无剪切应力而只有法向应力即压力。

➢ Hydro‐static mechanics studies the laws and application when fliud is at rest.

### 3.1.1 液体静压力及特征(Pressure and characteristics in stationary liquids)

1. 液体静压力（Pressure in stationary liquids）

作用在液体上的力有两种，即质量力和表面力。单位质量液体所受的质量力被称为单位质量力，在数值上就等于加速度。单位面积上作用的表面力被称为应力，它有法向应力和切向应力之分。当液体静止时，液体质点间没有相对运动，不存在摩擦力，因此静止液体的表面力只有法向力。

静压力是指液体在静止状态时，单位面积上所承受的法向力。液体静压力在物理学中被称为压强,在液压传动中被称为压力。

> Static pressure is the action force in normal on per unit of area in stationary liquids.

> It is intituled pressure in physics and action force in engineering usually.

如果在静止液体中某点处微小面积 $\Delta A$ 上作用有法向力 $\Delta F$,则该点的静压力 $p$ 可定义为

$$p = \lim_{\Delta A \to 0} \frac{\Delta F}{\Delta A} \tag{3-1}$$

若法向作用力 $F$ 均匀地作用在面积 $A$ 上,静压力 $p$ 又可表示为

$$p = \frac{F}{A} \tag{3-2}$$

> If a force acts perpendicularly on a surface or the whole surface, the force $F$ divided by the area of the surface $A$ will be the pressure $p$.

压力的法定计量单位为 Pa(帕斯卡)或 N/m²。由于此单位太小,工程上通常使用 kPa(千帕)或 MPa(兆帕)做计量单位,$1\text{MPa} = 10^3 \text{kPa} = 10^6 \text{Pa}$。常用压力单位换算见表 3-1。

表 3-1 常用压力单位换算表
(TABLE 3-1 Conversion chart of usage pressure unit)

| 帕<br>Pa | 巴<br>bar | 标准大气压<br>atm | 工程大气压<br>at | 公斤力/厘米²<br>kgf·cm⁻² | 毫米水柱<br>mmH₂O | 毫米水银柱<br>mmHg |
|---|---|---|---|---|---|---|
| $1 \times 10^5$ | 1 | $9.86923 \times 10^{-1}$ | 1.01972 | 1.01972 | $1.01972 \times 10^4$ | $7.50062 \times 10^2$ |

2. 液体静压力的特性(Static pressure characteristic of liquids)

因为液体质点间的凝聚力很小,不能受拉,只能受压,所以液体的静压力具有两个重要特征。

(1) 液体静压力垂直于其承压面,其方向与该面的内法线方向一致。

(2) 静止液体内任一点处的静压力在各方向上都相等。

### 3.1.2 重力作用下静止液体中的压力分布和静力学基本方程(Pressure spread in stationary liquids and basic equation of hydro-static mechanics)

1. 静止液体中的压力分布和液体静力学的基本方程(Pressure spread in stationary liquids and basic equation of hydro-static mechanics)

在重力作用下的静止液体,其受力情况如图 3.1(a)所示,除了受液体重力外,还受液面上的压力 $p_0$ 和容器壁面作用在液体上的压力。如果计算离液面深度为 $h$ 处某点 $B$ 的压力 $p$,可以假想在液体内取出一个底面包含该点的微小垂直液柱作为控制体来研究,如图 3.1(b)所示。设微小液柱的底面积为 $dA$,高度为 $h$,其体积为 $dA \cdot h$,则微小液柱所受的重力为 $\rho g h dA$,因为这个微小液柱在重力及周围液体的压力作用下处于平衡状态,所以其在垂直方向上的力平衡方程式为

$$p dA = p_0 dA + \rho g h dA \tag{3-3}$$

化简得

$$p = p_0 + \rho g h \tag{3-4}$$

式(3-4)被称为液体静力学的基本方程。它说明液体静压力分布有以下特征。

(1) 静止液体中任一点的压力均由两部分组成:一部分是液面上的表面压力 $p_0$,另一部分是该点以上的液体自重而形成的压力 $\rho g h$。如果液面上只受大气压 $p_a$ 作用时,则液体中任一点的压力为

$$p = p_a + \rho g h \tag{3-5}$$

(2) 静止液体内的压力随液体深度呈线性规律递增。

(3) 同一液体内,距离液面深度相等的各点压力均相等。由压力相等的所有点组成的面被称为等压面,在重力作用下静止液体内的等压面是一个水平面。

2. 液体静力学基本方程的物理意义(Physical signification of hydro-static mechanics basic equation)

将图 3.1(a) 所示盛有静止液体的密闭容器放在基准水平面($O-x$) 上加以分析,如图 3.1(c) 所示,则液体静力学的基本方程可改写成

$$p + \rho g z = p_0 + \rho g z_0 = 常量 \tag{3-6}$$

式中:$z$ 为深度为 $h$ 的 $B$ 点与基准水平面之间的距离;$z_0$ 为液面与基准水平面之间的距离。

式(3-6)整理后可得

$$\frac{p}{\rho g} + z = \frac{p_0}{\rho g} + z_0 = 常量 \tag{3-7}$$

式中:$\frac{p}{\rho g}$ 为静止液体内单位重力液体的压力能,被称为压力水头;$z$ 为静止液体内单位重力液体的位能,被称为位置水头。

式(3-7)说明了静止液体中任一点的压力能和位能之和为一常数,压力能与位能可互为转换,即能量守恒,这就是液体静力学基本方程式中包含的物理意义。

> Formula 3-7 states that the total energy is conservation at any given point, that is conversation of energy.

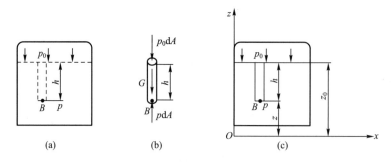

图 3.1 重力作用下的静止液体内压力分布规律
(FIGURE 3.1 Pressure distribution of gravity acting on static liquid)

### 3.1.3 帕斯卡原理(Pascal's Law)

由液体静力学基本方程式(3-5)可知,当外加压力 $p_0$ 发生变化时,只要盛在密闭容器内的液体仍保持原来的静止状态不变,则其内任一点的压力将发生同样大小的变化。这就是说,在密闭容器内,施加于静止液体上的压力将以等值同时传到液体各点。这就是帕

斯卡原理或称静压传递原理。帕斯卡原理是液压传动的一个基本原理。

> Pressure exerted on a confined state liquid is transmitted equivalence in all directions and simultaneity and acts with equal force on all equal aeras. That is the principle of Pascal. The principle of Pascal is also called as the hydro - static pressure transmission principle.

在液压传动系统中，由外力产生的压力 $p_0$ 要比液体自重所产生的压力 $\rho g h$ 大得多。若忽略它，便可以认为在液压传动系统中相对静止液体内部各点的压力均相等，都等于外界所施加的压力，即外负载所产生的压力。

### 3.1.4 绝对压力、相对压力和真空度(Absolute pressure, relative (gauge) pressure and vacuum (negative pressure))

在液压传动中，根据度量基准的不同，液体压力分为绝对压力和相对压力两种表示方法。以绝对真空为基准零值时所测得的压力，被称为绝对压力。以大气压为基准零值时所测得的压力，被称为相对压力。由于大多数测压仪表都受大气压的作用，仪表指示的压力都是相对压力。相对压力也被称为表压力。在使用中如不特别指明，液压传动中所提到的压力均为相对压力。当绝对压力低于大气压时，比大气压小的那部分数值被称为真空度。

> The pressure that is based on the absolute vacuum is called absolute pressure

> The pressure based on the atmosphere is called relative or gauge pressure

> Vacuum or negative pressure is lower value than atmosphere

绝对压力、相对压力（表压力）、真空度三者的关系用公式表示可归纳如下。
(1) 绝对压力＝大气压力＋相对压力。
(2) 相对压力＝绝对压力－大气压力。
(3) 真空度＝大气压力－绝对压力。

绝对压力、相对压力（表压力）、真空度的相对关系用图解表示，如图 3.2 所示。

图 3.2　绝对压力、相对压力（表压力）
与真空度的相对关系

(FIGURE 3.2　Relation between absolute pressure, relative pressure and vacuum)

### 3.1.5 液体静压力作用在固体壁面上的力(Force in stationary liquids acting on surfaces of the container)

在液压传动计算中，通常略去由液体自重产生的压力，液体中各点的静压力被看作是均匀分布的,且垂直作用于受压表面。当静止液体与固体壁面相接触时,固体壁面将受到总液压力的作用。当固体壁面为平面时,静止液体对固体壁面的总作用力 $F$ 等于液体的静压力 $p$ 与受压面积 $A$ 的乘积,总作用力方向与该平面相垂直,即

$$F = pA \tag{3-8}$$

当固体壁面为曲面时,曲面上各点所受的静压力的方向是变化的,但大小相等。因而作用在曲面上的总作用力在不同的方向也就不一样,因此必须明确要计算的是曲面上哪一个方向上的力。由此可知,静压力作用在曲面某一方向 $x$ 上的总作用力 $F_x$ 等于静压力 $p$ 与曲面在该方向上投影面积 $A_x$ 的乘积,即

$$F_x = pA_x \tag{3-9}$$

综上所述,静止液体作用在曲面上的总作用力在某一方向上的分力等于静压力与曲面在该方向投影面积的乘积。这一结论对任意曲面都适用。下面以液压缸筒为例加以证实。

**例题 3.1** 设液压缸两端面封闭,缸筒内充满着压力为 $p$ 的油液,缸筒长度为 $l$,半径为 $r$,液压缸筒受力分析,如图 3.3 所示。求液体作用在右半壁内表面 $x$ 方向上的分力 $F_x$。

**解**:在缸筒右半壁内表面上取一微小面积 $dA = lds = lrd\theta$,则压力油作用在这微小面积 $dA$ 上的作用力 $dF = pdA$ 在 $x$ 方向上的分力为

$$dF_x = dF\cos\theta = pdA\cos\theta = plr\cos\theta d\theta$$

**图 3.3 液体对固体壁面的作用力**
(FIGURE 3.3 Forces in station ary liquids acting on the inner surfaces of the container)

对上式积分,得液压缸筒右半壁内表面 $x$ 方向上的分力 $F_x$

$$F_x = \int_{-\frac{\pi}{2}}^{\frac{\pi}{2}} plr\cos\theta d\theta = 2lrp$$

式中:$2lr$ 为液压缸筒右半壁内表面在 $x$ 方向上的投影面积。

同理可求得液体作用在左半壁内表面 $x$ 反方向上的作用力 $F'_x = pA$。因 $F_x = -F'_x$,所以液体作用在液压缸筒内壁的合力为零。

## 3.2 流体动力学基础知识
### (Hydro-dynamics basic knowledge)

流体动力学的主要内容是研究液体流动时流速和压力的变化规律。流动液体的连续性方程、伯努利方程和动量方程是描述流动液体力学规律的 3 个基本方程式。这 3 个方程式是刚体力学中质量守恒、能量守恒和动量守恒在流体力学中的具体体现,连续性方程和伯努利方程反映压力、流速和流量之间的关系,动量方程是用来解决流动液体与固体壁面之间的相互作用力问题。这些内容不仅构成了流体动力学的基础,而且还是液压技术中分析

问题和设计计算的理论依据。

➤ Hydro-dynamics studies the laws of velocity and pressure for a flowing fluid

### 3.2.1 流动液体的基本概念（Basic concepts of flow liquid）

1. 理想液体、恒定流动、一维流动、二维流动和三维流动（Ideal liquid, invariable flow, one dimension flow, two dimension flow and three dimension flow）

（1）理想液体是指既无黏性、又不可压缩的液体。

（2）实际液体是指既具有黏性又可压缩的液体。

（3）运动要素是指用来描写流体运动状态的各个物理量。即当液体流动时，可以将流动液体中空间任一点上质点的运动参数，如压力 $p$、流速 $u$ 及密度 $\rho$ 表示为空间坐标和时间的函数，例如

$$压力\ p = p(x, y, z, t)$$
$$速度\ u = u(x, y, z, t)$$
$$密度\ \rho = \rho(x, y, z, t)$$

（4）恒定流动（稳定流动或定常流动）是指当液体流动时，如果液体中任一点处的压力 $p$、流速 $u$ 及密度 $\rho$ 都不随时间 $t$ 变化的流动，如图 3.4 所示。

恒定流动时

$$\frac{\partial p}{\partial t} = 0 \quad \frac{\partial u}{\partial t} = 0 \quad \frac{\partial \rho}{\partial t} = 0$$

在研究液压传动系统的静态性能时，往往将一些非恒定流动问题适当简化，作为恒定流动来处理。

（5）非恒定流动（非稳定流动或非定常流动）是指当液体流动时，如果液体中任一点处的压力 $p$、流速 $u$ 及密度 $\rho$ 有一个运动参数随时间 $t$ 变化的流动，如图 3.5 所示。

图 3.4　恒定流动
(FIGURE 3.4　Invariable flow)

图 3.5　非恒定流动
(FIGURE 3.5　Variable flow)

在研究液压传动系统的动态性能时，必须按非恒定流动来处理。

（6）一维流动是指液体整个作线性流动。

（7）二维流动是指液体整个作平面流动。

（8）三维流动是指液体整个作空间流动。

2. 流场、迹线、流线、流束和通流截面(Flow field, trace, flown line, streamline and cross section)

(1) 流场是指被运动流体所充满的空间。

(2) 迹线是流体质点在一段时间内运动的轨迹线。

(3) 流线是流体质点在某一瞬间运动状态的一条空间曲线。在流线上各点处的瞬时流速 $u$ 方向与该点的切线方向重合,如图 3.6(a)所示。在非恒定流动时,由于液流通过空间点的速度随时间变化,因此流线形状也随时间变化。在恒定流动时,流线形状不随时间变化。由于液流中每一点在每一瞬时只能有一个速度,所以流线之间不能相交也不能转折,流线与迹线重合,它是一条条光滑的曲线。

图 3.6 流线和流束

(FIGURE 3.6 Flown line and streamline)

(4) 流管是指某一瞬时 $t$ 在流场中画一不属于流线的任意封闭曲线,经过该封闭曲线的每一点作流线,由这些流线组成的表面。

(5) 流束是指充满在流管内的流线群。

(6) 通流截面(或过流断面)是指在流束中与所有流线正交的截面。在液压传动系统中,液体在管道中流动时,垂直于流动方向的截面即为通流截面或过流断面。如图 3.6(b)中 $A$、$B$ 截面。通流截面可能是平面,也可能是曲面。

3. 流量和平均流速(Flow and average flow velocity)

(1) 流量是指单位时间内通过通流截面的流体体积,用 $q$ 表示,单位为 $m^3/s$ 或 $L/min$。

对于微小流束,通过 $dA$ 上的流量为 $dq$,其表达式为

$$dq = u\,dA \qquad (3-10)$$

对式(3-10)进行积分,可得流经整个通流截面的流量为

$$q = \int_A u\,dA \qquad (3-11)$$

(2) 平均流速 $v$ 是指流量 $q$ 与通流截面面积 $A$ 的比值。

$$q = \int_A u\,dA = vA \qquad (3-12)$$

则平均流速为

$$v = \frac{q}{A} \qquad (3-13)$$

在实际工程计算中,用平均流速 $v$ 代替实际流速 $u$,在计算流量时,平均流速才具有应用价值。

## 3.2.2 流量连续性方程(Flow continuity equation)

流量连续性方程简称连续性方程,是质量守恒定律(conservation of mass)在流体力学中的一种表达形式,它是流体运动学方程,即单位时间内流过每一通流截面的液体质量必然相等。

当液体在流场中作恒定流动时，任意取一不等截面流管，其两端通流截面面积分别为$A_1$、$A_2$。然后在该流管中取一微小流束，假设微小流束两端的通流截面面积分别为$\mathrm{d}A_1$、$\mathrm{d}A_2$，如图3.7所示。根据质量守恒定律，在单位时间内流过两个微小截面的液体质量相等，故有

> The mass is equal on two different cross-section according to the conservation of mass

$$\rho_1 u_1 \mathrm{d}A_1 = \rho_2 u_2 \mathrm{d}A_2$$

式中：$\rho_1$为液体流经通流截面$\mathrm{d}A_1$的密度；$\rho_2$为液体流经通流截面$\mathrm{d}A_2$的密度；$u_1$为液体流经通流截面$\mathrm{d}A_1$的瞬时速度；$u_2$为液体流经通流截面$\mathrm{d}A_2$的瞬时速度。

如果不考虑液体的可压缩性，即$\rho_1 = \rho_2$，流过两个微小截面的液体体积相等，则有

$$u_1 \mathrm{d}A_1 = u_2 \mathrm{d}A_2$$

对于整个流管，显然是微小流束的集合，由上式积分得通过整个流管的流量

$$\int_{A_1} u_1 \mathrm{d}A_1 = \int_{A_2} u_2 \mathrm{d}A_2$$

根据式(3-11)和式(3-13)，上式可以写成

$$q_1 = q_2$$

或写成

$$v_1 A_1 = v_2 A_2 = 常数 \qquad (3-14)$$

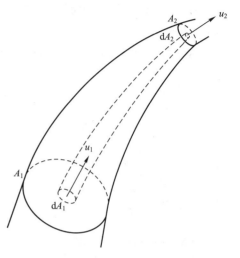

图3.7 液体的微小流束连续性流动示意图
(FIGURE 3.7 Schematic illustration of tinystreamline continuity flow of liquid)

式中：$q_1$为液体流经通流截面$A_1$的流量；$q_2$为液体流经通流截面$A_2$的流量；$v_1$为液体流经通流截面$A_1$的平均流速；$v_2$为液体流经通流截面$A_2$的平均流速。

由于通流截面是任意取的，则有

$$q = v_1 A_1 = v_2 A_2 = v_3 A_3 = \cdots = v_i A_i = 常数 \qquad (3-15)$$

式(3-15)称为不可压缩流体做恒定流动的连续性方程。它说明在恒定流动中流过各通流截面的不可压缩流体的流量是相等的，因此流速和通流截面的面积成反比。

> The law of mass continuity states that for incompressible liquids and in a system with impermeable walls, the rate of flow is constant. Thus, where $q$ is the rate of flow, $A$ is the cross-sectional area of the liquid steam, and $v$ is the average velocity of the liquid in that cross-sectional location, the subscripts 1 and 2 refer to two different locations in the system.

### 3.2.3 伯努利方程(Bernoulli's equation)

众所周知，自然界的一切物质总是不停地运动着，其所具有的能量保持不变，既不能消灭，也不能创造，只能从一种形式转换成另一种形式，这就是能量守恒与转换定律。伯努利方程是能量守恒定律(conservation of energy)在流体力学中的一种表达形式，它是流体能量方程。

> Law of conservation of energy, with respect to a flowing fluid, states that the total energy of a flow of liquid does not change, as long as energy is not supplied from the outside or drained to the outside.

因流动液体的能量问题比较复杂，必须先说明液流的受力平衡方程，即它的运动微分方程，所以在研究时先从理想液体的液流运动微分方程开始，然后再对它加以修正，得出实际液体的伯努利方程。

1. 理想液体微小流束的运动微分方程（Kinetic differential eguation of tiny streamline of ideal liquid）

现研究理想液体恒定流动条件下在重力场中沿流线运动时其力的平衡关系。如图 3.8 所示，在某一瞬时 $t$，从液流的微小流束上取出一段通流截面面积为 $dA$、长度为 $ds$、微元体积为 $dV = dA\,ds$ 的微元体。在一维流动情况下，微小流束上各点的压力 $p$ 和流速 $u$ 是该点所在位置 $s$ 和时间 $t$ 的函数。即 $p = f(s, t)$，$u = f(s, t)$。对理想液体来说，作用在微元体上的外力有以下两种。

图 3.8　理想液体微小流束的一维流动伯努利方程推导

(FIGURE 3.8　Theoretical derivation of Bernoulli's equation of tiny streamline one demension flow of ideal liquid)

（1）压力在两端截面上所产生的作用力。

$$p\,dA - \left(p + \frac{\partial p}{\partial s}ds\right)dA = -\frac{\partial p}{\partial s}ds\,dA$$

式中：$\dfrac{\partial p}{\partial s}$ 为沿流线方向的压力梯度。

（2）作用在微元体上的质量力只有重力。

$$-mg = -\rho dVg = -\rho dA\,ds\,g = -\rho g\,dA\,ds$$

（3）在恒定流动下该微元体的惯性力。

$$ma = \rho dA\,ds\,\frac{du}{dt} = \rho dA\,ds\left(u\,\frac{\partial u}{\partial s}\right)$$

式中：$u$ 为微元体沿流线方向的瞬时运动速度，$u = \dfrac{ds}{dt}$。

由牛顿第二定律 $\sum F = ma$，可得

$$-\frac{\partial p}{\partial s}ds\,dA - \rho g\,dA\,ds\cos\theta = \rho dA\,ds\left(u\,\frac{\partial u}{\partial s}\right) \tag{3-16}$$

式中：$\theta$ 为质量力与流线 $s$ 之间的夹角，$\cos\theta = \dfrac{\partial z}{\partial s}$。

式（3-16）简化后可得

$$-\frac{1}{\rho}\frac{\partial p}{\partial s} - g\frac{\partial z}{\partial s} = u\,\frac{\partial u}{\partial s} \tag{3-17}$$

在恒定流动时，$p$、$z$、$u$ 3 个参数只是流线段长 $s$ 的函数，故可进一步将式（3-17）简化为

$$\frac{1}{\rho}dp + g\,dz + u\,du = 0 \tag{3-18}$$

式(3-18)就是理想液体沿流线方向作恒定流动时的运动微分方程,也被称为欧拉运动方程。它表示了单位质量液体的力平衡方程。

2. 理想液体微小流束的伯努利方程(Bernoulli's equation of tiny streamline of ideal liquid)

如图3.8所示,将式(3-17)沿流线 $s$ 从截面1积分到截面2,便可得到微元体流动时的能量关系式,即

$$\int_1^2 \left(-\frac{1}{\rho}\frac{\partial p}{\partial s} - g\frac{\partial z}{\partial s}\right)\mathrm{d}s = \int_1^2 \frac{\partial}{\partial s}\left(\frac{u^2}{2}\right)\mathrm{d}s$$

上式两边同除以 $g$,移项后整理得

$$\frac{p_1}{\rho g} + z_1 + \frac{u_1^2}{2g} = \frac{p_2}{\rho g} + z_2 + \frac{u_2^2}{2g} \tag{3-19}$$

因为截面1和2是任意截取的,所以式(3-19)也可写成

$$\frac{p}{\rho g} + z + \frac{u^2}{2g} = 常数 \tag{3-20}$$

式中:$\frac{p}{\rho g}$ 为单位重力液体所具有的压力能,被称为比压能,也叫做压力水头;$z$ 为单位重力液体所具有的势能,被称为比位能,也叫做位置水头;$\frac{u^2}{2g}$ 为单位重力液体所具有的动能,被称为比动能,也叫做速度水头。

式(3-19)或式(3-20)就是理想液体微小流束作恒定流动时的能量方程或伯努利方程。它与式(3-7)液体静力学的基本方程相比多了一项单位重力液体的动能 $u^2/2g$。

由此可知,理想液体伯努利方程的物理意义是:在密封管道内作恒定流动的理想液体在任意一个通流截面上具有3种形式的能量,即压力能、位能和动能,而且3种能量之间是可以相互转换的,3种能量的总和为一定值,也就是说能量是守恒。

➤ Formula(3-19 or 3-20)is the well-known Bernoulli's equation of tiny streamline of ideal liquid. It states that ideal liquid flows in a pipe including three forms of energies: pressure energy, potential energy and kinetic energy. These three energies can be transformed between each other, but the total energy is always invariable, that is called conservation of energy.

3. 实际液体微小流束的伯努利方程(Bernoulli's equation of tiny streamline of practical liquid)

实际液体具有黏性,因此实际液体流动时需要克服由于黏性所产生的摩擦阻力,这必然要消耗能量,这样液流的总能量或总比能就在不断地减少。则实际液体微小流束的伯努利方程为

$$\frac{p_1}{\rho g} + z_1 + \frac{u_1^2}{2g} = \frac{p_2}{\rho g} + z_2 + \frac{u_2^2}{2g} + h'_w \tag{3-21}$$

式中:$h'_w$ 为实际液体微小流束中微元体从截面1流到截面2因黏性摩擦而损耗的能量。

4. 实际液体总流的伯努利方程(Bernoulli's equation of practical liquid)

式(3-21)已经求得实际液体微小流束的伯努利方程,现需求出实际液体总流的伯努

利方程，在管道内作恒定流动的一段实际液体上，任取两个截面 1 和 2，两端的通流截面面积分别为 $A_1$ 和 $A_2$，在该实际液流中取出一段微小流束，其两端的通流截面面积分别为 $dA_1$ 和 $dA_2$，相对应的压力、高度和流速分别为 $p_1$、$z_1$、$u_1$ 和 $p_2$、$z_2$、$u_2$，如图 3.9 所示。因此，对式(3-21)中微小流束两端的通流截面面积 $A_1$ 和 $A_2$ 进行积分可得实际液体的伯努利方程为

$$\int_{A_1}\left(\frac{p_1}{\rho g}+z_1\right)u_1 dA_1 + \int_{A_1}\frac{u_1^2}{2g}u_1 dA_1 = \int_{A_2}\left(\frac{p_2}{\rho g}+z_2\right)u_2 dA_2 + \int_{A_2}\frac{u_2^2}{2g}u_2 dA_2 + \int_q h_w' dq$$

(3-22)

式中：$dq$ 为微小流束的流量，$dq = u_1 dA_1 = u_2 dA_2$。

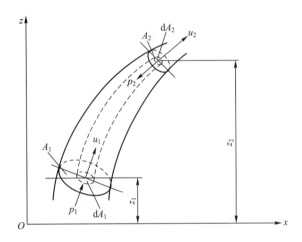

图 3.9 实际液体伯努利方程推导

(FIGURE 3.9 Theoretical derivation of Bernoulli's equation of practical liquid)

为了使式(3-22)便于使用，先将图 3.9 中实际液流通流截面 $A_1$ 和 $A_2$ 处的流动限于平行流动或缓变流动，这时通流截面 $A_1$ 和 $A_2$ 可视作平面，在通流截面 $A_1$ 和 $A_2$ 上只有重力，无其他质量力，即 $p/(\rho g)+z=$ 常数。因此通流截面 $A_1$ 和 $A_2$ 上各点处的压力具有与静止液体相同的压力分布规律。再用平均流速 $v$ 代替实际液流通流截面 $A_1$ 和 $A_2$ 上各点处不相等的实际流速 $u$，取单位时间内通流截面 $A$ 处液流的实际动能和按平均流速计算出的动能之比为动能修正系数 $\alpha$，即

$$\alpha = \frac{\int_A \rho \frac{u^2}{2} u dA}{\frac{1}{2}\rho A v v^2} = \frac{\int_A u^3 dA}{v^3 A}$$

(3-23)

此外，对实际液流在管道内流动时因黏性摩擦而产生的能量损失，也采用平均能量损失的概念来处理，即令

$$h_w = \frac{\int_q h_w' dq}{q}$$

(3-24)

将式(3-23)和式(3-24)代入式(3-22)，整理后可得

$$\frac{p_1}{\rho g}+z_1+\frac{\alpha_1 v_1^2}{2g}=\frac{p_2}{\rho g}+z_2+\frac{\alpha_2 v_2^2}{2g}+h_w$$

(3-25)

式中：$\alpha_1$ 为实际液体总流在通流截面 $A_1$ 上的动能修正系数；$\alpha_2$ 为实际液体总流在通流截面 $A_2$ 上的动能修正系数；$h_w$ 为实际液体总流单位重力液体从通流截面 1 流到通流截面 2 因黏性摩擦而损耗的能量。

式(3-25)就是仅受重力作用的实际液体在管道内作平行(或缓变)流动时的伯努利方程。它的物理意义是：单位重力实际液体的能量守恒。

在总流能量计算中，在应用式(3-25)时，动能要乘以修正系数 $\alpha_1$ 和 $\alpha_2$。动能修正系数 $\alpha$ 一般在紊流时取 1，层流时取 2。必须注意 $p$ 和 $z$ 应为通流截面内同一点上的两个参数，为便于计算，通常把这两个参数都取在通流截面内的轴心处。

伯努利方程的适用条件如下：
(1) 液体所受质量力只有重力，忽略惯性力的影响。
(2) 恒定流动的不可压缩液体，即密度为常数。
(3) 所选择的两个通流截面必须在同一个连续流动的流场中是缓变流。
(4) 两个通流截面之间没有能量输入或输出。
(5) 流体流动的沿程流量恒定。

在液压传动系统的计算中，通常将式(3-25)转换成如下形式

$$p_1 + \rho g h_1 + \frac{1}{2}\rho \alpha_1 v_1^2 = p_2 + \rho g h_2 + \frac{1}{2}\rho \alpha_2 v_2^2 + \Delta p_w \tag{3-26}$$

式中：$h_1$ 为在通流截面 $A_1$ 上实际液体总流在流动时的高度；$h_2$ 为在通流截面 $A_2$ 上实际液体总流在流动时的高度；$\Delta p_w$ 为实际液体总流在流动时的压力损失。

> Bernoulli's theorem is based on the principle of conservation of energy and relates to pressure, velocity, the elevation of the fluid at any location in the system, and the frictional losses in a system that is full of liquid.

### 3.2.4 动量方程(Momentum equation)

动量方程是动量定理(theorem of momentum)在流体力学中的具体应用。在液压传动中，动量方程可以用来方便地计算流动液体作用于限制其流动的固体壁面上的总作用力。刚体力学动量定理指出：作用在物体上所有外力合力的大小等于物体在合力的作用方向上动量的变化率，即

> The rate of change of momentum in the system equals to composition of outside forces

$$\sum F = \frac{dI}{dt} = \frac{d(mv)}{dt} \tag{3-27}$$

为推导流动液体作恒定流动时的动量方程，在图 3.10 所示的流管中，任意瞬时 $t$ 取出一被通流截面 $A_1$ 和通流截面 $A_2$ 所限制的液体体积 $V$，称为控制体积。通流截面 $A_1$ 和通流截面 $A_2$ 为控制表面。在该控制体积内任取一个微小流束，其在 $A_1$ 和 $A_2$ 上的通流截面面积分别为 $dA_1$ 和 $dA_2$，流速分别为 $u_1$ 和 $u_2$，设控制体积经过瞬时 $dt$ 流到新的位置 $A_1'-A_2'$，在瞬时 $dt$ 内控制体积中液体质量的动量变化为

$$d\left(\sum I\right) = I_{\mathrm{III}t+dt} - I_{\mathrm{III}t} + I_{\mathrm{II}t+dt} - I_{\mathrm{I}t} \tag{3-28}$$

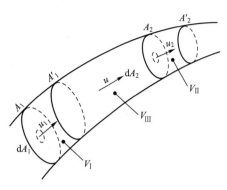

图 3.10 动量方程推导
(FIGURE 3.10 Theoretical derivation of momentum equation)

控制体积内体积 $V_{\text{II}}$ 中的液体质量在 $t+\mathrm{d}t$ 时的动量为

$$I_{\text{II}t+\mathrm{d}t}=\int_{V_{\text{II}}}\rho u_2\mathrm{d}V_{\text{II}}=\int_{A_2}\rho u_2\mathrm{d}A_2 u_2\mathrm{d}t \quad (3-29)$$

式中：$\rho$ 为液体密度。

同理可推导出控制体积内体积 $V_{\text{I}}$ 中的液体质量在 $t$ 时的动量为

$$I_{\text{I}t}=\int_{V_{\text{I}}}\rho u_1\mathrm{d}V_{\text{I}}=\int_{A_1}\rho u_1\mathrm{d}A_1 u_1\mathrm{d}t \quad (3-30)$$

式(3-28)中等号右边的前两项之差为

$$I_{\text{III}t+\mathrm{d}t}-I_{\text{III}t}=\frac{\mathrm{d}}{\mathrm{d}t}\left(\int_{V_{\text{III}}}\rho u\mathrm{d}V_{\text{III}}\right)\mathrm{d}t \quad (3-31)$$

当 $\mathrm{d}t\to 0$ 时，体积 $V_{\text{III}}\approx V$，将式(3-29)、式(3-30)和式(3-31)代入式(3-28)和式(3-27)，可得

$$\sum F=\frac{\mathrm{d}}{\mathrm{d}t}\left(\int_V \rho u\mathrm{d}V\right)+\int_{A_2}\rho u_2 u_2\mathrm{d}A_2-\int_{A_1}\rho u_1 u_1\mathrm{d}A_1 \quad (3-32)$$

为了使式(3-32)便于使用，若用流管内液体的平均流速 $v$ 代替实际液流截面 $A_1$ 和 $A_2$ 上各点处不相等的实际流速 $u$，其误差用一动量修正系数 $\beta$ 予以修正，且不考虑液体的可压缩性，动量修正系数 $\beta$ 等于液流的实际动量和按平均流速计算出的动量之比，即

$$\beta=\frac{\int_A u\mathrm{d}m}{mv}=\frac{\int_A u(\rho u\mathrm{d}A)}{(\rho uA)v}=\frac{\int_A u^2\mathrm{d}A}{v^2 A} \quad (3-33)$$

动量修正系数 $\beta$ 一般在紊流时取 1，层流时取 1.33。

当忽略液体的可压缩性时，实际液流通过截面 $A_1$ 和 $A_2$ 的流量连续性方程为

$$q=v_1 A_1=v_2 A_2=\int_A u\mathrm{d}A \quad (3-34)$$

将式(3-33)和式(3-34)代入式(3-32)，可得

$$\sum F=\frac{\mathrm{d}}{\mathrm{d}t}\left(\int_V \rho u\mathrm{d}V\right)+\rho q(\beta_2 v_2-\beta_1 v_1) \quad (3-35)$$

式(3-35)即为流体力学中的动量定理。等式左边 $\sum F$ 为作用于控制体积内实际液体上外力的矢量和；而等式右边第一项是使控制体积内实际液体加速或减速所需的力，称为瞬态液动力，等式右边第二项是由于液体在不同控制表面上具有不同速度所引起的力，称为稳态液动力。如果控制体积中的液体在所研究的方向上不受其他外力，只有液体与固体壁面的相互作用力，则瞬态液动力和稳态液动力对固体壁面的作用力与其所受的反作用力大小相等，方向相反。

对于作恒定流动的液体，$\mathrm{d}q/\mathrm{d}t=0$，因此式(3-35)等号右边第一项瞬态液动力等于零，作用于控制体积内实际液体上外力只有稳态液动力，即

$$\sum F=\rho q(\beta_2 v_2-\beta_1 v_1) \quad (3-36)$$

式中：$\rho$ 为实际液体的密度；$q$ 为实际液体的流量；$\beta_1$ 为实际液体在截面 $A_1$ 上的动量修正系数；$\beta_2$ 为实际液体在截面 $A_2$ 上的动量修正系数。

必须注意，式(3-35)和式(3-36)均为矢量方程式，在应用时可根据问题的具体要求向指定方向投影，列出该指定方向上的动量方程，从而可求出作用力在该方向上的分量，然后再加以合成。如指定在 $x$, $y$, $z$ 方向上的动量方程为

$$\sum F_x = \rho q \left( \beta_2 v_{2x} - \beta_1 v_{1x} \right) \tag{3-37}$$

$$\sum F_y = \rho q \left( \beta_2 v_{2y} - \beta_1 v_{1y} \right) \tag{3-38}$$

$$\sum F_z = \rho q \left( \beta_2 v_{2z} - \beta_1 v_{1z} \right) \tag{3-39}$$

需要注意的是，液体作恒定流动时，根据牛顿第三定律，实际液体对固体壁面的作用力 $\sum F'$ 与其所受外力 $\sum F$ 的大小相等方向相反，即

$$\sum F' = -\sum F = -\rho q \left( \beta_2 v_2 - \beta_1 v_1 \right) \tag{3-40}$$

**例题 3.2** 图 3.11 所示为一锥阀，锥阀芯的锥角为 $2\varphi$。当液体在锥阀入口处压力为 $p_1$，流速为 $v_1$，在锥阀出口处压力为 $p_2$，流速为 $v_2$ 时，试求液流在外流式[图 3.11(a)]和内流式[图 3.11(b)]两种情况下对锥阀芯上的液动力的大小和方向。

**解**：根据液体流动情况分别取控制体，如图 3.11(a) 和图 3-11(b) 所示，设锥阀芯作用在控制体上的力 $F$，沿液流方向对控制体列出动量方程，在图 3.11(a) 外流式情况下有

$$p_1 \frac{\pi}{4} d^2 - F = \rho q \left( \beta_2 v_2 \cos \varphi - \beta_1 v_1 \right)$$

取 $\beta_1 = \beta_2 = 1$，$p_2$ 是大气压，即 $p_2 = 0$，因 $v_1 \ll v_2$，可略去 $v_1$，则

$$F = p_1 \frac{\pi}{4} d^2 - \rho q v_2 \cos \varphi$$

液流作用在锥阀芯上的力大小等于 $F$，方向向上与图示方向相反。因 $\rho q v_2 \cos \varphi$ 项为负值，所以这部分力有使锥阀芯关闭的趋势。

图 3.11 作用在锥阀上的轴向推力
(FIGURE 3.11 Thrust force on the poppet valve)

在图 3.11(b)内流式情况下有

$$p_1 \frac{\pi}{4}(d_2^2 - d_1^2) - p_1 \frac{\pi}{4}(d_2^2 - d^2) - F = \rho q(\beta_2 v_2 \cos\varphi - \beta_1 v_1)$$

同样取 $\beta_1 = \beta_2 = 1$，$p_2 = 0$，因 $v_1 \ll v_2$，可略去 $v_1$，则

$$F = p_1 \frac{\pi}{4}(d^2 - d_1^2) - \rho q v_2 \cos\varphi$$

液流作用在锥阀芯上的力大小等于 $F$，方向向下与图示方向相反。因 $\rho q v_2 \cos\varphi$ 项为负值，所以这部分力有使锥阀芯开启的趋势。

由此可见，液流作用在锥阀芯上的稳态液动力的方向是变化的，必须对具体问题作具体分析。

## 3.3 液体在管路中流动时压力损失
### (Pressure losses at the pipes' surfaces and within the liquids as liquids move in pipes)

由于实际液体在流动时具有黏性，以及液体流动时突然转弯和通过阀口会产生相互撞击和出现漩涡等现象，这样液体在管路中流动时必然会产生阻力。为了克服这些阻力，液体流动时就必然要消耗能量，这样就有能量损失。在液压传动中，能量损失主要表现为压力损失，压力损失即是伯努利方程式(3-25)中的 $h_w$ 项，它由沿程压力损失和局部压力损失两部分组成。这种能量损失转变成热量而损耗掉，使液压传动系统中工作介质温度升高，泄漏量增加，效率下降和液压传动系统性能变坏。液体在管路中的流动状态将直接影响液流的压力损失。在设计液压传动系统时，减小压力损失是非常重要的，因此先分析液流的两种流动状态，再分析两类压力损失。

**3.3.1 层流、紊流和雷诺数(Laminar flow, turbulent flow and Reynold's number of liquids)**

1. 层流和紊流(Laminar flow and turbulent flow)

实践表明，液流的压力损失与液体的流动状态有密切的关系。19 世纪末，英国物理学家雷诺(Reynoids)首先通过实验观察了水在圆管中的流动情况，他发现液体有两种不同的流动状态：层流和紊流(湍流)。实验结果表明，在层流时，液体质点的运动互不干扰，液体的流动平行于管道轴线，且呈线性或层状；而在紊流时，液体质点的运动杂乱无章，既有平行于管道轴线的运动，又有激烈的横向脉动。

层流和紊流是两种不同性质的流态。在层流时，液体流速较低，质点受黏性制约，不能随意运动，黏性力起主导作用；在紊流时，液体流速较快，黏性制约作用减弱，惯性力起主导作用。

2. 雷诺数(Reynold's number)

液体的流动有两种状态：层流和紊流。两种流动状态的物理现象可以通过雷诺实验来观察，实验装置如图 3.12 所示，进水管 3 一直向大水箱 4 供水，多余的水从大水箱 4 的隔板 5 顶端溢出，从而保持水位恒定，即位能不变。大水箱 4 下部装有一个水平玻璃管 7，用大截止阀 8 控制水平玻璃管 7 内水的流速。小水箱 2 内盛有密度与水相同的红颜色水，

将小截止阀 1 打开后红色水经细导管 6 流入水平玻璃管 7 中。打开大截止阀 8，开始时水流速较小，红色水在水平玻璃管 7 中呈一条明显的水平直线，与水平玻璃管 7 中清水层次分明，互不混杂。实验表明管中的水是分层流动的，而且层与层之间互不干扰，水的这种流动状态被称为层流。当调整截止阀 8 使水平玻璃管 7 中清水的流速逐渐增大至某一值时，可以看到红色线开始出现抖动呈波纹状，此时被称为过渡阶段。继续开大截止阀 8 开口，水流速进一步增大，红色水和清水完全混杂在一起，红色线消失，水的这种流动状态被称为紊流。在紊流状态下，如将截止阀 8 开口逐渐关小，当流速逐渐减小至某一值时，红色线又出现，水流又重新恢复为层流。

液体流动时究竟是层流还是紊流，常用雷诺数来判别。

**图 3.12 雷诺实验**

(FIGURE 3.12 Reynold's experiment)

实验结果证明，液体在圆管中的流动状态不仅与管内液体流动的平均流速有关，还与圆管内径、液体的运动黏度有关。但是真正决定液体流动状态的是用这 3 个参数所组成的一个被称为雷诺数 $Re$ 的无量纲数，即

$$Re = \frac{vd}{\nu} \tag{3-41}$$

式中：$v$ 为液体流动的平均流速；$d$ 为圆管内径；$\nu$ 为液体的运动黏度。

液流由层流转变为紊流的雷诺数和由紊流转变为层流的雷诺数是不同的，前者被称为上临界雷诺数，后者被称为下临界雷诺数，后者数值小。所以一般都用后者作为判别液流状态的依据，简称临界雷诺数，记做 $Re_{cr}$。当雷诺数 $Re < Re_{cr}$ 时，液流为层流；当雷诺数 $Re \geqslant Re_{cr}$ 时，液流为紊流。常见液流管道的临界雷诺数由实验取得，见表 3-2。

**表 3-2 常见液流管道的临界雷诺数**

(TABLE 3-2 Critical Reynold's number of liquid as liquid move in pipe)

| 管道的材料与形状 | 临界雷诺数 $Re_{cr}$ | 管道的材料与形状 | 临界雷诺数 $Re_{cr}$ |
| --- | --- | --- | --- |
| 锥状阀口 | 20～100 | 光滑的偏心环状缝隙 | 1000 |
| 圆柱形滑阀阀口 | 260 | 光滑的同心环状缝隙 | 1100 |
| 带环槽的偏心环状缝隙 | 400 | 橡胶软管 | 1600～2000 |
| 带环槽的同心环状缝隙 | 700 | 光滑的金属圆管 | 2320 |

对于非圆截面的管道来说，雷诺数 $Re$ 可用下式计算

$$Re = \frac{4vR}{\nu} \qquad (3-42)$$

式中：$R$ 为液流通流截面的水力半径，它等于液流的有效截面积和其湿周（在通流截面处与液体相接触的固体壁面的周界长度）之比，即

$$R = \frac{A}{\chi} \qquad (3-43)$$

式中：$A$ 为液流的有效截面积；$\chi$ 为液流的湿周。

水力半径的大小对管道的通流能力影响很大。水力半径小，表明液流与管壁接触多，通流能力小，容易堵塞；水力半径大，表明液流与管壁接触少，通流能力大。在面积相等但形状不同的所有通流截面中，圆形的水力半径最大。

### 3.3.2 沿程压力损失（Pressure losses at the pipes' surfaces and within the liquids）

液体在等直径圆管中流动时因黏性摩擦而产生的压力损失，称为沿程压力损失。它不仅取决于等直径圆管的长度和内径及液体的黏性，而且与液体的流动状态，即雷诺数 $Re$ 有关。当液体的流动状态不同时，造成的沿程压力损失也不同。液体在等直径圆管中的层流流动是液压传动中最常见的现象，因此，在设计和使用液压传动系统时，希望在等直径圆管中的液流保持层流流动的状态。

> The pressure losses due to viscosity in equal diameter pipe is called pressure losses at the pipes' surfaces and within the liquids.

1. 层流时的沿程压力损失（Pressure losses at the pipes' surfaces and within the liquids when laminar flow occured）

在液压传动中，液体的流动状态多数是层流流动，层流流动时液体质点做有规则的运动，因此可以方便地对流体建立数学模型来分析液体流动的速度、流量和压力损失。

1) 液体在通流截面上的流速分布规律

图 3.13(a)所示为液体在等直径 $d$ 水平放置的圆管中作恒定层流时的情况，在该等直径圆管内液流中取一段与管轴心线相重合的微小圆柱体作为研究对象，设其半径为 $r$，长度为 $l$，作用在左端面上的压力为 $p_1$、右端面上的压力为 $p_2$、作用在圆柱表面上的摩擦力为 $F_f$。微小圆柱体在等直径圆管内作匀速运动时受力平衡，故有

$$(p_1 - p_2)\pi r^2 - F_f = 0 \qquad (3-44)$$

由牛顿内摩擦定律可知

(a) 水平放置的圆管作恒定层流　　(b) 抛物体体积

图 3.13　圆管中的层流

(FIGURE 3.13　Laminar flow of liquid in pipe)

$$F_f = 2\pi r l \tau = 2\pi r l \left(-\mu \frac{du}{dr}\right) \qquad (3-45)$$

式中：$\mu$ 为动力黏度。

因为流速 $u$ 随半径 $r$ 增大而较小，所以在式中加一负号。

令
$$\Delta p = p_1 - p_2$$

将上式代入式(3-44)和式(3-45)，可得

$$du = -\frac{\Delta p}{2\mu l} r dr \qquad (3-46)$$

对式(3-46)积分，并代入边界条件：当 $r = R$ 时，$u = 0$，可得

$$u = \frac{\Delta p}{4\mu l}(R^2 - r^2) \qquad (3-47)$$

由式(3-47)可知，等直径圆管内液体的流速 $u$ 沿半径方向按抛物线规律分布，最小流速在管壁上，$u_{min} = 0$；最大流速在轴心线上，其值为

$$u_{max} = \frac{\Delta p R^2}{4\mu l} \qquad (3-48)$$

2) 液体在管路中的流量

图 3.13(b)所示抛物体体积，是液体单位时间内流过通流截面的体积，即流量。为计算其流量，可在通流截面上半径为 $r$ 处取一层厚度为 $dr$ 的微小圆环面积 $dA = 2\pi r dr$，通过此环形面积的流量为

$$dq = u \cdot 2\pi r dr \qquad (3-49)$$

对式(3-49)积分，可得流量

$$q = \int_0^R dq = \int_0^R \frac{\Delta p}{4\mu l}(R^2 - r^2) 2\pi r dr = \frac{\pi R^4}{8\mu l}\Delta p = \frac{\pi d^4}{128\mu l}\Delta p \qquad (3-50)$$

这就是哈根-泊肃叶公式。当实验测出除动力黏度 $\mu$ 以外的各有关物理量后，应用式(3-50)便可求出流体的动力黏度 $\mu$。

3) 液体在管路中的平均流速

根据管路中通流截面上平均流速的定义，可得

$$v = \frac{q}{A} = \frac{\pi d^4}{128\mu l}\Delta p \cdot \frac{4}{\pi d^2} = \frac{\Delta p d^2}{32\mu l} = \frac{\Delta p R^2}{8\mu l} \qquad (3-51)$$

由式(3-51)可知，平均流速与最大流速的关系为

$$v = \frac{1}{2}u_{max} \qquad (3-52)$$

将式(3-47)和式(3-51)分别代入式(3-23)和式(3-33)求出层流时的动能修正系数 $\alpha = 2$ 和动量修正系数 $\beta = 1.33$。

4) 液体在管路中的沿程压力损失

在层流状态时，从式(3-51)中求出 $\Delta p$ 的表达式，即为液体在管路中的沿程压力损失 $\Delta p_\lambda$：

$$\Delta p_\lambda = \Delta p = \frac{8\mu l v}{R^2} = \frac{32\mu l v}{d^2} \qquad (3-53)$$

由式(3-53)可知，液流在等直径圆管中作层流流动时，其沿程压力损失与动力黏度、管长、平均流速成正比，与管内径平方成反比。

为了简化计算过程,适当变换式(3-53)后可得

$$\Delta p_\lambda = \frac{64}{Re}\rho g \frac{l}{d}\frac{v^2}{2g} = \lambda \frac{l\rho v^2}{2d} \qquad (3-54)$$

式中:$\lambda$ 为沿程阻力系数。

它的理论值为 $\lambda = 64/Re$,考虑到液体实际流动时温度变化不均匀等问题,因而在实际工程计算时,对光滑金属管取 $\lambda = 75/Re$,对橡胶软管取 $\lambda = 80/Re$。

在液压传动中,因为液体自重和位置变化对压力的影响很小,可以忽略,所以在水平等直径圆管的条件下推导的式(3-54)同样适用于非水平等直径圆管。

2. 紊流时的沿程压力损失(Pressure losses at the pipes' surfaces and within the liquids when turbulent flow occured)

因为液体在水平等直径圆管中作紊流运动时,液体内各质点不再做有规则的轴向运动,还存在剧烈的横向运动,引起质点间的碰撞,并形成漩涡,所以紊流时沿程压力损失比层流时沿程压力损失大得多。完全用理论方法加以研究至今未获得令人满意的成果,故仍采用实验的方法加以研究,再辅以理论解释,因而液体在紊流流动时,液体流动的沿程压力损失仍用式(3-54)来计算,即

$$\Delta p_\lambda = \lambda \frac{l\rho v^2}{2d}$$

式中的沿程阻力系数 $\lambda$ 值不仅与雷诺数 $Re$ 有关,而且还与管壁的相对表面粗糙度 $\Delta/d$($\Delta$ 为管壁的绝对表面粗糙度,$d$ 为等直径圆管内径)有关。

液体在紊流流动时,等直径圆管的沿程阻力系数 $\lambda$ 值可以根据不同的 $Re$ 和 $\Delta/d$ 值从表 3-3 中选择公式进行计算。

表 3-3 液体在等直径圆管内作紊流流动时的沿程阻力系数 $\lambda$ 值的计算公式

(TABLE 3-3 Calculational formula of resistance coefficient $\lambda$ of turbulent flow of liquid in equivalent diameter pipe)

| 沿程阻力系数 $\lambda$ 值的计算公式 | $Re$ 的取值范围 |
|---|---|
| 布拉休斯公式 $\lambda = 0.3164Re^{-0.25}$ | $2320 < Re < 10^5$ |
| 尼古拉兹公式 $\lambda = 0.032 + 0.221Re^{-0.237}$ | $10^5 < Re < 3 \times 10^6$ |
| $\lambda = \left[1.74 + 2\lg\left(\frac{d}{2\Delta}\right)\right]^{-2}$ | $Re > 900\frac{d}{\Delta}$ |

管壁的表面粗糙度 $\Delta$ 值和管道的材料及制造工艺有关。计算时可参考下列数值:钢管取 0.04mm,铸铁管取 0.25mm,铝管取 0.0015~0.06mm,铜管取 0.0015~0.01mm,橡胶软管取 0.03mm。

对于充分的紊流流动,紊流中的液体流动速度分布是比较均匀的,其最大流速为 $u_{max} = (1 \sim 1.3)v$。动能修正系数 $\alpha = 1.05$ 和动量修正系数 $\beta = 1.04$,因而紊流时这两个系数均可近似地取为1。

### 3.3.3 局部压力损失(Pressure losses at a particular location)

如图 3.14 所示,液体流经管道的弯管、接头、滤网、突然变化的通流截面、全开或

部分开的阀口，管道进出口，渐扩或减缩管道等处时，液体流速的大小和方向会发生剧烈变化，因而会产生漩涡和气穴，使液体的质点间相互撞击，于是产生较大的流动阻力，由此造成的压力损失被称为局部压力损失。

> Fluid flows through pipe siphon, fitting, filter, sudden variety cross section, open or partially closed valve port, pipe entrance or exit, gradual expansion or contraction, turbulence flow may occur to bring resistance and pressure loss which is called pressure losses at a particular location.

局部压力损失与液体流动的动能有直接关系，一般可按下式计算

$$\Delta p_\zeta = \zeta \frac{\rho v^2}{2} \qquad (3-55)$$

式中：$\zeta$ 为局部阻力系数，其值仅在液体流经突然扩大的截面时可以用理论推导方法求得，其他情况均须通过实验来确定，$\zeta$ 的具体实验数值可查阅有关手册；$\rho$ 为液体的密度；$v$ 为液体流动的平均流速，一般情况下指局部阻力下游处的流速。

图 3.14 突然扩大处的局部损失
(FIGURE 3.14 Pressure losses at a diamemter enlarged prompt particular location)

液体流过各种阀的局部压力损失，因阀芯和阀体内的通道结构比较复杂，按式(3-55)计算比较困难，可从产品样本中查出阀在额定压力和额定流量下的压力损失。当液体流过各种阀的实际流量小于额定流量时，通过各种阀的局部压力损失实际计算公式为

$$\Delta p_\zeta = \Delta p_n \left(\frac{q}{q_n}\right)^2 \qquad (3-56)$$

式中：$\Delta p_n$ 为阀在额定压力和额定流量下的压力损失；$q$ 为液体流过阀的实际流量；$q_n$ 为液体流过阀的额定流量。

### 3.3.4 管路系统总压力损失(Total pressure losses in pipe-system)

整个液压传动系统管路的总压力损失等于所有沿程压力损失和所有局部压力损失之和，即

$$\sum \Delta p = \sum \Delta p_\lambda + \sum \Delta p_\zeta = \sum \lambda \frac{l}{d} \frac{\rho v^2}{2} + \sum \zeta \frac{\rho v^2}{2} \qquad (3-57)$$

必须指出，应用式(3-57)计算液压传动系统管路的总压力损失时，只有在两相邻局部障碍之间的距离应大于直管内径 10~20 倍的场合，否则计算出来的压力损失值比实际数值小。这是因为如果两相邻局部障碍距离太小，通过第一个局部障碍后的液体尚未稳定就进入第二个局部障碍，这时的液流的扰动更剧烈，局部阻力系数就会高于正常值的 2~3 倍。

一般情况下，由于液压传动系统的管路并不长，沿程压力损失是比较小的，而各种液压阀类元件造成的局部压力损失却比较明显，因此管路总的压力损失一般以局部压力损失为主。

## 3.4 液体流经小孔的流量
(Flow of liquid moving through orifice)

在液压元件和液压传动系统的管路中,普遍存在液体流经小孔的现象。液流通道上其通流截面有突然收缩处的流动称为节流,节流是液压传动技术中控制压力和调节流量的一种基本方法。能使流动成为节流的装置,称为节流装置。例如,液压阀的孔口是常用的节流装置,通常利用液体流经液压阀的孔口来控制压力或调节流量,以便达到调速目的。因此,对于研究液体流经小孔的流量压力特性、了解影响它们的因素,正确分析液压元件和液压传动系统的工作性能是非常必要的。

根据小孔的通流长度 $l$ 与孔内径 $d$ 的比值,将孔口的形式分为 3 种:当孔口的长径比 $l/d \leqslant 0.5$ 时,被称为薄壁小孔;当 $0.5 < l/d \leqslant 4$ 时,被称为短孔;当 $l/d > 4$ 时,被称为细长孔。

**1. 液体流经薄壁小孔的流量**(Flow of liquid moving through thin plate orifice)

薄壁小孔的孔口边缘一般都做成刃口形状,各种结构形式的阀口就是薄壁小孔的实际例子。液体流经薄壁小孔时多为紊流,只有局部压力损失而几乎不产生沿程压力损失。

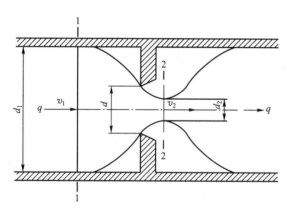

图 3.15 液体在薄壁小孔中的流动

(FIGURE 3.15 Liquid moves through thin plate orifice)

图 3.15 所示为液体流经薄壁小孔的情况,当液体从薄壁小孔流出时,小孔左边管道内径 $d_1$ 处的液体均向小孔汇集,在液体惯性力的作用下,使通过小孔后的液流形成一个收缩截面 2-2,然后再扩散,经过收缩和扩散的过程,造成了很大的能量损失。当孔前管道内径 $d_1$ 与小孔内径 $d$ 之比 $d_1/d \geqslant 7$ 时,液流的收缩作用不受孔前管道内壁的影响,称为完全收缩;反之,当 $d_1/d < 7$ 时,孔前通道对液流进入小孔起导向作用,这时的收缩称为不完全收缩。

现对图 3.15 所示的孔前通道截面 1-1 和孔后通道截面 2-2 列出伯努利能量方程,设孔前通道截面 1-1 处的压力和平均速度分别为 $p_1$、$v_1$,孔后通道截面 2-2 处的压力和平均速度分别为 $p_2$、$v_2$。高度相等 $z_1 = z_2$,取动能修正系数 $\alpha = 1$,则有

$$\frac{p_1}{\rho g} + \frac{v_1^2}{2g} = \frac{p_2}{\rho g} + \frac{v_2^2}{2g} + h_w \tag{3-58}$$

式中:$h_w$ 为局部压力损失。

因为孔前通道的通流截面面积 $A_1$ 比孔后通道的通流截面面积 $A_2$ 大得多,所以 $v_1 \ll v_2$,$v_1$ 可忽略不计。局部压力损失 $h_w$ 为

$$h_w = \zeta \frac{\rho v_2^2}{2} \tag{3-59}$$

将式(3-59)代入式(3-58)后,求得液体流经薄壁小孔的平均速度为

$$v_2 = \frac{1}{\sqrt{\zeta+1}} \sqrt{\frac{2\Delta p}{\rho}} \qquad (3-60)$$

式中:$\Delta p$ 为小孔前后的压差,$\Delta p = p_1 - p_2$。

液体流经薄壁小孔的流量为

$$q = A_2 v_2 = C_c C_v A \sqrt{\frac{2\Delta p}{\rho}} = C_q A \sqrt{\frac{2\Delta p}{\rho}} \qquad (3-61)$$

式中:$A_2$ 为收缩截面面积,$A_2 = \frac{\pi d_2^2}{4}$;$A$ 为小孔截面面积,$A = \frac{\pi d^2}{4}$;$C_c$ 为截面收缩系数,$C_c = \frac{A_2}{A}$;$C_v$ 为速度系数,$C_v = \frac{1}{\sqrt{\zeta+1}}$;$C_q$ 为流量系数,$C_q = C_c C_v$。

流量系数一般由实验确定。在液流完全收缩的情况下,当 $Re = 800 \sim 5000$ 时,$C_q$ 可按下式计算

$$C_q = 0.964 Re^{-0.05} \qquad (3-62)$$

当 $Re > 10^5$ 时,$C_q$ 可视为常数,取值为 $C_q = 0.60 \sim 0.62$。

在液流不完全收缩时,其流量系数可以增大为 $C_q \approx 0.7 \sim 0.8$。具体数值见表 3-4。

表 3-4 液流不完全收缩的流量系数 $C_q$
(TABLE 3-4 Flow coefficient $C_q$ of incomplete constriction of liquid)

| $A/A_1$ | 0.1 | 0.2 | 0.3 | 0.4 | 0.5 | 0.6 | 0.7 |
|---|---|---|---|---|---|---|---|
| $C_q$ | 0.602 | 0.615 | 0.634 | 0.661 | 0.696 | 0.742 | 0.804 |

由式(3-61)可知,液体流经薄壁小孔的流量与工作介质的黏度无关,因此流量受油温变化的影响较小,但流量与孔口前后的压力差呈非线性关系。

2. 液体流经短孔的流量(Flow of liquid moving through short orifice)

短孔的流量公式仍然是式(3-61),由实验可知,短孔的流量系数 $C_q$ 增大了,当 $Re > 2000$ 时,$C_q$ 值基本保持在 0.8 左右。

3. 液体流经细长孔的流量(Flow of liquid moving through slightness orifice)

液体流经细长孔时,由于受黏性的影响,流动状态一般都是层流,因此细长孔的流量公式可直接应用前面已推导出的等直径圆管层流流量式(3-50),即

$$q = \frac{\pi d^4}{128 \mu l} \Delta p$$

液体流经细长孔的流量和孔前后压差 $\Delta p$ 成正比,而与液体的动力黏度成反比。因此流量受液体温度变化影响较大。这一点是与薄壁小孔的特性明显不同的。

综合各种孔口的流量公式,可以归纳出一个通用公式

$$q = CA\Delta p^m \qquad (3-63)$$

式中:$C$ 为由孔口的形状、尺寸和液体性质决定的系数。对于薄壁孔和短孔有 $C = C_q \sqrt{2/\rho}$;对于细长孔有 $C = d^2/(32\mu l)$;$A$ 为孔口通流截面的面积;$\Delta p$ 为孔口前后的压力差;$m$ 为由孔口的长径比决定的指数,薄壁孔取 $m = 0.5$;短孔取 $m = 0.5 \sim 1$;细长孔取 $m = 1$。

流量通用公式(3-63)经常用于分析液压传动系统中孔口的流量压力特性。

## 3.5 液体流经缝隙的流量
### (Flow of liquid moving through narrow clearance)

缝隙是指两个固体壁面之间的间隙与其长度和宽度相比小得多。液体流过缝隙时，会产生一定的泄漏，这就是缝隙流量(或称间隙流量)。在液压元件中，构成运动副的一些运动件与固定件之间存在着一定缝隙。缝隙过小，会使有相对运动的零件卡死；缝隙过大，会造成泄漏量大。泄漏是由间隙和压力差造成的，如图3.16所示。内泄漏造成的能量损失转换为热能，使液压传动系统中的工作介质温度升高；外泄漏会造成环境污染。内泄漏和外泄漏过大都会影响液压元件和液压传动系统的正常工作，使系统的效率降低，功率损耗加大。由于液压元件中相对运动的零件之间的间隙很小，一般为几微米到几十微米，水力半径也小，由于液压工作介质具有一定的黏度，因此液体在缝隙中的流动状态通常为层流。

**图3.16 内泄漏与外泄漏**
(FIGURE 3.16 Internal leak and external leak of liquid)

液体在缝隙中的流动一般分为3种情况：一种是各零件之间无相对运动只有压力差而造成的流动称为压差流动；另一种是各零件之间无压力差仅有相对运动而造成的流动称为剪切流动；还有一种是在压差与剪切同时作用下的流动。

1. **液体流经平行平板缝隙的流量**(Flow of liquid moving through narrow clearance between two parallel plates)

一般来说，液体流经平行平板缝隙的流动既受压差的作用，同时又受到平行平板间相对运动的作用。如图3.17所示，设两平行平板的长度为$l$，宽度为$b$(图中未画出)，两平行平板间的缝隙值为$h$，两端的压力为$p_1$和$p_2$，且$l \gg h$，$b \gg h$，从平行平板缝隙中取一个微小平行六面体$dxdy$(宽度方向取单位长)，作用在微小平行六面体上、下两个表面上的切应力为$\tau+d\tau$和$\tau$。其受力平衡方程式为

$$p\,dyb + (\tau+d\tau)dxb = (p+dp)dyb + \tau dxb \quad (3-64)$$

将$\tau = \mu\dfrac{du}{dy}$代入式(3-64)经过整理得

$$\frac{d^2u}{dy^2} = \frac{1}{\mu}\frac{dp}{dx} \quad (3-65)$$

将式(3-65)对$y$二次积分得

$$u = \frac{1}{2\mu}\frac{dp}{dx}y^2 + C_1 y + C_2 \quad (3-66)$$

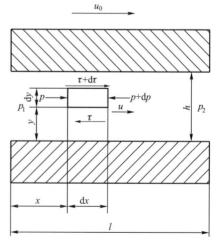

**图3.17 平行平板间隙流动**
(FIGURE 3.17 Liquid moves through narrow clearance between two parallel plates)

式中：$C_1$、$C_2$ 为积分常数。

边界条件是：当 $y=0$ 时，$u=0$；$y=h$ 时，$u=u_0$。代入式(3-66)得 $C_1=\dfrac{u_0}{h}-\dfrac{h}{2\mu}\dfrac{\mathrm{d}p}{\mathrm{d}x}$，$C_2=0$，于是

$$u=-\frac{h}{2\mu}(h-y)y\frac{\mathrm{d}p}{\mathrm{d}x}+\frac{u_0}{h}y \qquad (3-67)$$

由式(3-67)可知速度沿缝隙截面的分布规律。下面分两种情况进行讨论液体流经平行平板缝隙的流量。

1) 液体流经固定两平行平板缝隙的流量

上、下两平行平板均固定不动，液体在缝隙两端的压力差作用下流动，即压差流动。$p$ 只是 $x$ 的线性函数，即 $\mathrm{d}p/\mathrm{d}x=(p_2-p_1)/l=-\Delta p/l$，$u_0=0$ 代入式(3-67)，得

$$u=\frac{y(h-y)}{2\mu l}\Delta p \qquad (3-68)$$

$$q=\int_0^h ub\,\mathrm{d}y=\int_0^h \frac{y(h-y)}{2\mu l}\Delta p\,b\,\mathrm{d}y \qquad (3-69)$$

$$q=\frac{bh^3}{12\mu l}\Delta p \qquad (3-70)$$

从式(3-67)和式(3-70)可知，液体流经固定平行平板缝隙的速度分布规律呈抛物线状，通过缝隙的流量与缝隙的三次方成正比，因此必须严格控制液压元件内部配合零件间的缝隙大小，以便减小泄漏。

2) 液体流经有相对运动两平行平板缝隙的流量

(1) 一个平板固定，另一个平板以速度 $u_0$ 作相对运动，在无压差作用下，由于液体的黏性，缝隙间的液体仍会产生流动，即纯剪切流动。

边界条件是：当 $y=0$ 时，$u=0$；$y=h$ 时，$u=u_0$，且 $\mathrm{d}p/\mathrm{d}x=0$，代入式(3-67)得

$$u=\frac{u_0}{h}y \qquad (3-71)$$

由式(3-71)得出流量公式为

$$q=\int_0^h b\frac{u_0}{h}y\,\mathrm{d}y=\frac{bh}{2}u_0 \qquad (3-72)$$

(2) 液体在两平行平板缝隙中既有压差流动又有剪切流动的状态。这是在液压元件中常见的现象，在缝隙中流速的分布规律和流量是上述两种情况的线性叠加，将边界条件代入式(3-67)，对其积分可得液体通过缝隙的流量

$$q=\frac{bh^3}{12\mu l}\Delta p\pm\frac{bh}{2}u_0 \qquad (3-73)$$

式(3-73)中正负号的确定：当动平板运动速度与压差作用下液体流动方向一致时，取"+"号；反之取"−"号。

液体在缝隙间的泄漏所造成的功率损失为

$$P_l=\Delta p q=\Delta p\left(\frac{bh^3}{12\mu l}\Delta p\pm\frac{bh}{2}u_0\right) \qquad (3-74)$$

由式(3-74)可知，缝隙 $h$ 越小，由泄漏造成的功率损失就越小。缝隙值 $h$ 减小的同时，液压元件中运动零件间摩擦造成的功率损失就会增大，设计时应计算出能使这两种功率损失之和达到最小的缝隙值 $h$ 的最佳值。

2. 液体流经圆柱环形缝隙的流量(Flow of liquid moving through narrow clearance between two cylindrical cirques)

液压元件中液压缸缸体与活塞之间的间隙，液压阀阀体与滑阀阀芯之间的间隙中的流动均属于圆柱环形间隙的流动。根据二者是否同心又分为同心圆柱环形间隙和偏心圆柱环形间隙。

1) 液体流经同心圆柱环形缝隙的流量

液体流经同心圆柱环形缝隙的流动情况，如图 3.18 所示。其圆柱塞直径为 $d$，缝隙值为 $h$，长度为 $l$。当 $h/r \ll 1$ 时，如果将圆柱环形缝隙沿圆周方向展开，就可以将同心圆柱环形缝隙间的流动近似地看做是平行平板缝隙间的流动，只要将 $b = \pi d$ 代入平行平板缝隙流量式(3-73)中，就可得到液体流经同心圆柱环形缝隙的流量式，即

$$q = \frac{\pi d h^3}{12\mu l}\Delta p \pm \frac{\pi d h}{2} u_0 \tag{3-75}$$

2) 液体流经偏心圆柱环形缝隙的流量

(1) 液体在压差作用下流经固定两偏心圆柱环形缝隙的流量。

图 3.19 所示为液体在偏心圆柱环形缝隙的流量。

图 3.18 同心环形缝隙间的液流
(FIGURE 3.18 Liquid moves through narrow clearance between two concentricity cylindrical cirques)

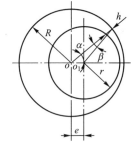

图 3.19 偏心环形缝隙间的液流
(FIGURE 3.19 Liquid moves through narrow clearance between two nonconcentricity cylindrical cirques)

在液压元件中，有相对运动的圆柱形零件很多，圆柱环形配合表面经常会出现偏心圆柱环形的情况，例如，液压缸中的活塞外表面与缸体内表面轴心线不同心时就形成了偏心圆柱环形缝隙。偏心圆柱环形缝隙的简图，如图 3.19 所示。设孔半径为 $R$，其圆心为 $O$，轴半径为 $r$，其圆心为 $O_1$，偏心距 $e$，另设半径在任一角度 $\alpha$ 时，偏心圆柱环形缝隙值为 $h$，由图可知

$$h = R - (r\cos\beta + e\cos\alpha) \tag{3-76}$$

因 $\beta$ 很小，$\cos\beta \to 1$，所以

$$h \approx R - (r + e\cos\alpha) \tag{3-77}$$

$d\alpha$ 在一个很小的角度范围内，通过缝隙的流量 $dq$ 可应用式(3-70)计算，即

$$q = \frac{bh^3}{12\mu l}\Delta p$$

又因 $b$ 相当于 $R\mathrm{d}\alpha$，则有

$$\mathrm{d}q = \frac{R\Delta p}{12\mu l}h^3\mathrm{d}\alpha \qquad (3-78)$$

对式(3-78)积分就可得到通过整个偏心环形缝隙的流量

$$q = \frac{R\Delta p}{12\mu l}\int_0^{2\pi}h^3\mathrm{d}\alpha = \frac{R\Delta p}{12\mu l}\int_0^{2\pi}(R-r-e\cos\alpha)^3\mathrm{d}\alpha \qquad (3-79)$$

令 $R-r = h_0$（同心时半径缝隙量），$e/h_0 = \varepsilon$（相对偏心率），则有

$$R - r - e\cos\alpha = h_0 - e\cos\alpha = h_0(1-\varepsilon\cos\alpha) \qquad (3-80)$$

又令 $d = 2r$，于是

$$q = \frac{h_0^3 R\Delta p}{12\mu l}\int_0^{2\pi}(1-\varepsilon\cos\alpha)^3\mathrm{d}\alpha = \frac{\pi d h_0^3 \Delta p}{12\mu l}(1+1.5\varepsilon^2) \qquad (3-81)$$

(2) 液体流经有相对运动两偏心圆柱环形缝隙的流量。

液体处在两偏心圆柱环形缝隙中既有压差流动又有剪切流动的状态时，液体流经有相对运动两偏心圆柱环形缝隙的流量为

$$q = \frac{\pi d h_0^3 \Delta p}{12\mu l}(1+1.5\varepsilon^2) \pm \frac{\pi d h_0 u_0}{2} \qquad (3-82)$$

由式(3-82)可知，当 $\varepsilon = 0$ 时，即为同心圆柱环形缝隙流量计算公式。当 $\varepsilon = 1$，即最大偏心 $e = h_0$ 时，其通过偏心圆柱环形缝隙的压差流量为同心时压差流量的 2.5 倍，这说明偏心对泄漏量的影响很大。因此，对液压元件中有相互配合的圆柱形零件的同心度应有严格要求，以减小缝隙泄漏量。

**例题 3.3** 已知液压缸中的活塞直径 $d = 100\times10^{-3}$ m，长 $l = 100\times10^{-3}$ m，活塞与缸体内孔同心时间隙 $h = 0.1\times10^{-3}$ m，高低腔压力差 $\Delta p = 2\times10^6$ Pa，液压工作介质的动力黏度 $\mu = 0.1$ Pa·s。试求：①活塞与缸体内孔同心时的泄漏量；②活塞与缸体内孔完全偏心时的泄漏量；③当活塞以 6 m/min 速度与压力差同向运动且活塞与缸体内孔完全偏心时的泄漏量。

**解**：① 活塞与缸体内孔同心时的泄漏量

$$q_1 = \frac{\pi d h^3}{12\mu l}\Delta p = \frac{3.14\times0.1\times(0.1\times10^{-3})^3}{12\times0.1\times100\times10^{-3}}\times2\times10^6\,\mathrm{m^3/s} = 5.23\times10^{-6}\,\mathrm{m^3/s}$$

② 活塞与缸体内孔完全偏心时的泄漏量

$$q_2 = 2.5 q_1 = 13.08\times10^{-6}\,\mathrm{m^3/s}$$

③ 当活塞以 6 m/min 速度与压力差同向运动且活塞与缸体内孔完全偏心时的泄漏量

$$q_3 = \frac{\pi d h_0^3 \Delta p}{12\mu l}(1+1.5\varepsilon^2) + \frac{\pi d h_0 u_0}{2} = q_2 + \frac{\pi d h_0 u_0}{2} =$$

$$13.08\times10^{-6} + \frac{3.14\times100\times10^{-3}\times0.1\times10^{-3}\times6}{2\times60}\,\mathrm{m^3/s} = 14.65\times10^{-6}\,\mathrm{m^3/s}$$

3) 液体流经圆柱环形缝隙倒锥流动的流量及压力分布

当柱塞或柱塞孔，滑阀阀芯或阀体孔因加工误差带有一定锥度时，两相对运动零件之间的间隙为圆锥环形间隙，其间隙大小沿轴线方向变化，图 3.20 所示的阀芯大端为高压，液流由大端流向小端，被称为倒锥。

(1) 液体流经圆柱环形缝隙倒锥流动的流量。

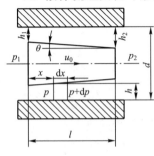

图 3.20 倒锥流动
(FIGURE 3.20 Liquid moves through narrow clearance between back conical valve core and valve)

在图 3.20 中，设阀芯以速度 $u_0$ 向右运动，圆锥半角为 $\theta$，圆柱环进出口处的压力和间隙分别为 $p_1$、$h_1$ 和 $p_2$、$h_2$。在距左端 $x$ 距离处的压力为 $p$，间隙为 $h$，阀芯长度为 $l$，并取微小单元 $dx$，因 $dx$ 值很小，可认为在 $dx$ 段内间隙宽度不变，现分析微小单元 $dx$ 的流动情况。

由于 $-\dfrac{\Delta p}{l} = \dfrac{dp}{dx}$，将其代入同心圆柱环形缝隙流量式(3-75)，可得

$$q = -\frac{\pi d h^3}{12\mu}\frac{dp}{dx} + \frac{\pi d u_0 h}{2} \qquad (3-83)$$

因 $h = h_1 + x\tan\theta$，$dx = \dfrac{dh}{\tan\theta}$，代入式(3-83)经过整理得

$$dp = -\frac{12\mu q}{\pi d \tan\theta}\frac{dh}{h^3} + \frac{6\mu u_0}{\tan\theta}\frac{dh}{h^2} \qquad (3-84)$$

将 $\tan\theta = \dfrac{h_2 - h_1}{l}$ 代入式(3-84)积分后得

$$\Delta p = p_1 - p_2 = \frac{6\mu l}{\pi d}\frac{(h_1 + h_2)}{(h_1 h_2)^2}q - \frac{6\mu l}{h_1 h_2}u_0 \qquad (3-85)$$

将式(3-85)移项可整理出液体流经圆柱环形缝隙倒锥流动的流量公式

$$q = \frac{\pi d}{6\mu l}\frac{(h_1 h_2)^2}{(h_1 + h_2)}\Delta p + \frac{\pi d h_1 h_2}{(h_1 + h_2)}u_0 \qquad (3-86)$$

当阀芯静止时，即 $u_0 = 0$，其流量公式为

$$q = \frac{\pi d}{6\mu l}\frac{(h_1 h_2)^2}{(h_1 + h_2)}\Delta p \qquad (3-87)$$

(2) 液体流经圆柱环形缝隙倒锥流动的压力分布。

液体流经圆柱环形缝隙倒锥流动的压力分布可通过对式(3-84)积分，将边界条件 $p = p_1$，$h = h_1$ 代入得

$$p = p_1 - \frac{6\mu q}{\pi d \tan\theta}\left(\frac{1}{h_1^2} - \frac{1}{h^2}\right) + \frac{6\mu u_0}{\tan\theta}\left(\frac{1}{h_1} - \frac{1}{h}\right) \qquad (3-88)$$

将式(3-86)代入式(3-88)，并将 $\tan\theta = \dfrac{h - h_1}{x}$ 代入得液体流经圆柱环形缝隙倒锥流动的压力分布公式

$$p = p_1 - \frac{1 - \left(\dfrac{h_1}{h}\right)^2}{1 - \left(\dfrac{h_1}{h_2}\right)^2}\Delta p - \frac{6\mu u_0(h - h_2)}{h^2(h_1 + h_2)}x \qquad (3-89)$$

当阀芯没有运动，即 $u_0 = 0$，且仅在压差流动的情况下，则有

$$p = p_1 - \frac{1 - \left(\dfrac{h_1}{h}\right)^2}{1 - \left(\dfrac{h_1}{h_2}\right)^2}\Delta p \qquad (3-90)$$

4）液体流经圆柱环形缝隙顺锥流动的流量及压力分布

（1）液体流经圆柱环形缝隙顺锥流动的流量。

图3.21所示的阀芯小端为高压，液流由小端流向大端，被称为顺锥。液体流经圆柱环形缝隙顺锥流动的流量与倒锥安装时流量计算公式相同，即

$$q = \frac{\pi d}{6\mu l} \frac{(h_1 h_2)^2}{(h_1 + h_2)} \Delta p + \frac{\pi d h_1 h_2}{(h_1 + h_2)} u_0$$

（2）液体流经圆柱环形缝隙顺锥流动的压力分布。

液体流经圆柱环形缝隙顺锥流动的压力分布公式的推导与倒锥流动的压力分布公式的推导类似，可得

$$p = p_1 - \frac{\left(\frac{h_1}{h}\right)^2 - 1}{\left(\frac{h_1}{h_2}\right)^2 - 1} \Delta p - \frac{6\mu u_0 (h - h_1)}{h^2 (h_1 + h_2)} x \quad (3-91)$$

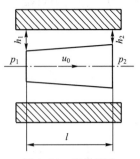

图3.21 顺锥流动
(FIGURE 3.21 Liquid moves through narrow clearance between conical valve core and valve)

当阀芯没有运动，即 $u_0 = 0$，且仅在压差流动的情况下，则有

$$p = p_1 - \frac{\left(\frac{h_1}{h}\right)^2 - 1}{\left(\frac{h_1}{h_2}\right)^2 - 1} \Delta p \quad (3-92)$$

**例题3.4** 已知滑阀阀芯与阀套同心，由于加工误差使阀芯带有一定锥度，造成阀芯与阀套的两端间隙不同，$h_1 = 0.1 \times 10^{-3}$ m，$h_2 = 0.15 \times 10^{-3}$ m，阀芯长度 $l = 30 \times 10^{-3}$ m，阀套孔径 $d = 20 \times 10^{-3}$ m，滑阀两端的压力差 $\Delta p = 10 \times 10^6$ Pa，液压工作介质的动力黏度 $\mu = 0.1$ Pa·s，试求通过滑阀间隙的流量。

**解**：由式(3-87)可得

$$q = \frac{\pi d}{6\mu l} \frac{(h_1 h_2)^2}{(h_1 + h_2)} \Delta p = \frac{3.14 \times 20 \times 10^{-3} \times (0.1 \times 10^{-3} \times 0.15 \times 10^{-3})^2}{6 \times 0.1 \times 30 \times 10^{-3} \times (0.1 + 0.15) \times 10^{-3}} \times 10 \times 10^6$$

$$= 31.4 \times 10^{-6} \text{ m}^3/\text{s}$$

5）液压卡紧现象及卡紧力

当液体流经圆柱环形缝隙倒锥流动时，若阀芯在阀套内出现偏心现象，如图3.22所示。由式(3-90)可知，作用在阀芯下面的作用力将大于阀芯上面的作用力，使阀芯受到一个向上的液压径向力 $F$ 的作用，液压径向力 $F$ 使偏心距 $e$ 增大，当液压径向力 $F$ 足够大时，使阀芯压向阀套的壁面，将产生液压卡紧现象。

当液体流经圆柱环形缝隙顺锥流动时，若阀芯在阀套内出现偏心现象，如图3.23所示。由式(3-92)可知，作用在阀芯上面的作用力将大于阀芯下面的作用力，使阀芯受到一个向下的液压径向力 $F$ 的作用，液压径向力 $F$ 使偏心距 $e$ 减小，直到趋于同心，因此不产生液压卡紧现象。

在工程实际中，液压卡紧力是客观存在的，常在滑阀阀芯外圆周上加工一些径向压力平衡槽，使槽内液体压力在圆周方向处处相等，就可达到使阀套和阀芯同心配合的目的，如图3.24所示。压力平衡槽的深度和宽度一般为0.3～1.0mm。试验证明，当开三条压力平衡槽时，液压径向力可减小到原来的5%左右；当开七条压力平衡槽

时,液压径向力可减小到原来的2.7%左右,因此开压力平衡槽可大大地减小液压卡紧力。

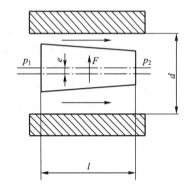

图 3.22 倒锥流动的液压径向力
(FIGURE 3.22 Hydraulic radial force when liquid moves through eccentric narrow clearance between back conical valve core and valve)

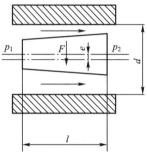

图 3.23 顺锥流动的液压径向力
(FIGURE 3.23 Hydraulic radial force when liquid moves through eccentric narrow clearance between conical valve core and valve)

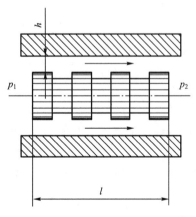

图 3.24 滑阀阀芯外圆周上加工径向压力平衡槽
(FIGURE 3.24 Spool core notched radial balance pressure)

在加工一些径向压力平衡槽后,液体流经圆柱环形缝隙的长度 $l$ 会减小,但由于径向压力平衡槽会使阀芯与阀体孔之间的偏心距减小,因此径向压力平衡槽的开设不会使缝隙的泄漏量增大。

3. 液体流经平行圆环平面缝隙的流量(Flow of liquid moving through narrow clearance between two parallel disks)

图3.25所示为液体在平行圆环平面缝隙的流动。液流由圆盘中心孔流入,在压力差的作用下向四周径向呈放射形流出,且两平行圆盘无相对运动。由于缝隙很小,液体作层流流动,又因为液体作径向流动,所以液体流动对称于中心轴线。轴向柱塞泵的滑履与斜盘之间和有些端面推力静压轴承均属这种情况。

液体的径向流动速度可由式(3-67)计算,将有关边界条件代入后,积分可得其流量计算公式:

$$q = \frac{\pi h^3 \Delta p}{6\mu \ln \frac{r_2}{r_1}} \quad (3-93)$$

式中：$r_1$ 为圆环中心孔半径；$r_2$ 为圆盘半径；$\Delta p$ 为液体流经平行圆环平面缝隙进出口压差；$h$ 为平行圆环平面缝隙值。

作用于圆盘平面上的总液压力为

$$F = \pi r_1^2 p_1 + \int_{r_1}^{r_2} p 2\pi r dr \qquad (3-94)$$

4. 液体流经圆锥状环形缝隙的流量（Flow of liquid moving through narrow clearance between conical valve core and valve seat）

圆锥状环形缝隙的流动，如图 3.26 所示。如果将这一间隙展开成平面，就是一个扇形，相当于平行圆盘间隙的一部分，因此可以根据平行圆盘间隙流动的流量公式，推导出液体流经圆锥状环形缝隙的流量公式。

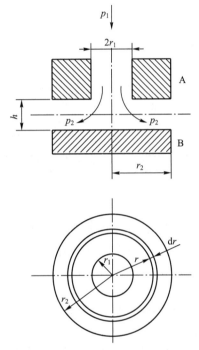

图 3.25 平行圆盘缝隙的液流
(FIGURE 3.25 Liquid moves through narrow clearance between two parallel disks)

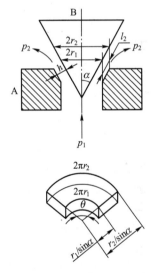

图 3.26 圆锥状环形缝隙的液流
(FIGURE 3.26 Flow of liquid moving through narrow clearance between conical valve core and valve seat)

从图 3.26 中的几何关系可以得到当圆锥半锥角为 $\alpha$ 时展开的扇形中心角为

$$\theta = \frac{2\pi r_1}{\dfrac{r_1}{\sin \alpha}} = 2\pi \sin \alpha$$

将通过该扇形块的流量看作是平行圆盘间隙流量的一部分，中心角为 $2\pi$，而现在扇形中心角为 $2\pi\sin \alpha$，将式(3-93)中的 $\pi$ 用 $\pi\sin \alpha$ 替换，即可得液体流经圆锥状环形缝隙的流量公式：

$$q = \frac{\pi \sin \alpha h^3}{6\mu \ln \frac{r_2}{r_1}} \Delta p \tag{3-95}$$

**例题 3.5** 已知圆锥阀的半锥角 $\alpha = 20°$，$r_1 = 2 \times 10^{-3}$ m，$r_2 = 7 \times 10^{-3}$ m，间隙 $h = 0.1 \times 10^{-3}$ m，圆锥阀的进出口压力差 $\Delta p = 1 \times 10^6$ Pa，液压工作介质的动力黏度 $\mu = 0.1$ Pa·s，试求通过圆锥阀的流量。

**解：** 由式(3-95)可得

$$q = \frac{\pi \sin \alpha h^3}{6\mu \ln \frac{r_2}{r_1}} \Delta p = \frac{3.14 \times \sin 20° \times (0.1 \times 10^{-3})^3}{6 \times 0.1 \ln\left(\frac{7}{2}\right)} \times 1 \times 10^6 = 1.43 \times 10^{-6} \text{ m}^3/\text{s}$$

## 3.6 液压冲击
### (Pressure shock)

在液压传动系统中，当外负载突然换向或停止时，导致液压传动系统内液压工作介质的压力在一瞬间会突然升高，产生很高的压力峰值，这种现象被称为液压冲击。

> In hydraulic transmission system, pressure of hydraulic operating medium can suddenly higher than several times those of normal operating conditions, which is called pressure shock.

1. 液压冲击的原因(Pressure shock causation)

在液压换向阀突然关闭或运动部件快速制动等情况下，液压工作介质在液压传动系统中的流动会突然受阻，如图3.27和图3.31所示。此时，由于流动液压工作介质的惯性作用，液压工作介质就从受阻端开始，迅速将动能逐层转化为压力能，从而产生了压力冲击波；此后，这个压力冲击波又从该端开始反向传递能量，将压力能逐层转化为动能，这使得液压工作介质又反向流动；然后，在另一端又再次将动能逐层转化为压力能，如此反复地进行能量转换。因为这种压力冲击波的迅速往复传播，所以在液压传动系统内形成压力振荡。在这一振荡过程中，由于液压工作介质受到摩擦力以及液压工作介质和管路的弹性作用不断地消耗能量，才使振荡过程逐渐地衰减，最终趋向稳定，因此，产生液压冲击的本质是动量变化的。

2. 液压冲击的类型(Types of pressure shock)

液压传动系统中液压冲击按其产生的原因分为两类：一类是因液流管道迅速关闭或液流迅速换向使液流速度的大小或方向发生突然变化时，液流的惯性导致的液压冲击；另一类是运动的工作装置突然制动或换向时，因工作装置的惯性引起的液压冲击。下面对这两种常见的液压冲击现象进行分析。

1) 管道中液压换向阀阀门关闭时的液压冲击

图3.27所示为某液压传动系统油路的一部分。直径为 $d$ 的管路入口端装有一个液压蓄能器，管路出口端装有一个电磁换向阀。当电磁换向阀换向打开油路时，管路中液压工作介质的压力为 $p_0$，流速为 $v_0$，现在来研究当电磁换向阀阀门突然关闭时，阀门前及管

路中压力的变化规律。定量分析液压冲击压力的计算公式。

如图 3.28 所示,设当电磁换向阀阀门突然关闭时,在某一瞬间 $\Delta t$ 时间内,与电磁换向阀阀门紧邻的一段微小液体 $m-n$ 先停止运动,其厚度为 $\Delta l$,通流截面面积为 $A$,密度为 $\rho$,体积为 $A\Delta l$,质量为 $\rho A \Delta l$,该段微小液体在 $\Delta t$ 时间内受其后面液层的影响而压缩,尚在流动中的液体就以速度 $v_0$ 流入了该层压缩后所空出的空间。

图 3.27 液压换向阀阀门突然关闭
时液压冲击的油路分析

(FIGURE 3.27 Pressure shock analysis when hydraulic directional valve is shut abruptly)

1—充气式蓄能器;2—电磁换向阀

图 3.28 液压换向阀阀门突然关闭
时微小液体的受力分析

(FIGURE 3.28 Force analysis when hydraulic directional valve is shut abruptly)

若以 $p_0$ 代表电磁换向阀阀门突然关闭前初始压力,而以 $(p_0+\Delta p)$ 代表骤然关闭后产生的压力。即 $n-n$ 段面上为 $p_0$,而 $m-m$ 段面上的压力为 $(p_0+\Delta p)$,则在 $\Delta t$ 时间内,轴线方向作用于液体外力的冲量为 $(-\Delta p A \Delta t)$。同时微小液体段 $m-n$ 的动量的增量值为 $(-\rho A \Delta l v_0)$。对该段微小液体运用动量定理,可得

$$-\Delta p A \Delta t = -\rho A \Delta l v_0 \qquad (3-96)$$

$$\Delta p = \rho \frac{\Delta l}{\Delta t} v_0 = \rho c v_0 \qquad (3-97)$$

如阀门不是一下全关闭,而是突然使流速从 $v_0$ 下降为 $v$,则 $\Delta p$ 可表示为

$$\Delta p = \rho c (v_0 - v) \qquad (3-98)$$

式中:$c$ 为液压冲击波传播速度,$c=\Delta l/\Delta t$;$\Delta p$ 为液压冲击压力的最大升高值。

式(3-97)中的 $c$ 值不仅与液压工作介质的体积弹性模量有关,而且还与管道的弹性模量、管道的内径和壁厚有关,$c$ 值的计算公式为

$$c = \frac{\sqrt{\dfrac{K}{\rho}}}{\sqrt{1+\dfrac{Kd}{E\delta}}} \qquad (3-99)$$

式中:$K$ 为液压工作介质的体积弹性模量;$E$ 为管道的弹性模量;$d$ 为管道的内径;$\delta$ 为管道的壁厚。

在液压传动中,$c$ 值的范围为 $900\sim1400\text{m/s}$。

设液压换向阀阀门关闭的时间为 $t$,冲击波从起始点开始再反射到起始点的时间为 $T$,则 $T$ 可用式(3-100)表示:

$$T = \frac{2l}{c} \tag{3-100}$$

式中：$l$ 为冲击波传播的距离。

如果液压换向阀阀门关闭的时间 $t < T$ 时，则称为瞬时关闭。这时液流由于速度改变所引起的能量全部转变为液压能，压力峰值很大，这种液压冲击被称为直接液压冲击(即完全液压冲击)(whole pressure shock)。液压冲击压力 $\Delta p$ 值可按式(3-97)或式(3-98)计算。

> The time $t$ of the directional control valves is less than the time $T$ is called critical close

如果液压换向阀阀门关闭的时间 $t > T$，则称为逐渐关闭。实际上，一般的液压阀门关闭时间还是比较长的，当液压冲击波折回到阀门时，阀门尚未完全关闭。此时液流由于速度改变所引起的能量变化仅有一部分(相当于 $T/t$ 的部分)转变为液压能，这种液压冲击称为间接液压冲击(即非完全液压冲击)(non-whole pressure shock)。液压冲击压力 $\Delta p$ 值计算公式为

> The time $t$ of the directional control valves is more than the time $T$ is called partly close

$$\Delta p = \rho c (v_0 - v) \frac{T}{t} \tag{3-101}$$

图 3.29 是在理想情况下液压冲击压力的变化规律，表示在紧邻液压阀门前的压力随时间变化的图形。由图 3.29 可以看出，该处的压力每经过 $2l/c$ 时间段，互相变换一次。

图 3.30 是实际情况下液压冲击压力的变化规律。实际上由于液压阻力及管壁变形需要消耗一定的能量，因此它是一个逐渐衰减的复杂曲线。

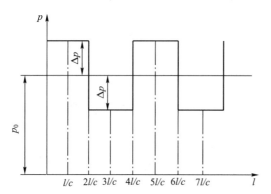

图 3.29 在理想情况下液压冲击压力的变化规律

(FIGURE 3.29 Pressure shock rule is in ideal condition)

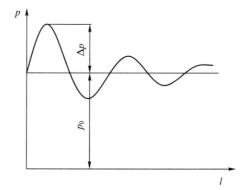

图 3.30 实际情况下液压冲击压力的变化规律

(FIGURE 3.30 Pressure shock rule is in practical condition)

由式(3-101)可知，间接液压冲击压力比直接液压冲击压力小，而且 $t$ 越大，$\Delta p$ 值将越小。从式(3-97)、式(3-98)和式(3-101)还可以看出，要减小液压冲击压力，可以增大关闭管道中液压阀门的时间 $t$，或者减小液压冲击波从起始点开始再反射到起始点的时间 $T$，即减小液压冲击波传播的距离 $l$。

2) 运动部件快速制动时惯性作用引起的液压冲击

假设双作用液压缸活塞杆推动外负载以 $v_0$ 的起始速度向右运动,外负载、活塞及活塞杆的总质量为 $\sum m$,如图 3.31 所示。当液压缸有杆腔(右腔)出油口被液压换向阀阀门突然关闭时,因活塞、活塞杆及外负载原有动量作用于液压缸有杆腔内的油液上,引起压力急剧上升,产生液压冲击。运动部件则因受到液压缸有杆腔内液体压力产生的阻力而制动。显然,液压缸有杆腔及管路 $l_2$ 中的压力高于液压缸无杆腔(左腔)及管路 $l_1$ 中的压力。因此,运动部件的全部动能都转变成液压缸有杆腔油液的压力能,则根据动量定理可近似地求得液压缸有杆腔内冲击压力 $\Delta p$,由于

图 3.31 外负载快速制动惯性作用引起的液压冲击
(FIGURE 3.31 Pressure shock is caused when load brakes sharply)

$$\Delta p A \Delta t = \sum m \Delta v$$

故有

$$\Delta p = \frac{\sum m \Delta v}{A \Delta t} \tag{3-102}$$

式中:$\Delta p$ 为液压缸有杆腔内液压工作介质的冲击压力;$\sum m$ 为运动部件(包括活塞、活塞杆及外负载)的总质量;$\Delta v$ 为运动部件速度的变化值,$\Delta v = v_0 - v$;$v_0$ 为运动部件制动前的速度;$v$ 为运动部件经过 $\Delta t$ 时间后的速度;$A$ 为液压缸有杆腔的有效工作面积;$\Delta t$ 为运动部件制动时间。

式(3-102)的计算忽略了阻尼、泄漏等因素,其值比实际的要大些,是偏安全的,因而具有实用价值。

3. 液压冲击的危害(Pressure shock danger)

液压冲击的瞬时压力峰值往往比正常工作压力高好几倍,它不仅会损坏液压元件、密封装置和管道,而且还会引起振动和噪声。有时甚至使由某些压力控制的液压元件产生误动作,造成设备事故。

4. 减小液压冲击的措施(Diminishing pressure shock measures)

液压冲击对液压传动系统的危害是很大的,应当尽量减小液压冲击的影响。分析式(3-97)、式(3-98)、式(3-101)和式(3-102)中 $\Delta p$ 的影响因素,可以归纳出减小液压冲击的主要措施有如下几种:

(1) 延长液压阀门关闭和运动部件制动、换向的时间,可采用换向时间可调的换向阀和带有缓冲措施的液压缸等。

(2) 正确设计液压阀口或设置制动装置,使运动部件制动时速度变化比较均匀。

(3) 在液压传动系统中设置安全阀,可限制系统中的最高压力,起卸载作用。

(4) 在精度要求不太高的液压设备上,使液压缸两腔油路在液压换向阀回到中位时瞬时互通。

(5) 用橡胶软管或在冲击源处设置蓄能器,以吸收冲击压力。

(6) 适当加大管道内径，尽量缩短管道长度，限制管道液压工作介质的流速，从而减小转变成压力能的动能。

## 3.7 空穴现象
### (Cavitation)

在液压传动系统中，如果某点处的压力低于当时温度下液压工作介质的空气分离压时，原先溶解在液压工作介质中的空气将迅速地分离出来，使液压工作介质中出现大量气泡，这种现象被称为空穴现象（或被称为气穴现象）。当该点处的压力进一步减小而低于当时温度下液压工作介质的饱和蒸气压时，液压工作介质将迅速汽化，产生大量蒸气气泡，使气穴现象更加严重。

> In hydraulic transmission systems, if the pressure at a point is reduced far enough, hydraulic operating medium may vaporize and vapour cavities will be formed in the hydraulic oil, which will make air separated from hydraulic operating medium and result in large numbers of air bubble. The phenomenon is called cavitation.

1. 产生的原因及部位 (Causation and position)

1) 通流截面非常狭窄的阀口处

由于阀口处的通道狭窄，通流截面较小而使流速很高，根据伯努利方程式可知，在一定的流量下，通流截面越小，液体的流速就越高，因此，该处的压力也就越低，越容易产生气穴现象。

2) 液压泵的吸油口处

如果液压泵的吸油管道直径太小，安装高度太大，再加上吸油口处过滤器、吸油管道阻力、液压工作介质的黏度或液压泵的转速过高等因素的影响，吸油腔未能完全充满液压工作介质，都会造成液压泵吸油口处的真空度过大，使其吸油口处的压力低于液压工作介质工作温度下的空气分离压，而产生空穴现象。

2. 危害 (Danger)

当液压传动系统出现空穴现象时，大量的气泡使液流的流动特性变坏，降低液压工作介质的润滑性能，使液压工作介质的压缩性增大，导致液压传动系统的容积效率降低，主要危害如下。

(1) 溶解于液压工作介质中的气泡分离出来以后，相互聚合，体积增大，形成具有相当体积的气泡，引起流量的不连续。当气泡到达管道最高点时，会产生断流现象，这种现象被称为气塞。它导致液压传动系统不能正常工作。

(2) 由于从液压工作介质里分离出来的空气中含有氧气，具有较强的氧化作用，会加速金属零件表面的氧化腐蚀、剥落，长时间会形成麻点、小坑，这种因空穴造成的损坏，被称为气蚀。它导致液压元件工作寿命的缩短。

(3) 当液压工作介质中产生的气泡被带到高压区时，气泡在压力作用下急剧破灭，并又凝结成液体而使体积减小，由于该过程发生在一瞬间，气泡周围的液压工作介质加速向气泡中心冲击，液体质点高速碰撞，产生局部高温和局部液压冲击，温度可达1149℃，冲击压力高达几百兆帕，因此会引起液压传动系统强烈的振动和噪声。

3. 预防空穴的措施（Preventive cavitation measure）

空穴现象产生时，对液压传动系统是非常不利的，必须加以防止，避免液压传动系统中的压力过分降低，具体预防空穴的措施主要有以下几方面。

(1) 尽量降低液压泵吸油高度 $H$，一般 $H<0.5m$，适当增大吸油管道内径并少用弯头，限制吸油管道内液压工作介质的平均流速，一般 $v<1m/s$，及时清洗或更换滤芯。对高压泵可采用辅助泵供油。

(2) 在液压传动系统管路中应尽量避免有狭窄处，减小液流在阀口或其他液压元件通道前后的压力降，一般使压力比 $p_1/p_2<3.5$。

(3) 液压传动系统中吸油管路的连接处要密封可靠，防止空气进入。

(4) 采用抗腐蚀能力强的金属材料，降低零件表面的粗糙度值，增强零件的机械强度。

# 重点和难点课堂讨论
# (Important and difficult understanding knowledge points discussion in this chapter)

**课堂讨论**：层流和紊流的判断、避免液压冲击和空穴现象的有效方法。

# 本 章 小 结（Summary）

本章介绍了液压流体力学基础知识，强调了压力和流量这两个重要参数对液压传动系统正常工作的重要意义。重点分析了液体静力学和流体动力学的理论基础知识，明确了液压传动中静压力、液体流动状态、压力损失和液体流经小孔和缝隙的流量等重要的基本概念和计算方法，详细说明了液体的连续性方程、伯努利方程和动量方程等重要液体动力学方程的物理意义和应用，他们是设计和计算液压传动系统的基本公式。讲述了液压传动系统工作中经常出现的液压冲击和空穴现象的形成原因，产生的危害，以及有效地预防措施。

# 思考题和习题（Review Questions）

1. 液体静力学基本方程有什么特点？
2. 静压力传递原理是什么？
3. 什么是绝对压力？什么是相对压力？什么是真空度？三者之间有什么关系？

4. 液体中某处的表压力为 21MPa，其绝对压力是多少 MPa？某处绝对压力为 0.03MPa，其真空度是多少？

5. 有一直径不等的串联管道，已知：$d_1=10$mm，$d_2=20$mm，$\mu=30\times10^{-3}$Pa·s，$\rho=900$kg/m³，$q=20$L/min，试求液流在两个管道过流断面上平均流速和雷诺数。

6. 某牌号的液压传动工作介质通过水平管道时，已知：$\nu=40\times10^{-6}$m²/s，$\rho=900$kg/m³，$d=10$mm，$l=5$m，进口压力 $p_1=4$MPa，$\lambda=64/Re$，试问平均流速 $v=3$m/s 时，该管道出口压力 $p_2$ 为多少？

7. 有一薄壁节流小孔，通过的流量 $q=0.25$L/min 时，压力损失 $\Delta p=0.3$MPa，试求节流小孔的通流截面面积。取液压传动工作介质的密度 $\rho=900$kg/m³，流量系数 $C_q=0.61$。

8. 管路中的压力损失有哪几种？其值与哪些因素有关？

9. 什么是液压阀的液压卡紧现象，应采取什么措施防止这种现象？

10. 什么是液压冲击？产生的原因是什么？有何危害？有何预防措施？

11. 什么是空穴现象？有何危害？有何预防措施？

# 第4章 液压动力元件

## Chapter 4　Hydraulic power components

### 本章教学要点

| 知识要点 | 掌握程度 | 相关知识 |
| --- | --- | --- |
| 基本性能参数和计算公式 | 掌握液压泵的基本性能参数和计算公式 | 液压泵的基本性能参数和计算公式 |
| 齿轮泵 | 掌握外啮合齿轮泵结构、工作原理、主要性能及其应用 | 外啮合齿轮泵的工作原理 |
| 叶片泵 | 掌握限压式变量叶片泵结构、工作原理、主要性能及其应用 | 限压式变量叶片泵 |
| 柱塞泵 | 掌握斜盘式轴向柱塞泵结构、工作原理、主要性能及其应用 | 斜盘式轴向柱塞泵 |

### 导入案例

液压泵的额定流量为100L/min，额定压力为2.5MPa，当转速为1450r/min时，机械效率为$\eta_m=0.9$。由实验得，当液压泵出口压力为零时，流量为106L/min，压力为2.5MPa时，流量为100.7L/min，求：

(1) 液压泵的容积效率。

(2) 如液压泵的转速下降到500r/min，在额定压力下工作时，估算液压泵的流量为多少？

(3) 上述两种转速下液压泵的驱动功率。

**解：** (1) 液压泵出口压力为零时的流量为理论流量，即106L/min，所以液压泵的容积效率$\eta_v=100.7/106=0.95$。

(2) 转速为500r/min时，液压泵的理论流量为 $106 \times \dfrac{500}{1450}$ L/min = 36.55L/min，因液压泵的压力仍是额定压力，故此时液压泵的流量为 $36.55 \times 0.95$ L/min = 34.72L/min。

(3) 液压泵的驱动功率在第一种情况下为 $\dfrac{2.5 \times 106}{60 \times 0.9}$ = 4.91kW，第二种情况下为 $\dfrac{2.5 \times 36.55}{60 \times 0.9}$ = 1.69kW。

## 4.1 液压泵概述
### (Hydraulic pumps introduction)

液压泵是将原动机（电动机或柴油机）输入的机械能转换为压力能输出的能量转换装置。它为液压传动系统提供具有一定压力和流量的液压工作介质，是液压传动系统的动力元件。液压泵性能好坏直接影响液压传动系统工作的稳定性和可靠性。

### 4.1.1 液压泵的工作原理(Operating principles of hydraulic pumps)

在液压传动系统中使用的各种液压泵，其工作原理都是一样的，就是依靠液压泵密闭工作容积大小交替变化来实现吸油和压油的，因此称为容积式液压泵。图4.1所示为单柱塞式液压泵的工作原理图。当电动机或柴油机驱动偏心轮1做逆时针方向旋转从0°～180°时，柱塞2在弹簧3的作用下向右移动，此时柱塞2底部与缸体4内孔之间形成的密闭工作容积增大，形成局部真空，液压油箱7中的油液在大气压作用下打开进油单向阀6进入液压泵体内的密闭工作容积（此时压油单向阀5关闭），完成吸油过程；当偏心轮1继续旋转从180°～360°时，偏心轮1推动柱塞2向左移动，柱塞2与缸体4内孔形成的密闭工作容积减小，油液受到挤压产生一定的压力，打开压油单向阀5进入液压传动系统（此时进油单向阀6关闭），完成压油过程；当偏心轮1连续地转动时，液压泵就连续地吸油和压油。液压泵是依靠密闭工作容积的变化进行工作的，其输出流量的大小取决于密闭工作容积的变化量。

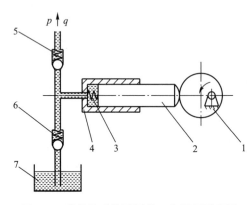

图4.1 单柱塞式液压泵的工作原理示意图
(FIGURE 4.1 Schematic illustration of operating principles of single plunger hydraulic pumps)
1—偏心轮；2—柱塞；3—弹簧；4—缸体；5—压油单向阀；6—进油单向阀；7—液压油箱

由液压泵的工作原理可知，液压泵正常工作的基本条件如下。

(1) 具有密闭的工作容积。

(2) 密闭工作容积的大小能随运动件的运动实现周期性变化，密闭工作容积由小变大时，其吸油腔与液压油箱相通；由大变小时，其排油腔与液压传动系统相通。

(3) 密闭工作容积吸油腔与压油腔相互隔开不能连通。

### 4.1.2 液压泵的分类(Classification of hydraulic pumps)

1. 按液压泵的结构来分

(1) 齿轮泵：可分为外啮合齿轮泵和内啮合齿轮泵。
(2) 叶片泵：可分为单作用叶片泵和双作用叶片泵。
(3) 柱塞泵：可分为轴向柱塞泵和径向柱塞泵。
(4) 螺杆泵：可分为单螺杆泵、双螺杆泵、三螺杆泵和五螺杆泵。

2. 按液压泵的排量可否调节来分

(1) 定量泵：单位时间内输出液压工作介质的体积不能变化。
(2) 变量泵：单位时间内输出液压工作介质的体积能够变化。

3. 按液压泵的组成来分

单液压泵和复合液压泵。

### 4.1.3 液压泵的图形符号(Diagram symbols of hydraulic pumps)

液压泵的图形符号，如图4.2所示。

(a) 单向定量液压泵　　　　(b) 变量液压泵

(c) 单向旋转双向流动变量液压泵　(d) 双向旋转双向流动变量液压泵

图 4.2　液压泵的图形符号

(FIGURE 4.2　Schematic illustration of diagram symbols of hydraulic pumps)

### 4.1.4 液压泵的基本性能参数和计算公式(Basic performance and parameters and equations of hydraulic pumps)

1. 液压泵的压力(Pressure of hydraulic pumps)

1) 工作压力 $p$

它是指液压泵实际工作时的压力，其值由外负载决定，常用的单位 Pa 和 $N/m^2$。

2) 额定压力 $p_n$

它是指液压泵在正常工作条件下，按试验标准规定连续运转的最高压力。

3）最高允许压力 $p_{max}$

它是指液压泵按试验标准规定，超过额定压力允许短暂运行的最高压力。

由于液压传动的用途不同，液压传动系统所需压力也不同。为了便于液压元件的设计、生产和使用，将压力分成几个等级，见表 4-1。

表 4-1 液压传动系统的压力等级

(TABLE 4-1 Pressure grade of hydraulic transmission system)

| 压力等级 | 低压 | 中压 | 中高压 | 高压 | 超高压 |
|---|---|---|---|---|---|
| 压力/MPa | ≤2.5 | >2.5～8 | >8～16 | >16～31.5 | >31.5 |

2. 液压泵的转速（Speed of hydraulic pumps）

1）额定转速 $n$

它是指液压泵在额定压力下，能连续长时间正常运转的最高转速。

2）最高转速 $n_{max}$

它是指液压泵在额定压力下，超过额定转速允许短暂运行的转速。

3）最低转速 $n_{min}$

它是指液压泵正常运转所允许的最低转速。

转速常用单位为 r/s 或 r/min。

3. 液压泵的排量和流量（Displacement and flow of hydraulic pumps）

1）排量 $V$

它是指在不考虑泄漏的情况下，液压泵轴每转过一转，由其几何尺寸计算得到的排出液体的体积，常用单位为 $m^3/r$ 和 $mL/r$。

2）理论（几何）流量 $q_t$

它是指在不考虑泄漏的情况下，液压泵在单位时间内排出的液体体积（即按照泵的几何尺寸计算而得到的流量），其理论流量等于泵的排量 $V$ 与输入轴转速 $n$ 的乘积，即

$$q_t = Vn \tag{4-1}$$

流量的常用单位为 $m^3/s$ 或 L/min。

3）额定流量 $q_n$

它是指液压泵在额定压力和额定转速条件下，按试验标准规定，必须保证的流量。

4）实际流量 $q$

它是指液压泵实际工作时，在单位时间内排出的液体体积，因液压泵存在泄漏流量 $\Delta q$，所以液压泵的实际流量 $q$ 总是小于理论流量，即

$$q = q_t - \Delta q \tag{4-2}$$

4. 液压泵的功率（Power of hydraulic pumps）

液压泵输入的是机械功率 $P_i$（转矩 $T$ 和转速 $n$），输出的是液压功率 $P_0$（压力 $p$ 和流量 $q$）。

1）实际输入功率 $P_i$

它是指驱动液压泵轴的机械功率，即

$$P_i = \omega T = 2\pi nT \tag{4-3}$$

角速度常用单位为 rad/s。

2) 实际输出功率 $P_o$。

它是指液压泵输出的液压功率，即

$$P_o = pq \tag{4-4}$$

功率的常用单位为 W。

3) 理论输入转矩 $T_t$

它是指不考虑液压泵在能量转换过程中的损失时，即液压泵的输入功率与输出功率相等，液压泵的理论输入转矩为

$$2\pi n T_t = p q_t \tag{4-5}$$

$$T_t = \frac{pV}{2\pi} \tag{4-6}$$

转矩的常用单位为 N·m。

4) 实际输入转矩 $T$

它是指液压泵在工作过程中实际输入的转矩。因泵内运动副有摩擦而造成转矩损失 $\Delta T$，所以液压泵的实际输入转矩大于理论输入转矩，即

$$T = T_t + \Delta T \tag{4-7}$$

5. 液压泵的效率（Efficiency of hydraulic pumps）

1) 容积效率 $\eta_v$

它是指液压泵实际输出流量与理论流量的比值，即

$$\eta_v = \frac{q}{q_t} = \frac{q_t - \Delta q}{q_t} = 1 - \frac{\Delta q}{q_t} \tag{4-8}$$

2) 机械效率 $\eta_m$

它是指液压泵的理论输入转矩与实际输入转矩的比值，即

$$\eta_m = \frac{T_t}{T} = \frac{pV}{2\pi T} \tag{4-9}$$

3) 总效率 $\eta$

它是指液压泵实际输出功率与实际输入功率的比值，即

$$\eta = \frac{P_o}{P_i} = \frac{pq}{2\pi n T} = \frac{q}{Vn} \frac{pV}{2\pi T} = \eta_v \eta_m \tag{4-10}$$

### 4.1.5 液压泵的特性曲线和检测（Characteristic curves and measures of hydraulic pumps）

液压泵性能试验台工作原理，如图 4.3 所示。液压泵性能试验台主要由液压泵 1、压力表 2、比例节流阀 3、比例溢流阀 4 和流量计 5 等组成。用比例溢流阀 4 限定液压传动系统最高压力，用比例节流阀 3 加载测液压泵出口压力，用流量计 5 测试液压泵输出流量，使用计算机辅助检测技术（CAT）进行测量与处理可大大提高检测精度及效率。

液压泵的性能曲线，常用以工作压力 $p$ 为横坐标，容积效率 $\eta_v$（或实际流量 $q$）、机械效率 $\eta_m$、总效率 $\eta$、输入功率 $P_i$ 为纵坐标的性能曲线来表示，这种性能曲线是在一定品种的液压工作介质，在某一温度和某个转速下通过试验测出的，如图 4.4 所示。

由图 4.4 可以看出，容积效率 $\eta_v$（或实际流量 $q$）随工作压力 $p$ 增高而减小。当工作压力 $p=0$ 时，泄漏流量 $\Delta q=0$，容积效率 $\eta_v=100\%$，机械效率 $\eta_m=0$，实际流量 $q$ 等于理论（几何）流量 $q_t$；当工作压力升高后，最初机械效率 $\eta_m$ 迅速上升，而后逐渐变缓，所

以总效率 $\eta$ 开始时等于零，之后总效率 $\eta$ 随工作压力 $p$ 增高而增大，且有一个最高点。

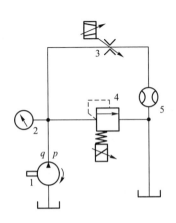

图 4.3 液压泵性能试验台工作原理示意图
(FIGURE 4.3 Schematic illustration of operating principlesof hydraulic pumps performance test)
1—液压泵；2—压力表；3—比例节流阀；
4—比例溢流阀；5—流量计

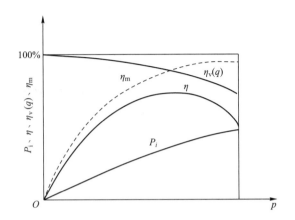

图 4.4 液压泵的性能曲线示意图
(FIGURE 4.4 Schematic illustration of characteristic curves of hydraulic pumps)

对于某些工作转速可在一定范围内变化的液压泵或排量可变的液压泵，可按照试验标准的规定，测出液压泵的全性能特性，常用图 4.5 所示的通用特性曲线来表示。曲线的横坐标用工作压力 $p$，纵坐标左侧为流量 $q$，右侧为转速 $n$，图中绘出了等功率曲线 $P_i$，等效率曲线 $\eta_i$。通用特性曲线的绘制方法是分别在 $i$ 个不同的工作转速 $n_i$ 下，作出 $i$ 个如图 4.4 所示液压泵的性能曲线，然后把每张图中的等功率点和等效率点找出来，绘入图 4.5 中即得。

图 4.5 液压泵的通用特性曲线示意图
(FIGURE 4.5 Schematic illustration of general characteristic curves of hydraulic pumps)

## 4.2 齿 轮 泵
### (Gear pumps)

齿轮泵是液压传动系统中常用的液压泵,可分为外啮合齿轮泵和内啮合齿轮泵两种。它属于定量泵。

#### 4.2.1 外啮合齿轮泵的工作原理(Operating principles of external gear pumps)

外啮合齿轮泵主要由一对几何参数完全相同的主动齿轮 1 和从动齿轮 2,壳体 3,两个盖板和驱动轴等零件组成。图 4.6 所示为外啮合齿轮泵工作原理图。由于齿轮的两端面与两个盖板以及齿轮的齿顶与壳体 3 内表面的配合间隙很小,因此,两轮齿的啮合线将齿轮泵壳体内表面、两个盖板和两个齿轮组成的密闭工作容积分隔为两个互不相通的吸油腔和压油腔。当主动齿轮 1 按逆时针方向旋转时,左侧吸油腔啮合着的轮齿逐渐脱开啮合,使密闭工作容积逐渐增大,形成局部真空,液压油箱中的油液在大气压作用下,经吸油管进入吸油腔,填满吸油腔齿间容积,并被旋转的齿轮带入右侧压油腔;与此同时,右侧压油腔的轮齿逐渐进入啮合,密封工作容积逐渐减小,齿间的油液被挤出,通过齿轮泵的压油口排出而输送到液压传动系统中。当齿轮不断地转动时,齿轮泵就不断地吸油和压油。

图 4.6 外啮合齿轮泵的工作原理示意图
(FIGURE 4.6 Schematic illustration of operating principles of external gear pumps)
1—主动齿轮;2—从动齿轮;3—壳体

齿轮啮合点处的齿面接触线将吸油腔和压油腔分开,起到了配流作用,因此不需要单独设置配流装置,这种配流方式称为直接配流。

#### 4.2.2 外啮合齿轮泵的排量和流量计算(Displacement and flow equation of external gear pumps)

**1. 外啮合齿轮泵的排量(Displacement equation of external gear pumps)**

外啮合齿轮泵的排量为齿轮每转一转排出的液体体积,其排量的精确计算可按齿轮啮合原理来进行。近似计算时,可认为两个齿轮的齿间槽容积等于轮齿体积,因此,其排量的近似计算等于它的两个齿轮的齿槽容积之和,即

$$V = \pi dhb = 2\pi z m^2 b \tag{4-11}$$

式中:$d$ 为齿轮的节圆直径,$d = mz$;$h$ 为齿轮的有效齿高,$h = 2m$;$b$ 为齿轮的齿宽;$z$ 为齿轮的齿数;$m$ 为齿轮的模数。

由式(4-11)可知,外啮合齿轮泵的排量 $V$ 与齿轮模数 $m$ 的平方成正比,与齿数 $z$ 的一次方成正比。当齿轮节圆直径一定时,增大模数 $m$,减少齿数 $z$ 可以增大外啮合齿轮泵

的排量 $V$，因此外啮合齿轮泵的齿数一般较少。考虑到齿间槽容积比轮齿体积稍大，所以通常用 3.33 代替 $\pi$ 加以修正，则

$$V = 6.66zm^2b \tag{4-12}$$

2. 外啮合齿轮泵的流量计算(Flow equation of external gear pumps)

实际流量 $\qquad q = 6.66zm^2bn\eta_v \tag{4-13}$

式中：$n$ 为齿轮的转速；$\eta_v$ 为容积效率。

3. 外啮合齿轮泵的流量脉动(Instantaneous flow fluctuating coefficient of external gear pumps)

根据齿轮啮合原理可知，齿轮在啮合过程中，啮合点是沿啮合线不断变化的，造成吸、压油腔的变化率也是变化的，因此齿轮泵的输出瞬时流量是脉动的，式(4-13)中的流量是指外啮合齿轮泵的平均流量。应用流量脉动率 $\sigma$ 来评价瞬时流量的脉动。设 $q_{max}$、$q_{min}$ 表示最大瞬时流量和最小瞬时流量，$q$ 表示平均流量。流量脉动率可用下式表示

$$\sigma = \frac{q_{max} - q_{min}}{q} \tag{4-14}$$

试验表明，其脉动周期为 $2\pi/z$，齿数越少，流量脉动率 $\sigma$ 越大。例如，当 $z=6$ 时，$\sigma$ 值高达 34.7%；当 $z=12$ 时，$\sigma$ 值高达 17.8%。在试验条件相同的情况下，内啮合齿轮泵的流量脉动率要小得多。由能量方程可知，流量脉动会引起压力脉动，使液压传动系统产生振动和噪声，直接影响液压传动系统工作部件的运动平稳性。

### 4.2.3 外啮合齿轮泵的结构特点分析(Structure characteristics of external gear pumps)

1. 外啮合齿轮泵的泄漏(Leakiness of external gear pumps)

外啮合齿轮泵高压腔的压力油通过间隙泄漏到吸油腔的途径主要有 3 条：通过齿轮两端面和轴套(或端盖)之间的端面间隙泄漏；通过齿轮齿顶和齿轮泵壳体内表面径向间隙泄漏；通过轮齿啮合处的间隙泄漏。通过端面间隙的泄漏量最大，约占总泄漏量的 75%～80%；通过径向间隙泄漏量约占总泄漏量的 10%～15%；通过轮齿啮合处的间隙泄漏量最小，约占总泄漏量的 5%左右。通常采用弹性侧板或浮动轴套对端面间隙进行自动补偿以减小泄漏。

2. 外啮合齿轮泵的径向不平衡力(Radial non balancing force of external gear pumps)

在外啮合齿轮泵中，作用在整个齿轮外圆上的压力是不相等的，处在高压腔和吸油腔的两齿轮外圆和齿廓表面分别承受着工作压力和吸油腔压力，因在整个齿轮外圆与泵体内孔的间隙中存在泄漏，所以高压腔压力逐渐分级下降递减到吸油腔压力，其合力使齿轮的轮轴和轴承受到径向不平衡力，工作压力越高，径向不平衡力就越大。当径向不平衡力过大时，会使齿轮轴弯曲，造成齿顶接触泵体内表面产生摩擦，加速轴承磨损，降低轴承的寿命。

3. 减小径向不平衡力的措施(Measures to decrease radial non balancing force of external gear pumps)

(1) 在端盖或轴承座圈上的过渡区分别开设两个与高、低压腔相通的平衡槽。

(2) 扩大压油区只保留 1～2 齿密封。

(3) 扩大吸油区只保留 1~2 齿密封。

(4) 适当增加齿轮齿顶圆与泵体内表面的间隙，使齿轮在径向不平衡力作用下，齿顶不与泵体内表面接触。

(5) 缩小压油腔（压出角）的尺寸，即外啮合齿轮泵的排油口尺寸比吸油口尺寸小。

4. 外啮合齿轮泵的困油现象（Phenomenon of external gear pumps surrounded oil）

外啮合齿轮泵要平稳工作，齿轮啮合的重叠系数必须大于1，一般 $\varepsilon = 1.05 \sim 1.30$，也就是说要求在前一对轮齿尚未脱开啮合之前，后一对轮齿就已经进入啮合。就在两对轮齿同时啮合的这一小段时间内，留在齿间的油液被围困在两对啮合轮齿和前后泵盖所形成的密闭容积之中，该密闭容积与齿轮泵的高、低压油腔均不相通，并且随齿轮的转动而发生变化，如图 4.7 所示。这个密闭容积先随着齿轮的转动逐渐减小[从图 4.7(a) 到图 4.7(b)]，后又逐渐增大[从图 4.7(b) 到图 4.7(c)]。由于油液的可压缩性很小，当密闭容积减小时被困油液受到挤压而产生高压，从零件配合间隙中挤出，使齿轮和轴承受到很大的径向力，导致油液发热；当齿轮继续旋转，密闭容积增大得不到油液补充造成局部真空，使溶解于油液中的气体分离，产生空穴、出现气蚀现象，产生强烈的噪声和振动。这种因密闭容积大小发生变化而导致压力冲击和产生气蚀的现象称为齿轮泵的困油现象。

消除困油的方法，通常是在外啮合齿轮泵的两侧盖板或浮动轴套等零件上开卸荷槽（如图 4.7 中双点画线所示），卸荷槽的位置和尺寸能使封闭容积减小时通过左边的卸荷槽与压油腔相通[如图 4.7(a)所示]，容积增大时通过右边的卸荷槽与吸油腔相通[如图 4.7(c)所示]。在外啮合齿轮泵中，卸荷槽的主要形式有双矩形卸荷槽和双圆形卸荷槽两种，卸荷槽的主要分布有相对齿轮中心连线对称布置的双卸荷槽和相对齿轮中心连线不对称布置的双卸荷槽两种。

实践证明，双卸荷槽并不对称于齿轮中心连线分布，而是整体向吸油腔侧平移一段距离，这样能取得更好的卸荷效果。要严格控制两卸荷槽之间的距离 $a$ 的尺寸，若尺寸 $a$ 太大，困油现象不能彻底消除；若尺寸 $a$ 太小，两卸荷槽经困油密闭容腔将外啮合齿轮泵的吸、压油腔直接沟通，使外啮合齿

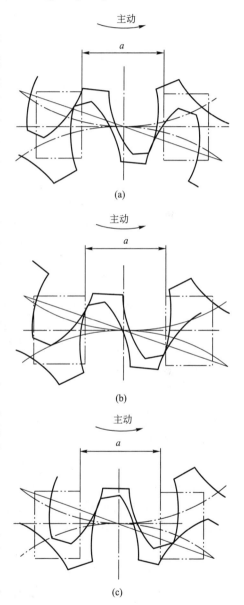

图 4.7　外啮合齿轮泵对称布置的双矩形卸荷槽示意图

(FIGURE 4.7　Schematic illustration of double rectangle load pressure releasing groove symmetry array of external gear pumps)

轮泵的容积效率下降。对于分度圆压力角 $\alpha=20°$ 模数为 $m$ 的标准渐开线齿轮 $a=2.78m$，当卸荷槽为不对称分布时，在压油腔一侧必须保证 $b=0.8m$，另外为保证卸荷槽畅通，槽宽 $c>2.5m$，槽深 $h\geqslant 0.8m$，如图4.8所示。

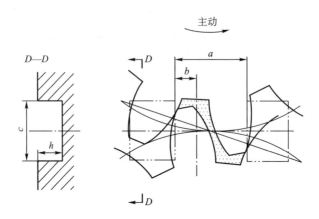

图 4.8 外啮合齿轮泵非对称布置的双矩形卸荷槽尺寸示意图
(FIGURE 4.8 Schematic illustration of double rectangle
load pressure releasing groove dimension dissymmetrical
array of external gear pumps)

5. 降低外啮合齿轮泵的噪声(Low sound level of external gear pumps)

外啮合齿轮泵产生噪声的一个主要根源来自流量脉动，为减少外啮合齿轮泵的瞬时理论流量脉动，可同轴安装两套齿轮，每套齿轮之间错开半个齿距，两套齿轮之间用一块平板相互隔开，组成共同吸油和压油的两个分离的外啮合齿轮泵，因两个外啮合齿轮泵的流量脉动错开了半个周期，各自的流量脉动量相互抑制，所以外啮合齿轮泵总的流量脉动量大大减小。

### 4.2.4 提高外啮合齿轮泵工作压力的措施(Measures to improve operating pressure of external gear pumps)

要提高外啮合齿轮泵的工作压力，必须减小端面泄漏，目前提高外啮合齿轮泵工作压力的常用方法是采用轴向间隙自动补偿装置。轴向间隙自动补偿装置一般是采用浮动轴套（或浮动侧板）或弹性侧板，使之在液压力的作用下压紧齿轮端面，使轴向间隙减小，从而限制了泄漏，提高了压力，同时具有较高的容积效率与较长的使用寿命，因此在高压外啮合齿轮泵中应用十分普遍。

1. 轴向间隙自动补偿装置的工作原理(Operating principles of external gear pumps with axial clearance pressure compensator)

图 4.9 所示为轴向间隙自动补偿装置的工作原理图。一对相互啮合的齿轮是由前后轴套中的滑动轴承（或滚动轴承）支承，且轴套可在泵壳体内做轴向浮动，通过把外啮合齿轮泵排油腔的压力油引到轴套外端面上，产生液压力合力 $F_1$，方向向左。同时齿轮端面的液压力也作用在轴套内端面上，产生液压反推力 $F_2$，方向向右。在结构设计上应使 $F_1>F_2$，因此，合力 $F_1$ 使轴套紧压在齿轮端面上，其大小与外啮合齿轮泵的工作压力成正

比，即工作压力越高，轴套就被压得越紧，从而自动地补偿了由于端面磨损而产生的间隙。

图 4.9 外啮合齿轮泵轴向间隙自动补偿装置的工作原理

(FIGURE 4.9 Schematic illustration of operating principles of external gear pumps with axial clearance pressure compensator)

2. 两种常见的轴向间隙自动补偿装置（Two kinds of common axial clearance pressure compensators）

1）补偿面为偏心 8 字形的浮动轴套

图 4.10 所示为安装有补偿面为偏心 8 字形浮动轴套的外啮合齿轮泵图。两个嵌入环形凹槽的 O 形密封圈 1 和泵壳体 3 围成了图中偏心 8 字形补偿面 A。外啮合齿轮泵排油口处的压力油自孔 B 引到偏心 8 字形补偿面 A 上，补偿液压压紧力的合力 $F_1$，孔 C 可把外啮合齿轮泵内部的泄漏油引到吸油腔。如果改变环形凹槽的偏心，就可调节压紧力的作用点对轴套偏心量，因此也能保证补偿液压压紧力的合力 $F_1$ 的作用线与浮动轴套另一侧液压反推力的合力 $F_2$ 重合。在外啮合齿轮泵空载启动而油压未被建立起来时，O 形密封

图 4.10 安装有补偿面为偏心 8 字形浮动轴套的外啮合齿轮泵

(FIGURE 4.10 Schematic illustration of external gear pumps with eccentricity number 8 moving shaft sleeve pressure compensator)

1—密封圈；2—低压区；3—泵壳体；A—补偿面；B—高压引油孔；C—泄漏油孔

圈 1 可以使偏心 8 字形浮动轴套与齿轮间产生足够的和必要的预紧力。

2）补偿面为 8 字形的浮动轴套

图 4.11 所示为安装有结构简单且补偿面为 8 字形浮动轴套的外啮合齿轮泵图。两个与齿轮同心的 O 形密封圈 1 和泵壳体 3 围成了图中 8 字形补偿面 A。外啮合齿轮泵排油口处的压力油自孔 B 引到 8 字形补偿面 A 上，补偿液压压紧力的合力 $F_1$，孔 C 可把外啮合齿轮泵内部的泄漏油引到吸油腔。在外啮合齿轮泵空载启动而油压未被建立起来时，O 形密封圈 1 可以使 8 字形浮动轴套与齿轮间产生足够的和必要的预紧力。因为两个齿轮端面的对称中心线与补偿面积的对称中心线重合，所以补偿液压压紧力的合力 $F_1$ 的作用线通过浮动轴套的中心线，而浮动轴套另一侧液压反推力的合力 $F_2$ 的作用线离开浮动轴套中心线向压油腔偏离，$F_1$ 和 $F_2$ 对浮动轴套就形成了力偶。该力偶迫使浮动轴套倾斜，导致齿轮与浮动轴套之间磨损、浮动轴套被卡死不能灵活浮动、端面间隙增大和泄漏量增加。如将泵壳体与浮动轴套之间的配合长度加大和加工精度提高，就可避免上述缺点与不足。

图 4.11 安装有补偿面为 8 字形浮动轴套的外啮合齿轮泵

(FIGURE 4.11 Schematic illustration of external gear pumps with centricity number 8 moving shaft sleeve pressure compensator)

1—密封圈；2—滚针轴承外圈；3—泵壳体；A—补偿面；B—高压引油孔；C—泄漏油孔

采用浮动轴套自动补偿端面间隙的外啮合齿轮泵，其额定压力已达 32MPa，容积效率可高于 90%。由于它具有转速高、自吸能力好、抗污染能力强等一系列优点，因此得到了广泛地应用。

### 4.2.5 渐开线内啮合齿轮泵（Involute internal gear pumps）

1. 渐开线内啮合齿轮泵的工作原理（Operating principles of involute internal gear pumps）

图 4.12 所示为渐开线内啮合齿轮泵的结构和工作原理图。它由主动小齿轮 3、从动内齿轮 4 和月牙板 5 等主要零件组成。其工作原理是：当主动小齿轮 3 按逆时针方向旋转时，从动内齿轮 4 也做逆时针旋转，中心轴偏置相互啮合的主动小齿轮 3、从动内齿轮 4

和两侧盖板所围成的密闭容积被月牙板 5 和齿轮啮合线分割成吸油腔 2 和压油腔 1。左半部轮齿逐渐退出啮合，密闭工作容积逐渐增大，形成局部真空，通过吸油腔 2 从液压油箱里吸油；填满各齿间的油液被带到压油腔 1，右半部轮齿逐渐进入啮合，密闭工作容积减小，油液被挤压，从压油腔 1 排出进入液压传动系统中。

2. 渐开线内啮合齿轮泵的排量(Displacement equation of involute internal gear pumps)

采用啮合角 $\alpha=20°$、齿顶高系数 $f=1$ 的标准渐开线齿轮副的内啮合齿轮泵的排量可按下列近似公式计算：

$$V = \pi b m^2 \left(4z_1 - \frac{z_1}{z_2} - 0.75\right) \times 10^{-3} \quad (4-15)$$

式中：$b$ 为齿轮的齿宽；$m$ 为齿轮的模数；$z_1$、$z_2$ 分别为主动小齿轮和从动内齿轮的齿数。

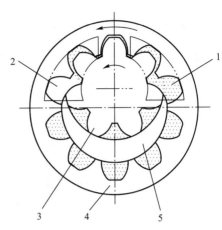

图 4.12　渐开线内啮合齿轮泵的结构和工作原理示意图

(FIGURE 4.12　Schematic illustration of operating principles of involute internal gear pumps)

1—压油腔；2—吸油腔；3—主动小齿轮；
4—从动内齿轮；5—月牙板

### 4.2.6　摆线内啮合齿轮泵(Orbit internal gear pumps)

1. 摆线内啮合齿轮泵的工作原理(Operating principles of orbit internal gear pumps)

图 4.13 所示为摆线内啮合齿轮泵的结构和工作原理示意图。它由内齿轮(外转子)3 和小齿轮(内转子)4 等主要零件组成。其工作原理是：当主动小齿轮 4 带动内齿轮 3 各绕其轴线按逆时针方向旋转时，内、外转子的轮齿与两侧板一起形成几个密闭工作容积，左半部轮齿逐渐退出啮合，密闭工作容积逐渐增大，形成局部真空，通过吸油腔 2 从液压油箱里吸油；填满各齿间的油液被带到压油腔 1，右半部轮齿逐渐进入啮合，密闭工作容积逐渐减小，油液被挤压，从压油腔 1 排出进入液压传动系统中。摆线内啮合齿轮泵，又称摆线转子泵。

2. 摆线内啮合齿轮泵的排量(Displacement equation of orbit internal gear pumps)

摆线内啮合齿轮泵的排量可按下列近似公式计算，计算误差为 2%～4%。

$$V = 2\pi b e d_1 (z_1 - 0.125) \times 10^{-3} \quad (4-16)$$

式中：$b$ 为齿轮的齿宽；$e$ 为啮合副的偏心距；$d_1$ 为内齿轮齿顶圆直径；$z_1$ 为内齿轮的齿数。

图 4.13　摆线内啮合齿轮泵的工作原理示意图

(FIGURE 4.13　Schematic illustration of operating principles of orbit internal gear pumps)

1—压油腔；2—吸油腔；
3—内齿轮；4—小齿轮

### 4.2.7 配装有溢流阀的内啮合齿轮泵(Internal gear pumps with pressure relief valves)

图 4.14 所示为配装有溢流阀的内啮合齿轮泵的结构和工作原理图。它由内啮合齿轮泵总成和溢流阀总成组合而成。内啮合齿轮泵总成主要由液压泵驱动轴 1、泵壳体 2、内齿轮 3 和小齿轮 4 等零件组成。溢流阀总成主要由调节螺钉 5、弹簧座 8、弹簧 10、阀体 11、锥阀芯 12 和锥阀座 14 等零件组成。其工作原理是：当旋转调节螺钉 5 时，可以调节内啮合齿轮泵出口的最高限定压力，液压泵出口的压力油经阀体 11 的通道 A 引到锥阀芯 12 下端，产生向上的推力，当内啮合齿轮泵出口的压力达到或超过由弹簧 10 所限定的最高压力时，锥阀芯 12 下端所受向上的液压推力克服弹簧力，顶开锥阀芯 12，泵出口的压力油经阀体 11 上的通道 B 溢流到吸油腔。此时，内啮合齿轮泵出口的压力为弹簧 10 所限定的最高压力。

图 4.14 配装有溢流阀的内啮合齿轮泵结构示意图
(FIGURE 4.14 Structural figure of internal gear pumps with pressure relief valves)
1—液压泵驱动轴；2—泵壳体；3—内齿轮；4—小齿轮；5—调节螺钉；
6—锁紧螺母；7—螺塞；8—弹簧座；9、13—O 形密封圈；10—弹簧；
11—阀体(即泵盖)；12—锥阀芯；14—锥阀座；15—组合密封圈

### 4.2.8 齿轮泵的主要性能(Main performance of gear pumps)

(1) 压力：齿轮泵一般用于低压大流量液压传动系统，工作压力小于 2.5MPa。大排量的齿轮泵的许用压力范围为 16～20MPa。具有良好自动补偿措施的中小排量的齿轮泵的最高工作压力目前均超过了 25MPa，最高达 32MPa 以上。

(2) 排量：工程上使用的齿轮泵的排量范围为 0.05～800mL/r，常用的范围为 2.5～250mL/r。

(3) 转速：微型齿轮泵的最高转速可达 20000r/min 以上，常用的范围为 1000～3000r/min，齿轮泵的工作转速不能低于 300～500r/min。

(4) 效率：低压齿轮泵的效率较低，一般总效率小于 60%，具有良好自动补偿措施的齿轮泵的总效率范围为 80%～90%。

(5) 寿命：低压外啮合齿轮泵的寿命范围为 3000～5000h，高压外啮合齿轮泵在额定压力下的寿命一般只有几百小时。高压内啮合齿轮泵的寿命范围为 2000～3000h。

### 4.2.9 齿轮泵的优缺点（Advantages and disadvantages of gear pumps）

外啮合齿轮泵的优点是：结构简单、尺寸小、重量轻、制造容易、成本低、自吸能力强、对工作介质的污染不敏感、工作可靠、维护方便、可广泛用于压力要求不高的场合，如珩磨机、磨床等中低压机床中。

外啮合齿轮泵的缺点是：内泄漏较大、轴承上承受不平衡力、磨损严重、压力脉动和噪声较大。

内啮合齿轮泵的优点是：结构紧凑、零件少、体积小、重量轻、啮合重叠系数大、流量脉动性小、传动平稳、噪声小、自吸性能好、相对滑移速度小、因而磨损小、寿命长。

内啮合齿轮泵的缺点是：齿形复杂、加工精度要求高，因此价格也高。

### 4.2.10 螺杆泵（Screw pumps）

由 3 根螺杆组成的螺杆泵，其工作原理如图 4.15 所示。它主要是由 3 根互相啮合的双头螺杆平行地安装在泵壳体 6 内，中间的主动螺杆 1 是凸螺杆，上下两根从动螺杆 4 和 5 是凹螺杆，互相啮合的 3 根螺杆的啮合线将主动螺杆和从动螺杆的螺旋槽与泵壳体 6 之间形成多个相互隔离的密闭工作容积，每个密闭工作容积为一级，其长度约等于螺杆的螺距。螺杆泵的工作原理实际上是一种外啮合的摆线齿轮泵，它具有齿轮泵的许多特性。其

图 4.15 螺杆泵工作原理示意图

(FIGURE 4.15 Schematic illustration of operating principles of screw pumps)

1—主动螺杆；2—平键；3—前盖；4、5—从动螺杆；6—泵壳体；7—后盖

工作原理是：当电动机或柴油机驱动主动螺杆1按顺时针（从左向右看）方向带动从动螺杆4和5旋转时，多个密闭工作容积不断地在右端形成，并沿轴向从右向左移动，在左端消失。在右端密闭工作容积逐渐形成时，其密闭工作容积逐渐增大，通过吸油腔从液压油箱里吸油；在左端密闭工作容积逐渐消失的过程中，左端密闭工作容积逐渐减小，将高压油从压油腔排出进入液压传动系统中。螺杆直径越大，螺杆槽越深，排量也越大。螺杆越长，螺杆的级数越多，其密封越好，螺杆泵的额定压力就越高（每一级的工作压差为2～2.5MPa）。

### 4.2.11 螺杆泵的主要性能（Main performance of screw pumps）

（1）压力：三螺杆泵的常用工作压力范围为2.5～20MPa，个别可高达35～40MPa。

（2）流量：螺杆泵的流量范围为3～10000L/min，输送物料的螺杆泵的流量可达200m$^3$/min。

（3）转速：小排量螺杆泵的转速可高达6000r/min，大排量螺杆泵的转速范围为1000～1500r/min。

（4）功率：各种螺杆泵中最大的功率超过600kW。

（5）效率：螺杆泵的容积效率范围为90%～95%，总效率范围为70%～85%。

（6）寿命：螺杆泵使用寿命范围为30～40年。

### 4.2.12 螺杆泵的优缺点（Advantages and disadvantages of screw pumps）

螺杆泵的优点是：结构简单、紧凑、体积小、重量轻、噪声小、运转平稳、流量无脉动、输油均匀、容积效率高、工作寿命长，特别适用于对压力和流量稳定要求较高的精密机械。此外，螺杆泵的自吸能力强、对工作介质的污染不敏感、允许采用高转速、流量大，因此常用做大型液压设备的补油泵。因螺杆泵内的油液由吸油腔到压油腔为无搅动地提升，因此又常被用来输送黏度大或含有颗粒物质的液体，如原油。

螺杆泵的缺点是：螺杆形状复杂、加工工艺复杂、精度不易保证、应用受到限制。

## 4.3 叶 片 泵
### (Vane pumps)

叶片泵也是一种常见的液压泵。根据结构来分，叶片泵有单作用叶片泵和双作用叶片泵两种。单作用叶片泵一般设计成可以无级调节排量的变量泵，又被称为非平衡式液压泵；双作用叶片泵做成定量泵，又被称为平衡式液压泵。

### 4.3.1 双作用叶片泵（Double-acting vane pumps）

1. 双作用叶片泵的工作原理（Operating principles of double-acting vane pumps）

双作用叶片泵的工作原理如图4.16所示，它是由叶片2、转子3、定子4、泵体5和配流盘(图中虚线部分)等组成。转子 3 和定子 4 同心,定子内表面由两段半径为 R 的大圆弧,两段半径为 r 的小圆弧以及 4 段过渡曲线组成。配流盘上有与轴心线相互对称的两个吸油窗口 7 和两个压油窗口 8。当转子做顺时针方向旋转时,在左上角和右下角处叶片从 r 到 R 向外移动,密闭工作容积逐渐增大,形成局部真空,通过两个吸油窗口 7 和吸油口 6 从液压油箱里吸油;与此同时,在左下角和右上角处叶片从 R 到 r 向里移动,密闭工作容积逐渐减小,油液被挤压,通过两个压油窗口 8 和压油口 1 排出进入液压传动系统中。

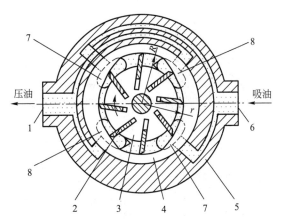

图 4.16 双作用叶片泵的工作原理示意图
(FIGURE 4.16 Schematic illustration of operating principles of double-acting vane pumps)
1—压油口;2—叶片;3—转子;4—定子;
5—泵体;6—吸油口;7—配流盘吸油窗口;
8—配流盘压油窗口

双作用叶片泵的转子每转一转,每个叶片往复运动两次,即完成两次吸油和两次压油,故被称为双作用叶片泵。

2. 双作用叶片泵的排量和流量(Displacement and flow equation of double-acting vane pumps)

双作用叶片泵的排量计算简图如图 4.17 所示,双作用叶片泵传动轴每转一转排出的油液体积,即排量为

$$V = 2(V_1 - V_2)z = 2b\left[\pi(R^2 - r^2) - \frac{R-r}{\cos\theta}cz\right] \tag{4-17}$$

式中:$V_1$ 为两叶片间最大容积,单位 m³;$V_2$ 为两叶片间最小容积,单位 m³;$b$ 为转子的宽度,单位 m;$R$ 为定子内表面圆弧段的大半径,单位 m;$r$ 为定子内表面圆弧段的小半径,单位 m;$\theta$ 为叶片槽相对于径向的倾斜角;$c$ 为叶片的厚度,单位 m;$z$ 为叶片数。

双作用叶片泵的实际流量 
$$q = 2b\left[\pi(R^2 - r^2) - \frac{R-r}{\cos\theta}cz\right]n\eta_v \tag{4-18}$$

式中:$n$ 为转子转速;$\eta_v$ 为容积效率。

从理论计算上分析和实践证明,叶片数为 4 的倍数时流量脉动率最小,双作用叶片泵的叶片数一般取 12 或 16。

3. 双作用叶片泵的结构特点(Structure characteristics of double-acting vane pumps)

1) 配流盘

为了保证配流盘的吸油窗口和压油窗口在工作中能隔开,就必须使封油区对应的中心角稍大于或等于两个叶片之间的夹角。在配流盘的压油窗口靠近叶片从封油区进入压油区的一边开有一个截面形状为三角形的三角槽(又称眉毛槽),如图 4.16 所示,三角槽使两叶片之间的封闭油液在未进入压油区之前就与压力油相通,使其压力逐渐上升,因而减缓了压力和流量脉动并降低了噪声。

图 4.17 双作用叶片泵排量计算简图

(FIGURE 4.17 Schematic illustration of displacement calculation of double-acting vane pumps)

2)定子内表面过渡曲线

定子内表面的4段过渡曲线与两段半径为 $R$ 的大圆弧和两段半径为 $r$ 的小圆弧的连接应保证叶片在转子槽中滑动时的速度和加速度均匀变化,以减小叶片对定子内表面的冲击和噪声。目前定子过渡曲线广泛采用性能良好的等加速—等减速曲线。

3)径向液压力

因配流盘上的两个压油窗口和两个吸油窗口是对称布置的,所以作用在转子和定子上的径向液压力是平衡的,轴承承受的径向液压力小,寿命长,因此双作用叶片泵又称为平衡式叶片泵。

4)叶片的倾角

叶片在工作过程中,受离心力和叶片根部压力油的作用,使叶片和定子紧密接触。为了减小叶片所受侧向力,使叶片在槽中移动灵活,减少磨损,将叶片顺着转子回转方向前倾一个 $\theta$ 角,双作用叶片泵叶片的倾角 $\theta$ 一般取 $10°\sim14°$。YB 型双作用叶片泵叶片的倾角 $\theta=13°$。最近的研究表明,叶片倾角并非完全必要,某些高压双作用叶片泵的转子槽是径向的,且使用情况良好。

5)端面间隙自动补偿

双作用叶片泵端面间隙自动补偿的方法与齿轮泵中采用的方法相似。具体方法是将压油腔的压力油引到浮动式配流盘的另一侧,使浮动式配流盘在液压推力作用下压向定子端面,减小端面间隙。若外负载对泵的排油口建立起来的工作压力越高,配流盘就会更加贴紧定子,因此容积效率也就越高。

6)提高工作压力

双作用叶片泵所有叶片底部均与压油腔相通,因此处在吸油区内的叶片底部和顶部所受的液压力不平衡,加速定子内表面磨损,因此缩短了泵的使用寿命。

提高双作用叶片泵工作压力在结构上采取的措施主要有以下几方面。

(1)减小叶片底部受压力油作用的面积。

减小叶片的厚度可减小压力油对叶片底部的作用力,根据目前材料的工艺条件,叶片不能制造的太薄,一般厚度范围为 1.8~2.5mm。

(2)减小作用在叶片底部的油液压力。

将双作用叶片泵压油腔的油液通过内装式减压阀或阻尼槽通到吸油区的叶片底部,使叶片经过吸油腔时,叶片压向定子内表面的作用力不致过大。

(3)采用弹簧叶片式结构。

叶片装弹簧的结构,如图 4.18 所示。叶片 2 较厚,其底部与顶部有孔相通,叶片底部的油液是由叶片顶部经叶片中的孔引入的,因此作用在叶片上的液压力基本平衡,叶片底部弹簧 1 使叶片 2 紧贴定子 4 内表面,保证密封。

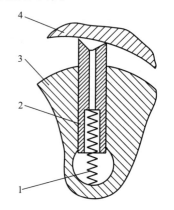

图 4.18 弹簧叶片式结构示意图

(FIGURE 4.18 Structural figure of vanes with spring)

1—弹簧;2—叶片;
3—转子;4—定子

(4) 采用双叶片结构。

在转子 2 的每个槽内都装有两个结构尺寸一样的可相互滑动的叶片 1，每个叶片内侧都加工 V 形槽，通过 V 形槽把叶片根部的压力油引到叶片顶部，这样叶片顶部和根部的液压油的压力相等，如图 4.19 所示。通过合理设计叶片结构，即使叶片根部的承压面积稍微大于叶片顶部的承压面积，这样既能保证叶片顶部与定子内表面的紧密接触，又使叶片不致于产生过大的作用力，从而减小了叶片对定子内表面的磨损。

(5) 采用复合叶片结构。

母叶片 1 和子叶片 2 共同组成复合叶片。在叶片槽中母叶片和子叶片可产生相对滑动，母叶片的根部 A 腔经转子 3 上虚线所示油孔始终与其所在顶部油腔相通，母叶片和子叶片之间的小腔 B 通过配流盘经 C 槽始终与压油窗口的高压油相通，如图 4.20 所示。当叶片处在吸油区时，母叶片作用在定子 4 内表面上的力仅为 B 腔的液压力。因此，叶片对定子的作用力可大大减小，这样双作用叶片泵的工作压力就可提高到 16～20MPa。

图 4.19 双叶片结构示意图
(FIGURE 4.19 Structural figure of double vanes)
1—叶片；2—转子；3—定子

图 4.20 复合叶片结构示意图
(FIGURE 4.20 Structural figure of double vanes)
1—母叶片；2—子叶片；3—转子；4—定子

### 4.3.2 单作用叶片泵(Single-acting vane pumps)

**1. 单作用叶片泵的工作原理(Operating principles of single-acting vane pumps)**

图 4.21 所示为单作用叶片泵的工作原理图。与双作用叶片泵相同，密闭工作容积由泵壳体 6、转子 5、定子 4、叶片 3、两侧配流盘和盖板等零件组成。所不同的是单作用叶片泵的定子 4 的内表面为圆柱形孔，转子 5 和定子 4 的安装是偏心的。配流盘上的两个腰形槽一个是吸油窗口 1、另一个是压油窗口 2，由转子 5、定子 4 和配流盘组成的密闭工作容积被叶片 3 分割为独立的两部分。当转子做逆时针方向旋转时，叶片在离心力或液压力的作用下可在转子槽内灵活滑动，其顶部与定子内表面相接触。转子外表面、定子内表面、两相邻叶片和配流盘构成若干个密闭工作容积。当转子做逆时针方向旋转一周时，左半周转子里的叶片向外伸出，密闭工作容积逐渐增大，形成局部真空，通过左侧吸油窗口

从液压油箱里吸油;同时,右半周转子里的叶片被定子内表面压进转子槽内,密闭工作容积逐渐减小,油液被挤压,通过压油窗口排出进入液压传动系统中。当单作用叶片泵的转子旋转一周时,每一个叶片在转子槽内往复滑动一次,密闭工作容积增大一次和缩小一次,完成吸油和压油各一次,故称为单作用叶片泵。

2. 单作用叶片泵的排量和流量(Displacement and flow equation of single-acting vane pumps)

如图 4.22 所示,当单作用叶片泵的转子每转一转时,每两相邻叶片间的密闭工作容积变化量为 $V_1 - V_2$。若近似把 AB 和 EF 看作是中心为 $O_1$ 的圆弧,则有:

$$V_1 = \pi\left[\left(\frac{D}{2}+e\right)^2 - \left(\frac{d}{2}\right)^2\right]\frac{\alpha}{2\pi}b = \pi\left[\left(\frac{D}{2}+e\right)^2 - \left(\frac{d}{2}\right)^2\right]\frac{b}{z} \quad (4-19)$$

$$V_2 = \pi\left[\left(\frac{D}{2}-e\right)^2 - \left(\frac{d}{2}\right)^2\right]\frac{\alpha}{2\pi}b = \pi\left[\left(\frac{D}{2}-e\right)^2 - \left(\frac{d}{2}\right)^2\right]\frac{b}{z} \quad (4-20)$$

排量 $\quad V = (V_1 - V_2)z = 2\pi ebD \quad (4-21)$

式中:$D$ 为定子的直径;$e$ 为定子与转子的偏心距;$d$ 为转子的直径;$\alpha$ 为两叶片之间的夹角;$b$ 为叶片的宽度;$z$ 为叶片数。

单作用叶片泵的实际流量 $\quad q = 2\pi ebDn\eta_v \quad (4-22)$

式中:$n$ 为转子转速;$\eta_v$ 为容积效率。

由式(4-21)和式(4-22)可知,当改变单作用叶片泵的定子和转子的偏心距时,就可以改变其排量和流量。从理论计算上分析和实践证明,当叶片取为奇数时,泵的瞬时流量脉动较小,因此,单作用叶片泵的叶片总数取奇数,一般取 13 片或 15 片。

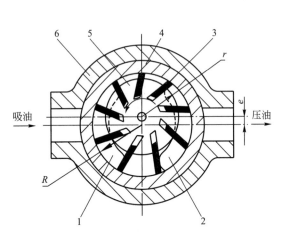

图 4.21 单作用叶片泵的工作原理示意图
(FIGURE 4.21 Schematic illustration of operating principles of single-acting vane pumps)
1—吸油窗口;2—压油窗口;3—叶片;
4—定子;5—转子;6—泵壳体

图 4.22 单作用叶片泵排量计算示意图
(FIGURE 4.22 Schematic illustration of displacement calculation of single-acting vane pumps)

3. 单作用叶片泵的结构特点(Structure characteristics of single-acting vane pumps)

(1) 叶片底部的通油槽在低压区通低压油,高压区通高压油,叶片的底部与顶部受液压油的压力是平衡的,叶片只靠离心力甩出。

(2) 单作用叶片泵因叶片槽底部分别通油,位于吸油区的叶片外伸时不需要压油腔补油,因此叶片厚度对单作用叶片泵的排量无影响。

(3) 叶片向后倾斜,主要考虑叶片的离心合力,叶片所受的惯性力和叶片与定子之间的摩擦力尽量与叶片槽的倾斜方向一致,有利于叶片在离心力的作用下向外甩出。

(4) 用变量机构改变定子和转子之间偏心距的大小,即可改变单作用叶片泵的排量和流量。偏心反向时,吸油压油方向也相反。

(5) 有径向液压不平衡作用力,只适合于中低压液压传动系统使用。

### 4.3.3　限压式变量叶片泵(Pressure limited variable displacement vane pumps)

单作用变量叶片泵结构类型比较多,当改变偏心距 $e$ 值的大小时,可改变单作用变量叶片泵的排量和流量。按改变偏心方式的不同,有手动和自动调节变量泵两种。自动调节变量根据工作原理的不同,可分为限压式、恒流式和恒压式变量叶片泵。其中限压式变量叶片泵被广泛使用。

1. 限压式变量叶片泵的工作原理和特性(Operating principles and characteristics of pressure limited variable displacement vane pumps)

限压式变量叶片泵是利用外负载的变化来实现自动变量的,根据控制方式的不同,限压式变量叶片泵分为内反馈和外反馈两种。内反馈限压式变量叶片泵主要是利用单作用变量叶片泵所受的径向不平衡力来进行压力反馈,从而改变定子与转子之间的偏心距,以达到调节流量的目的。外反馈限压式变量叶片泵主要是利用单作用变量叶片泵输出的压力油从外部来控制定子的移动,以达到改变定子与转子之间的偏心距,调节流量的目的。

1) 内反馈限压式变量叶片泵

内反馈限压式变量叶片泵的工作原理如图 4.23 所示。由于内反馈限压式变量叶片泵配流盘的吸、压油窗口相对液压泵中心线 $y$ 是不对称的,存在着偏角 $\theta$,因此液压泵在工作时,压油区的压力油作用于定子上的力 $F$ 也偏一个 $\theta$ 角,这样 $F$ 在 $x$ 轴方向的分力为 $F\sin\theta$,当分力 $F\sin\theta$ 超过限压弹簧限定作用力时,则定子向右运动,减少定子与转子偏心量 $e$,因而使液压泵的输出流量减小。

这种变量液压泵是依靠压油腔压力直接作用在定子上来控制变量的,故称为内反馈限压式变量叶片泵。

2) 外反馈限压式变量叶片泵

外反馈限压式变量叶片泵的工作原理如图 4.24 所示。转子 6 的中心 $O_1$ 是固定不动的,定子 7 可以左右移动,在限压弹簧 2 的弹簧力作用下,定子 7 被推向左端,使转子中心 $O_1$ 与定子中心 $O_2$ 之间有一初始偏心距 $e$。初始偏心距 $e$ 值由最大流量调节螺钉 4 调节,它决定了外反馈限压式变量叶片泵此时的最大流量,定子左侧反馈液压缸 3 的无杆腔与泵的压油腔相通。若外负载对泵的排油口建立起来的工作压力为 $p$,反馈液压缸无杆腔活塞面积为 $A$,活塞对定子的作用力 $pA$ 与限压弹簧 2 对定子的弹簧预紧力 $F$ 方向相反。

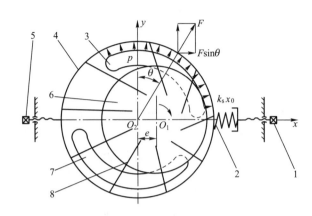

**图 4.23 内反馈限压式变量叶片泵的工作原理示意图**

(FIGURE 4.23 Schematic illustration of operating principles of internal feedback pressure limited variable displacement vane pumps)

1—限定压力调节螺钉；2—限压弹簧；3—压油口；4—定子；
5—最大流量调节螺钉；6—转子；7—吸油口；8—叶片

**图 4.24 外反馈限压式变量叶片泵的工作原理示意图**

(FIGURE 4.24 Schematic illustration of operating principles of external feedback pressure limited variable displacement vane pumps)

1—限定压力调节螺钉；2—限压弹簧；3—反馈液压缸；
4—最大流量调节螺钉；5—叶片；6—转子；7—定子

当 $pA < F$ 时，定子不动，转子中心 $O_1$ 与定子中心 $O_2$ 之间偏心距保持最大值 $e_{max}$，此时泵的流量也保持最大值 $q_{max}$。压力—流量特性曲线如图 4.25 所示的 $AB$ 段曲线。

当 $pA = F$ 时，达到泵在最大流量时的最大压力值 $p_B$，称为泵的限定压力。图 4.25 中拐点 $B$ 对应的压力为 $p_B$。

当 $pA > F$ 时，液压反馈力克服弹簧力使定子向右移动，偏心距 $e$ 值减小，此时泵的流量也随之减小。

当外反馈限压式变量叶片泵的出口工作压力达到一定值时，液压反馈力把弹簧压缩到最短，定子被移到最右端，偏心距减到最小，即 $e=0$，此时泵的输出流量为零，泵的出口工作压力便不再升高，保持最大压力值 $p_{max}$。压力—流量特性曲线如图 4.25 所示的 BC 段曲线，C 点对应的压力为 $p_{max}$。因此，限压式变量叶片泵通过泵出口工作压力的反馈作用实现流量自动调节。

这种变量液压泵是由出油口引出的压力油作用在柱塞上来控制变量的，故称为外反馈限压式变量叶片泵。

图 4.25 所示为外反馈限压式变量叶片泵压力—流量特性曲线图。

2. 外反馈限压式变量叶片泵的结构（Structure characteristics of pressure limited variable displacement vane pumps）

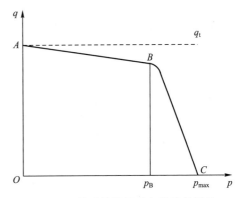

图 4.25　外反馈限压式变量叶片泵的特性曲线示意图
(FIGURE 4.25　Schematic illustration of characteristic curves of external feedback pressure limited variable displacement vane pumps)

外反馈限压式变量叶片泵的结构，如图 4.26 所示。叶片泵的压、吸油腔对称地分布在转子和定子中心连线的上下两侧，因此，作用在定子环内的液压力对定子环不产生左右调节力。反馈液压缸无杆腔的控制压力通过控制活塞克服限压弹簧的弹簧力和定子环移动时产生的摩擦力而推动定子环，改变转子中心 $O_1$ 与定子中心 $O_2$ 之间偏心距 $e$ 值的大小，实现外反馈限压式变量叶片泵的变量。

图 4.26　外反馈限压式变量叶片泵的结构简图
(FIGURE 4.26　Structural figure of external feedback pressure limited variable displacement vane pumps)
1—限定压力调节螺钉；2—限压弹簧；3—反馈液压缸；4—最大流量调节螺钉；
5—叶片；6—转子；7—定子；8—滑块

### 4.3.4 叶片泵的主要性能(Main performance of vane pumps)

(1) 压力:中低压叶片泵的工作压力一般为 6.3MPa,双作用叶片泵的最高工作压力可达 28~30MPa,单作用变量叶片泵的工作压力一般不超过 17.5MPa,凸轮转子叶片泵的工作压力可达 21MPa。

(2) 排量:叶片泵的排量范围为 0.5~4200mL/r,双作用定量叶片泵常用的排量范围为 2.5~300mL/r,单作用变量叶片泵常用的排量范围为 6~120mL/r。

(3) 转速:小排量双作用叶片泵的最高转速可达 8000~10000r/min,一般排量双作用叶片泵的转速为 1500~2000r/min,常用的单作用变量叶片泵最高转速大约为 3000r/min,但最低转速不能低于 600~900r/min。

(4) 效率:双作用叶片泵在额定工况下的容积效率较高,可达 93%~95%,但机械效率较低,其总效率与齿轮泵相当。

(5) 寿命:叶片泵的使用寿命高于齿轮泵,高压叶片泵的使用寿命可达 5000h 以上。

### 4.3.5 叶片泵的优缺点(Advantages and disadvantages of vane pumps)

叶片泵具有结构紧凑、体积小、质量轻、流量均匀、噪声小、运转平稳和寿命长等优点,在机床、工程机械、压铸、冶金设备及船舶等中低压液压传动系统中得到了广泛地应用。其缺点是对油液的污染较齿轮泵敏感、吸油能力差、结构较复杂和对制造工艺要求高。

## 4.4 柱 塞 泵
## (Piston pumps)

柱塞式液压泵是依靠若干个柱塞在缸体柱塞孔内做往复运动时使密闭工作容积发生变化来实现吸油和压油的。

根据柱塞在缸体中排列形式的不同,将其分为轴向柱塞泵和径向柱塞泵。轴向柱塞泵的柱塞中心线与缸体中心线平行,径向柱塞泵的柱塞中心线与缸体中心线垂直。根据配流方式的不同,将其分为轴配流、缸体不动的阀配流和缸体转动的端面配流式柱塞泵。

### 4.4.1 斜盘式轴向柱塞泵(Swash plate axial piston pumps)

缸体转动端面配流的轴向柱塞泵,按其结构特点分为斜盘式和斜轴式两大类。下面分别介绍它们的工作原理及特点。

1. 斜盘式轴向柱塞泵的工作原理(Operating principles of swash plate axial piston pumps)

图 4.27 所示为斜盘式轴向柱塞泵工作原理图。斜盘式轴向柱塞泵由传动轴 1、配流盘 2、缸体 3、柱塞 4 和斜盘 5 组成,缸体与斜盘间有一倾斜角 $\gamma$。传动轴通过花键带动缸体旋转,斜盘和配流盘固定不动。柱塞均布于缸体内,其头部通过弹簧回程机构和油压力作用紧紧地压在斜盘上。当传动轴按逆时针方向旋转时(从左向右看),柱塞既随缸体旋转,又在缸体柱塞孔内做往复直线运动。图 4.27 中最下面的柱塞在 0°~180°旋转期间,柱塞

沿轴线逐渐地向外伸出,柱塞与缸体内孔之间的密闭工作容积逐渐增大,产生局部真空,通过配流窗口 a 从进油口吸油;该柱塞在 180°～360°旋转期间,柱塞沿轴线逐渐地向里缩进,柱塞与缸体内孔之间的密闭工作容积逐渐减小,将高压油通过配流窗口 b 排出进入液压传动系统中。当传动轴及缸体每转一转时,每个柱塞各完成吸、压油一次;当缸体连续地旋转时,柱塞就连续地吸油和压油。如果改变斜盘倾角 γ 的大小时,就可改变柱塞的往复行程,即可改变柱塞泵的排量,就成为变量斜盘式轴向柱塞泵;如果改变斜盘倾角的方向时,就能改变吸、压油的方向,就可成为双向变量斜盘式轴向柱塞泵。

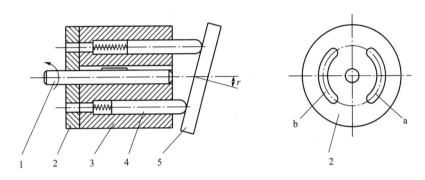

图 4.27 斜盘式轴向柱塞泵工作原理

(FIGURE 4.27 Schematic illustration of operating principles of swash plate axial piston pumps)

1—传动轴;2—配流盘;3—缸体;4—柱塞;5—斜盘

2. 斜盘式轴向柱塞泵的排量和流量(Displacement and flow equation of swash plate axial piston pumps)

假定斜盘倾角为 $\gamma$,柱塞直径为 $d$,柱塞数为 $z$,柱塞行程为 $s = D\tan\gamma$,缸体上柱塞分布圆直径 $D$,则有:

斜盘式轴向柱塞泵的排量

$$V = \frac{\pi}{4}d^2 sz = \frac{\pi}{4}d^2 Dz\tan\gamma \tag{4-23}$$

斜盘式轴向柱塞泵的实际流量

$$q = \frac{\pi}{4}d^2 Dzn\eta_v\tan\gamma \tag{4-24}$$

式中:$n$ 为转子转速;$\eta_v$ 为容积效率。

根据理论计算分析和实践证明,柱塞取奇数时,流量脉动率较小,因此柱塞泵的柱塞数视流量大小,一般取 7、9 或 11 个。

3. 斜盘式轴向柱塞泵的结构特点(Structure characteristics of swash plate axial piston pumps)

图 4.28 所示为 CY 型斜盘式轴向柱塞泵的结构简图。

(1)柱塞泵内高压油经 3 对摩擦副的间隙泄漏到缸体与泵壳体之间的容腔后,经柱塞泵壳体上的泄漏油口直接引回液压油箱,由于柱塞泵壳体内油压低,因此起到了冲洗和冷却柱塞泵的作用。

(2)它由传动轴 1、配流盘 3、缸体 5、大轴承 6、中间壳体 16 及前壳体 18 构成的主体和变量机构两大部分组成,同规格泵主体部分相同,可配手动变量、手动伺服变量、恒压变量、恒功率变量和液控变量等多种不同形式的变量机构。

**图 4.28 CY 型斜盘式轴向柱塞泵的结构简图**

(FIGURE 4.28 Structural figure of model CY swash plate axial piston pumps)

1—传动轴；2—前轴承；3—配流盘；4—中心弹簧；5—缸体；6—大轴承；7—球形弹簧支承柱；8—手轮；9—螺杆；10—导向键；11—变量活塞；12—斜盘；13—销轴；14—回程盘；15—滑履；16—中间壳体；17—柱塞；18—前壳体

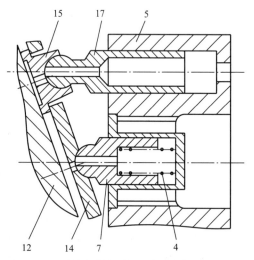

**图 4.29 CY 型斜盘式轴向柱塞泵的弹簧回程机构简图**

(FIGURE 4.29 Structural figure of spring clamping plate of model CY swash plate axial piston pumps)

4—中心弹簧；5—缸体；7—球形弹簧支承柱；12—斜盘；14—回程盘；15—滑履；17—柱塞

(3) 手动变量机构，通过转动手轮 8，带动螺杆 9 转动，因导向键 10 的作用，使变量活塞 11 不能转动，只能上下移动，通过销轴 13 使支承在变量壳体上的斜盘 12 绕其两端水平中心轴转动，改变斜盘倾角，达到改变柱塞泵排量的目的。

(4) 将传动轴改为半轴 1，悬臂端通过缸体外大轴承 6 支承，使传动轴不受弯矩，保证配流盘 3 与缸体 5 端面之间更好地接触。但柱塞泵的转速受大轴承 6 的转速限制，不易高速。

(5) 图 4.29 所示弹簧回程机构内的中心弹簧 4 使滑履 15 始终紧贴斜盘 12，满足了柱塞 17 在吸油区正常外伸实现吸油的要求，同时它也将缸体 5 压紧在配流盘 3 上，保证了柱塞泵启动时的密封性。

（6）配流盘 3 与缸体 5、斜盘 12 与滑履 15 之间的平面缝隙采用静压平衡，可自动补偿间隙磨损；缸体柱塞孔与柱塞 17 加工容易，配合精度高，容积效率高。

### 4.4.2 通轴式轴向柱塞泵（Swash plate axial piston pumps with auxiliary pumps）

通轴式轴向柱塞泵结构如图 4.30 所示。通轴式轴向柱塞泵的弹簧回程机构如图 4.31 所示。其工作原理与非通轴式轴向柱塞泵相同，它与 CY 型斜盘式轴向柱塞泵相比，具有以下特点。

图 4.30 通轴式轴向柱塞泵的结构简图

(FIGURE 4.30 Structural figure of swash plate axial piston pumps with auxiliary pumps)

1—传动轴；2—斜盘；3—柱塞；4—缸体；5—联轴器；6、7—辅助泵内、外转子；8—中心弹簧

图 4.31 通轴式轴向柱塞泵的弹簧回程机构简图

(FIGURE 4.31 Structural figure of spring clamping plate of swash plate axial piston pumps with auxiliary pumps)

1—滑履；2—斜盘；3—柱塞；4—缸体；5—球形弹簧支承柱；6—回程盘；8—中心弹簧

(1) 通轴式轴向柱塞泵将传动轴改为通轴,取消了缸体4外缘大轴承,两端由滚动轴承支承,这样既改变了传动轴的受力状态,又使通轴式轴向柱塞泵的转速得以提高。

(2) 通轴式轴向柱塞泵的传动轴1穿过斜盘2的中心孔,且斜盘2安装在靠近电动机或柴油机的一端。

(3) 传动轴1左端外伸,可通过联轴器5驱动安装在泵后盖上的齿轮泵或摆线泵。当通轴式轴向柱塞泵用于闭式回路时,齿轮泵或摆线泵作辅助泵用,可以简化管路连接和液压传动系统,有利于液压传动系统的集成化。

(4) 通轴式轴向柱塞泵变量机构的活塞中心线与传动轴中心线平行布置,并作用于斜盘外缘,这样既有利于缩小泵的径向尺寸,又可以减小变量机构所需的操纵力。

### 4.4.3 斜轴式轴向柱塞泵(Bent axis axial piston pumps)

1. 斜轴式轴向柱塞泵的工作原理(Operating principles of bent axis axial piston pumps)

这种轴向柱塞泵的缸体中心线与传动轴中心线有一倾角,故称为斜轴泵。斜轴式轴向柱塞泵从结构上分为双铰式和无铰式两种形式。如图4.32所示的A2F型斜轴式轴向柱塞泵是无铰式斜轴泵的典型结构。该泵主要由泵壳体1、碟形弹簧2、中心轴3、后盖4、配流盘5、缸体6、连杆柱塞副7、轴承组8、深沟球轴承9和传动轴10等组成。传动轴由3个轴承支承,左侧的轴承组8主要承受轴向力,也承受一定的径向力,右侧深沟球轴承9主要承受径向力。中心轴3左端球头插入球面配流盘中心孔内,保证缸体很好地绕着中心轴回转,右端球头和传动轴中心孔铰接。连杆柱塞副装入缸体柱塞孔内,连杆的小球头与柱塞里的球窝相配合,连杆大球头由回程盘压在传动轴的球窝里。缸体与配流盘之间采用球面配流,套在中心轴3上的碟形弹簧2将缸体压在配流盘上,缸体在旋转时有较好的密封性和自位性。当电动机或柴油机驱动传动轴旋转时,连杆与柱塞一起带动缸体旋转,同时柱塞还要在柱塞孔内做往复直线运动,这样柱塞底部的密闭工作容积就会发生周期性的增大与减小变化,通过配流盘完成吸压油过程。图4.32所示的A2F型斜轴式轴向柱塞泵是定量泵。

图4.32 A2F型斜轴式轴向柱塞泵结构简图

(FIGURE 4.32 Structural figure of model A2F bent axis axial piston pumps)

1—壳体;2—碟形弹簧;3—中心轴;4—后盖;5—配流盘;6—缸体;
7—连杆柱塞副;8—轴承组;9—深沟球轴承;10—传动轴

**2. 斜轴式轴向柱塞泵的结构特点(Structure characteristics of bent axis axial piston pumps)**

斜轴式轴向柱塞泵与斜盘式轴向柱塞泵相比有如下特点。

(1) 斜轴式轴向柱塞泵中的柱塞是由连杆带动运动的,柱塞所受径向力较小,因而由此引起的摩擦损失小。

(2) 传动轴中心线与缸体中心线夹角较大,斜轴式轴向柱塞泵一般为25°,最大可达到40°;而斜盘式轴向柱塞泵一般为15°,最大为20°,所以斜轴式轴向柱塞泵变量范围较大。

(3) 结构强度较高,抗冲击性能好。

(4) 缸体受到的倾覆力矩很小,摩擦副配合精度高,摩擦损失小,机械效率高;配流盘与缸体端面贴合均匀,泄漏损失小,容积效率高;因此斜轴式轴向柱塞泵的总效率高。

(5) 重量和体积大,运动部件的惯量大,在变量时动态响应不灵敏。

### 4.4.4 径向柱塞泵(Radial piston pumps)

**1. 径向柱塞泵的工作原理(Operating principles of radial piston pumps)**

图4.33所示为径向柱塞泵的工作原理图。它主要由配流轴1、转子2、柱塞3和定子4等组成,配流轴1固定不动并支承转子,定子和转子之间有偏心距$e$,定子能左右移动。柱塞径向均匀布置在转子中,柱塞既随转子做圆周运动,又在转子内做往复直线运动。当转子按顺时针方向转动柱塞转到上半周时,柱塞在低压油或离心力作用下,向外伸出压紧在定子内壁上,柱塞底部径向孔内的密闭工作容积逐渐增大,产生局部真空,通过配流轴上a孔从进油口吸油进入b腔;当柱塞转到下半周时,柱塞被定子内表面向里推入,密闭工作容积逐渐减小,将c腔的高压油通过配流轴上的d孔排出进入液压传动系统中。转子每转一转,每个柱塞吸、压油各一次。如果改变定子和转子之间偏心距$e$值的大小,便可以改变泵的排量。如果改变偏心距的方向(即$e$为负值),就可以改变泵的吸压油方向。因此,径向柱塞泵可以做成单向或双向变量泵。

图4.33 径向柱塞泵的工作原理示意图

(FIGURE 4.33 Schematic illustration of operating principles of radial piston pumps)

1—配流轴;2—转子;3—柱塞;4—定子

**2. 径向柱塞泵的排量和流量(Displacement and flow equation of radial piston pumps)**

若径向柱塞泵中柱塞直径为$d$,柱塞数为$z$,定子和转子的偏心距为$e$,柱塞在缸体

内孔的直线行程为 $2e$，则泵的排量为

径向柱塞泵的排量
$$V = \frac{\pi}{4}d^2 2ez = \frac{\pi}{2}d^2 ez \qquad (4-25)$$

径向柱塞泵的实际流量
$$q = \frac{\pi}{4}d^2 2ezn\eta_v = \frac{\pi}{2}d^2 ezn\eta_v \qquad (4-26)$$

式中：$n$ 为转子转速；$\eta_v$ 为容积效率。

径向柱塞泵的瞬时流量与轴向柱塞泵相同，也是脉动的。为了减小流量脉动，柱塞数通常也取奇数。

3. 径向柱塞泵的结构特点（Structure characteristics of radial piston pumps）

径向柱塞泵压力高，流量大，工作可靠，性能稳定；但其结构较复杂，径向尺寸大，自吸能力差，配流轴受径向不平衡液压力的作用，易磨损，且泄漏间隙不能补偿。

4. 负载敏感变量径向柱塞泵（Radial piston pumps with load-sensitive variable displacement）

负载敏感变量径向柱塞泵的工作原理，如图 4.34 所示。径向柱塞泵输出的压力油 $p_1$ 经可调节流阀 6（也可采用电液比例换向阀）后进入执行元件，可调节流阀 6 的出口压力 $p_2$ 由执行元件驱动的外负载决定。因压力油 $p_1$ 和 $p_2$ 被分别引到三通滑阀 8 的阀芯两端，在三通滑阀 8 的阀芯处于受力平衡时，可调节流阀 6 进出口压力差 $\Delta p$ 为

$$\Delta p = (p_1 - p_2) = F_t / A \qquad (4-27)$$

式中：$F_t$ 为三通滑阀阀芯右端弹簧力；$A$ 为三通滑阀阀芯端面面积。

若视 $F_t$ 不变，则 $(p_1 - p_2)$ 为定值（0.2～0.3MPa），即对应于可调节流阀 6 一定的开口面积，径向柱塞泵输出一定的流量，转子 2 与定子 3 之间具有一定的偏心距 $e$，定子两侧变量活塞受力平衡。

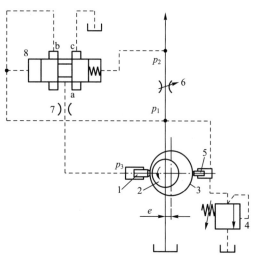

图 4.34　负载敏感变量径向柱塞泵的工作原理示意图
（FIGURE 4.34　Schematic illustration of operating principles of radial piston pumps with load-sensitive variable displacement）
1—左反馈液压缸；2—转子；3—定子；4—安全阀；
5—右反馈液压缸；6—可调节流阀；
7—固定节流阀；8—三通滑阀

当调节可调节流阀 6，如减小其开口面积，在径向柱塞泵输出流量还未发生变化时，可调节流阀 6 进出口压力差 $\Delta p$ 将增大，三通滑阀 8 的阀芯两端受力平衡破坏，阀芯向右移动，开启阀口 a 和 c，左反馈液压缸 1 的压力油与液压油箱接通，压力 $p_3$ 下降，定子 3 两端受力平衡破坏，定子 3 向左移动，偏心距 $e$ 减小，径向柱塞泵输出流量减小，可调节流阀 6 进出口压力差 $\Delta p$ 减小，当其压力差 $\Delta p$ 恢复到原来值时，三通滑阀 8 的阀芯受力重新平衡，三通滑阀 8 的阀芯回到中位，阀口 a 和 c 被关闭，左反馈液压缸 1 封闭，定子 3 稳定在新的位置，径向柱塞泵输出与可调节流阀 6 开口面积相适应的流量，满足执行元件的需求。如增大可调节流阀 6 开口面积时，类似上面的分析过程，转子 2 与

定子 3 之间偏心距 $e$ 将增大，径向柱塞泵输出的流量也相应增大。

这种变量形式的液压泵不仅液压泵的出口压力 $p_1$ 随外负载变化，而且液压泵输出的流量也适应执行元件的流量需求，因此称其为负载敏感变量液压泵，或称为功率（压力和流量）自适应变量液压泵。

### 4.4.5 柱塞泵的主要性能（Main performance of piston pumps）

（1）压力：柱塞泵的工作压力一般为 16～32MPa，广泛应用的轴向柱塞泵的额定压力可达 40～48MPa，某些专用柱塞泵的最高压力可达 160MPa。

（2）转速：柱塞泵的许用转速较高，小排量柱塞泵的转速可超过 10000r/min，中等排量（10～200mL/r）柱塞泵的转速范围为 3000～5000r/min，大排量柱塞泵在有辅助泵供油的情况下转速也可超过 2000r/min 以上。但大中排量阀配流柱塞泵的转速都比较低。

（3）排量：柱塞泵的排量范围很大，最小的排量可达 0.1mL/r，最大的排量超过 3000mL/r。

（4）效率：柱塞泵具有较高的容积效率和机械效率，其总效率超过 90% 以上。

（5）寿命：柱塞泵在额定工况下有较长的使用寿命，最高可达为 10000～12000h。

### 4.4.6 柱塞泵的优缺点（Advantages and disadvantages of piston pumps）

由于密闭工作容积是由缸体中若干个柱塞和缸体内柱塞孔构成的，且柱塞和缸体内柱塞孔都是圆柱表面，其加工精度容易保证，它具有重量轻、密封性好、结构紧凑、工作压力高，在高压下仍能保持较高的容积效率和总效率，容易实现变量等优点；其缺点是对液压工作介质的污染较敏感、滤油精度要求高、结构复杂、价格也比较贵、加工精度和日常维护要求比较高。柱塞泵常用于工程机械、液压机、冶金设备、机床、农林机械、船舶火炮、空间技术和起重运输等设备的液压传动系统中。

## 4.5 各类液压泵的主要性能及应用
（Main property and applications of hydraulic pumps）

目前国内生产的齿轮式、叶片式和柱塞式液压泵的主要性能及应用见表 4-2，设计与应用时应根据实际工况合理地选择液压泵。

表 4-2 各类液压泵的主要性能及应用
(TABLE 4-2 Main property and applications of hydraulic pumps)

| 项 目 | 齿轮泵 | 螺杆泵 | 双作用叶片泵 | 单作用叶片泵 | 轴向柱塞泵 | 径向柱塞泵 |
|---|---|---|---|---|---|---|
| 压力范围/MPa | 2.5～31.5 | 2.5～10 | 6.3～31.5 | 6.3～10 | 7～40 | 7～70 |
| 排量范围/mL/r | 0.3～650 | 1～9200 | 0.5～480 | 1～320 | 0.2～3600 | 16～4200 |
| 转速范围/r/min | 300～7000 | 1000～18000 | 500～4000 | 500～2000 | 600～6000 | 700～4000 |

(续)

| 项　目 | 齿轮泵 | 螺杆泵 | 双作用叶片泵 | 单作用叶片泵 | 轴向柱塞泵 | 径向柱塞泵 |
|---|---|---|---|---|---|---|
| 流量调节 | 不能 | 不能 | 不能 | 能 | 能 | 能 |
| 容积效率 | 0.70～0.95 | 0.70～0.95 | 0.80～0.95 | 0.80～0.90 | 0.90～0.98 | 0.85～0.95 |
| 总效率 | 0.60～0.85 | 0.60～0.85 | 0.75～0.85 | 0.7～0.85 | 0.85～0.95 | 0.75～0.92 |
| 流量脉动率 | 大 | 很小 | 小 | 中等 | 中等 | 中等 |
| 对油的污染敏感性 | 不敏感 | 不敏感 | 敏感 | 敏感 | 敏感 | 敏感 |
| 自吸特性 | 好 | 好 | 中 | 中 | 较差 | 差 |
| 噪声 | 大 | 很小 | 小 | 较大 | 大 | 较大 |
| 应用范围 | 农业机械、工程机械、船舶、机床、航空、一般机械 | 精密机床及机械、食品化工、石油、纺织机械等 | 注塑机、工程机械、机床、起重运输机械、航空 | 机床、注塑机 | 起重运输机械、矿山机械、工程机械、锻压机械、冶金机械、船舶、航空 | 船舶机械、液压机、机床 |

# 重点和难点课堂讨论
## (Important and difficult understanding knowledge points discussion in this chapter)

**课堂讨论：** 齿轮泵困油现象的产生、危害及预防措施。

# 本 章 小 结 (Summary)

　　本章通过液压齿轮泵、螺杆泵、叶片泵和柱塞泵的具体实例，讲述了液压泵的结构、组成、工作原理和主要性能；着重强调了掌握液压泵的性能分析与计算及液压泵具体应用的重要性。指出了要正确理解齿轮泵的困油现象和液压泵全性能通用特性曲线绘制的重要性。简明扼要地介绍了各类液压泵的优缺点。

# 思考题和习题 (Review Questions)

1. 齿轮泵的困油现象是什么？有何危害？如何解决？
2. 螺杆泵与其他液压泵相比有何特点？

3. 为什么双作用叶片泵的叶片数取为偶数？而单作用叶片泵的叶片数为奇数？

4. 限压式变量叶片泵的拐点压力和最大流量如何调节？在调节过程中，叶片泵的流量—压力特性曲线如何变化？

5. 某一液压泵的输出压力 $p=10\text{MPa}$，转速 $n=2000\text{r/min}$，排量 $V=80\text{mL/r}$，容积效率 $\eta_v=0.95$，总效率 $\eta=0.9$，液压泵的输出功率和电动机的驱动功率分别是多少？

6. 某变量叶片泵定子内径 $D=89\text{mm}$，转子外径 $d=83\text{mm}$，叶片宽度 $b=30\text{mm}$，试求 1)叶片泵排量为 $16\text{mL/r}$ 时的偏心量 $e$；2)叶片泵最大可能的排量 $V_{max}$。

7. 某一轴向柱塞泵的柱塞直径 $d=22\text{mm}$，柱塞分布圆直径 $D=68\text{mm}$，柱塞数 $z=7$，斜盘倾角 $\gamma=22°30'$，转速 $n=960\text{r/min}$，输出压力 $p=10\text{MPa}$，设容积效率 $\eta_v=0.98$，机械效率 $\eta_m=0.9$，试计算：1)理论输出流量；2)实际输出流量；3)液压泵的输入功率。

8. 在实际应用时，应如何选择液压泵？

# 第 5 章 液压执行元件

## Chapter 5　Hydraulic actuators

本章教学要点

| 知识要点 | 掌握程度 | 相关知识 |
| --- | --- | --- |
| 基本性能参数 | 掌握液压马达的基本性能参数 | 液压马达的基本性能参数 |
| 高速液压马达 | 掌握轴向柱塞液压马达结构、工作原理、主要性能及其应用 | 轴向柱塞液压马达 |
| 低速液压马达 | 掌握单作用曲轴连杆径向柱塞液压马达结构、工作原理、主要性能及其应用；<br>了解多作用内曲线径向柱塞液压马达结构、工作原理、主要性能及其应用 | 单作用曲轴连杆径向柱塞液压马达；<br>多作用内曲线径向柱塞液压马达 |
| 液压缸 | 掌握液压缸的设计与计算；<br>了解数字控制液压缸；<br>了解模拟控制液压缸 | 液压缸的设计与计算；<br>数字控制液压缸；<br>模拟控制液压缸 |

## 导入案例

某液压马达的进出口压力差为 $69.8\times10^5$Pa，排量为 200mL/r，总效率为 0.75，机械效率为 0.9，试计算：

(1) 该液压马达能输出的理论转矩。

(2) 若液压马达的转速为 500r/min，则输入液压马达的流量为多少？

(3) 若外负载为 200N·m(n=500r/min)时，该液压马达输入功率和输出功率各为多少？

**解**：(1) 根据公式 $T_t = \dfrac{\Delta p q_m}{2\pi}$，可算得液压马达输出的理论转矩为

$$\frac{1}{2\pi} \times 100 \times 10^5 \times 200 \times 10^{-6} \text{N} \cdot \text{m} = 318.3 \text{N} \cdot \text{m}。$$

(2) 转速为 500r/min 时，液压马达的理论流量为

$$q_t = V_m n = 200 \times 500 \times 10^{-3} \text{L/min} = 100 \text{L/min}$$

因液压马达的容积效率 $\eta_v = \dfrac{\eta}{\eta_m} = \dfrac{0.75}{0.9} = 0.83$，

所以液压马达的输入流量为 $\dfrac{q_t}{\eta_v} = \dfrac{100}{0.83} \text{L/min} = 120 \text{L/min}$。

(3) 液压马达的进油压力为 $100 \times 10^5 \text{Pa}$ 时，液压马达能输出的实际转矩为

$$318.3 \times 0.9 \text{N} \cdot \text{m} = 286.5 \text{N} \cdot \text{m}，$$

液压马达的输入功率为

$\Delta p \cdot V_m n / \eta_v = [69.8 \times 10^5 \times 200 \times 10^{-6} \times 500/(60 \times 0.83 \times 1000)] \text{kW} = 14 \text{kW}$，

液压马达的输出功率为

$$P_i \eta = (14 \times 0.75) \text{kW} = 10.5 \text{kW}。$$

## 5.1 液压马达概述
### (Hydraulic motors introduction)

液压马达是将液压传动系统的压力能转化为机械能，以旋转的形式输出转矩和转速。从工作原理上讲，液压传动系统中的液压泵和液压马达都是靠密闭容积的变化而工作的，在原理上它们是可逆的，但在结构上有区别，不能通用。

### 5.1.1 液压马达的特点和分类(Characteristics and classification of hydraulic motors)

1. 液压马达的特点(Characteristics of hydraulic motors)

(1) 液压马达靠压力油驱动，而液压泵是由原动机驱动旋转。
(2) 液压马达内部具有对称结构，可以正反转，而液压泵不能反转。
(3) 液压马达的进出口压力都高于大气压力，且具有单独的外泄油口，不存在液压泵的吸油不足、异常噪声等问题。

2. 液压马达的分类(Classification of hydraulic motors)

按额定转速不同液压马达分为两大类。额定转速在 500r/min 以上为高速液压马达；额定转速小于 500r/min 的为低速液压马达。高速液压马达有齿轮式、螺杆式、叶片式、轴向柱塞式等。低速液压马达有单作用曲轴连杆径向柱塞式和多作用内曲线径向柱塞式等。液压马达的图形符号，如图 5.1 所示。

单向定量马达　　单向变量马达　　双向定量马达　　双向变量马达

图 5.1　液压马达图形符号

(FIGURE 5.1　diagram symbols of hydraulic motors)

### 5.1.2　液压马达的基本性能参数(Basic property and parameters of hydraulic motors)

**1. 压力 (Pressure)**

1) 工作压力 $p$

工作压力是指液压马达进口油液的实际压力,其大小取决于外负载。

2) 工作压差 $\Delta p$

工作压差是指液压马达进口压力与出口压力的差值。

3) 额定压力 $p_n$

额定压力是指液压马达在正常工作条件下,按试验标准规定能连续运转的最高压力。

4) 最高允许压力 $p_{max}$

最高允许压力是指液压马达按试验标准规定,超过额定压力允许短暂运行的最高压力。

**2. 排量和流量 (Displacement and flow)**

1) 排量 $V$

液压马达轴转一周,由其密闭工作腔的几何尺寸变化计算而得到的油液体积。排量不变的液压马达为定量液压马达;排量可变的为变量液压马达。

2) 流量 $q$

液压马达的流量是液压马达达到要求转速时,单位时间内输入油液的体积。不考虑泄漏的流量为理论流量 $q_t$,考虑泄漏时为实际流量 $q$。

$$q_t = Vn \tag{5-1}$$

$$q = q_t + \Delta q \tag{5-2}$$

**3. 转速 (Speed)**

1) 额定转速 $n$

额定转速是指液压马达在额定压力下,能连续长时间正常运转的最高转速。

液压马达转速等于理论流量与排量的比值,即

$$n = \frac{q_t}{V} \tag{5-3}$$

2) 最高转速 $n_{max}$

最高转速是指液压马达在额定压力下,超过额定转速允许短暂运行的转速。

3) 最低转速 $n_{min}$

最低转速是指液压马达正常运转所允许的最小转速。

### 4. 转矩（Torque）

1) 理论输出转矩 $T_t$

理论输出转矩是指在没有能量损失的情况下液压马达输出转矩。理论转矩为

$$T_t = \frac{\Delta p V}{2\pi} \tag{5-4}$$

2) 实际输出转矩 $T$

实际输出转矩是指液压马达输出轴上实际输出的转矩。因液压马达内运动副有摩擦而造成转矩损失 $\Delta T$，所以液压马达的实际输出转矩小于理论输出转矩，即

$$T = T_t - \Delta T \tag{5-5}$$

### 5. 功率（Power）

1) 实际输入功率 $P_i$

液压马达实际输入的液压功率为

$$P_i = \Delta p q \tag{5-6}$$

2) 实际输出功率 $P_o$

液压马达实际输出的机械功率为

$$P_o = \omega T = 2\pi n T \tag{5-7}$$

### 6. 效率（Efficiency）

1) 容积效率 $\eta_v$

液压马达容积效率等于理论输入流量 $q_t$ 与实际输入流量 $q$ 的比值，即：

$$\eta_v = \frac{q_t}{q} \tag{5-8}$$

2) 机械效率 $\eta_m$

液压马达机械效率等于实际输出转矩与理论输出转矩的比值，即：

$$\eta_m = \frac{T}{T_t} \tag{5-9}$$

3) 总效率 $\eta$

总效率为输出机械功率与输入液压功率的比值，即：

$$\eta = \frac{P_o}{P_i} = \frac{2\pi n T}{\Delta p q} = \frac{2\pi n T}{\Delta p \dfrac{Vn}{\eta_v}} = \frac{T}{\dfrac{\Delta p V}{2\pi}} \eta_v = \eta_m \eta_v \tag{5-10}$$

即液压马达的总效率等于其容积效率和机械效率的乘积。

## 5.2 高速液压马达
## (High speed hydraulic motors)

高速液压马达的主要特点是：转速较高，转动惯量小，便于起动和制动，调速和换向的灵敏度高。通常高速液压马达的输出转矩小，仅有几十到几百牛顿米，故又称为高速小

转矩液压马达。高速液压马达有齿轮式、叶片式、轴向柱塞式等。

### 5.2.1 齿轮液压马达(Gear hydraulic motors)

外啮合齿轮式液压马达的工作原理,如图 5.2 所示。Ⅰ为转矩输出齿轮,其节圆半径 $R_1$;Ⅱ为空转齿轮,其节圆半径 $R_2$;啮合点 $c$ 到两齿轮中心的距离分别为 $R_{c1}$ 和 $R_{c2}$。当压力为 $p_1$ 的高压油输入液压马达时,处于高压腔内的轮齿受到压力油作用,由于 $R_{c1} < R_{a1}$,$R_{c2} < R_{a2}$,故互相啮合的两个齿面只有部分处于高压腔。这样使液压力作用于两个处于高压腔轮齿上的转矩不相等。若对两齿轮产生的有效推动转矩分别为 $T_1'$、$T_2'$;同理,处于低压腔轮齿上的转矩也不相等,其产生的有效推动转矩为反方向转矩 $T_1''$、$T_2''$。此时齿轮Ⅰ上的不平衡转矩 $T_1 = T_1' - T_1''$,齿轮Ⅱ上的不平衡转矩为 $T_2 = T_2' - T_2''$。所以马达输出轴上产生总转矩 $T = T_1 + T_2 \dfrac{R_1}{R_2}$,从而克服外负载转矩而按图中箭头所示方向旋转。随着齿轮旋转油液从高压腔被带到低压腔排出。

图 5.2 外啮合齿轮马达工作原理图
(FIGURE 5.2 Schematic illustration of operating principle of external gear motors)

### 5.2.2 叶片液压马达(Vane hydraulic motors)

双作用叶片式液压马达的工作原理,如图 5.3 所示。当压力油从进油口进入叶片 1、7 和 3、5 之间时,叶片 4 和 8 两侧所受液压力平衡,故不产生转矩;而叶片 1、7、3、5 上,一面作用高压油,另一面作用低压油,由于叶片 1、5 伸出的面积大于叶片 3、7 伸出的面积,因此作用于叶片 1、5 上的总液压力大于作用于叶片 3、7 上的总液压力,于是液压力差使转子产生顺时针转矩,从而实现了油液的压力能向旋转机械能转变,顺时针转矩要克服阻力矩、摩擦力矩后才能带动轴上的外负载转动。如果将进、出油口对换,则马达反向旋转。

图 5.3 双作用叶片马达工作原理图
(FIGURE 5.3 Schematic illustration of operating principle of double-acting vane motors)

### 5.2.3 轴向柱塞液压马达(Axial piston hydraulic motors)

轴向柱塞式液压马达的工作原理,如图 5.4 所示。当压力油输入液压马达时,位于进油腔的柱塞被顶出,紧压在斜盘上。斜盘作用在柱塞顶面上的反力为 $F$,$F$ 可分解为轴向分力 $F_x$ 和垂直于轴向分力 $F_y$。其中轴向分力 $F_x$ 和作用在柱塞末端的液压力相平衡,其值为 $F_x = \dfrac{\pi}{4} d^2 p$;垂直于轴向的分力 $F_y$ 使缸体产生转矩,其值为

$$F_y = F_x \tan\gamma = \frac{\pi}{4}d^2 p \tan\gamma \tag{5-11}$$

若与 $F_y$ 对应的力臂为 $a$，则柱塞产生的瞬时转矩为

$$T' = F_y a = F_y R \sin\varphi = \frac{\pi}{4}d^2 Rp \tan\gamma \sin\varphi \tag{5-12}$$

式中：$d$ 为柱塞直径；$R$ 为柱塞在缸体中的分布圆半径；$p$ 为马达的工作压力；$\gamma$ 为斜盘倾角；$\varphi$ 为柱塞的瞬时方位角。

图 5.4 轴向柱塞液压马达的工作原理图

(FIGURE 5.4 Schematic illustration of operating principle of axial piston hydraulic motors)

液压马达输出的转矩等于位于马达进油腔半周内各柱塞瞬时转矩 $T'$ 的总和。当马达的进、出油口互换时，马达将反向转动。马达的排量可以通过改变斜盘倾角 $\gamma$ 来实现。如果改变斜盘倾角的方向，就可以改变马达的旋转方向，此时马达成为双向变量马达。

轴向柱塞马达的结构形式很多，由于柱塞副构成的工作容积密封性好，因此适用于工作压力较高的场合。

## 5.3 低速液压马达
### (Low speed hydraulic motors)

低速液压马达的主要特点是：排量大，体积大，转速低，有时转速可低到每分几转或不到一转，因此可以直接与工作机构连接，不需要减速装置，使传动机构大大简化。低速液压马达输出的转矩可达几千到几万牛顿米，故又称为低速大转矩液压马达。低速液压马达有单作用曲轴连杆式径向柱塞马达和多作用内曲线径向柱塞马达等形式。

### 5.3.1 单作用曲轴连杆径向柱塞液压马达(Single-acting crankshaft connecting rod radial piston motors)

图 5.5 所示为单作用曲轴连杆径向柱塞液压马达工作原理。在壳体 1 的圆周均匀分布了 5 个缸。缸中的柱塞 2 通过球铰与连杆 3 相连，连杆 3 端部的鞍形圆柱面与曲轴 4 的偏心轮相接触。其中偏心轮的圆心为 $O_1$，它与曲轴 4 旋转中心 $O$ 的偏心距 $OO_1$ 为 $e$。曲轴 4 的一端通过十字接头与配流轴 5 相连。配流轴 5 两侧分别为进油腔和排油腔。当高压油进入马达的进油腔后，经壳体的槽 a、b、c 引到相应的柱塞缸中。高压油产生的液压力

作用于柱塞顶部,并通过连杆 3 传递到曲轴 4 的偏心轮上。例如,柱塞缸 b 作用于偏心轮上的力为 $F_N$,该力的方向沿连杆 3 的中心线,指向偏心轮的中心 $O_1$。作用力可分解为与连心线 $OO_1$ 重合的法向力 $F_f$ 和与连心线 $OO_1$ 垂直的切向力 $F_T$。切向力 $F_T$ 相对于曲轴 4 旋转中心 $O$ 产生转矩,使曲轴 4 绕中心 $O$ 逆时针方向旋转。柱塞缸 a 和 c 与缸 b 类似,产生相应的转矩。与高压油腔相通的柱塞缸产生的转矩之和使曲轴旋转。曲轴旋转时,缸 a、b、c 密闭容积增大,油液通过壳体油道并经配流轴 5 的进油腔进油;缸 d、g 的密闭容积减小,油液通过壳体油道并经配流轴 5 的排油腔排油。当配流轴 5 随曲轴 4 转过一个角度后,配流轴 5 封闭了油道 c,此时缸 c 与高、低压腔均不相通,缸 a、b 通高压油,使马达产生转矩;缸 d 和缸 g 排油。配流轴 5 随曲轴 4 再转过一个角度后,缸 g、a、b 通高压油,产生转矩,缸 c、d 排油。由于配流轴 5 随曲轴 4 连续旋转,进油腔和排油腔分别依次与各柱塞缸相通,保证马达连续旋转。若将进、出油口交换,马达则反转。在液压马达曲轴 4 旋转一周过程中,每个柱塞完成进排油一次,所以称单作用液压马达。

图 5.5 单作用曲轴连杆径向柱塞液压马达工作原理图
(FIGURE 5.5 Schematic illustration of operating principle of single-acting crankshaft connecting rod radial piston motors)
1—壳体;2—柱塞;3—连杆;4—曲轴;5—配流轴

单作用曲轴连杆径向柱塞液压马达的排量公式为

$$V = \frac{\pi d^2}{2} ez \tag{5-13}$$

式中:$V$ 为马达排量;$d$ 为柱塞直径;$e$ 为曲轴偏心距;$z$ 为柱塞数。

单作用曲轴连杆径向柱塞液压马达优点是结构简单,工作可靠。其缺点是重量和体积较大,转矩脉动,低速稳定性差。近几年来因其主要摩擦副大多采用静压平衡或静压支承结构,其最低稳定转速可达 3r/min,额定工作压力为 21MPa,最高工作压力为 31.5MPa。

### 5.3.2 多作用内曲线径向柱塞液压马达(Multi-acting internal curves radial piston motors)

内曲线马达有定量式、变量式,轴转式、壳转式,单排柱塞、双排柱塞、多排柱塞等多种形式。

图 5.6 所示为多作用内曲线径向柱塞液压马达的工作原理。在液压油的作用下,具有特殊内曲线的凸轮环使每个柱塞在轴旋转一周中往复运动多次从而推动转子旋转。因定子内表面由多条曲线构成,故称为多作用内曲线径向柱塞液压马达(简称内曲线马达)。定子 6 的内表面由若干段 $x$(图示 $x=6$)形状相同、均匀分布的曲面组成。曲面的数目 $x$ 就是马达的作用次数。将每一凹形曲面从顶点处对称地分为两半,一半为进油区段,此区段马达向外输出转矩,另一半为回油区段。缸体 5 内有 $z(z=8)$ 个柱塞 4 径向均匀分布在缸体 5 的柱塞孔内,柱塞 4 的末端与横梁 3 接触。横梁 3 可在缸体 5 的径向槽中滑动。安装在横梁两端轴颈上的滚轮 2 可沿定子内表面滚动。在缸体 5 内,每个柱塞孔底部都有一配流孔与配流轴 1 相通。配流轴 1 固定不动,其上有 $2x$ 个配流窗孔沿圆周径向均匀分布。这些配流窗孔分别和定子内表面的进、回油区段位置相对应。其中有 $x$ 个窗口 B 与轴中心的进油孔相通,另外 $x$ 个窗孔 A 与回油孔道相通。由于导轨曲面为抛物线,因此导轨曲面对滚轮产生的约束反力 $F$ 将不通过缸体中心,如图 5.6 所示。$F$ 可分解为径向分力 $F_r$ 和切向分力 $F_t$。其中径向分力 $F_r$ 与柱塞底部的液压作用力相平衡,切向分力 $F_t$ 则通过柱塞组对缸体 5 形成一个转矩,带动缸体 5 即输出轴作顺时针转动,输出转矩和转速。缸体 5 每旋转一周,每个柱塞往复移动 $x$ 次。因为 $x$ 和 $z$ 不相等,故任一瞬时总有一部分柱塞处于进、出油段,而使缸体 5 连续转动。

图 5.6 多作用内曲线马达工作原理图
(FIGURE 5.6 Schematic illustration of operating principle of multi-acting internal curves radial piston motors)
1—配流轴;2—滚轮;3—横梁;4—柱塞;
5—缸体;6—定子

当马达的进、出油口互换时,马达缸体 5 将反向旋转。除输出轴旋转的机构外,若固定缸体 5 和输出轴,则马达通油后,壳体即定子 6 与配流轴 1 一起转动,此时多作车轮马达用。

多作用内曲线径向柱塞液压马达的排量公式为

$$V = \frac{\pi d^2}{4} sxyz \quad (5-14)$$

式中:$V$ 为马达排量;$d$ 为柱塞直径;$s$ 为柱塞行程;$x$ 为作用次数;$y$ 为柱塞排数,图 5.6 所示 $y=1$;$z$ 为柱塞数。

多作用内曲线径向柱塞式液压马达具有尺寸较小,径向受力平衡,转矩脉动小,效率高,并能在很低转速下稳定工作,因此广泛应用于矿山、工程、船舶、起重运输、建筑、农业等机械中,它一般不需减速装置即可直接驱动工作机械。

## 5.4 液 压 缸
(Hydraulic cylinders)

液压缸是将液压传动系统的压力能转化为机械能的一种能量转换装置,是用来实现直线往复运动或摆动的执行元件。

### 5.4.1 液压缸的分类及特点(Classification and characteristics of hydraulic cylinders)

液压缸有多种形式。按结构形式可分为柱塞式、活塞式、摆动式和组合式四大类;按作用方式可分为单作用式和双作用式两种。柱塞缸、活塞缸和组合缸实现往复运动,输出力和速度,摆动缸则能实现小于360°的往复摆动,输出转矩和角速度。表5-1是几种常用液压缸形式和特点。

表 5-1 常用液压缸的形式和特点
(TABLE 5-1 Classification and characteristics of common hydraulic cylinders)

| 分类形式 | | 符号 | 输出力 | 速度 | 特点 |
|---|---|---|---|---|---|
| 单作用液压缸 | 双活塞杆液压缸 | | $F = p_1 A_2$ | $v = q/A_2$ | 活塞的两侧都装有活塞杆,只能向活塞左侧供给压力油,由外力使活塞反向运动 |
| | 单活塞杆液压缸 | | $F = p_1 A_1$ | $v = q/A_1$ | 活塞仅单向运动,返回行程利用自重或外负载将活塞推回 |
| | 柱塞式液压缸 | | $F_1 = p_1 A_3$ | $v = q/A_3$ | 柱塞仅单向运动,由外力使柱塞反向运动 |
| | 差动液压缸 | | $F = p_1 A_3$ | $v = q/A_3$ | 可使活塞运动速度加快,但作用力相应减小 |
| | 伸缩液压缸 | | — | — | 以短液压缸获得长行程;活塞杆由大到小逐节推出,靠外力由小到大逐节缩回 |

(续)

| 分类形式 | | 符号 | 输出力 | 速度 | 特点 |
|---|---|---|---|---|---|
| 双作用液压缸 | 双活塞杆液压缸 | | $F_1 = (p_2 - p_1)A_2$ <br> $F_2 = (p_1 - p_2)A_2$ | $v_1 = q/A_2$ <br> $v_2 = q/A_2$ | 两边有活塞杆，双向液压驱动，双向速度相等 |
| | 单活塞杆液压缸 | | $F_1 = p_1 A_1 - p_2 A_2$ <br> $F_2 = p_2 A_2 - p_1 A_1$ | $v_1 = q/A_1$ <br> $v_2 = q/A_2$ | 单边有杆，双向液压驱动，$v_1 < v_2$，$F_1 > F_2$ |
| | 伸缩液压缸 | | — | — | 双向液压驱动，由大到小逐节推出，由小到大逐节缩回 |
| 组合液压缸 | 弹簧复位液压缸 | | — | — | 单向由液压驱动，回程弹簧复位 |
| | 串联液压缸 | | $F_1 = p_1(A_1 + A_2)$ $- 2p_2 A_2$ <br> $F_2 = 2p_2 A_2$ $- p_1(A_1 + A_2)$ | $v_1 = \dfrac{q}{A_1 + A_2}$ <br> $v_2 = \dfrac{q}{2A_2}$ | 用于液压缸的直径受限制，而其长度不受限制处，可获得较大的推力 |
| | 增压缸 | | — | — | 由活塞缸和柱塞缸组合而成，低压油送入 $A$ 腔，$B$ 腔输出高压油 |
| | 齿条液压缸 | | — | — | 活塞的往复移动通过传动机构变成齿轮的往复回转运动 |
| 摆动液压缸 | 单叶片液压缸 | | $T = \dfrac{\Delta p(D^2 - d^2)b}{8}$ | $\omega = \dfrac{8q}{b(D^2 - d^2)}$ | 把液压能变为回转的机械能，输出轴摆动角 $<300°$ |

(续)

| 分类形式 | | 符号 | 输出力 | 速度 | 特点 |
|---|---|---|---|---|---|
| 摆动液压缸 | 双叶片液压缸 |  | $T = \dfrac{\Delta p(D^2 - d^2)b}{4}$ | $\omega = \dfrac{4q}{b(D^2 - d^2)}$ | 把液压能变为回转的机械能，输出轴摆动角<150° |

表中：$A_1$—活塞面积；$A_3$—活塞杆面积；$A_2 = A_1 - A_3$；$\Delta p = p_1 - p_2$，$b$—叶片宽度；$d$，$D$—叶片的底端、顶端直径；$\omega$—叶片轴的角速度；$T$—理论转矩。

### 5.4.2 液压缸的结构形式及安装方式（Structure and installation of hydraulic cylinders）

**1. 液压缸的结构形式（Structure of hydraulic cylinders）**

1）活塞式液压缸

（1）双作用单活塞杆液压缸。

双作用单活塞杆液压缸的结构，如图 5.7 所示。它主要由缸底端盖 1、活塞 5、缸筒 10、缸盖 13 和活塞杆 15 等零件组成。缸体由缸底端盖 1 和缸筒 10 焊接成一体，另一端由缸筒 10 与缸盖 13 用螺纹连接以便拆装检修。活塞 5 上套有一个用聚四氟乙烯制成的支承环 7，由弹簧挡圈 2、套环 3 和卡环 4（两个半环）定位，靠导向套 12 导向；活塞 5 与活塞杆 15 之间则用 O 形密封圈 6 密封，活塞 5 与缸筒 10 之间用 Y 形密封圈 9 密封。缸盖 13 上安装有防尘圈 14，活塞杆 15 右端带有缓冲柱塞。缸底端盖 1 和活塞杆 15 头部都有耳环，便于铰接。因此，这种液压缸在往复运动时，其轴线可随工作需要自由摆动，常用于液压挖掘机等工程机械。

图 5.7 单活塞杆液压缸的结构图
（FIGURE 5.7 Schematic illustration of structure of single-piston-rod cylinder）
1—缸底端盖；2—弹簧挡圈；3—套环；4—卡环；5—活塞；6—O 形密封圈；7—支承环；
8—挡圈；9—Y 形密封圈；10—缸筒；11—管接头；12—导向套；13—缸盖；
14—防尘圈；15—活塞杆；16—锁紧螺钉；17—耳环

当单活塞杆液压缸两腔同时通入压力油时的连接方式称为差动连接液压缸。由于无杆腔受力面积大于有杆腔受力面积，使活塞向左的作用力大于向右的作用力，因此活塞杆做伸出运动，并将有杆腔的油液挤出，流进无杆腔，使活塞向左运动速度加快。差动连接特点是速度快，伸出力小。差动连接是在不增加液压泵流量的前提下实现快速运动的有效办法，广泛应用于增速、外负载小的组合机床液压动力滑台和各类专用机床中。

（2）双作用双活塞杆液压缸。

双作用双活塞杆液压缸的结构，如图5.8所示。它主要由活塞杆1、压盖2、密封圈3、缸盖4、导向套5和8、缸筒6、活塞7等零件组成。活塞杆1与活塞7用圆柱开口销连接；活塞杆1靠导向套5和8导向，并用密封圈3密封，调节压盖2与缸盖4之间的螺钉即可调整密封圈3的松紧；缸筒6一般采用无缝钢管，内壁加工精度要求很高；缸筒6与活塞7之间采用间隙密封。这种液压缸的特点是往复运动的速度和输出力相等；长度方向占有的空间，当活塞杆固定时约为缸体长度的两倍；当缸体固定时约为缸体长度的三倍。

图5.8 双活塞杆液压缸的结构图

(FIGURE 5.8　Schematic illustration of structure of double‐piston‐rod cylinder)

1—活塞杆；2—压盖；3—密封圈；4—缸盖；5、8—导向套；6—缸筒；7—活塞

2）柱塞式液压缸

图5.9所示的单柱塞式液压缸由压盖1、密封圈2、导向套3、柱塞4和缸筒5等零件组成。它只能实现一个方向的运动，回程靠重力或弹簧力或其他外力推动。若要求往复工作运动，须由两个柱塞式液压缸分别完成相反方向的运动，如图5.10所示。其特点是柱塞与缸筒内壁不接触，因而缸筒内壁的精度要求很低，甚至可以不加工，工艺性好，成本低，特别适用于行程较长的场合。

图5.9 单柱塞式液压缸的结构图

(FIGURE 5.9　Schematic illustration of structure of single plunger cylinder)

1—压盖；2—密封圈；3—导向套；4—柱塞；5—缸筒

3）伸缩式液压缸

伸缩式液压缸是由两个或多个活塞式液压缸套装而成的，前一级活塞缸的活塞是后一级活塞的缸筒。伸出时，由大到小逐级伸出；缩回时，由小到大逐级缩回，如图5.11所

**图 5.10 双柱塞式液压缸的结构图**

(FIGURE 5.10 Schematic illustration of structure of double plunger cylinder)

示。伸缩式液压缸的特点是：工作行程可以很长，不工作时可以缩得较短。特别适用于翻斗汽车、起重机的伸缩臂、工程机械及自动线步进式输送装置。

**图 5.11 伸缩式液压缸的结构图**

(FIGURE 5.11 Schematic illustration of structure of telescopic cylinder)

1—活塞；2—套筒；3—O 形密封圈；4—缸筒；5—缸盖

4）齿轮齿条式液压缸

齿轮齿条式液压缸由带有齿条杆的双活塞缸和齿轮齿条机构组成，如图 5.12 所示。它将活塞的往复直线运动经齿轮齿条机构转变为齿轮轴的转动，常用于组合机床的转位、回转工作台、液压机械手和自动线转位机构的回转等。

**图 5.12 齿条活塞液压缸的结构图**

(FIGURE 5.12 Schematic illustration of structure of gear rack - piston cylinder)

1—端盖；2—传动轴；3—齿轮；4—齿条活塞；5—缸筒

## 2. 液压缸的组成（Components of hydraulic cylinders）

液压缸的种类虽然很多，但是其结构归结起来，一般都是由缸筒组件、活塞组件、密封装置、缓冲装置和排气装置5部分组成。

1) 活塞组件

活塞组件主要包括活塞、活塞杆和连接件等零件。几种常见的活塞与活塞杆的连接形式如下。

（1）整体式连接和焊接式连接，如图5.13(a)和图5.13(b)所示，适用于行程较短或尺寸较小的场合。

（2）半环连接式，如图5.13(c)和图5.13(d)所示。其特点是工作可靠；但结构较复杂、拆装不变。

（3）锥销式连接，如图5.13(e)所示。其特点是加工容易、装配简单，但其承载能力小。

（4）螺纹式连接，如图5.13(f)和图5.13(g)所示。其特点是结构简单，拆装方便，但一般需配备螺母防松装置。

活塞材料一般采用35钢或45钢；也有铝合金制成的。活塞杆材料一般采用35钢或45钢实心或空心杆。

图 5.13 活塞与活塞杆连接形式

(FIGURE 5.13 Schematic illustration of cylinder piston and rod connect)

1—半环；2—轴套；3—弹簧圈

2) 密封装置

液压缸的缸筒与端盖、活塞与活塞杆间的密封属于静密封，通常采用O形密封圈来密封。活塞与缸筒间的密封属于动密封，通常采用的密封形式有如下几种：

（1）密封圈密封结构，如图5.14所示。它利用橡胶或塑料的弹性使各种截面的环形圈紧贴在静、动配合面之间防止泄漏。其特点是结构简单，制造方便，磨损后能自动补偿，性能可靠。图5.14(a)为O形密封圈。当用于动密封、且压力大于10MPa时，应加挡圈（图5.14(b)、图5.14(c)），否则密封圈易被挤出。

（2）活塞环密封结构，如图5.15所示。它依靠套装在活塞环形槽内的弹

图 5.14 O形密封圈密封结构图

(FIGURE 5.14 Schematic illustration of O-ring seal)

性材料环紧贴在缸筒内壁实现密封。其特点是密封效果好，摩擦阻力较小且稳定，可耐高温，磨损后能自动补偿；但加工要求高，拆装不便。

(a) 活塞环的安装　　　　　(b) 活塞环

**图 5.15　活塞环密封结构图**
(FIGURE 5.15　Schematic illustration of piston‑ring seal)

（3）间隙式密封结构，如图 5.16 所示。它依靠运动件之间的微小间隙来防止泄漏，为了提高密封能力，通常在活塞（柱塞）的表面上开有若干个细小的环形槽，即能增大油液流动时的阻力，又能减少其移动时的摩擦力（卡紧力）。其特点是结构简单、摩擦阻力小、耐高温；但泄漏大，加工要求高，磨损后无法补偿；用于尺寸较小、压力较低、相对运动速度较高的场合使用。

**图 5.16　间隙密封结构图**
(FIGURE 5.16　Schematic illustration of clearance gap seal)

3）缸筒组件

几种常见的缸筒与缸盖连接形式如下。

（1）法兰连接式，其结构简单，容易加工、装拆，但外形尺寸和重量较大，如图 5.17（a）所示。

（2）半环连接式，其容易加工、拆装，重量较轻，但削弱了缸筒强度，如图 5.17（b）所示为外半环连接。

（3）拉杆连接式，其结构简单、工艺性好、通用性强、易于装拆，但重量和外形较大，如图 5.17（c）所示。

（4）螺纹连接式，其外形尺寸和重量较小，但结构复杂，外径加工时要求保证与内径同心，装拆要使用专用工具，如图 5.17（d）和图 5.17（e）所示。

（5）焊接式连接，其外形尺寸小、连接强度高、制造简单，但焊后以使缸筒变形，如图 5.17（f）所示。

缸筒与缸盖的连接形式与其工作压力、缸筒材料和工作条件有关。当工作压力 $p <$ 10MPa 时，缸筒使用铸铁；工作压力 $p <$ 20MPa 时，缸筒使用无缝钢管；工作压力 $p >$ 20MPa 时，使用铸钢或锻钢。

4）排气装置

液压传动系统在安装过程中或长时间停止使用时，液压传动系统中会有空气混入。这些残留空气有时不能自行排出，致使液压装置在工作中常常出现振动、颤抖和爬行，并伴有噪声。严重时会影响机械的正常工作，影响机械制造过程中零件的加工表面粗糙度或损

(a) 法兰连接式　　　(b) 半环连接式　　　(c) 拉杆连接式

(d) 螺纹连接式1　　(e) 螺纹连接式2　　(f) 焊接式连接

图 5.17　常见的缸筒与缸盖连接的结构形式

(FIGURE 5.17　Schematic illustration of common cylinder block and cover connect)

1—缸盖；2—缸筒；3—压板；4—半环；5—拉杆；6—防松螺母

坏刀具。因此在设计液压缸时，要保证能及时排除积留在液压缸内的气体。

对于要求速度稳定性不高的液压缸一般不设专门的排气装置，而是将油口设置在缸筒两端最高处，以便空气随油液排到液压油箱再逸出；若不能在最高处设置油口时，可在最高处设置放气孔，如图 5.18(a)所示；对于速度稳定性要求高的液压缸，通常在液压缸两端部设置放气装置，如图 5.18(b)、图 5.18(c)所示。

图 5.18　排气装置的结构图

(FIGURE 5.18　Schematic illustration of structure of cylinder air exhausting device)

1—活塞杆；2—缸筒；3—放气小孔；4—缸盖

5) 缓冲装置

当液压缸所驱动的外负载较大、运动速度较高($v>12m/min$)时，为避免因动量大在行程终点产生活塞与缸盖(或缸底)的撞击，影响工作精度或损坏液压缸，因此，在液压缸内两端部应设置缓冲装置。缓冲装置的原理是活塞运动接近终点位置时，增大液压缸排油阻力，使活塞运动速度降低，此排油阻力又称为缓冲压力。

图 5.19(a)和图 5.19(b)为间隙缓冲装置，当活塞运动接近缸盖时，活塞上的圆柱凸台(或圆锥凸台)进入缸盖凹腔，封闭在活塞与缸盖间的油液只能从环形间隙$\delta$(或锥形间隙)挤压出去，由于排油压力升高形成缓冲压力、使活塞运动速度减慢。其特点是结构简单，适用于运动部件惯性不大、运动速度不高的场合。图 5.19(c)为可变节流缓冲装置，

(a) 间隙缓冲装置1　　　　　　(b) 间隙缓冲装置2

(c) 可变节流缓冲装置　　　　　(d) 可调节流缓冲装置

**图 5.19　液压缸缓冲装置的结构和工件原理图**
(FIGURE 5.19　Schematic illustration of structure and operating principles of cylinder shock-absorber)
1—缓冲柱塞；2—缓冲油腔；3—三角节流槽；4—针形节流阀；5—单向阀

缓冲柱塞 1 上开有三角节流槽。缓冲过程中通流面积不断减小，缓冲压力变化均匀、冲击压力小、缓冲作用较好。图 5.19(d)为可调节流缓冲装置，当活塞上的圆柱凸台进入缸盖凹腔后，排油只能从针形节流阀 4 流出，调节针形节流阀 4 的开口可改变缓冲压力的大小。

### 5.4.3　液压缸的设计与计算(Design and calculation of hydraulic cylinders)

液压缸是标准件，但有时也需要自行设计或向生产厂提供主要尺寸，本节主要介绍液压缸主要尺寸计算、强度计算和校核及缓冲装置计算。

**1. 液压缸的主要尺寸计算**(Main dimension calculation of hydraulic cylinders)

液压缸的主要尺寸是活塞缸的内径 $D$ 和活塞杆的直径 $d$，设计时根据最大总外负载 $F_1$ 和选取的工作压力计算并圆整确定。

对于单活塞杆液压缸，无杆腔进压力油液 $p_1$，不考虑机械效率时

$$D = \sqrt{\frac{4F_1}{\pi(p_1-p_2)} - \frac{d^2 p_2}{p_1-p_2}} \tag{5-15}$$

有杆腔进压力油液 $p_1$，不考虑机械效率时

$$D = \sqrt{\frac{4F_2}{\pi(p_1-p_2)} + \frac{d^2 p_1}{p_1-p_2}} \tag{5-16}$$

式中：$p_2$ 为背压，一般选取背压 $p_2=0$，上述计算公式可简化为

无杆腔进油时　　　　$$D = \sqrt{\frac{4F_1}{\pi p_1}} \tag{5-17}$$

有杆腔进油时　　　　$$D = \sqrt{\frac{4F_2}{\pi p_1} + d^2} \tag{5-18}$$

若考虑排油腔对活塞产生的背压，活塞杆和活塞密封及导向套处的摩擦，运动件质量

产生的惯性力等因素的影响,取机械效率 $\eta_{cm}=0.8\sim0.9$,式(5-18)中的活塞杆直径 $d$ 可根据工作压力或设备类型选取(表5-2,表5-3)。当液压缸的往复速度比 $\varphi$ 有一定要求时可按式(5-19)计算活塞杆直径 $d$

$$d = D\sqrt{\frac{\varphi-1}{\varphi}} \tag{5-19}$$

液压缸的往复速度比 $\varphi$ 过大会使无杆腔的背压过大,过小则活塞杆太细,稳定性不好。表5-4为不同工作压力时推荐的液压缸往复速度比值。

计算得到的液压缸内径 $D$ 和活塞杆直径 $d$ 应按国家标准圆整为标准系列值。

表5-2 液压缸工作压力与活塞杆直径
(TABLE 5-2 Operating pressure and piston rod diameter of hydraulic cylinders)

| 液压缸工作压力 $p$/MPa | <5 | 5~7 | >7 |
|---|---|---|---|
| 活塞杆直径 $d$ | (0.5~0.6)$D$ | (0.6~0.7)$D$ | 0.7$D$ |

表5-3 设备类型与活塞杆直径
(TABLE 5-3 Equipment type and piston rod diameter of hydraulic cylinders)

| 设备类型 | 磨床、珩磨及研磨机 | 插、拉、刨床 | 车、铣、钻、镗床 |
|---|---|---|---|
| 活塞杆直径 $d$ | (0.2~0.3)$D$ | 0.5$D$ | 0.7$D$ |

表5-4 液压缸往复速度比推荐值
(TABLE 5-4 Hydraulic cylinders reciprocating movement velocity ratio recommended value)

| 液压缸工作压力 $p$/MPa | <10 | 10~20 | >20 |
|---|---|---|---|
| 往复速度比 $\varphi$ | 1.33 | 1.46 | 2 |

液压缸的缸筒长度由活塞最大行程、活塞长度、活塞杆导向套长度、活塞杆密封长度和特殊要求的其他长度确定。其中活塞长度 $B=(0.6\sim1.0)D$,导向套长度 $A=(0.6\sim1.5)d$。为减少加工难度,一般液压缸的缸筒长度不大于内径 $D$ 的20~30倍。

液压缸的进出口直径 $d_0$ 可由式(5-20)计算求得

$$d_0 = \sqrt{\frac{4q}{\pi v}} \tag{5-20}$$

式中:$q$ 为液压缸配管内的流量;$v$ 为液压缸配管内液体的平均流速(一般取 $v=4\sim5$ m/s)。

计算的 $d_0$ 值需按国家标准进行圆整。

2. 液压缸的强度计算及校核(Intensity calculation and check of hydraulic cylinders)

1) 活塞杆的稳定性计算

活塞杆受轴向压力作用时,有可能发生弯曲,当轴向力达到临界值 $F_{cr}$ 时,会出现压杆的失稳现象。临界值 $F_{cr}$ 的大小与活塞杆的长度和直径,以及液压缸的安装方式等因素有关。一般只有当活塞杆的长径比 $l/d \geqslant 10$ 时才进行活塞杆的稳定性计算。

按材料力学的计算公式,活塞杆的稳定条件为

$$F \leqslant \frac{F_{cr}}{n_{cr}} \tag{5-21}$$

式中：$F$ 为液压缸承受的轴向压力；$F_{cr}$ 为活塞杆不产生弯曲变形的临界力；$n_{cr}$ 为稳定性安全系数，一般取 $n_{cr}=2\sim6$。$F_{cr}$ 可根据活塞杆的细长比 $l/k$ 的范围按下列公式计算

当细长比 $\dfrac{l}{k}>m\sqrt{i}$ 时

$$F_{cr} \leqslant \frac{i\pi^2 EJ}{l^2} \qquad (5-22)$$

当细长比 $\dfrac{l}{k} \leqslant m\sqrt{i}$ 且 $m\sqrt{i}=20\sim120$ 时

$$F_{cr}=\frac{fA}{1+\dfrac{\alpha}{i}\left(\dfrac{l}{k}\right)^2} \qquad (5-23)$$

式中：$l$ 为液压缸的安装长度，其值与液压缸的安装形式有关，见表5-5；$k$ 为活塞杆最小截面的惯性半径，$k=\sqrt{J/A}$；$m$ 为活塞杆的柔性系数，表5-6；$i$ 为由液压缸支承方式决定的末端系数，其值查表5-5；$E$ 为活塞杆材料的弹性模量，对于钢 $E=2.06\times10^{11}$ Pa；$J$ 为活塞杆最小截面的惯性矩；$f$ 为由材料强度决定的实验值，见表5-6；$A$ 为活塞杆最小截面面积；$\alpha$ 为实验常数，见表5-6。

对于细长比 $\dfrac{l}{k}<20$ 时，液压缸具有足够的稳定性，不必校核。

表5-5 液压缸的安装长度
(TABLE 5-5 Fitting length of hydraulic cylinders)

| 安装形式 | 一端固定一端自由 | 两端球铰 | 一端固定一端球铰 | 两端固定 |
|---|---|---|---|---|
| $i$ | 1/4 | 1 | 2 | 4 |

表5-6 $m$、$f$、$\alpha$ 的值
(TABLE 5-6 $m$、$f$、$\alpha$ value)

| 材料 | $m$ | $f$/MPa | $\alpha$ |
|---|---|---|---|
| 铸钢 | 80 | 560 | 1/1600 |
| 锻钢 | 110 | 250 | 1/9000 |
| 低碳钢 | 90 | 340 | 1/7500 |
| 中碳钢 | 85 | 490 | 1/5000 |

2) 缸筒壁厚 $\delta$ 的计算

中低压液压缸一般用无缝钢管作缸筒，大多属薄壁筒，即 $D/\delta \geqslant 10$，缸筒最薄处的壁厚用材料力学薄壁圆筒公式计算壁厚：

$$\delta \geqslant \frac{pD}{2[\sigma]} \tag{5-24}$$

式中：$\delta$ 为缸筒壁厚；$p$ 为缸筒内液体的工作压力；$[\sigma]$ 为缸筒材料的许用应力，$[\sigma]=\dfrac{\sigma_b}{n}$，$\sigma_b$ 为材料的抗拉强度，$n$ 为安全系数，当 $D/\delta \geqslant 10$ 时，一般取 $n=5$。

缸筒的 $D/\delta < 10$ 时为厚壁筒，用于高压系统。缸筒的安装方式一般有台肩支承和缸底支承两种。台肩支承的缸筒壁受液体压力和缸底轴向反作用力，而缸底支承仅有液体压力。可按表 5-7 的公式计算缸筒壁厚。

表 5-7 薄壁筒壁厚的计算

(TABLE 5-7 Calculation of thin-walled cylinder wall thickness)

| 缸筒材料 | 缸筒支承方式 | 计算公式 |
|---|---|---|
| 塑性材料 | 台肩支承 | $D_1 = D\sqrt{\dfrac{[\sigma]}{[\sigma]-\sqrt{3}p}}$ |
| | 缸底支承 | $D_1 = D\sqrt{\dfrac{[\sigma]^2 + p\sqrt{4[\sigma]^2 - 3p^2}}{[\sigma]^2 - 3p^2}}$ |
| 脆性材料 | 台肩支承 | $D_1 = D\sqrt{\dfrac{[\sigma]+0.4p}{[\sigma]-0.3p}}$ |
| | 缸底支承 | $D_1 = D\sqrt{\dfrac{[\sigma]+0.7p}{[\sigma]-1.3p}}$ |
| 缸筒壁厚 $\delta$ | | $\delta = \dfrac{D_1 - D}{2}$ |
| 台肩支承 缸底支承 | 符号说明 | $D_1$——缸筒外径<br>$D$——缸筒内径<br>$[\sigma]$——缸筒材料的许用应力<br>$p$——缸内液体的工作压力 |

3. 液压缸缓冲装置的计算 (Calculation of hydraulic cylinder shock-absorber)

液压缸的缓冲计算主要是估计缓冲时缓冲腔内出现的最大冲击压力，以便校核缸筒强度，另外还应校核制动距离是否符合要求。

缓冲腔内液压能 $E_1$ 为

$$E_1 = p_c A_c l_c \tag{5-25}$$

工作部件产生的机械能 $E_2$ 为

$$E_2 = p_p A_p l_c + \frac{1}{2}mv^2 - F_f l_c \tag{5-26}$$

式中：$p_c$ 为缓冲腔中的平均缓冲压力；$p_p$ 为高压腔中的油液压力；$A_c$、$A_p$ 为缓冲腔、高压腔的有效作用面积；$l_c$ 为缓冲行程长度；$m$ 为工作部件的质量；$v$ 为工作部件的运动速度；$F_f$ 为摩擦力。

## 5.4.4 液压缸的安装和常见故障分析及排除方法(Installation and troubleshooting and repairing of hydraulic cylinders)

**1. 液压缸的安装形式(Installation of hydraulic cylinders)**

液压缸的安装形式见表 5-8。当缸筒固定而活塞杆运动时,可采用支座式或法兰式来安装定位。当活塞杆固定在机体上而缸筒运动时,可采用轴销式、耳环式或球头式等安装方式。当液压缸行程较长时,为了适应热胀冷缩的需要,液压缸两端只能采用一端固定,另一端浮动的安装方式。当采用法兰式或轴销式安装定位时,应注意活塞杆会受压杆稳定性的影响。

表 5-8 液压缸的安装形式
(TABLE 5-8 Fitting type of hydraulic cylinders)

| 类型 | 外形特点 | 安装方式 | | 类型 | 外形特点 | 安装方式 | |
|---|---|---|---|---|---|---|---|
| 支座式 | 径向底座 | | | 轴销式 | 头部轴销 | | |
| | 切向底座 | | | | 中部轴销 | | |
| | 轴向底座 | | | | 尾部轴销 | | |
| 法兰式 | 头部外法兰 | | | 耳环式 | 单耳环 | | |
| | 头部内法兰 | | | | 双耳环 | | |
| | 尾部外法兰 | | | 球头式 | 尾部球头 | | |

2. 液压缸的故障分析和排除方法(Troubleshooting and repairing of hydraulic cylinders)

液压缸常见故障与排除方法见表5-9。

表5-9 液压缸常见故障分析和排除方法

(TABLE 5-9 Troubleshooting and repairing of hydraulic cylinders)

| 故障现象 | 产生原因 | 排除方法 |
| --- | --- | --- |
| 爬行 | (1) 空气侵入液压缸;<br>(2) 活塞杆两端螺母旋得太紧;<br>(3) 液压缸安装与导轨不平行;<br>(4) 活塞与活塞杆不同心;<br>(5) 液压缸内壁或活塞表面拉伤,局部磨损或腐蚀;<br>(6) 活塞杆不直 | (1) 设置排气装置,强迫排除空气;<br>(2) 调整,保持活塞杆处于自然状态;<br>(3) 调整导轨或滑块的松紧度,保证缸与导轨的平行度<0.1mm/m;<br>(4) 调整使活塞杆全长直线度≤0.2mm;<br>(5) 镗缸筒内孔,重配活塞;<br>(6) 单个或连同活塞放在V型铁块上校正 |
| 推力不足<br>速度下降 | (1) 缸筒与活塞间磨损造成配合间隙过大,使内泄漏严重;<br>(2) 活塞上密封圈损坏,增大泄漏或增大摩擦力;<br>(3) 活塞杆弯曲,阻力增大;<br>(4) 溢流阀调压低或溢流阀控压力区泄漏,造成系统压力低,使推力不足 | (1) 在活塞上车削凹槽装密封圈或更换活塞,单配活塞间隙为0.03～0.04mm;<br>(2) 更换密封圈,注意装配时不要过紧;<br>(3) 校正活塞杆;<br>(4) 按推力要求调整溢流阀压力值,检查溢流阀内泄漏 |
| 冲击 | (1) 未设缓冲装置,运动速度过快;<br>(2) 缓冲装置结构不正确,三角节流槽过短;<br>(3) 缓冲装置中的柱塞与孔的间隙过大而严重泄漏,节流阀不起作用 | (1) 调整换向时间,降低运动速度,或增设缓冲装置;<br>(2) 修正凸台与凹槽,加长三角节流槽;<br>(3) 修理、研配单向阀与阀座或更换 |
| 泄漏 | (1) 活塞杆表面损伤;<br>(2) 密封圈因损伤或老化密封不严;<br>(3) 缸盖加工精度不高,造成泄漏;<br>(4) 缸筒内孔表面局部磨损或有腰鼓形导致泄漏;<br>(5) 活塞与缸筒安装不同心或承受偏心负荷 | (1) 修复损伤的活塞杆;<br>(2) 更换磨损或老化的密封圈;<br>(3) 检查接触面的加工精度并修复;<br>(4) 镗、磨缸筒内表面,重配活塞;<br>(5) 检查缸筒与活塞、缸盖与活塞杆的同心度,并修整对中 |
| 声音异常<br>或噪声 | (1) 压力过高或滑动面油膜破坏,导致滑动表面摩擦声响;<br>(2) 密封圈刮削过大出现异常声音;<br>(3) 立式液压缸活塞下行到终点时,发生抖动 | (1) 设备停止工作,检查并加强润滑,防止滑动面的烧伤;<br>(2) 用砂纸或砂布轻轻打磨唇边,或调整密封圈压紧程度;<br>(3) 将活塞慢慢往复数次运动到顶端,以排除气体 |

## 5.5 数字控制液压缸和模拟控制液压缸
### (Digital control hydraulic cylinders and simulative control hydraulic cylinders)

随着机电液一体化技术和自动化控制技术的发展，为了缩小体积、减少污染、便于控制及提高动态性能，往往将液压缸与各种控制阀、传感器等集成为一体，构成功能复合式液压缸，功能复合式液压缸常见的形式有数字控制液压缸和模拟控制液压缸。

#### 5.5.1 数字控制液压缸(Digital control hydraulic cylinders)

在液压传动领域中，液压技术与机械技术、传感技术、微电子技术、数字技术和计算机技术的结合，给液压传动和控制技术带来了巨大的进步。

数字控制电液步进液压缸的结构和工作原理，如图5.20所示。图5.20(a)为结构图，它是由步进电动机、减速齿轮和液压力放大器3部分组成。图5.20(b)为工作原理图。

(a) 结构图

(b) 工作原理图

**图 5.20 数字控制电液步进液压缸的结构图和工作原理图**
(FIGURE 5.20 Schematic illustration of structure and operating principles of digital signal control hydraulic cylinder)

1—步进电动机；2—减速齿轮；3—螺杆；4—活塞；5—反馈螺母；6—缸体；
7—三通阀阀芯；8、9—阀口；10—缸盖步进电动机(脉冲电动机)是一种将数控电路输入的电脉冲信号转换为机械角位移量输出的数/模(D/A)转换装置。对步进电动机输入一个电脉冲，其输出轴就转过一个步距角。因为步进电动机输出功率较小，所以必须通过液压力放大器进行功率放大后才能驱动外负载。

液压力放大器是一个直接位置反馈式液压伺服机构，它由控制阀、活塞缸、螺杆和反馈螺母组成。图 5.20 中电液步进液压缸为单活塞杆差动连接液压缸，采用三通双边滑阀阀芯 7 来控制。压力油 $p$ 直接进入有杆腔，活塞腔内压力 $p_1$ 受滑阀阀芯 7 的棱边所控制，若差动液压缸无杆腔和有杆腔活塞的面积比 $A_1:A_2=2:1$，当空载稳态时，$p_1=p/2$，活塞 4 处于平衡状态，阀口 8 处于某个稳定状态。在可编程控制器或计算机发出正转控制脉冲时，步进电动机带动滑阀阀芯 7 旋转，活塞及反馈螺母 5 尚未动作，螺杆 3 相对反馈螺母 5 向左运动，从而带动阀芯 7 左移，阀口 8 开大，$p_1 > p/2$，于是活塞 4 向右运动，活塞杆伸出。与此同时，同活塞 4 连成一体的反馈螺母 5 带动阀芯 7 右移，实现了直接位置负反馈，使阀口 8 关小，开口量及油压 $p_1$ 值又恢复到初始状态。如果输入连续的脉冲，步进电动机就连续旋转，活塞杆便随之向外伸出；反之，输入反转脉冲时，步进电动机反转，活塞杆缩回。

活塞杆外伸时，棱边 8 为工作边，活塞杆缩回时，棱边 9 为工作边。如果活塞杆上存在着外负载 $F$，稳态平衡时，$p_1 \neq p/2$。通过螺杆螺母之间的间隙泄漏到空心活塞杆腔内的油液，可经螺杆中心孔引至液压油箱。

### 5.5.2 模拟控制液压缸(Simulative control hydraulic cylinders)

用模拟信号控制电液比例(或伺服)液压缸的工作原理，如图 5.21 所示。它是以液压缸作为主体，将电液比例(或伺服)阀 1、溢流阀 6 和 7、节流阀 4、压力传感器 3 和 5 等元件集成在液压缸的缸体上，从而方便了使用、操纵和维护。

当输入一定的电流时，液压缸 8 便在压力油的作用下移动与输入电流量成比例的位移。液压缸活塞杆内装有位移传感器，它将位移量转变成电信号，再经放大后，作为反馈信号输出。将多种控制阀集成在液压缸的缸体上能有效地缩短阀到液压缸之间的管道长度，提高液压传动系统的动态性能。旁通节流阀 4 起调整控制液压传动系统动态阻尼大小的作用，可根据不同工况进行调整，以提高液压传动系统的动态稳定性。溢流阀 6 和 7 起安全阀作用，防止液压缸过载。

图 5.21 模拟信号控制液压缸的工作原理图
(FIGURE 5.21 Schematic illustration of operating principles of simulative signal control hydraulic cylinder)

# 重点和难点课堂讨论
# (Important and difficult understanding knowledge points discussion in this chapter)

**课堂讨论**：活塞式液压缸的差动连接，液压马达和液压泵在具体结构上的差异。

## 本 章 小 结(Summary)

液压马达和液压缸都是液压传动系统中的执行元件,液压马达的作用是将液体的压力能转换为旋转运动的机械能。液压马达根据结构形式的不同,主要分为齿轮式、叶片式、柱塞式三大类,要掌握各类马达的工作原理、特点和使用场合。液压缸的作用是将液体的压力能转换为直线运动(或在一定角度范围内摆动)的机械能。本章讲述了几种常见液压缸工作原理,同时也讲述了性能先进、高精度的数字控制液压缸和模拟控制液压缸的组成和工作原理,液压缸一般为标准件,但有时也需专门设计,要掌握设计液压缸的主要内容和一般步骤。介绍了有关液压缸安装、故障分析及排除方式等有关内容。

## 思考题和习题(Review Questions)

1. 什么是液压马达和液压泵的工作压力?其大小由什么来决定?
2. 齿轮液压马达是如何工作的?与齿轮泵相比有何特点?
3. 有一径向柱塞液压马达,其平均输出扭矩 $T=24.5\text{N}\cdot\text{m}$,工作压力 $p=5\text{MPa}$,最小转速 $n_{min}=2\text{r/min}$,最大转速 $n_{max}=300\text{r/min}$,容积效率 $\eta_v=0.9$,求径向柱塞液压马达所需的最小流量和最大流量为多少?
4. 有一液压泵,当外负载压力为 $p=80\times10^5\text{Pa}$ 时,输出流量为 96L/min,而外负载压力为 $100\times10^5\text{Pa}$ 时,输出流量为 94L/min。用此液压泵带动一排量 $V=80\text{cm}^3/\text{r}$ 的液压马达,当外负载扭矩为 $120\text{N}\cdot\text{m}$ 时,液压马达机械效率为 0.94,其转速为 1100r/min。求此时液压马达的容积效率。
5. 活塞式液压缸的安装形式应注意些什么?
6. 柱塞式液压缸有哪些特点?
7. 伸缩式液压缸工作时有何特点?
8. 为什么要为液压缸设置缓冲装置?如何设置?
9. 用一定量液压泵驱动单活塞杆液压缸,已知活塞直径 $D=100\text{mm}$,活塞杆直径 $d=70\text{mm}$,被驱动的外负载 $\Sigma F=1.2\times10^5\text{N}$。有杆腔回油背压力为 0.5MPa,设液压缸的容积效率 $\eta_v=0.99$,机械效率 $\eta_m=0.98$,液压泵的总效率 $\eta=0.9$。求:(1)当活塞运动速度为 100mm/s 时液压泵的流量;(2)电动机的输出功率。
10. 增压缸大腔直径 $D=90\text{mm}$,小腔直径 $d=40\text{mm}$,进口压力为 $p_1=63\times10^5\text{Pa}$,流量为 $q_1=0.001\text{ m}^3/\text{s}$,不计摩擦和泄漏,求增压缸出口压力 $p_2$ 和流量 $q_2$ 各为多少?

# 第6章 液压控制元件

## Chapter 6  Hydraulic control components

本章教学要点

| 知识要点 | 掌握程度 | 相关知识 |
| --- | --- | --- |
| 方向控制阀 | 掌握液控单向阀结构、工作原理、主要性能及其应用；<br>掌握电液换向阀结构、工作原理、主要性能及其应用 | 方向控制阀 |
| 压力控制阀 | 掌握溢流阀结构、工作原理、主要性能及其应用；<br>掌握顺序阀结构、工作原理、主要性能及其应用；<br>掌握减压阀结构、工作原理、主要性能及其应用 | 压力控制阀 |
| 流量控制阀 | 了解节流阀；<br>掌握调速阀结构、工作原理、主要性能及其应用；<br>掌握分流集流阀结构、工作原理、主要性能及其应用 | 节流阀；<br>调速阀；<br>分流集流阀 |
| 电液比例控制阀 | 了解电液比例控制阀 | 电液比例控制阀 |
| 电液数字控制阀 | 了解电液数字控制阀 | 电液数字控制阀 |
| 电液伺服控制阀 | 了解电液伺服控制阀 | 电液伺服控制阀 |

## 导入案例

图1所示为定位夹紧液压传动系统,请回答:(1)1、4、7、9各是什么液压阀?各起什么作用?(2)叙述液压传动系统的工作原理。(3)如果定位压力为2MPa,夹紧液压缸2无杆腔面积为$0.02m^2$,夹紧力为50kN,1、4、7、9各液压阀的调整压力是多少?

图1
(FIGURE 1)

**解:**(1)液压阀1是压力继电器,其作用是当液压传动系统压力达到夹紧压力时,发出电信号,控制进给液压传动系统的电磁换向阀换向。液压阀4是顺序阀,其作用是使定位液压缸3先动作,夹紧液压缸后动作。液压阀7是低压大流量液压泵12的卸荷溢流阀,定位工件后使液压泵12卸荷。液压阀9是高压小流量液压泵11的溢流阀,夹紧工件后起溢流稳压作用。

(2)液压传动系统的工作原理是:当电磁铁1YA通电电磁换向阀6左位处于工作状态时,双液压泵12和11同时供液压油,定位液压缸3运动进行定位。此时液压传动系统压力小于顺序阀4的调定压力,所以夹紧液压缸2不动作。当定位动作结束后,液压传动系统压力升高到顺序阀4的调定压力时,顺序阀4开启,夹紧液压缸2运动。当夹紧后的压力达到所需要的夹紧力时,卸荷溢流阀7使低压大流量液压泵12卸荷,此时仅由高压小流量液压泵11供油补偿泄漏,保持液压传动系统压力,夹紧力的稳定由溢流阀9实现。

(3) 压力继电器 1 的调定压力 $p > 2.5$MPa,顺序阀 4 的调定压力 $p = 2$MPa,卸荷溢流阀 7 的调定压力 $2 < p < 2.5$MPa,溢流阀 9 的调定压力 $p = F/A = 50000/0.02 = 2.5$MPa。

## 6.1 液压控制阀概述
### (Hydraulic control valves introduction)

液压控制元件在液压传动系统中被用来控制工作介质的方向、压力和流量,保证执行元件按照外负载的需求进行工作。液压控制元件又称为液压控制阀,简称液压阀。

### 6.1.1 液压控制阀的基本结构和工作原理(Basic structure and operating principles of hydraulic control valves)

1. 液压控制阀的基本结构(Basic structure of hydraulic control valves)

液压控制阀的基本结构主要包括阀体、阀芯及驱动阀芯在阀体内作相对运动的装置。阀体上除有与阀芯配合的阀体孔和阀座孔外,还有进出油口;阀芯的主要形式有滑阀、锥阀和球阀;驱动装置的可以是手动机构、弹簧或电磁铁等。

2. 液压控制阀的工作原理(Operating principles of hydraulic control valves)

液压控制阀是利用阀芯在阀体内的相对运动来控制阀口的开口大小和通断,实现工作介质的方向、压力和流量的控制。

液压控制阀工作时始终满足压力流量方程,即它们的阀口大小、进出口压力差和通过的流量之间的关系都符合孔口流量公式 $q = CA\Delta p^m$。

### 6.1.2 液压控制阀的分类(Classification of hydraulic control valves)

液压控制阀的分类方法有多种,常见的分类方法见表 6-1。

表 6-1 液压控制阀的分类
(TABLE 6-1 Classification of hydraulic control valves)

| 分类方法 | 种类 | 详细分类 |
| --- | --- | --- |
| 按控制对象分 | 方向控制阀 | 单向阀、液控单向阀、换向阀、比例方向阀等 |
| | 压力控制阀 | 溢流阀、顺序阀、减压阀、压力继电器、比例压力阀等 |
| | 流量控制阀 | 节流阀、调速阀、分流阀、集流阀、比例流量控制阀等 |
| 按操纵方式分 | 人力阀 | 手把(柄)、手轮、踏板、杠杆等 |
| | 机动阀 | 凸轮、挡块 |
| | 电动阀 | 电动阀 |
| | 液动阀 | 液动阀 |
| | 电液动阀 | 电液动阀 |

(续)

| 分类方法 | 种类 | 详细分类 |
| --- | --- | --- |
| 按控制方式分 | 开关控制阀 | 普通控制阀、叠加阀、插装阀 |
| | 比例阀 | 电液比例压力(流量、方向)阀、电液比例复合阀等 |
| | 数字控制阀 | 数字控制压力阀、数字控制方向阀、数字控制流量阀 |
| | 伺服阀 | 单级(两级、三级)伺服阀、流量伺服阀、压力伺服阀等 |
| 按连接方式分 | 管式连接 | 螺纹连接、法兰连接 |
| | 板式/叠加式 | 单层板、双层板、整体连接板式、叠加阀式、多路阀式 |
| | 插装阀 | 螺纹插装、盖板式插装 |
| 按结构方式分 | 滑阀 | 圆柱滑阀、转阀、平板滑阀 |
| | 座阀 | 锥阀、球阀、喷嘴挡板阀 |
| | 射流管阀 | 射流管阀 |

### 6.1.3 液压控制阀的基本性能参数(Basic performance and parameters of hydraulic control valves)

液压控制阀的基本性能参数有两个：额定压力和额定流量(或公称通径)。

1. 额定压力 $p_n$ (Nominal pressure $p_n$)

额定压力是指液压控制阀长期工作所允许的最高压力。额定压力用 $p_n$ 表示，常用的单位 Pa 和 $N/m^2$。通常液压传动系统的压力小于或等于液压控制阀的额定压力则是比较安全的。

2. 额定流量 $q_n$ 或公称通径 $D_n$ (Nominal flow $q_n$ or inside nominal diameter $D_n$)

液压控制阀的规格表示方法有两种：额定流量 $q_n$ 和公称通径 $D_n$。

额定流量是指液压控制阀在额定工况下通过的名义流量，主要用于表示中低压液压控制阀的规格。额定流量符号用 $q_n$ 表示，常用单位为 $m^3/s$ 或 L/min。

公称通径表示液压控制阀通流能力的大小，对应于液压控制阀的额定流量，主要用于表示高压液压控制阀的规格。公称通径常用 $D_n$ 表示，单位为毫米(mm)，其数值是液压控制阀进、出油口的名义尺寸，与实际尺寸不一定相等。在选用连接油管时，油管的规格应该与液压控制阀的通径一致。液压控制阀工作时的实际流量应小于或等于它的额定流量，最大不得大于额定流量的 1.1 倍。

### 6.1.4 对液压控制阀的基本要求(Basic requirements for hydraulic control valves)

(1) 动作灵敏、使用可靠、工作时冲击和振动小，噪声小。

(2) 密封性能好，内泄漏小，无外泄漏。

(3) 液压油流过时压力损失小。

(4) 被控参数(压力、流量)要稳定，受外界干扰时变化量小。

(5) 使用、维护简单方便,可靠性好,使用寿命长。
(6) 结构要简单紧凑,安装、调试要方便,通用性或互换性好。

## 6.2 方向控制阀
### (Directional control valves)

方向控制阀的主要作用是控制液压传动系统中工作介质的流动方向,其工作原理是利用阀芯和阀体之间相对位置的改变来实现通道的接通或断开,从而实现对液压执行元件的启动、换向、停止进行控制。方向控制阀主要有单向阀和换向阀两大类。

### 6.2.1 单向阀(Check valves)

单向阀又分为普通单向阀和液控单向阀。

1. 普通单向阀(General check valves)

普通单向阀又称为止回阀,简称单向阀,它的作用是控制油液的单方向流动,而反向时截止。按照阀芯结构不同,普通单向阀又可以分为锥阀式和球阀式两种。

普通单向阀结构、工作原理图和图形符号,如图6.1所示。普通单向阀是由锥阀芯1、阀体2及弹簧3等主要零件组成。静态时,弹簧力将锥阀芯1压紧在阀座上,当工作介质从油口A流入时,液压力克服锥阀芯1上的弹簧力,使锥阀芯1右移,打开阀口,工作介质经油口B流出;当工作介质从油口B流入时,锥阀芯1在液压力和弹簧力的共同作用下处于关闭状态,油口A无工作介质流出。

图6.1 普通单向阀的结构、工作原理图和图形符号
(FIGURE 6.1 Schematic illustration of structure and operating principles and diagram symbols of general check valves)
1—阀芯;2—阀体;3—弹簧;4—弹簧座

2. 液控单向阀(Pilot operated check valve)

液控单向阀的结构、工作原理图和图形符号,如图6.2所示。液控单向阀是由一个普通单向阀和一个小型液压缸组成。

当控制油口K不通压力油时,液控单向阀的作用与普通单向阀一样,工作介质只能从

油口 A 流入，经油口 B 流出，不能反向流动；当控制油口 K 通入压力油时，压力油作用在控制活塞 1 的左端，因控制活塞的面积设计得较大，所以在较低的压力下就可以产生很大的作用力，活塞 1 和顶杆 2 向右移动将主阀阀芯 3 打开，工作介质从油口 B 流向油口 A，实现反向流动。

图 6.2 所示的液控单向阀为不带卸荷阀芯的简式液控单向阀，控制压力为工作压力的 40%～50%，而带卸荷阀芯的卸荷式液控单向阀的控制压力为工作压力的 5%。当控制油口 K 不工作时，应使其与液压油箱接通，保证压力为零，否则控制活塞难以复位，单向阀反向不能截止液流。

图 6.2 液控单向阀的结构、工作原理图和图形符号
(FIGURE 6.2 Schematic illustration of structure and operating principles and diagram symbols of pilot operated check valve)
1—活塞；2—顶杆；3—阀芯；4—弹簧

3. 对单向阀的基本要求(Basic requirements for hydraulic check valves)

(1) 工作介质向一个方向通过时压力损失要小，所以单向阀的弹簧刚度比较小，单向阀正向开启压力一般在 0.03～0.05MPa，当用作背压阀时，可以将单向阀中的弹簧换成刚度较大的弹簧，用以产生足够大的背压，此时单向阀的开启压力一般为 0.2～0.6 MPa。

(2) 反向不通时密封性要好。

(3) 动作灵敏，工作时无撞击和噪声。

4. 单向阀的应用 (Applications of hydraulic check valves)

(1) 安装在液压泵的出油口，用来防止液压传动系统油液倒流，保护液压泵。
(2) 作背压阀使用，在回油路上产生背压使液压传动系统的运动变得平稳。
(3) 作旁通阀使用，与其他类型的液压阀相并联，从而构成组合阀。
(4) 用于隔开油路之间的联系，防止油路之间相互干扰。
(5) 用于液压回路的保压。
(6) 在液压缸垂直布置的液压传动系统中，常用单向阀与顺序阀并联来平衡液压缸的自重。
(7) 液控单向阀用于高压回路换向前的释压回路中。
(8) 用两个液控单向阀构成双向液压锁结构。

### 6.2.2 换向阀(Directional valves)

换向阀是利用阀芯对阀体的相对运动,使油路的接通、关断或改变液流的方向,从而实现液压执行元件及其所驱动外负载的启动、停止或变换运动方向。

1. 换向阀的分类(Classification of hydraulic directional valves)

(1) 按结构类型可分为滑阀式、转阀式、球阀式、锥阀式。
(2) 按阀芯的工作位置数可分为二位阀、三位阀等。
(3) 按阀的控制通道数可分为二通阀、三通阀、四通阀、五通阀等。
(4) 按阀芯的操纵方式可分为手动式、机动式、电磁式、液动式、电液式等。
(5) 按阀芯的定位方式可分为钢球定位和弹簧复位两种。

2. 对换向阀的基本要求(Basic requirements for hydraulic directional valves)

(1) 换向过程要可靠、平稳、迅速,换向应无冲击或者冲击要小。
(2) 互不相通的油口间油液的泄漏量要小。
(3) 油液流经换向阀时压力损失要小,一般为 0.3MPa 左右。

3. 换向阀的"位"和"通"的概念(Position and way concepts of directional valves)

"位"和"通"是滑阀式换向阀的重要概念,不同的"位"和"通"构成不同类型的换向阀。

1) "位"的概念

"位"是指阀芯在阀体中的工作位置数,它代表了换向阀的一种工作状态,分为二位、三位、四位等。

2) "通"的概念

"通"是指阀体与液压传动系统连接的油路数,可分为二通、三通、四通、五通等。

4. 换向阀的工作原理及图形符号的含义(Operating principles and diagram symbols definition of directional valves)

1) 换向阀的工作原理

三位四通滑阀式换向阀的工作原理,如图 6.3(a)所示。当换向阀的阀芯处于图示位置时,进油口 P 被封闭,油液无法进入液压缸,因此液压缸静止不动。当从阀芯右侧施加推力使阀芯左移时,进油口 P 与工作油口 B 接通,油液进入液压缸无杆腔,推动活塞杆伸出,同时液压缸有杆腔中的油液经过回油口 T 流回液压油箱;反之,当从阀芯左侧施加推力使阀芯右移时,进油口 P 与工作油口 A 接通,油液进入液压缸有杆腔,推动活塞杆缩回,同时液压缸无杆腔中的油液经过回油口 T 流回液压油箱。因而通过阀芯移动可实现液压执行元件正、反向运动或停止。

2) 换向阀图形符号的含义

三位四通滑阀式换向阀的图形符号,如图 6.3(b)所示。图形符号的具体含义如下。

(1) 用粗实线方框表示阀的工作位置,有几个位置就有几个方框,该例为三位阀,所以图形符号中有 3 个方框,表示三"位";换向阀都有两个或两个以上的工作位置,其中一个为常态位,即阀芯未受到操纵力时所处的位置,在该例图形符号中的中位即是三位阀的常态位。对于利用弹簧复位的二位阀而言,以靠近弹簧方框内的通路状态为其常态位。

(a) 工作原理图　　　　(b) 图形符号

**图 6.3　三位四通滑阀式换向阀的工作原理图和图形符号**

(FIGURE 6.3　Schematic illustration of operating principles and diagram symbols of four-way-three-position directional spool valve)

在绘制液压传动系统图时，油路一般应连接在换向阀的常态位上。

（2）该换向阀有 P、A、B、T4 个油口，所以与每个方框上下两边交点个数均为 4 个，就表示四"通"，说明该换向阀与外部油管的连接数为 4 个。

（3）各方框内的箭头表示油路处于接通状态，但箭头方向不一定表示液流的实际方向。

（4）当阀芯处于中间位置时，P、A、B、T4 个油口之间互不相通，用符号"⊥"或"⊤"表示。

（5）图中字母的含义：一般情况下，用字母 P 表示换向阀与液压传动系统供油路连接的进油口；用 T（有时用 O）表示换向阀与液压传动系统回油路连接的回油口；而用 A、B 等表示换向阀与液压执行元件连接的油口；用 L 表示泄漏油口。

5. 滑阀机能（Functions of spool valves）

滑阀式多位换向阀处于不同工作位置时，各油口的不同连通方式体现了换向阀的不同控制机能，称为换向阀的滑阀机能。

对于各种操纵方式的三位四通和三位五通换向滑阀，阀芯在中间位置时各油口的连通方式，称为换向阀的中位机能。三位四通换向阀的中位机能及特点，见表 6-2。

**表 6-2　三位四通换向阀的中位机能及特点**

(TABLE 6-2　Middle position functions and characteristics of four-way-three-position directional spool valve)

| 滑阀中位机能代号 | 滑阀中位结构原理图及图形符号 | 中位时的性能特点及应用 |
|---|---|---|
| O 型 | | P、A、B、T 4 个油口全封闭，液压执行元件闭锁，液压泵不卸荷。可用于多个换向阀并联工作 |
| H 型 | | P、A、B、T 口全通；液压执行元件浮动，在外力作用下可移动，液压泵出口油液直接回液压油箱卸荷 |

(续)

| 滑阀中位机能代号 | 滑阀中位结构原理图及图形符号 | 中位时的性能特点及应用 |
|---|---|---|
| Y型 | | P口封闭，A、B、T口相通；液压执行元件浮动，在外力作用下可移动，液压泵不卸荷 |
| K型 | | P、A、T口相通，B口封闭；液压执行元件处于闭锁状态，液压泵卸荷 |
| M型 | | P、T口相通，A与B口均封闭；液压执行元件闭锁不动，液压泵卸荷，也可用多个M型换向阀并联工作 |
| X型 | | 4个油口处于半开启状态，液压泵基本上卸荷，但仍保持一定压力 |
| P型 | | P、A、B口相通，T封闭；液压泵与液压缸两腔相通，可组成差动回路 |
| C型 | | P与A相通，B与T封闭；液压执行元件处于停止位置 |

(续)

| 滑阀中位<br>机能代号 | 滑阀中位结构原理图<br>及图形符号 | 中位时的性能<br>特点及应用 |
|---|---|---|
| U 型 |  | P 和 T 封闭，A 与 B 相通；液压执行元件浮动，在外力作用下可移动，液压泵不卸荷 |

6. 几种常用的换向阀（Several frequently‑used directional spool valves）

滑阀式换向阀按阀芯的操纵方式可以分为手动式、机动式、电磁式、液动式、电液动式等，常用的操纵方式图形符号如图 6.4 所示。

图 6.4 换向阀的操纵方式图
(FIGURE 6.4 Schematic illustration of operating types of directional spool valve)

1) 手动换向阀

手动换向阀按照阀芯复位的方式可以分为弹簧复位式和钢珠定位式两种。

弹簧复位式三位四通手动换向阀的结构、工作原理图和图形符号，如图 6.5(a)所示。操纵手柄 4，通过杠杆使阀芯 2 在阀体 3 内从图示位置向左或向右移动，以改变液压油流动的方向。松开操纵手柄 4 后，阀芯 2 在弹簧 1 的作用下恢复到中位。弹簧复位式手动换向阀适用于动作频繁、持续工作时间比较短和安全性要求比较高的场合，常用于挖掘机等工程机械中。

钢球定位式三位四通手动换向阀的结构、工作原理图和图形符号，如图 6.5(b)所示。当用手操纵手柄 4 推动阀芯 2 换向后，松开手柄，阀芯 2 在钢球 5 的作用下便可以保持在该工作位置上。钢球定位式手动换向阀主要适用于机床、液压机等需要保持工作时间较长的场合。

2) 电磁换向阀

电磁换向阀是利用电磁铁的通电吸合与断电释放而直接推动阀芯来控制液流方向的。它的电气信号由 PLC、计算机等控制装置发出，也可以借助于行程开关、按钮开关、压力继电器、限位开关等电气元件来实现，易于实现动作转换的自动化，因此应用广泛。

二位三通电磁换向阀的结构和工作原理图，如图 6.6(a)所示。当电磁铁 1 通电时，推杆 2 将阀芯 3 推向右端，油口 P 和油口 B 相通，油口 A 封闭；当电磁铁 1 断电时，弹簧 4

图 6.5 三位四通手动换向阀的结构、工作原理图和图形符号
(FIGURE 6.5　Schematic illustration of structure and operating principles and diagram symbols of four-way-three-position manually operated directional spool valve)

1—弹簧；2—阀芯；3—阀体；4—操纵手柄；5—钢球

推动阀芯 3 复位至左端，油口 P 和油口 A 相通，油口 B 封闭，实现油液的换向。图 6.6(b) 为二位三通电磁换向阀的图形符号。

电磁换向阀按电磁铁所用电源的不同，可以分为交流、直流和本整型 3 种；按电磁铁内部是否有油液侵入，又分为湿式和干式两种。

交流电磁铁的使用电压一般为交流 220V，启动力大，寿命短，换向时间约为 0.01～0.03s，允许的切换频率一般为 10 次/min，不得超过 30 次/min，若电源电压下降 15% 以上，电磁铁吸力明显减小，当衔铁不动作时，湿式电磁铁会在 1～1.5h 后烧坏线圈，干式电磁铁会在 10～15min 后烧坏线圈。

直流电磁铁的使用电压为直流 24 V，工作可靠，换向时间约为 0.05～0.08s，允许的切换频率较高，一般可达 120 次/min，最高可达 300 次/分钟，换向冲击小，使用寿命较长。

本整型电磁铁是采用交流电源进行本机整流后，由直流进行控制，电磁铁仍为一般的直流型。

3）机动换向阀

机动换向阀又称行程阀，它主要用来控制机械运动部件的行程，借助于安装在工作台

图 6.6 二位三通电磁换向阀的结构、工作原理图和图形符号

(FIGURE 6.6 Schematic illustration of structure and operating principles and diagram symbols of three‑way‑two‑position electrically operated directional spool valve)

1—电磁铁；2—推杆；3—阀芯；4—弹簧

上的挡铁或凸轮来迫使阀芯移动，从而控制工作介质的流动方向。当挡铁或凸轮脱开阀心端部的滚轮后，阀芯依靠弹簧自动复位。机动换向阀多为二位阀，有二通、三通、四通、五通阀等几种。

二位二通常闭式机动换向阀的结构、工作原理图和图形符号，如图 6.7 所示。在图示位置时阀芯 3 被弹簧 4 压向左端，油口 P 和油口 A 不通，当挡铁 1 压住滚轮 2 使阀芯 3 移动到右端时，油口 P 和油口 A 接通。

4）液动换向阀

液动换向阀是利用控制油路的压力油推动阀芯移动，实现油路的换向。液动式操纵给予阀芯的推力是很大的，因此适用于压力高、流量大、阀芯移动行程长的场合。弹簧对中型三位四通液动换向阀的结构、工作原理图和图形符号，如图 6.8 所示。阀芯两端分别接通控制油口 $K_1$ 和 $K_2$。当控制油口 $K_1$ 通压力油，$K_2$ 通回油时，阀芯在液压力的作用下右移，P 与 A 通，B 与 T 通；当控制油口 $K_2$ 通压力油，$K_1$ 通回油时，阀芯在液压力的作用下左移，P 与 B 通，A 与 T 通；当控制油口 $K_1$ 和 $K_2$ 都通回油时，阀芯在两端对中弹簧力的作用下处于中位（常态位置）。

图 6.7 二位二通机动换向阀结构、工作原理图和图形符号

(FIGURE 6.7 Schematic illustration of structure and operating principles and diagram symbols of two‑way‑two‑position mechanical operated directional spool valve)

1—挡铁；2—滚轮；3—阀芯；4—弹簧

图 6.8 三位四通液动换向阀的结构、工作原理图和图形符号

(FIGURE 6.8 Schematic illustration of structure and operating principles and diagram symbols of Four‑way‑three‑position hydraulic operated directional spool valve)

5）电液换向阀

电液换向阀由液动换向阀和电磁换向阀组合而成。液动换向阀实现主油路换向，称为主阀；电磁换向阀改变液动换向阀控制油路的方向，称为先导阀。

在电液换向阀中，主阀芯的运动由液压力驱动，驱动力较大，所以主阀芯的尺寸可以做得很大，允许大流量通过。电液换向阀主要用在流量超过电磁换向阀额定流量的液压传动系统中，从而用较小的电磁铁来控制较大的流量。

图 6.9 所示为弹簧对中型三位四通电液换向阀的结构、工作原理图和图形符号。其工作原理是：当电磁先导阀 2 的两个电磁铁不通电时，三位四通电磁先导阀 2 处于中位，液动换向阀 1 主阀芯左右两端容腔同时接通液压油箱，主阀芯在两端对中弹簧的作用下处于中位；当先导电磁阀 2 左端的电磁铁 1YA 通电后，其阀芯向右端移动，来自外接油口 K

(a) 结构

(b) 工作原理图

(c) 图形符号

图 6.9 三位四通电液换向阀的结构、工作原理图和图形符号
(FIGURE 6.9 Schematic illustration of structure and operating principles and diagram symbols of Four-way-three-position electro-hydraulically operated directional spool valve)

的控制压力油经先导电磁阀 2 左位油口 $A_1$ 和左端单向阀 4 进入主阀 1 左端容腔,并推动主阀 1 阀芯向右移动,这时主阀芯右端容腔中的控制油液可通过右端的节流阀 6 经先导电磁阀 2 左位油口 $B_1$ 和油口 $T_1$ 流回液压油箱(主阀芯的移动速度可由右端的节流阀 6 调节),液动主阀 1 处于左位工作,使主阀口 P 与油口 A、油口 B 和油口 T 的油路相通;反之,当先导电磁阀 2 右端的电磁铁 2YA 通电,液动主阀 1 处于右位工作,可使主阀口 P 与油口 B、油口 A 和油口 T 的油路相通。

使用电液换向阀时,必须注意以下几点。

(1)当液动换向阀 1 为弹簧对中型时,电磁换向阀 2 的中位必须是油口 $A_1$、$B_1$ 和 $T_1$ 相通,确保液动换向阀 1 主阀芯左右两端容腔同时接通液压油箱,否则,液动滑阀无法回到中位。

(2)液动换向阀 1 主阀芯左右两端容腔控制油路上的节流阀 5 和 6 用来控制排出主阀芯两端容腔的流量,可调节主阀的换向速度和时间,当节流阀 5 和 6 的阀口完全关闭时,液动换向阀 1 主阀芯无法移动,主油路不能换向。

(3)电磁换向阀 2 的回油口 $T_1$ 可以单独引回液压油箱,也可以在阀体内与液动换向阀 1 回油口 T 的油路相通,然后一起引回液压油箱。

(4)当控制压力油采用外控独立油源时,独立油源的流量不得小于液动换向阀 1 最大通流量的 15%,以保证换向时间要求;当控制压力油取自主油路时,最低控制压力不得小于 0.4MPa,以便开启单向阀 4 和 5。

## 6.3 压力控制阀
### (Pressure control valves)

在液压传动系统中,控制工作介质压力高低的液压控制阀称为压力控制阀,简称压力阀。压力阀按功能和用途可分为溢流阀、顺序阀、减压阀、压力继电器等。它们的共同特点是利用作用在阀芯上的液压力和弹簧力相平衡的原理工作的。

### 6.3.1 溢流阀(Pressure relief valves)

1. 溢流阀的结构、工作原理和图形符号(Structure and operating principles and diagram symbols of pressure relief valves)

1)直动式溢流阀

直动式溢流阀是依靠液压传动系统中的压力油直接作用在阀芯上与弹簧力等相平衡,以控制阀芯的启闭动作,图 6.10 所示是一种低压直动式溢流阀,它主要由锥阀阀芯 1、调压弹簧 2、阀体 3、调压手柄 6 等组成。P 是进油口,T 是回油口,进口压力油作用在锥阀阀芯 1 左端上,液压力的方向与调压弹簧力的方向相反,当进油口压力低于溢流阀的调定压力时,锥阀阀芯 1 不开启,此时进油口压力主要取决于外负载。当油液作用力大于弹簧力时,锥阀阀芯 1 开启,油液从溢流口 T 流回液压油箱。弹簧力随着溢流阀的开口量的增大而增大,直至与液压作用力相平衡。当溢流阀开始溢流时,其进油口 P 处的压力基本稳定在调定值上,从而起到溢流稳压的作用。通过调压手柄 6 调节调压弹簧 2 的预压缩量,就可以调整溢流阀进口压力值的大小。

(a) 结构和工作原理图

(b) 图形符号

**图 6.10　直动式溢流阀的结构、工作原理图和图形符号**
(FIGURE 6.10　Schematic illustration of structure and operating principles
and diagram symbols of direct operated pressure relief valves)

1—锥阀阀芯；2—调压弹簧；3—阀体；4—压盖；5—锁紧螺母；
6—调压手柄；P—进油口；T—回油口

下面分析溢流阀的稳压原理。当溢流阀稳定工作时，作用在锥阀阀芯 1 上的液压力、调压弹簧 2 的弹簧压紧力 $F_s$、稳态轴向液动力 $F_y$、锥阀阀芯 1 重力 $G$ 和摩擦力 $F_f$ 是平衡的，作用在锥阀阀芯 1 上力的平衡方程为

$$pA_c = F_s + F_y + G \pm F_f \tag{6-1}$$

式中：$p$ 为进油口 P 处油液的压力，单位：Pa；$A_c$ 为锥阀阀芯 1 的有效承压面积，单位：$m^2$。

如忽略锥阀阀芯 1 液动力、重力和摩擦力，则式(6-1)可写成

$$pA_c = k(x_0 + \Delta x) \tag{6-2}$$

式中：$k$ 为调压弹簧刚度，单位：N/m；$x_0$ 为调压弹簧预压缩量，单位：m；$\Delta x$ 为阀开口量，即弹簧压缩量的变化量，单位：m。

将式(6-2)改写为

$$p = \frac{k(x_0 + \Delta x)}{A_c} = \frac{kx_0}{A_c} + \frac{k\Delta x}{A_c} \tag{6-3}$$

从式(6-3)可以看出，只要保证 $\Delta x \ll x_0$，就有

$$p = \frac{k(x_0 + \Delta x)}{A_c} \approx \frac{kx_0}{A_c} = 常数 \tag{6-4}$$

式(6-4)就可以保证溢流阀进油口压力基本维持不变。

若调压偏差用 $\Delta p$ 表示,则

$$\Delta p = \frac{k\Delta x}{A_c} \qquad (6-5)$$

从式(6-5)可以发现,调压偏差还与弹簧刚度成正比。因此,直动式溢流阀一方面为了保证 $x_0$ 足够大以减小调压偏差,另一方面为了保证在调节时方便灵活、省力,调压弹簧的刚度一般选择地都比较小,因此直动式溢流阀一般用于压力小于 2.5MPa 的小流量场合。

直动式溢流阀在结构上作合理的改进后,也可以用于高压大流量的场合。如德国 MANNESMANN REXROTH 公司开发的球阀式结构,其通径为10mm,最高压力可以达到 63MPa,其流量可以达到 120L/min;而对于锥阀式结构,通径为 6~20mm 的压力为 40~63MPa。通径为 25~30mm 的压力为 31.5MPa 的直动式溢流阀,最大流量可以达到 330L/min。

典型的直动式锥型溢流阀的结构和工作原理图,如图 6.11 所示。图 6.11(b)为锥阀芯结构的局部放大图,在锥阀芯 2 右端有一个阻尼活塞 1,活塞 1 的侧面铣扁,以便将压力油引到活塞的右端,该阻尼活塞 1 除了能增加运动阻尼以提高溢流阀的工作稳定性外,还可以使锥阀导向而在开启后不会倾斜。此外,在锥阀 2 左端有一个偏流盘 3,偏流盘 3 上的环形槽用来改变液流方向,一方面可以补偿锥阀 2 的液动力;另一方面由于液流方向的改变,可以产生一个与弹簧力相反方向的射流力,当通过溢流阀的流量增加时,尽管因锥阀阀口增大引起弹簧力增加,但由于与弹簧力方向相反的射流力同时也增加,结果就抵消了弹簧力的增量,有利于提高溢流阀的工作压力和通流流量。

2)先导式溢流阀

先导式溢流阀结构、工作原理图和图形符号,如图 6.12 所示。它是由先导阀和主阀两部分组成。先导阀为一锥阀,实际上是一个小流量的直动式溢流阀;主阀也是锥阀。在工作时,进油口 P 处压力油经主阀阀芯 2 的轴向阻尼孔 1 进入主阀阀芯上部和先导阀芯 4 的左侧。当作用在先导阀阀芯 4 上的液压力小于调压弹簧 5 的作用力时,先导阀关闭,阻尼孔 1 中油液不流动,作用在主阀芯 2 上下两个方向的压力相等,主阀芯 2 在较软的主阀弹簧 3 的作用下处于最下端位置,主阀进油口 P 和回油口 T 隔断,主阀阀口也是关闭的。当进油压力升高到作用在先导阀阀芯 4 上的液压力大于调压弹簧 5 的作用力时,先导阀打开,液压油就通过主阀芯上的阻尼孔 1,经先导阀及回油口 T 流回油箱。由于阻尼孔 1 的阻尼作用,使主阀芯 2 上端的液压力小于下端的液压力,主阀芯 2 在压力差的作用下上移,打开主阀阀口,主阀进油口 P 和回油口 T 相通,实现溢流,并维持进油压力基本稳定。由于主阀芯 2 上下两腔的压力差比较小,所以主阀弹簧 3 的刚度可以很小。通过调节先导阀调压弹簧 5 的初始压缩量 $x_0$ 的大小,就可调节溢流阀的溢流压力。

先导式溢流阀阀体上有一个远程控制口 K,采用不同的控制方式,可使先导式溢流阀实现不同的作用。当远程控制口 K 通过二位二通阀接通液压油箱时,主阀芯 2 上端的压力接近于零,主阀芯 2 在很小的压力作用下便可上移,阀口开得很大,这时液压泵输出的油液在很低的压力下通过阀口流回液压油箱,实现卸荷。如果将 K 口接到另一个远程调压阀上,并使远程调压阀的调整压力小于先导阀的调整压力,则主阀芯 2 上端压力(即溢流阀的溢流压力)就由远程调压阀来决定。使用远程调压阀后便可对液压传动系统的溢流压力实行远程调节。

图 6.11 直动式锥型溢流阀的结构和工作原理图
(FIGURE 6.11 Schematic illustration of structure and operating principles of direct operated taper core pressure relief valves)
1—活塞；2—锥阀；3—偏流盘；4—调压弹簧；
5—阀体；6—压盖；7—锁紧螺母；8—调压手柄；
P—进油口；T—回油口

图 6.12 先导式溢流阀的结构、工作原理图和图形符号
(FIGURE 6.12 Schematic illustration of structure and operating principles and diagram symbols of pilot operated pressure relief valves)
1—阻尼孔；2—主阀阀芯；3—主阀弹簧；
4—先导阀阀芯；5—调压弹簧；6—调压螺钉；
P—进油口；T—回油口；K—远程控制口

在先导式溢流阀的结构中，由于先导阀规格较小，先导阀承压面较小，在弹簧刚度与压缩量相同的情况下，开启压力要比直动式溢流阀大得多。同时，由于先导式溢流阀主阀阀芯上的轴向孔直径很小，一般为 $d=\phi 0.8\sim \phi 1.2\text{mm}$，孔长 $l=8\sim 12\text{mm}$，流经先导阀的流量极小，仅为主阀流量的 1%，约 1~5L/min，大部分油液经过主阀流回液压油箱，即使在大流量下，先导阀开口量 $\Delta x$ 也可以很小，由此引起的调压偏差 $\Delta p$ 就比较小，所以先导式溢流阀一般用于高压大流量的场合。

2. 溢流阀的静态特性和动态特性(Static and dynamic characteristics of pressure relief valves)

溢流阀的特性包括两个方面：静态特性和动态特性。

1) 静态特性

溢流阀的静态特性是指溢流阀在某一稳定工况下的性能。溢流阀的静态特性主要包括压力稳定性、压力调节范围、最小稳定流量和许用流量范围、压力损失和卸荷压力、启闭特性等。

(1) 压力稳定性。

溢流阀工作时应该具备良好的压力稳定性，压力振摆和偏移量要小，工作时无噪声。

(2) 压力调节范围。

压力调节范围是指调压弹簧在规定的范围内调节时,液压传动系统压力能够平稳的上升或下降,且压力无突跳和迟滞现象时的最大和最小调定压力。高压溢流阀为改善调节性能,一般通过更换 4 根内径和自由高度相等而刚度不相等的弹簧实现 0.6～8MPa、4～16MPa、8～20MPa、16～32MPa 四级调压。

(3) 最小稳定流量和许用流量范围。

溢流阀控制压力稳定,工作时无振动。噪声时的最小溢流量称为最小稳定流量。最小稳定流量与额定流量之间的范围称为许用流量范围。溢流阀的最小稳定流量一般规定为额定流量的 15%。

(4) 压力损失和卸荷压力。

当调压弹簧预压缩量等于零,流经阀的流量为额定值时,溢流阀的进口压力值被称为溢流阀的压力损失。

当溢流阀远程控制口 K 与液压油箱相连时,额定流量下进、出油口的压力差被称为卸荷压力。

(5) 启闭特性。

溢流阀的启闭特性是指溢流阀在稳态情况下从开启到闭合过程中的压力随流量变化的一种特性,又称压力流量特性。它是衡量溢流阀定压精度的一个非常重要的指标,一般用溢流阀处于额定流量、调定压力 $p_y$ 时,开始溢流的开启压力 $p_k$ 及停止溢流的闭合压力 $p_b$ 与调定压力 $p_y$ 的百分比来衡量。开启压力 $p_k$ 与调定压力 $p_y$ 的比称为开启比 $\bar{p}_k$,闭合压力 $p_b$ 与调定压力 $p_y$ 的比称为闭合比 $\bar{p}_b$,即

$$\bar{p}_k = \frac{p_k}{p_y} \times 100\% \tag{6-6}$$

$$\bar{p}_b = \frac{p_b}{p_y} \times 100\% \tag{6-7}$$

式中调定压力 $p_y$ 可以是溢流阀调压范围内的任意值,开启比 $\bar{p}_k$ 和闭合比 $\bar{p}_b$ 越接近,溢流阀的调压偏差就越小,调压精度就越高,即启闭特性就越好。一般应使 $\bar{p}_k \geq 90\%$,$\bar{p}_b \geq 85\%$。直动式溢流阀和先导式溢流阀的启闭特性曲线,如图 6.13 所示。

2) 动态特性

溢流阀的动态特性是指通过溢流阀的流量从零阶跃变化至额定流量时的压力响应特性,包括升压特性和卸荷特性。图 6.14 所示为溢流阀的动态特性曲线,其动态特性指标主要有以下几个。

(1) 压力超调量 $\Delta p$。

压力超调量是指最高瞬时峰值压力与稳态时的调定压力 $p_y$ 之差,并将 $(\Delta p / p_y) \times 100\%$ 称为压力超调率。压力超调量是衡量溢流阀动态定压误差及稳定性的重要指标。一般要求溢流阀的压力超调率 $\leq 30\%$。

(2) 响应时间(升压时间) $t_1$。

响应时间是指从起始稳态压力 $p_0$ 与最终稳态压力 $p_y$ 之差的 10% 上升到 90% 的时间 $t_1$,即图 6.14 中 A 和 B 两点间的时间间隔。$t_1$ 越小,溢流阀的响应越快。

(3) 过渡过程时间 $t_2$。

过渡过程时间是指从 $(p_y - p_0) \times 90\%$ 的 B 点到瞬时过渡过程的最终时刻 C 点之间的

时间间隔 $t_2$。它反映了溢流阀的响应快速性、阻尼状况和稳定性。

(4) 卸荷时间 $t_3$。

卸荷时间是指卸荷信号发出后，$(p_y-p_0)\times 90\%$ 至 $(p_y-p_0)\times 10\%$ 的时间间隔 $t_3$。即图 6.14 中 $D$ 和 $E$ 两点间的时间间隔。

图 6.13 溢流阀的启闭特性曲线
(FIGURE 6.13 Schematic illustration of open and close characteristic curves of pressure relief valves)

图 6.14 溢流阀的动态特性曲线
(FIGURE 6.14 Schematic illustration of dynamic characteristic curves of pressure relief valves)

响应时间 $t_1$ 和卸荷时间 $t_3$ 越小，溢流阀的动态特性越好。性能优良的溢流阀响应时间不超过 0.1 秒，卸荷时间不应大于数十毫秒。

### 6.3.2 顺序阀(Pressure sequence valves)

顺序阀用来控制液压传动系统中多个执行元件的顺序动作。根据控制压力来源不同，顺序阀可分为内控式和外控式；根据泄油方式不同，有内泄式和外泄式之分；根据结构形式不同，有直动式和先导式两种。

内控直动式顺序阀的结构、工作原理图及图形符号，如图 6.15(a)所示。压力油从进油口 $P_1$ 进入，经阀体上的孔道流到控制活塞 4 的底部，当作用在控制活塞 4 上的液压力能克服阀芯 3 上调压弹簧 2 的弹簧力时，阀芯 3 上移，打开阀口压力油经出油口 $P_2$ 流出，操纵另一执行元件或其他元件动作。调节调压弹簧 2 的压缩量可以改变顺序阀的开启压力。因该阀开启的压力油来源于顺序阀的入口，所以称为内控式顺序阀。若将图 6.15(a)中的下端盖旋转 90°或 180°安装，切断进油口通向控制活塞底部的通道，并打开控制油口 K，引入外部控制压力油，如图 6.15(b)所示，便构成了外控直动式顺序阀。直动式顺序阀只用于压力低于 8MPa 的液压传动系统。

由上述分析可知，顺序阀的工作原理与溢流阀相似，两者主要区别在于以下几方面。

(1) 顺序阀的出油口与执行元件油路相通，溢流阀的出油口接液压油箱。

(2) 顺序阀的泄油口单独接液压油箱，溢流阀的弹簧腔可以与其出油口相通。

(3) 顺序阀的进油口压力由液压传动系统工况来定，出油口压力油进入执行元件驱动外负载做功，溢流阀的进油口最高压力由调压弹簧限定，因液流溢回液压油箱，所以损失了液体的全部能量。

**图 6.15　直动式顺序阀的结构、工作原理图和图形符号**
(FIGURE 6.15　Schematic illustration of structure and operating principles and diagram symbols of direct operated pressure sequence valves)

1—调压螺钉；2—调压弹簧；3—阀心；4—控制活塞；5—下端盖；
$P_1$—进油口；$P_2$—出油口；L—泄油口；K—控制油口

先导式顺序阀的结构、工作原理图和图形符号，如图 6.16 所示。$P_1$ 为进油口，$P_2$ 为出油口，其工作原理和先导式溢流阀的工作原理相似，所不同的是先导式顺序阀的出油口与执行元件油路相通，其泄油口单独接液压油箱。

**图 6.16　先导式顺序阀的结构、工作原理图和图形符号**
(FIGURE 6.16　Schematic illustration of structure and operating principles and diagram symbols of pilot operated pressure sequence valves)

1—阻尼孔；2—主阀阀芯；3—主阀弹簧；4—先导阀阀芯；
5—调压弹簧；6—调压螺钉；
$P_1$—进油口；$P_2$—出油口；L—泄油口

### 6.3.3 减压阀(Pressure reducing valves)

减压阀是一种利用液流通过节流口产生压力损失,使其出口压力低于进口压力的压力控制阀。按调节要求不同,减压阀可分为定值减压阀、定差减压阀和定比减压阀。

**1. 定值减压阀(Fixed value pressure reducing valves)**

定值减压阀用于控制出口压力为定值,使液压传动系统中某一部分得到较供油压力低的稳定压力的情况。定值减压阀有直动式和先导式两种结构形式。

直动式定值减压阀主要由调压手柄1、调压弹簧3、阀芯4和阀体5等组成。直动式定值减压阀的结构、工作原理图和图形符号,如图6.17所示。其工作原理是:当减压阀不工作时,阀芯4在调压弹簧3的作用下处于最下端位置,减压阀的进、出油口是相通的,即减压阀是常开的;若压力油通过减压阀,当出油口液压力大于调压弹簧3的调定液压力时,阀芯4在液压作用力的作用下向上运动,阀口关小,节流作用增强,使输出液压力减小,经过短暂的动态过程,最终调压弹簧3的作用力与液压作用力处于新的平衡状态,减压阀进入稳定的减压状态;这时如减压阀进口或出口压力减小,阀芯4就下移,阀口变大,阀口处阻力减小,压降减小,使出口压力回升到调定值;反之,如进口或出口压力增大,则阀芯4就上移,关小阀口,阀口处阻力增大,压降增大,使出口压力下降到调定值。若忽略其他阻力,仅考虑作用在阀芯上的液压作用力和弹簧作用力相平衡的条件,此时作用在阀芯4上力的平衡方程为

$$p_2 A_c = k(x_0 + \Delta x) \quad (6-8)$$

图 6.17 直动式定值减压阀的结构、工作原理图和图形符号

(FIGURE 6.17 Schematic illustration of structure and operating principles and diagram symbols of direct operated fixed value pressure reducing valves)

1—调压手柄;2—上盖;3—调压弹簧;
4—阀芯;5—阀体;6—阀座;
$P_1$—进油口;$P_2$—出油口;L—泄油口

式中:$p_2$ 为出油口油液的压力,单位:Pa;$A_c$ 为阀芯的有效承压面积,单位:$m^2$;$k$ 为弹簧刚度,单位:N/m;$x_0$ 为弹簧预压缩量,单位:m;$\Delta x$ 为减压阀开口变化量的大小,即弹簧压缩量的变化量,单位:m。

因 $\Delta x \ll x_0$,则有

$$p_2 = \frac{k(x_0 + \Delta x)}{A_c} \approx \frac{k x_0}{A_c} = 常数 \quad (6-9)$$

这就是减压阀出口压力可基本上保持定值的原因。

先导式减压阀是由主阀和先导阀两部分组成。先导式减压阀的结构、工作原理图和图形符号,如图6.18所示。其工作原理是:当先导式减压阀不工作时,主阀阀口常开不减压。若压力为 $p_1$ 的压力油经过主阀口流出时,其中有一部分油液经过主阀阀体7和阀座8下方的小孔、主阀阀芯6上的阻尼孔进入主阀的弹簧腔,并经先导阀阀体4上的小孔进入先导阀阀体,便在先导阀阀芯3上产生一个液压力。当出口压力 $p_2$ 较低,作用在先导阀

阀芯 3 上的油液压力小于先导阀的调定压力时，先导阀处于关闭状态，没有油液流经先导阀，主阀阀芯 6 上下两腔的油液压力相等，主阀阀芯 6 在主阀弹簧 5 的作用下处于最下方，此时，阀口全开，减压阀不减压，出口压力 $p_2$ 基本等于入口压力 $p_1$；当出口压力增加，使作用在先导阀阀芯 3 上的油液压力大于先导阀的调定压力时，先导阀被打开，主阀弹簧腔的油液便经过先导阀流回液压油箱，这样在主阀上下两腔中产生压力差，主阀阀芯 6 便在该压力差的作用下上移，阀口的开口减小，产生节流作用，使出口压力 $p_2$ 减小至调定压力值；若减压阀的进口压力或出口压力减小，主阀阀芯 6 下移，阀口增大，阀口处节流作用减小，压降减小，使出口压力 $p_2$ 回升调定值；反之，进口压力或出口压力增大，则主阀阀芯 6 就上移，关小阀口，阀口处阻力增大，压降增大，使出口压力下降到调定值。

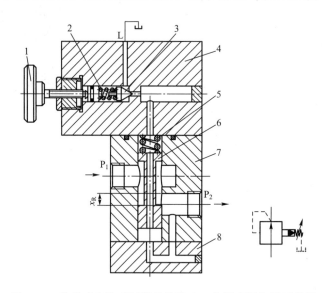

**图 6.18　先导式定值减压阀的结构、工作原理图和图形符号**

(FIGURE 6.18　Schematic illustration of structure and operating principles and diagram symbols of pilot operated fixed value pressure reducing valves)

1—调压手柄；2—先导阀调压弹簧；3—先导阀阀芯；4—先导阀阀体；
5—主阀弹簧；6—主阀阀芯；7—主阀阀体；8—阀座；
$P_1$—进油口；$P_2$—出油口；L—泄油口

2. 定差减压阀（Fixed difference value pressure reducing valves）

定差减压阀可使进、出油口油液的压力差保持定值。定差减压阀的结构、工作原理图和图形符号，如图 6.19 所示。当定差减压阀在初始状态时，阀芯 4 在弹簧力的作用下处于最下方，此时阀芯 4 开度 $x_R=0$，阀芯不工作；当高压油 $p_1$ 经节流口 $x_R$ 减压后以低压 $p_2$ 输出，同时低压油 $p_2$ 经阀芯 4 轴向孔进入阀芯上腔，在稳态时，若忽略摩擦力和稳态液动力，则阀芯在进油压力、出油压力和弹簧力的作用下处于平衡状态，作用在阀芯 4 上力的平衡方程为

$$p_1 \frac{\pi}{4}(D^2-d^2)=p_2\frac{\pi}{4}(D^2-d^2)+k(x_c+x_R) \qquad (6-10)$$

式中：$p_1$、$p_2$ 为分别进油口压力和出油口压力，单位：Pa；$k$ 为弹簧刚度，单位：N/m；$x_c$ 为阀芯开度 $x_R=0$ 时弹簧的初始压缩量，单位：m；$D$ 为阀芯大外径，单位：m；$d$ 为阀芯小外径，单位：m。

**图 6.19 定差减压阀的结构、工作原理图和图形符号**
(FIGURE 6.19 Schematic illustration of structure and operating principles and diagram symbols of fixed difference value pressure reducing valves)
1—调压手轮；2—阀盖；3—弹簧；4—阀芯；5—阀体；
$P_1$—进油口；$P_2$—出油口

由式(6-10)可求出定差减压阀进出口压力差 $\Delta p$

$$\Delta p = p_1 - p_2 = \frac{k(x_c + x_R)}{\frac{\pi}{4}(D^2 - d^2)} \qquad (6-11)$$

由式(6-11)可知，由于 $x_R \ll x_c$，阀芯开度的变化引起压力差的变化就很小，可以忽略不计，因此可使定差减压阀前后的压力差 $\Delta p$ 近似保持为定值。

3. 定比减压阀（Fixed ratio pressure reducing valves）

定比减压阀可使进、出油口油液的压力比值保持恒定。定比减压阀的结构、工作原理图和图形符号，如图 6.20 所示。当压力为 $p_1$ 的压力油经进油口 $P_1$ 进入阀芯 2 下腔，通过阀口减压后，由出油口 $P_2$ 流出，出油口压力变为 $p_2$，同时减压后的压力油一部分进入阀芯 2 上腔。在稳态时，忽略阀芯 2 所受到的稳态液动力、摩擦力和重力时，作用在阀芯 2 上力的平衡方程为

$$p_2 A_2 = p_1 A_1 + k(x_0 + \Delta x) \qquad (6-12)$$

式中：$k$ 为弹簧刚度，单位：N/m；$x_0$ 为弹簧预压缩量，单位：m；$\Delta x$ 为减压阀开口变化量的大小，即弹簧压缩量的变化量，单位：m。

其他符号如图 6.20 所示，若忽略弹簧力（弹簧刚度较小），则有

$$\frac{p_2}{p_1} = \frac{A_1}{A_2} \qquad (6-13)$$

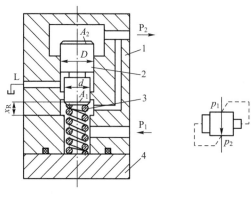

图 6.20 定比减压阀的结构、工作原理图和图形符号
(FIGURE 6.20 Schematic illustration of structure and operating principles and diagram symbols of fixed ratio pressure reducing valves)
1—阀体；2—阀芯；3—弹簧；4—阀座；
$P_1$—进油口；$P_2$—出油口；L—泄油口

由式(6-13)可知，只要适当选择阀芯 2 的作用面积 $A_1$ 和 $A_2$，就可以得到所要求的压力比，且比值近似恒定。

减压阀和溢流阀相比较，它们之间的主要区别如下。

(1) 减压阀保持出口压力基本不变，而溢流阀保持进口压力基本不变。

(2) 在不工作时，减压阀进、出油口互通处于开启状态，而溢流阀进、出油口不通处于关闭状态。

(3) 先导式减压阀的出油口一般接工作回路，而先导式溢流阀出油口一般接液压油箱。

(4) 先导式减压阀的泄漏油液和经先导阀流出的油液经过单独油口引回液压油箱，属于外泄式，而先导式溢流阀的泄漏油液和经先导阀流出的油液直接经出油口引回液压油箱，属于内泄式。

### 6.3.4 压力继电器(Hydro‐electric pressure switch)

压力继电器是一种将油液的压力信号转换成电信号的电液控制元件。压力继电器有波纹管式、弹簧管式、膜片式和柱塞式4种结构形式。当油液压力达到压力继电器的调定压力时，即发出电信号，以控制电磁铁、电磁离合器等元件动作，使油路换向、卸压、执行元件实现顺序动作，或关闭电动机，使液压传动系统停止工作，起安全保护作用等。

单柱塞式压力继电器的结构、工作原理图和图形符号，如图6.21所示。它主要由柱塞1、调压弹簧2、顶杆3、调节螺钉4和微动开关5组成。当进油口P处的油液压力达到压力继电器的调定压力时，作用在柱塞1上的液压力通过顶杆3的推动，使微动电器开关5闭合，发出电信号，实现某一预定的动作。当通过调节螺钉4改变调压弹簧2的预压缩量时，便可以调节压力继电器动作压力的大小。

压力继电器的主要性能指标包括以下几方面。

1) 调压范围

调压范围是指发出电信号的最低工作压力和最高工作压力的范围。用调压螺钉4调节工作压力。

2) 灵敏度和通断调节区间

压力升高继电器接通电信号的压力(称为开启压力)和压力下降继电器复位切断电信号的压力(称为闭合压力)之差为压力继电器的灵敏度；开启时，柱塞和顶杆移动时所受的摩擦力与压力方向相反，而闭合时与压力方向相同，所以开启压力大于闭合压力。为避免压力波动时继电器时通时断，要求开启压力和闭合压力之间有一可调节的差值，称为通断调节区间，该值不宜过大。

图 6.21 压力继电器的结构、工作原理图和图形符号
(FIGURE 6.21　Schematic illustration of structure and operating principles and diagram symbols of hydro‐electric pressure switch)
1—柱塞；2—调压弹簧；3—顶杆；4—调节螺钉；5—微动开关

3) 重复精度

在一定的调定压力下，多次升压和降压过程中，开启压力和闭合压力本身的差值称为重复精度。差值越小，重复精度越高。

4) 升压或降压动作时间

压力由卸荷压力升到设定压力，微动开关触点闭合发出电信号的时间，称为升压动作时间，反之称为降压动作时间。

压力继电器在液压传动系统中的应用很广，如刀具移到指定位置动力滑台碰到挡铁或外负载过大时动力头的自动退刀；自动润滑系统发生故障时的整机自动停车；液压传动系统工作程序的自动换接等，都是典型的例子。

## 6.4　流量控制阀
### (Flow control valves)

流量控制阀是通过改变阀口通流面积的大小，来调节通过阀口的流量，从而调节执行元件的运动速度。常用的液压流量控制阀有节流阀、调速阀、溢流节流阀和分流集流阀和限速切断阀等。

对流量控制阀的要求主要有以下几点。

(1) 流量调节范围宽。

(2) 流量受温度的影响尽可能小。

(3) 流量稳定性好，即当流量控制阀进出口压力差发生变化时，流量变化小。

(4) 调节方便，泄漏小。

(5) 节流口应不易堵塞，保证液压传动系统所需要的最小稳定流量。

### 6.4.1 节流口的形式和流量特性(Types and flow characteristics of throttle ports)

1. 节流口的形式(Types of throttle ports)

图 6.22 所示为几种常见的节流口的形式。

1) 针阀式节流口

针阀式节流口如图 6.22(a)所示。当针阀作轴向移动时,调节环形通道的大小以调节流量。其优点是结构简单,工艺性好,缺点是节流口长度大,水力半径小,易堵塞,流量受油温影响较大。针阀式节流口适用于流量较大且对流量稳定性要求较低的场合。

2) 偏心槽式节流口

偏心槽式节流口如图 6.22(b)所示。在阀芯上开一个截面为三角形(或矩形)的偏心槽,转动阀芯就可调节通道的大小以调节流量。其优点是结构简单、容易制造,缺点是阀芯上存在径向不平衡力,旋转阀芯时较费力。偏心槽式节流口适用于低压、较大流量和流量稳定性要求不高的场合。

3) 轴向三角槽式节流口

轴向三角槽式节流口如图 6.22(c)所示。在阀芯端部开有两个斜的三角槽,轴向移动阀芯时,就可改变三角槽通流面积的大小。其优点是结构简单,水力半径较大,可以获得较小的稳定流量,且调节范围较大,缺点是节流通道有一定的长度,油温变化对流量有一定的影响。目前,轴向三角槽式节流口应用非常广泛。

4) 周向缝隙式节流口

周向缝隙式节流口如图 6.22(d)所示。阀芯周向开有一条宽度不等的狭缝,液压油可通过狭缝流入阀芯的内孔,再经左边的孔流出,转动阀芯就可改变缝隙通流面积的大小以调节流量。其优点是通道短,水力直径大,不易堵塞,油温变化对流量影响小,因此其性能接近于薄壁小孔,缺点是阀芯上也存在径向不平衡力,旋转阀芯时较费力。周向缝隙式节流口适用于低压小流量场合。

图 6.22 典型节流口的结构形式
(FIGURE 6.22 Structure types of typical throttle ports)

5) 轴向缝隙式节流口

轴向缝隙式节流口如图 6.22(e)所示。在阀孔的衬套上开有轴向缝隙,轴向移动阀芯就可以改变缝隙的通流面积大小。轴向缝隙式节流口可以作成单薄刃或双薄刃式结构,温度对流量的影响较小,其优点是在小流量时水力半径大、稳定性好,缺点是节流口在高压作用下易变形。轴向缝隙式节流口可用于流量稳定性要求较高的场合。

2. 节流口的流量特性(Flow characteristics of throttle ports)

由流体力学知识可知,孔口及缝隙作为液阻,其通用压力流量方程为

$$q = CA\Delta p^m \tag{6-14}$$

式中:$C$ 为由孔口的形状、尺寸和液体性质决定的系数。对于薄壁孔和短孔有 $C = C_q\sqrt{2/\rho}$;对于细长孔有 $C = d^2/(32\mu l)$;$A$ 为孔口通流截面的面积;$\Delta p$ 为孔口前后的压力差;$m$ 为由孔口的长径比决定的指数,薄壁孔取 $m = 0.5$;短孔取 $m = 0.5 \sim 1$;细长孔取 $m = 1$。

显然,在 $C$、$\Delta p$ 一定时,改变通流截面的面积,即改变液阻的大小,可以调节流量,这就是流量控制阀的控制原理。因此,称这些孔口和缝隙为节流口,式(6-14)又称为节流方程。

图 6.23 三种形式的节流口流量特性曲线
(FIGURE 6.23 Three kinds of throttle ports flow characteristic curves)

图 6.23 所示为 3 种节流口的流量特性曲线。

3. 流量调节范围和最小稳定流量(Flow adjusting range and minimum steady flow)

流量调节范围是指通过节流阀的最大流量和最小流量之比,它与节流口形状和流量特性有关。一般可达 50 以上,轴向三角槽式节流口调节范围最大,可达 100 以上。

节流阀的最小稳定流量与节流口形式关系密切,一般薄壁小孔可达 $0.01 \sim 0.015$ L/min,轴向三角槽式节流口可达 $0.03 \sim 0.05$ L/min。

4. 影响流量稳定的因素(Influence flow stability factors)

液压传动系统在工作时,希望节流口大小在调节好后,通过其流量稳定不变,但这在实际运行的设备上是很难达到的,影响液压传动系统流量稳定的因素主要有以下几方面。

1) 压力差 $\Delta p$ 对流量的影响

当液体流经节流阀两端压力差 $\Delta p$ 发生变化时,通过它的流量也会随之发生变化。从图 6.23 中可以看出,通过薄壁小孔的流量受到压力差改变的影响最小。

2) 温度对流量的影响

油温影响到油液的黏度,对于细长孔,油温变化时,流量变化较大;对于薄壁小孔,与油液流动时的雷诺数有关,当雷诺数大于临界雷诺数时,温度对流量几乎没有影响,而当开口面积 $A$ 较小、压力差 $\Delta p$ 较小时,流量系数 $C$ 与雷诺数有关,流量要受到油温变化的影响。对于短孔,油温变化对流量的影响介于两者之间。

3) 节流口的堵塞

当节流口面积较小时,节流口的流量会出现周期性脉动,甚至造成断流,这种现象称为节流口的堵塞。产生这种现象的主要原因是:一方面液压传动系统工作时的高压、高温使液压油氧化,析出的氧化物、胶质沉淀物和沥青等;另一方面,还有部分没有过滤干净

的机械杂质。这些杂质就在节流口附近形成附着层，当附着层达到一定厚度时，就会造成节流口的堵塞，形成周期性脉动。

预防节流阀堵塞的措施有以下几种。

(1) 采用大水力半径的薄刃式节流口。一般来讲，通流面积越大，节流通道越短以及水力半径越大时，节流口越不易堵塞。

(2) 正确选择节流阀进出口压差 $\Delta p$。设计时一般取节流阀进出口压差 $\Delta p = 0.2 \sim 0.3 \text{MPa}$。压差 $\Delta p$ 大，节流口能量损失大，温度高；同等流量时，压差 $\Delta p$ 大对应的通流面积小，容易引起阻塞。

(3) 精密过滤液压油。实践证明，$5 \sim 10 \mu \text{m}$ 的过滤精度能显著改善阻塞现象。为除去铁质污染，采用带磁性的过滤器效果更好。

(4) 构成节流口的各零件的材料应尽量选用电位差较小的金属，以减小吸附层的厚度。选用抗氧化稳定性好的油液，并控制油液温度的升高，以防止油液过快地氧化和极化。

### 6.4.2 节流阀(Throttle valves)

1. 节流阀的工作原理(Operating principles of throttle valves)

轴向三角槽式节流口的节流阀结构、工作原理图和图形符号，如图 6.24 所示。它主要由螺母 1、阀体 2、阀芯 3 等组成。压力油从进油口流入，经阀芯 3 下端的三角槽，从出油口流出。节流口流量的调节通过旋转阀芯 3 改变阀口的开度。

2. 节流阀的刚度(Rigidity of throttle valves)

节流阀的刚度表示其抵抗外负载变化的干扰、保持流量稳定的能力，即当节流阀开口面积一定时，由于阀进出口压力差 $\Delta p$ 的变化，会引起通过节流阀流量的变化。流量变化越小，节流阀的刚度越大；反之，其刚度越小，如果用 $T$ 表示节流阀的刚度，则有

$$T = \frac{\mathrm{d}\Delta p}{\mathrm{d}q} \tag{6-15}$$

将式(6-14)代入，可得

$$T = \frac{\Delta p^{1-m}}{CAm} = \cot \beta \tag{6-16}$$

从同一节流阀在不同开口时的流量特性曲线图 6.25 中可以发现，节流阀的刚度 $T$ 相当于流量特性曲线上某点的切线和横坐标夹角 $\beta$ 的余切。

由图 6.25 和式(6-16)可以得出如下结论。

(1) 同一节流阀，在节流开口面积 $A$ 一定时，阀进出口压力差 $\Delta p$ 越小，刚度越低。为了保证节流阀具有足够的刚度，节流阀只能在所允许的最低压力差 $\Delta p_{\min}$ 的条件下，才能正常工作，但压力差 $\Delta p$ 增大时，将引起压力损失的增加，液压传动系统效率降低。

(2) 同一节流阀，当阀进出口压力差 $\Delta p$ 相同，节流开口面积 $A$ 小时，刚度大。

(3) 指数 $m$ 值减小可以提高节流阀的刚度，因此在实际使用中尽可能采用薄壁小孔式节流口，即 $m = 0.5$ 的节流口。

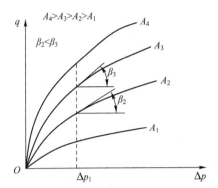

图 6.24　节流阀的结构、工作原理图和图形符号
(FIGURE 6.24　Schematic illustration of structure and operating principles and diagram symbols of throttle valves)
1—螺母；2—阀体；3—阀芯

图 6.25　不同开口时节流阀的流量特性曲线
(FIGURE 6.25　Flow characteristic curves of throttle valves with different throttle ports)

### 6.4.3　调速阀(2‑way flow control valves with pressure compensators)

节流阀因刚性差，通过节流阀阀口的流量受阀口前后压力差的变化而波动，所以不能保持执行元件运动的稳定性。为解决外负载变化大的执行元件运动速度稳定性问题，应采取措施在外负载变化时，保证节流阀阀口的前后压力差不变，具体结构有节流阀与定差减压阀串联组成的调速阀和节流阀与定差溢流阀并联组成的溢流节流阀。

1. 调速阀的工作原理(Operating principles of 2‑way flow control valves with pressure compensators)

调速阀的结构、工作原理图和图形符号，如图 6.26 所示。调速阀是在节流阀的前面串接了一个定差减压阀。其工作原理是：压力油 $p_1$ 进入调速阀，经过定差减压阀后压力降低为 $p_2$，定差减压阀出口压力油经过小孔 2 进入定差减压阀的 a 腔和 b 腔，同时，压力油 $p_2$ 经过节流阀后压力进一步降低为 $p_3$，压力油 $p_3$ 又经过小孔 6 进入定差减压阀的 c 腔。当外负载增大时，压力 $p_3$ 升高，于是作用在定差减压阀阀芯 1 上端 c 腔的液压力增加，定差减压阀阀芯 1 下移，定差减压阀的开口加大，压降减小，因而使压力 $p_2$ 也升高，结果使节流阀阀口的前后压力差 $p_2-p_3$ 保持不变。反之亦然。这样就使通过调速阀的流量恒定不变，不受外负载变化的影响。

2. 调速阀的稳态特性(Static characteristics of 2‑way flow control valves with pressure compensators)

若忽略减压阀阀芯自重、摩擦力和液动力等因素，仅考虑阀芯的弹簧力 $F_s$、液压力的作用，当定差减压阀阀芯 1 处于某一平衡位置时，则有

$$p_3 A + F_s = p_2 A_1 + p_2 A_2 \qquad (6-17)$$

式中 $A$、$A_2$ 和 $A_1$ 分别为 c 腔、b 腔和 a 腔内压力油作用于定差减压阀阀芯 1 的有效面积，且 $A = A_1 + A_2$，由此可得

$$p_2 - p_3 = \Delta p = F_s/A = \frac{k(x_c + x_R)}{A} \qquad (6-18)$$

式中，$x_c$、$x_R$ 分别为定差减压阀弹簧 7 的初始压缩量和定差减压阀阀芯 1 的位移。由于定差减压阀弹簧 7 刚度 $k$ 较低，且工作过程中定差减压阀阀芯 1 位移 $x_R$ 很小，所以

$$p_2 - p_3 = \Delta p = F_s/A = \frac{k(x_c + x_R)}{A} \approx \frac{k x_c}{A} \qquad (6-19)$$

即节流阀两端压力差 $\Delta p = p_2 - p_3$ 也基本保持不变，从而保证了通过节流阀的流量稳定。

节流阀和调速阀的流量特性曲线，如图 6.27 所示。由图 6.27 可以看出，节流阀的流量随压力差变化较大，而调速阀在压力差大于 $\Delta p_{\min}$ 后，流量基本上保持恒定。当压力差小于 $\Delta p_{\min}$ 时，由于定差减压阀阀芯 1 被定差减压阀弹簧 7 推至最下端位置，阀口全开，起不到稳定节流阀前后压力差的作用，故这时调速阀的性能与节流阀相同，调速阀正常工作时，至少要求有 0.4~0.5MPa 以上的压力差。

图 6.26 调速阀的结构、工作原理图和图形符号
(FIGURE 6.26 Schematic illustration of structure and operating principles and diagram symbols of 2 - way flow control valves with pressure compensators)
1—定差减压阀阀芯；2、6—小孔；3—调节螺杆；
4—节流阀阀芯；5—节流阀弹簧；
7—定差减压阀弹簧；8—阀体

图 6.27 节流阀和调速阀的流量特性曲线
(FIGURE 6.27 Flow characteristic curves of throttle valves and 2 - way flow control valves with pressure compensators)

### 6.4.4 旁通式调速阀（3 - way flow control valves with pressure compensators）

旁通式调速阀又称溢流节流阀，它是由定差溢流阀和节流阀并联而成，也是一种压力补偿型节流阀。旁通式调速阀的结构、工作原理图和图形符号，如图 6.28 所示。其工作原理是：压力为 $p_1$ 的油液一部分从进油口 $P_1$ 经节流阀阀芯 4 产生的节流口通过出油口 $P_2$ 进入执行元件，另一部分经定差溢流阀阀芯 1 产生的溢流口从 T 口流回液压油箱，定差溢

流阀阀芯 1 的上端 a 腔同节流阀阀芯 4 的上腔相通，其压力为 $p_2$；定差溢流阀阀芯 1 的中间 b 腔和下端 c 腔同压力为 $p_1$ 油液相通。定差溢流阀阀芯 1 的受力平衡方程为

$$p_2 A + k_s (x_0 + x_c + x_R) + F_{fs} = p_1 A_1 + p_1 A_2 \quad (6-20)$$

式中：$k_s$ 为定差溢流阀弹簧 10 的刚度；$x_0$ 为定差溢流阀阀芯 1 在底部限位时的弹簧预压缩量；$x_c$ 为定差溢流阀开启（$x_R=0$）时阀芯 1 的位移量；$x_R$ 为定差溢流阀开口量；$F_{fs}$ 为定差溢流阀阀芯 1 上的稳态液动力；$A$、$A_2$、$A_1$ 分别为 a、b、c 腔内压力油作用于阀芯的有效面积，且 $A = A_1 + A_2$。

设计时使 $x_R \ll x_0 + x_c$，若忽略稳态液动力 $F_{fs}$，则有

$$p_1 - p_2 = \Delta p \approx \frac{k_s (x_0 + x_c)}{A} \quad (6-21)$$

即节流阀节流口前后的压力差 $\Delta p = p_1 - p_2$ 基本保持恒定。

在稳态工况下，当外负载增大使压力 $p_2$ 上升时，a 腔压力也随之上升，使定差溢流阀阀芯 1 下移，定差溢流阀溢流口关小，进油压力 $p_1$ 上升，定差溢流阀阀芯 1 建立新的力平衡，节流阀口两端的压力差 $\Delta p = p_1 - p_2$ 仍然不变；反之，当外负载减小时，$p_2$ 下降，但 $p_1$ 也下降，使节流阀口两端的压力差 $\Delta p = p_1 - p_2$、通过节流阀流量和外负载的移动速度也保持不变。安全阀的进口与节流阀的进口并联，用于限制节流阀进口压力 $p_1$ 的最大值，对液压传动系统起安全保护作用，旁通式调速阀正常工作时，安全阀处于关闭状态。

旁通式调速阀与调速阀调速回路相比，其效率较高。近年来，国内外研发的负载敏感阀和功率适应回路正是在旁通式调速阀的基础上发展起来的。

图 6.28　旁通式调速阀的结构、工作原理图和图形符号
(FIGURE 6.28　Schematic illustration of structure and operating principles and diagram symbols of 3 - way flow control valves with pressure compensators)
1—溢流阀阀芯；2、6、7—小孔；3—节流阀调节螺杆；4—节流阀阀芯；
5—节流阀弹簧；8—安全阀阀芯；9—安全阀弹簧；10—溢流阀弹簧

### 6.4.5 分流集流阀(Flow divider and combiners)

**1. 分流集流阀的用途(Application of flow divider and combiners)**

有些液压传动系统由一个液压泵同时向几个结构尺寸相同的执行元件供油,要求不论外负载如何变化,所驱动执行元件能够保持相同的运动速度,即速度同步。分流集流阀就是用来保证多个执行元件速度同步的流量控制阀,又称速度同步阀。

(a) 分流阀　　(b) 集流阀　　(c) 分流集流阀

图 6.29　分流集流阀图形符号

(FIGURE 6.29　Diagram symbols of flow divider and combiners)

分流集流阀包括分流阀、集流阀和分流集流阀 3 种不同控制类型。分流阀安装在执行元件的进油路上,保证进入执行元件的流量完全相等;集流阀安装在执行元件的回油路上,保证执行元件回油流量完全相等。分流阀和集流阀只能保证执行元件单方向运动同步,而分流集流阀可保证执行元件双向运动同步。分流阀、集流阀和分流集流阀图形符号,如图 6.29 所示。

**2. 分流阀的工作原理(Operating principles of flow divider)**

等流量分流阀的结构、工作原理图和图形符号,如图 6.30 所示。它是由两个结构尺

图 6.30　分流阀的结构、工作原理图和图形符号

(FIGURE 6.30　Schematic illustration of structure and operating principles and diagram symbols of flow divider)

1、2—固定节流口；3—阀芯；4、7—对中弹簧；5、6—可变节流口；8—阀体

寸完全相同的薄刃型固定节流孔 1 和 2、阀芯 3、对中弹簧 4 和 7、可调节流口 5 和 6、阀体 8 等组成。装配时，阀芯 3 在对中弹簧 4 和 7 的作用下处于中间位置，阀芯 3 的中间台肩将阀分成完全对称的左、右两部分。位于左边的油腔 a 通过阀芯 3 上的轴向小孔与阀芯 3 右端弹簧腔相通，位于右边的油腔 b 通过阀芯 3 上的轴向小孔与阀芯 3 左端弹簧腔相通。此时阀芯 3 与阀体 8 组成的两个可变节流口 5 和 6 完全相等。若分流阀的进口 P 处的油液压力为 $p_0$，流量为 $q_0$，进入分流阀后油液分成两路，通过两个面积相等的固定节流孔 1、2，分别进入油腔 a 和 b，然后由可变节流口 5、6 经出油口 A 和 B 进入两个执行元件。当两个执行元件的外负载相等时，则分流口的出口压力 $p_3 = p_4$，由于分流阀内两流道的结构和尺寸完全对称，所以油腔 a 和油腔 b 中的压力相等，即 $p_1 = p_2$，则油液流经固定节流孔 1 和 2 前后的压力差 $\Delta p_1$ 和 $\Delta p_2$ 相等，即

$$\Delta p_1 = p_0 - p_1 = p_0 - p_2 = \Delta p_2 \tag{6-22}$$

根据流量公式 $q = CA\Delta p^m$ 可得

$$q_1 = q_2 = q_0/2 \tag{6-23}$$

当工作中两个外负载出现不相等时，即 $p_3 \neq p_4$，假设 $p_3 > p_4$，分析其压力补偿原理：当 $p_3$ 增大的瞬时，$p_4$ 不变，阀芯 3 来不及运动而处于中间位置，根据流量公式，压力差 $(p_0 - p_3) < (p_0 - p_4)$ 势必导致输出流量 $q_1 < q_2$，输出流量的偏差一方面使执行元件的速度出现不同步，另一方面又使固定节流孔 1 的压力损失小于固定节流孔 2 的压力损失，即 $p_1 > p_2$，因 $p_1$ 和 $p_2$ 被分别反馈到阀芯 3 的右端和左端，所以作用在阀芯 3 右侧的力大于左侧的力，推动阀芯 3 左移，可变节流口 6 开大，节流作用减弱，使 $q_1$ 增大、$p_1$ 减小，可变节流口 5 关小，节流作用增强使 $q_2$ 减小、$p_2$ 增大，直至 $q_1 = q_2$，$p_1 = p_2$，阀芯 3 停留在一个新的平衡位置上，保证了通向两个执行元件的流量相等，使得两个结构尺寸完全相同的执行元件速度同步。

3. 分流集流阀的工作原理(Operating principles of flow divider and combiners)

分流集流阀的结构、工作原理图和图形符号，如图 6.31 所示。在初始状态时，阀芯 3、9 在对中弹簧 4、7 的作用下处于中间平衡位置。在工作状态时，分为分流与集流两种状态。

在分流工况时，由于 $p_0$ 大于 $p_1$ 和 $p_2$，若两外负载相同(即 $p_3 = p_4$)，则两个阀芯 3 和 9 处于相离状态，互相勾住，两个阀芯 3 和 9 停留在中间位置，如图 6.31(a)所示。若外负载压力 $p_3 > p_4$，如果两个阀芯 3 和 9 仍留在中间位置，必然使 $p_1 > p_2$，这时连成一体的两个阀芯 3 和 9 将向右移，使可变节流口 6 增大，可变节流口 5 减小，使 $p_1$ 减小，$p_2$ 上升，直至 $p_1 = p_2$，两个阀芯 3 和 9 停止运动。由于两个固定节流孔 1 和 2 的通流截面面积相等，因此通过两个固定节流孔的流量 $q_1 = q_2$，并不因 $p_3$、$p_4$ 的变化而影响。反之，若外负载压力 $p_3 < p_4$ 时，两个阀芯 3 和 9 将向左移，使通过两个固定节流孔 1 和 2 的流量也不受影响。

在集流工况时，由于 $p_0$ 小于 $p_1$ 和 $p_2$，若两外负载相同(即 $p_3 = p_4$)，则两个阀芯 3 和 9 处于互相压紧状态，两个阀芯 3 和 9 停留在中间位置，如图 6.31(b)所示。若当外负载压力 $p_3 < p_4$，若两个阀芯 3 和 9 仍留在中间位置，必然使 $p_2 > p_1$，这时压紧成一体的两个阀芯 3 和 9 左移，使可变节流口 5 增大，可变节流口 6 减小，使 $p_2$ 下降，$p_1$ 增加，直至 $p_1 = p_2$，$q_1 = q_2$，两个阀芯 3 和 9 停止运动。因此，集流工况时流量 $q_1$ 和 $q_2$ 也不受进口压力 $p_3$ 和 $p_4$ 变化的影响。

图 6.31 分流集流阀的结构、工作原理图和图形符号
(FIGURE 6.31 Schematic illustration of structure and operating principles and diagram symbols of flow divider and combiners)

1、2—固定节流口;3、9—阀芯;4、7—对中弹簧;5、6—可变节流口;8—阀体

分流(集流)阀的特性主要是指其分流精度。分流精度用相对分流误差 $\xi$ 表示。等量分流(集流)阀的分流误差 $\xi$ 表示为

$$\xi = \frac{q_1 - q_2}{q_0/2} \times 100\%$$

$$= \frac{2(q_1 - q_2)}{q_1 + q_2} \times 100\% \tag{6-24}$$

一般分流(集流)阀控制同步回路的分流误差为 2%~5%,产生分流误差的主要原因如下。

(1) 两个可变节流孔处的液动力、摩擦力和弹簧力不完全相等而产生的分流误差。

(2) 两个固定节流孔几何尺寸误差带来的分流误差。

(3) 固定节流孔前后的压力差 $\Delta p_d$ 对分流误差的影响。

### 6.4.6 限速切断阀(Limiting flow valve)

在液压传动举升系统中,为防止意外情况发生时由于外负载和平台自重而超速下

落，经常安装一种当管路中流量超过一定值时自动切断油路的安全保护阀，即限速切断阀。

限速切断阀的结构和工作原理图，如图 6.32 所示。它主要由挡圈 1、阀体 2、弹簧 3 和锥阀芯 4 等组成。图中锥阀芯 4 上有固定节流孔，其孔径与数量由所需的流量确定。锥阀芯 4 在弹簧 3 作用下由挡圈 1 限位，使锥阀口开至最大。当流量增大，使固定节流孔两端压差作用在锥阀芯 4 上的液压力大于弹簧 3 预紧力时，锥阀芯 4 开始向右移动。当流量超过一定值时，锥阀芯 4 会完全关闭阀口，使液流切断。当液流反向流动时，限速切断阀无限流作用。

图 6.32　限速切断阀的结构、工作原理图和图形符号
(FIGURE 6.32　Schematic illustration of structure
and operating principles and diagram
symbols of limiting flow valve)
1—挡圈；2—阀体；3—弹簧；4—锥阀芯

限速切断阀的典型应用实例是液压升降台，用于防止液压缸回油管路破裂等意外情况发生时因外负载和平台自重急剧下降而引发事故。

## 6.5　叠　加　阀
（Modular valves）

叠加阀早期是用作插装阀的先导阀，后来发展成为一种全新的阀类。它是液压传动系统集成化的一种方式。图 6.33 为叠加阀的装置图。图 6.34 所示为几种叠加阀的实物图。

叠加阀液压传动系统最下面一般为底板，其上有进、回油口及与液压执行元件的接口。一个叠加阀组一般控制一个液压执行元件。如液压传动系统中有若干个液压执行元件需要集中控制，可将几个叠加阀组竖立并排安装在底板块上。

叠加阀液压传动系统各单元叠加阀间不用管道和其他形式的连接体，因而结构紧凑，尤其是液压传动系统的更改方便。叠加阀是标准化元件，设计中仅需按工艺要求绘制液压传动系统原理图，即可进行组装，因而设计工作量小，经济性好，目前已广泛应用于冶金、机床、工程机械等领域。

图 6.33 叠加阀组成的液压装置示意图
(FIGURE 6.33 Schematic illustration of modular valves hydraulic equipment)
1—换向阀;2—单向调速阀;3—单向顺序阀;
4—溢流阀;5—压力表开关;6—底板

图 6.34 叠加阀实物图
(FIGURE 6.34 Schematic illustration of modular valves practicality)

## 6.6 多 路 阀
(Hydraulic multi-pathway control valves)

多路换向阀是由两个以上的换向阀为主体的组合阀,用以操纵多个液压执行元件的运动。根据不同液压传动系统的要求,可将单向阀、安全阀、补油阀、制动阀等组合在阀体内,多路换向阀具有结构紧凑、压力损失小、操纵简便、安装维修方便等优点。它主要用于工程机械、起重运输机械等行走机械上。

按照阀体的结构形式,多路换向阀可分为分片式和整体式;按照操纵方式,多路换向阀可分为手动控制、电液比例控制和电液数字控制;按照油路连接方式,多路换向阀可分为并联、串联、串并联等形式。图 6.35(a)、图 6.35(b)、图 6.35(c)所示分别为并联、串联、串并联连接形式。

并联连接是指多路换向阀进油口处的压力油可直接通到各联换向阀的进油腔,而各联换向阀的回油腔又直接通到多路换向阀的总回油口。各联换向阀可同时操作,外负载小的先动作,压力损失较小。

串联连接是指多路换向阀中后一联换向阀的进油腔与前一联换向阀的回油腔相连。各

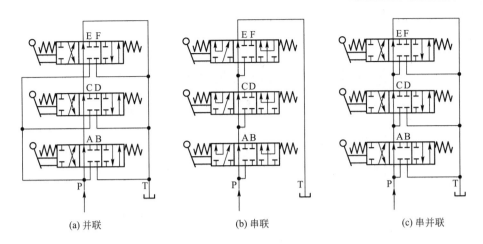

(a) 并联　　　　　　　　　(b) 串联　　　　　　　　　(c) 串并联

图 6.35　多路换向阀的基本油路连接形式
(FIGURE 6.35　Basic control circuits of hydraulic multi-pathway control valves)

联换向阀可同时操作，所控制的执行元件可同时驱动各自的外负载，液压泵输出的压力大于所有液压执行元件压力的总和，压力损失较大。

串并联连接是指多路换向阀中各联换向阀的进油腔串联，回油腔并联。这是一种互锁回路，即操作上一联换向阀工作时，下一联换向阀就不能工作，确保前一联换向阀优先得到压力油。

## 6.7　插　装　阀
### (Cartridge valves)

插装阀是一种新型的液压控制阀。它由插装件、控制盖板、先导元件和插装阀体 4 部分组成，可以构成多种功能的液压控制阀，实现多种形式的集成，因此近年来在各工业部门得到广泛应用。

由于插装式元件已经标准化，将几个插装式元件组合便可组成复合阀，它和普通液压阀相比较，具有通流能力大，特别适用于大流量的场合，它的最大通径可达 200～250mm，通过的最大流量可达 10000L/min；阀芯动作灵敏，抗堵塞能力强；密封性好，泄漏小，油液流经阀口时压力损失小；结构简单，制造成本低，易于实现标准化等优点。

1. 插装阀的组成和工作原理(Components and operating principles of cartridge valves)

图 6.36 所示为盖板式插装阀的结构、工作原理图和图形符号。它主要由插装元件(阀套 5、弹簧 6、阀芯 7 及密封件 1 和 8 等)、控制盖板 3 和先导控制阀(图中未画出)3 部分组成。

就工作原理而言，二通插装阀是一个液控单向阀。在图 6.36 中，A 和 B 为主油路通口，C 为先导控制油路通口。假设 A、B、C 油口的压力及其作用于阀芯 7 上的有效面积分别为 $p_A$、$p_B$、$p_C$ 和 $A_A$、$A_B$、$A_C$，且 $A_C = A_A + A_B$，$F_s$ 为弹簧作用力。若忽略阀芯 7 的重力、液动力和摩擦力的影响，当 $p_A A_A + p_B A_B > p_C A_C + F_s$ 时，阀口打开，油口 A、B 接通；当 $p_A A_A + p_B A_B < p_C A_C + F_s$ 时，阀口关闭，油口 A、B 不通。由此可见，只要

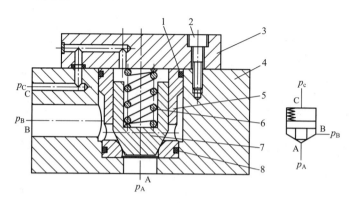

**图 6.36 盖板式插装阀的结构、工作原理图和图形符号**
(FIGURE 6.36 Schematic illustration of structure and operating principles and diagram symbols of cartridge valves)

1、8—密封圈；2—螺栓；3—控制盖板；4—集成块；5—阀套；6—弹簧；7—阀芯

改变先导控制油口 C 的控制压力 $p_C$ 就可以控制油口 A 与 B 的通断。当控制油口 C 接油箱（卸荷）时，阀芯下部向上的液压力超过上部向下的弹簧力时，阀芯被顶开，至于液流的方向，要根据油口 A、B 的压力大小而确定。当 $p_A > p_B$ 时，液流由 A 流向 B；当 $p_A < p_B$ 时，液流由 B 流向 A。当控制口 C 接通压力油，且 $p_C \geqslant p_A$、$p_C \geqslant p_B$ 时，则阀芯在上、下两端压力差和弹簧的作用下关闭油口 A 和 B，这样，锥阀就起到逻辑元件的"非"门的作用，所以插装式锥阀又被称为逻辑阀。

插装阀通过不同的控制盖板与各种先导控制阀组合，便可构成方向控制阀、压力控制阀和流量控制阀。

2. 插装方向阀（Cartridge directional valves）

1）插装单向阀

将油口 C 与油口 B 连通，即构成插装单向阀，如图 6.37(a) 所示。当 $p_A > p_B$ 时，阀芯开启，油液由油口 A 流向油口 B；当 $p_A < p_B$ 时，当阀芯关闭时，油口 A、B 不通。在控制盖板上接一个二位三通液动阀来控制 C 腔的压力，即成为液控单向阀，如图 6.37(b) 所示。

**图 6.37 插装单向阀图形符号**
(FIGURE 6.37 Diagram symbols of cartridge check valves)

2）插装换向阀

插装换向阀的种类较多，按照位数可分为二位、三位等；按照通数可分为二通、三通、四通等。图 6.38(a) 为二位三通阀，当电磁换向阀 3 通电时，锥阀 1 关闭，锥阀 2 打开，使油口 P 与油口 A 相通、油口 A 与油口 T 不通；当电磁换向阀 3 断电时，锥阀 1 打开，锥阀 2 关闭，使油口 A 与油口 T 相通、油口 P 与油口 A 不通。图 6.38(b) 为二位四通阀，用二位四通电磁换向阀 8 作为先导阀控制 4 个锥阀单元，其功能与二位四通电液换向阀相同。图 6.38(c)所示则用 4 个先导阀分别对 4 个锥阀进行控制,理论上有 16 种通路状态,但其中有 5 种状态是相同的,故可得 12 种状态,见表 6-3。因此,通过先导阀控制可以得到除 M 型以外的各种滑阀机能,它相当于一个多机能的三位四通阀(表中"1"表示通电,"0"表示断电)。

图 6.38 插装换向阀图形符号

(FIGURE 6.38 Diagram symbols of cartridge directional control valves)

表 6-3 先导阀控制状态下的滑阀机能

(TABLE 6-3 Middle position functions of pilot operated four-way-three-position directional spool valve)

| 1YA | 2YA | 3YA | 4YA | 中位机能 | 1YA | 2YA | 3YA | 4YA | 中位机能 |
|---|---|---|---|---|---|---|---|---|---|
| 1 | 1 | 1 | 1 |  | 1 | 0 | 1 | 0 |  |
| 1 | 1 | 1 | 0 |  | 1 | 0 | 0 | 1 |  |
| 1 | 1 | 0 | 1 |  | 0 | 1 | 1 | 1 |  |
| 1 | 1 | 0 | 0 |  | 0 | 1 | 1 | 0 |  |

(续)

| 1YA | 2YA | 3YA | 4YA | 中位机能 | 1YA | 2YA | 3YA | 4YA | 中位机能 |
|---|---|---|---|---|---|---|---|---|---|
| 1 | 0 | 1 | 1 |  | 0 | 1 | 0 | 1 |  |
| 0 | 0 | 1 | 1 |  | 0 | 0 | 1 | 0 |  |
| 1 | 0 | 0 | 0 |  | 0 | 0 | 0 | 1 |  |
| 0 | 1 | 0 | 0 |  | 0 | 0 | 0 | 0 |  |

3）插装压力控制阀

图 6.39 为插装式锥阀用作压力控制阀的工作原理图。A 腔压力油经阻尼小孔进入控制腔 C，并与先导压力阀进口相通，B 腔接油箱，如图 6.39(a)所示，锥阀的开启压力可由先导压力阀来调节。其工作原理与先导式溢流阀相同；当 B 腔不接油箱而接执行元件时，就成为一个顺序阀了；再在 C 腔接一个二位二通电磁阀就成为电磁溢流阀，如图 6.39(b)所示。图 6.39(c)所示为减压阀工作原理，减压阀的阀芯采用常开的滑阀式阀芯，B 腔为进油口，A 腔为出油口。A 腔的压力油经阻尼小孔后与控制腔 C 相通，并与先导压力阀进口相通，其工作原理和普通先导式减压阀相同。

(a) 溢流阀　　　　　(b) 卸荷阀　　　　　(c) 减压阀

图 6.39　插装压力阀图形符号

(FIGURE 6.39　Diagram symbols of cartridge pressure valves)

4）插装流量阀

若用机械或电气的方式控制锥阀阀芯的行程，以改变阀口的通流面积的大小，则锥阀可起流量控制阀的作用。图 6.40(a)所示为插装式锥阀用作流量控制的节流阀，图 6.40(b)为

(a) 插装式锥阀用作节流阀　　(b) 节流阀前串接一个减压阀

图 6.40　插装流量阀图形符号

(FIGURE 6.40　Diagram symbols of cartridge flow valves)

在节流阀前串接一个减压阀,减压阀阀芯两端分别与节流阀进出油口相通,利用减压阀的压力补偿功能来保证节流阀两端的压差不随外负载的变化而变化,这样就成为一个调速阀。

## 6.8 电液比例控制阀
## (Electro-hydraulic proportional control valves)

电液比例控制是一种性能介于普通液压控制阀和电液伺服阀之间的新阀种,它既可以根据输入的电信号大小连续、成比例地对液压传动系统的参量(压力、流量及方向)实现远距离控制、计算机控制,又在制造成本、抗污染等方面优于电液伺服阀。由于控制性能低于电液伺服阀,因此广泛用于要求不是很高的一般工业部门。

早期出现的电液比例阀仅将普通液压控制阀的手调机构和电磁铁改换为比例电磁铁控制,阀体部分不变,控制形式为开环。后来逐渐发展为带内反馈的闭环控制形式,在控制性能方面又有了很大的提高。

### 6.8.1 电液比例控制阀的主要性能指标(Main property and parameters of electro-hydraulic proportional control valves)

电液比例控制阀主要性能包括静态特性和动态特性两个方面。

1. 静态特性(Static characteristics)

电液比例控制阀的静态特性是指在稳定的工况下,比例控制阀的各静态参数(输入电流或电压与输出流量、压力)之间的相互关系。电液比例控制阀的静态特性通常用静态特性曲线描述。静态特性曲线描述的是在稳定的工况下,被控参数(压力 $p$ 或者流量 $q$)随输入的电信号 $I_n$(电流或者电压)由 0 增加到额定值,再从额定值减小到 0 过程中的变化曲线,如图 6.41 所示。

电液比例控制阀的静态特性曲线应为通过坐标原点的一条直线,以保证被控参数与输入信号完全成同一比例。但是,由于阀内存在机械死区、摩擦和磁滞等因素的影响,所以比例控制阀的实际静态特性曲线是一条不通过坐标原点的封闭曲线,该曲线与通过两端的平均直线之间的差别反映了稳态工况下比例控制阀的控制精度和性能。用于描述这些差别的静态性能指标主要有滞环、分辨率、线性范围、线性度和重复精度等。

图 6.41 电液比例控制阀的静态特性曲线
(FIGURE 6.41 Schematic illustration of static characteristic curves of electro-hydraulic proportional control valves)

1) 滞环

在静态特性曲线上,输入信号在作一次往复循环中,对应于输出量的同一值,输入电信号的最大差值 $\Delta I_{max}$ 与 $(I_n - I_0)$ 的百分比,被称为电液比例控制阀的滞环误差 $H_z$,简称滞环。它的值越小,比例控制阀的静态特性就越好。电液比例控制阀的滞环一般为 1%~5%。

2) 分辨率

电液比例控制阀的分辨率是指使被控制量发生变化所需的输入电信号的最小变化值 $\Delta I_{min}$ 对 $(I_n - I_0)$ 的百分比。分辨率反映了电液比例控制阀的灵敏度，其值越小，静态特性就越好，但分辨率不能过小，否则会使电液比例控制阀的工作不稳定。一般比例压力控制阀的分辨率小于 2%，比例流量控制阀的分辨率为 2%~5%。

3) 线性范围和线性度

为了保证电液比例控制阀输出的压力或流量与输入的电流成正比变化，一般将压力—电流、流量—电流的工作范围取在特性曲线的近似直线部分，这个工作范围称为电液比例控制阀的线性范围。线性范围越大，电液比例控制阀的调节范围就越大，性能就越好。

电液比例控制阀线性度是指实际静态特性曲线的各个点与平均直线之间的最大电信号的偏差值 $\Delta I_{max}$ 与 $(I_n - I_0)$ 的百分比。线性度越小，比例阀的静态特性就越好，通常电液比例控制阀的线性度一般为 3%~10%。

4) 重复精度

电液比例控制阀的重复精度是指在某一输出参数不变时，从一个方向多次重复输入控制电信号，多次输入信号的最大差值 $\Delta I_{max}$ 与 $(I_n - I_0)$ 的百分比。重复精度越小，电液比例控制阀静态特性就越好。电液比例控制阀重复精度一般为 0.5%~2%。

2. 动态特性(Dynamic characteristics)

电液比例控制阀的动态特性可以用时域响应特性曲线和频域响应特性曲线表示。

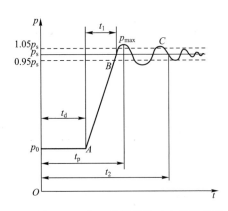

图 6.42 电液比例阀的动态特性曲线
(FIGURE 6.42 Schematic illustration of dynamic characteristic curves of electro-hydraulic proportional control valves)

1) 时域响应特性

电液比例控制阀的时域响应特性又称为瞬态响应特性，是指对比例控制阀施加一个典型输入信号时，比例控制阀的输出流量对输入信号的跟踪过程中所表现出的振荡衰减特性。输入信号为一阶跃信号(电压信号)时电液比例压力控制阀的输出压力的响应特性曲线，如图 6.42 所示。瞬态响应特性反映了电液比例控制阀响应的快速性，用于描述电液比例控制阀瞬态响应特性的动态性能指标主要有最大超调量、滞后时间、上升时间、峰值时间和响应时间等。

(1) 最大超调量。

最大超调量是指控制输出量的最大瞬时峰值 $p_{max}$ 与稳态值 $p_s$ 之差与 $p_s$ 的百分比，它是衡量电液比例控制阀的动态误差及稳定性的重要指标。一般最大超调量要尽可能的小。

(2) 滞后时间 $t_d$。

滞后时间是指从输入阶跃信号发生时刻起到控制输出量响应，达到稳定值的 5% 所经历的时间 $t_d$。

(3) 上升时间 $t_1$。

上升时间是指当输入阶跃信号发生后，被控制输出量第一次上升到稳定值(设定值)的 5% 到 95% 所经历的时间。

(4) 峰值时间 $t_p$。

峰值时间是指从输入阶跃信号发生时刻起到控制输出量上升至最大峰值所经历的时间 $t_p$。

(5) 响应时间 $t_2$。

响应时间是指当输入阶跃信号发生时刻至控制输出量第一次达到并保持其相对误差在稳定值±5%范围内所经历的时间。

2) 频域响应特性

频域响应特性是被测液压传动系统对一组不同频率的等幅正弦输入信号的响应特性。频域响应特性包括幅频特性和相频特性两个方面，常用波德图表示，如图 6.43 所示。幅频特性是指当给比例放大器输入一组幅值不变而频率不同的正弦控制输入信号时（电压或电流），在不同频率下测得控制输出量的幅值 $A$ 与起始频率（一般取 0.1Hz）下控制输出量的幅值 $A_0$ 的比值 $A/A_0$。相频特性是指不同频率下控制输出量与输入信号的相位差。

描述频域响应特性的主要性能指标有幅频宽、相频宽、最大幅值比和谐振频率等。

(1) 幅频宽。

幅频宽是指幅值比 $A/A_0 = -3\mathrm{dB}$ 时的频率，此时控制输出量为基准频率下控制输出量的 70.7%，该频率常用符号 $f_{-3\mathrm{dB}}$ 表示。

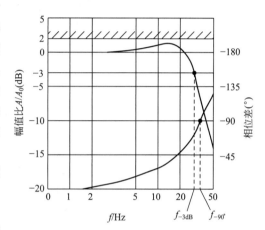

图 6.43 幅频响应波德图
(FIGURE 6.43 Amplitude and frequency response Bode diagram)

(2) 相频宽。

相频宽是指相位滞后 -90°时的频率，常用符号 $f_{-90°}$ 表示。

通常取幅频宽和相频宽中较小者作为比例阀的频宽，它是反映比例控制阀动态响应速度的一个指标。频宽过低会影响比例控制阀的响应速度，过高会将高频传递到外负载上去。一般比例控制阀的频宽为 1~10Hz，高性能比例控制阀的频宽可以达到 100Hz 以上。

(3) 最大幅值比。

最大幅值比是指幅频特性上出现极值处的幅值比。

(4) 谐振频率。

谐振频率是指对应于幅频特性上幅值比出现极值处的频率。

### 6.8.2 电液比例压力控制阀 (Electro-hydraulic proportional pressure control valves)

电液比例压力控制阀按用途不同，有电液比例溢流阀、电液比例减压阀之分；按照控制功率大小的不同，可分为直动式和先导式；按照阀芯结构形式可以分为锥阀式、滑阀式和插装式等；按照阀芯位数可以分为二位阀和三位阀。直动式电液比例溢流阀控制功率较小，通常控制流量为 1~3L/min，低压力等级的最大流量可达 10L/min。直动式电液比例压力阀可以用作先导阀，从而构成先导式的比例溢流阀、比例减压阀和比例顺序阀等元件。

图 6.44 所示为不带反馈的直动式电液比例溢流阀的结构、工作原理图及图形符号。它主要由两部分组成，左侧部分为比例电磁铁，右侧部分为直动式溢流阀。当比例电磁铁 5 输入控制电流信号后，衔铁推杆 4 输出的推力通过弹簧 3 作用在锥阀阀芯 2 上，与来自进油口 P 的油液压力相平衡。当右端油液压力大于衔铁推杆 4 的推力时，锥阀阀芯 2 被打开溢流，油液通过阀口经出油口 T 流出。连续地改变控制电流的大小，即可连续按比例地控制锥阀的开启压力。

(a) 结构      (b) 图形符号

**图 6.44　不带反馈的直动式电液比例溢流阀的结构、工作原理图及图形符号**
(FIGURE 6.44　Schematic illustration of structure and operating principles and diagram symbols of without feedback direct operated electro‑hydraulic proportional pressure relief valves)
1—阀体；2—锥阀阀芯；3—弹簧；4—衔铁推杆；5—比例电磁铁

图 6.45 所示为位移反馈型直动式电液比例溢流阀的结构、工作原理图及图形符号。位移反馈型直动式电液比例溢流阀与图 6.44 中不带反馈的直动式电液比例溢流阀结构类似，增加了一个位移传感器 6，可以利用传感器 6 检测到衔铁推杆 4 的实际位置实现闭环控制，从而实现了对压力进行精确控制的目的。

(a) 结构      (b) 图形符号

**图 6.45　带反馈的直动式电液比例溢流阀的结构、工作原理图及图形符号**
(FIGURE 6.45　Schematic illustration of structure and operating principles and diagram symbols of with feedback direct operated electro‑hydraulic proportional pressure relief valves)
1—阀体；2—锥阀阀芯；3—弹簧；4—衔铁推杆；5—比例电磁铁；6—位移传感器

### 6.8.3　电液比例流量控制阀(Electro‑hydraulic proportional flow control valves)

电液比例流量控制阀用于控制液压传动系统的流量，与普通流量控制阀的主要区别是用电—机械转换器代替原来的手调机构，用于调节节流口的通流截面面积，使输出流量与输入的电信号成正比。

电液比例流量控制阀按是否对节流口两端压差进行压力补偿分为电液比例节流阀和电液比例调速阀两类；按控制原理可分为直动式和先导式。

1. 普通型电液比例调速阀

普通型电液比例调速阀的结构、工作原理图和图形符号，如图 6.46 所示。由位置输出型比例电磁铁 5 和衔铁推杆 4 驱动节流阀阀芯 3 产生位移，调节节流口的通流截面面积，使输出流量与输入的电信号成正比。

图 6.46 电液比例调速阀的结构、工作原理图和图形符号

(FIGURE 6.46 Schematic illustration of structure and operating principles and diagram symbols of electro－hydraulic proportional 2－way flow control valves with pressure compensators)

1—阀体；2—节流阀调节弹簧；3—节流阀阀芯；4—衔铁推杆；
5—比例电磁铁；6—定差减压阀；7—定差减压阀调节弹簧；
$P_1$—进油口；$P_2$—出油口；L—泄油口

2. 流量—位移—力反馈电液比例流量控制阀

流量—位移—力反馈电液比例流量控制阀的结构和工作原理图，如图 6.47 所示。它主要由比例电磁铁 6、先导阀阀芯 7、流量传感器阀芯 11、主节流阀阀芯 13 等组成。其工作原理是：流量—位移—力反馈电液比例流量控制阀的 $P_1$ 口与液压泵及组成的恒压油源相连接，$P_2$ 口与液压执行元件连接。当比例电磁铁 6 不通电时，先导阀阀芯 7 与阀体节流口 8、流量传感器阀芯 11 与阀体阀口、主节流阀阀芯 13 节流口均关闭。当比例电磁铁 6 通电时，先导阀阀芯 7 向下移动，开启阀体节流口 8，先导控制油从 $P_1$ 口经液阻 2、1、先导阀阀芯 7 与阀体节流口 8 进入流量传感器阀芯 11 下腔，推动流量传感器阀芯 11 克服弹簧 9 和 10 的弹簧力向上移动，使流量传感器阀芯 11 与阀体阀口开启。当液阻 2 中有先导流量通过时，主节流阀阀芯 13 左腔压力降为 $p_2$ 使主节流阀阀芯 13 开启，主流量经主节流阀阀口和流量传感器阀芯 11 后流向 $P_2$ 口。由于流量传感器阀芯 11 特殊设计的阀口的补偿作用，使通过其阀口的流量与位移成线性关系。流量传感器阀芯 11 的位移经反馈弹簧 10 作用于先导阀阀芯 7，形成流量—位移—力反馈的闭环控制。若忽略先导阀阀芯 7 上的重力、摩擦力和液动力等影响，在稳态时输入电流产生的电磁力与反馈弹簧 10 的弹簧力相

图 6.47 流量—位移—力反馈电液比例
流量控制阀的结构和工作原理图
(FIGURE 6.47 Schematic illustration of structure
and operating principles of electro‐hydraulic
proportional flow control valves with
flow and distance and force feedback)
1、2、3、4—液阻;5、9、10、12—弹簧;
6—比例电磁铁;7—先导阀阀芯;
8—先导阀阀口;11—流量传感器
阀芯;13—主节流阀阀芯

平衡,即控制电流与流量传感器阀芯 11 的位移亦即通过流量—位移—力反馈电液比例流量控制阀的流量成正比。当外负载发生变化时,如输出压力 $p_5$ 下降,则流量传感器阀芯 11 的上腔压力 $p_3$ 下降,使流量传感器阀芯 11 失去平衡,向上移动开度有增大的趋势,相应地,使弹簧 10 反馈力增大。将导致先导阀阀芯 7 与阀体节流口 8 开口量减小,并使主节流阀阀芯 13 左腔压力 $p_2$ 增大,从而主节流阀阀芯 13 与阀体的开口关小,流量传感器阀芯 11 下端压力 $p_4$ 随之减小,于是使流量传感器阀芯 11 向下移动重新关小,回复到原来设定的位置上。由此可知,由于外负载的变化引起的输出流量变化不是依靠压力差来补偿的,而是依靠主节流阀阀芯 13 与阀体开口之间形成的通流截面面积的变化来补偿。这就是新原理流量—位移—力反馈电液比例流量控制阀与传统的压力补偿型流量控制阀的不同之处。液阻 4 和 3 是动态压力反馈液阻用于提高流量—位移—力反馈电液比例流量控制阀的动态特性,液阻 1 为温度补偿液阻。

### 6.8.4 电液比例方向控制阀(Electro‐hydraulic proportional directional control valves)

电液比例方向控制阀能够根据输入信号的极性和幅值大小,同时对液流的流量和方向进行控制。液流的流动方向取决于相应比例电磁铁是否受到激励,在压力差恒定的条件下,通过电液比例方向控制阀的流量与输入电信号的幅值成正比。电液比例方向控制阀在通过全流量时的压力损失小,一般为 0.25~0.8MPa。

直动式三位四通电液比例方向控制阀的结构、工作原理图和图形符号,如图 6.48 所示。它主要由两个比例电磁铁 1 和 8、衔铁推杆 2 和 7、对中弹簧 3 和 6、阀体 4 和阀芯 5 组成。它由比例电磁铁直接推动阀芯左右运动来工作。当比例电磁铁 1 通电时,阀芯 5 向右移动,油口 P 与油口 A 相通,油口 B 与油口 T 相通;反之,当比例电磁铁 8 通电时,阀芯 5 向左移动,油口 P 与油口 B 相通,油口 A 与油口 T 相通。阀口的开度与输入比例电磁铁电流的大小成正比。由于电磁力的限制,直动式电液比例方向控制阀只能用于流量较小(50L/min 以下)的场合。

(a) 结构

(b) 图形符号

**图 6.48 电液比例方向控制阀的结构、工作原理图及图形符号**
(FIGURE 6.48 Schematic illustration of structure and operating principles and diagram symbols of electro‑hydraulic proportional directional control valves)

1、8—比例电磁铁；2、7—衔铁推杆；3、6—对中弹簧；4—阀体；5—阀芯；
A、B—工作油口；P—进油口；T—回油口；L—泄油口

## 6.9 电液数字控制阀
(Electro‑hydraulic digital control valves)

计算机对液压传动系统进行控制是科学技术发展的必然趋势。用数字信息直接控制阀口的开启和关闭，从而实现液流压力、流量和方向控制的液压控制阀，被称为电液数字控制阀，简称数字阀。数字控制阀可直接与计算机接口，不需要 D/A 转换器。数字阀与伺服阀和比例阀相比，结构简单、工艺性好、价格低廉、抗污染能力强、工作稳定可靠、重复性好、功耗小。在计算机实时控制的电液传动系统中，电液数字控制阀已部分取代电液伺服阀或电液比例阀，为计算机在液压传动与控制领域的应用开拓了一个新的途径。

### 6.9.1 增量式电液数字控制阀 (Increment electro‑hydraulic digital control valves)

增量式电液数字控制阀用步进电动机作电—机械转换器。增量控制法是在脉冲数调制 (PNM) 信号中，使每个采样周期的脉冲数在前一采样周期的脉冲数基础上，增加或减少一些脉冲数，以达到需要的幅值。

图 6.49 所示为增量式电液数字控制阀用于液压传动系统的框图。计算机根据控制要求发出脉冲序列，经驱动电源放大后使步进电动机按信号动作。步进电动机每得到一个脉冲后便向控制信号给定的方向旋转一个步距角，然后再通过机械转换器(丝杠—螺母副、齿轮齿条或凸轮机构)使步进电机的转角 $\Delta\theta$ 转换为直线位移 $\Delta x$，从而带动阀芯或挡板等移动，开启阀口。步进电动机转过一定步数，使阀口获得一相应开度，从而实现流量控制。

**图 6.49 增量式数字控制阀控制系统工作原理框图**

(FIGURE 6.49 Schematic illustration of operating principles of increment electro‐hydraulic digital control valves hydraulic transmission system)

一种步进电动机直接驱动的增量式数字节流阀的结构、工作原理图和图形符号,如图 6.50 所示。当计算机给出脉冲信号经过驱动放大器放大后,驱动步进电机 1 旋转,通过与步进电动机相连的滚珠丝杠 8 将转角转化为直线位移,带动阀芯 7 运动,使阀口开启。步进电动机转过一定步数,可控制阀口的一定开度,从而实现流量控制。阀套 6、阀芯 7、连杆 3 的热膨胀可以对温度引起的流量变化起到补偿作用。该阀属于开环控制,零位传感器 2 的作用是在每个控制周期结束时,控制阀芯 7 回到零位,保证数字阀的重复精度。该阀有两个节流口:节流口 4 为非全圆周开口,节流口 5 为全圆周开口。阀芯 7 向右移动时,首先开启非全圆周开口节流口 4,此时阀开口较小,流量相应的也较小;继续向右移动时打开全圆周开口节流口 5,阀的开口增大,两节流口 4 和 5 同时通油,流量增大,最大流量可达 3600L/min。这种节流开口大小分两段调节的形式,可改善小流量时的调节性能。

(a) 结构    (b) 图形符号

**图 6.50 增量式数字节流阀的结构、工作原理图和图形符号**

(FIGURE 6.50 Schematic illustration of structure and operating principles and diagram symbols of increment electro‐hydraulic digital throttle valves)

1—步进电机;2—零位传感器;3—连杆;4、5—节流口;6—阀套;7—阀芯;8—滚珠丝杠

### 6.9.2 脉宽调制式电液数字控制阀(Pulse width modulation electro‐hydraulic digital control valves)

脉冲宽度调制(PWM)信号是具有恒定频率、不同开启时间比率的信号,如图 6.51 所

示。脉冲宽度时间 $t_n$ 对采样时间 $T$ 的比值被称为脉宽占空比。若用脉宽信号对连续信号进行调制，就将图 6.51(a) 中的连续信号调制为图 6.51(b) 中的脉宽信号。当调制的量是流量时，每个采样周期的平均流量 $\bar{q}=q_n t_n/T$ 就与连续信号处的流量相对应。脉宽调制式电液数字控制阀的控制信号是一系列幅值相等、而在每一周期内宽度不同的脉冲信号，以每个脉冲开启时间的长短来控制流量或压力，因此输出的是一种脉冲流体。在控制过程中，液压阀只有与脉冲信号相对应的快速切换开和关两种状态，所以脉宽调制式数字阀又称为脉宽调制式高速开关数字阀，简称高速开关数字阀。

(a) 流体连续控制　　　　(b) 脉冲流体控制

图 6.51　脉宽调制信号控制模型

(FIGURE 6.51　Pulse width modulation signal control model)

$q_n$—额定流量；$t_n$—有效脉宽；$\bar{q}$—每采样周期平均流量

脉宽调制(PWM)式数字阀的工作原理框图，如图 6.52 所示。计算机发出的脉冲信号，经脉宽调制放大器后送到高速开关数字阀，以控制开启时间的长短来控制流量。在需要做两个方向运动的液压传动系统的执行机构中，需要使用两个数字阀分别控制不同方向的运动。

图 6.52　脉宽调制式数字阀电液控制液压传动系统的工作原理框图

(FIGURE 6.52　Schematic illustration of operating principles of pulse width modulation electro-hydraulic digital control valves hydraulic transmission system)

图 6.53 所示为球阀式二位三通高速开关数字阀的结构和工作原理图。它由两个先导级二位三通球阀 2、7 和两个功率级二位三通球阀 1、8 组成。根据线圈 4 通电方式的不同，衔铁 5 可以作顺时针或逆时针摆动。当脉冲信号使力矩马达通电时，若衔铁 5 作顺时针偏转，右推杆 6 使先导级球阀 7 向下运动，关闭压力油口 P，接通油腔 $L_2$ 和回油口 T，功率级球阀 8 在压力油的作用下向上运动，接通工作油口 A 和压力油口 P。与此同时，先导级球阀 2 在压力油的作用下向上运动，接通压力油口 P 和油腔 $L_1$，功率级球阀 1 在压力油的作用下向下运动，断开压力油口 P 与回油口 T。反之，当力矩马达通电使衔铁 5 作逆时针偏转时，情况刚好相反，工作油口 A 与回油口 T 相通。这种阀的工作压力可达 20MPa，额定流量 1.2L/min，最短切换时间为 0.8ms。

图 6.53 球阀式二位三通高速开关数字阀的结构和工作原理图
(FIGURE 6.53 Schematic illustration of structure and operating principles of three-way-two-position high speed switch ball model electro-hydraulic digital control valves)
1、8—功率级球阀；2、7—先导级球阀；3—左推杆；4—线圈；5—衔铁；6—右推杆

## 6.10 电液伺服控制阀
（Electro-hydraulic servo control valves）

### 6.10.1 液压伺服控制元件的基本类型(Basic types of hydraulic servo control component)

伺服控制元件也称液压放大器，是一种将输入的机械信号转换为液压信号输出，并进行功率放大及反馈控制的元件。它是液压伺服阀中最重要的组成部分之一。常用的伺服控制元件可分为滑阀、射流管阀和喷嘴挡板阀 3 种。

1. 滑阀(Spool valves)

根据滑阀控制边数，滑阀的控制类型有单边控制、双边控制和四边控制三种。其中单边控制、双边控制滑阀仅用于控制单杆液压缸；四边控制滑阀既可控制单杆液压缸，又可控制双杆液压缸。

1) 单边滑阀

图 6.54 所示为单边滑阀的工作原理图。单边滑阀控制边的开口量 $x_s$ 控制着液压缸无杆腔的压力和流量，从而控制液压缸运动的速度和方向。来自液压泵的压力油 $p_0$ 进入单杆液压缸的有杆腔，通过活塞上小孔 a 进入无杆腔，压力由 $p_0$ 降为 $p_2$，再通过滑阀唯一的节流边流回液压油箱。当液压缸不承受外负载时，$p_0 A_1 = p_2 A_2$。当阀芯根据输入信号向左移动时，开口量 $x_s$ 增大，无杆腔压力 $p_2$ 减小，于是 $p_0 A_1 > p_2 A_2$，缸体向左移动。因为缸体和阀体连接成一个整体，故阀体左移又使开口量 $x_s$ 减小(负反馈)，直至平衡。

2) 双边滑阀

图 6.55 所示为双边滑阀的工作原理图。压力油 $p_0$ 一路直接进入液压缸有杆腔,另一路经滑阀左控制边 1 的开口 $x_{s1}$ 和液压缸无杆腔相通,并经滑阀右控制边 2 的开口 $x_{s2}$ 流回液压油箱。当滑阀阀芯向右移动时,$x_{s1}$ 增大,$x_{s2}$ 减小,液压缸无杆腔压力 $p_2$ 增大,两腔受力不平衡,缸体向右移动。反之缸体向左移动。双边滑阀的调节灵敏度、工作精度比单边滑阀高。

图 6.54 单边滑阀的工作原理图

(FIGURE 6.54 Schematic illustration of operating principles of single‑edge spool valves)

图 6.55 双边滑阀的工作原理图

(FIGURE 6.55 Schematic illustration of operating principles of double‑edge spool valves)

3) 四边滑阀

图 6.56 所示为四边滑阀的工作原理图。它有 4 个控制边,开口 $x_{s1}$、$x_{s2}$ 分别控制进入液压缸左右油腔的压力油,开口 $x_{s3}$、$x_{s4}$ 分别控制液压缸左右油腔通向液压油箱的回油。当滑阀阀芯向右移动时,液压缸左腔的进油开口 $x_{s1}$ 增大,回油开口 $x_{s3}$ 减小,使 $p_1$ 迅速增大;与此同时,液压缸右腔的进油开口 $x_{s2}$ 减小,回油开口 $x_{s4}$ 增大,使 $p_2$ 迅速减小,这样就使活塞迅速右移。因为活塞和阀体连接成一个整体,故阀体右移又使开口量 $x_{s1}$ 减小(负反馈),直至平衡。与双边滑阀相比,四边滑阀同时控制液压缸两腔的压力和流量,故调节灵敏度和工作精度都很高。

由上可见,单边、双边和四边滑阀的控制作用是相同的。单边和双边滑阀仅用来控制单杆双作用液压缸;四边滑阀用来控制双杆双作用液压缸。控制边数越多,控制质量越好,但其结构工艺性越差。一般来说,单边和双边滑阀用来控制一般精度液压传动系统;四边滑阀则用于控制精度和稳定性要求较高的液压传动系统。滑阀式伺服阀装配精度要求较高,价格也较贵,对油液的污染较敏感。

滑阀阀芯根据在初始平衡位置时阀口初始开口量的不同,可分为 3 种类型:即负开口($x_s<0$)、零开口($x_s=0$)和正开口($x_s>0$),如图 6.57 所示。具有零开口滑阀的工作精度最高、性能最好,因制造工艺原因允许有几十微米的开口量误差;具有负开口滑阀的不灵敏区(死区)较大,流量特性为非线性,较少采用;具有正开口滑阀的工作精度较负开口高,但中位泄漏较大,稳定性较差,功率损耗大。

图 6.56 四边滑阀的工作原理图
(FIGURE 6.56 Schematic illustration of operating principles of four edge spool valves)

图 6.57 滑阀的开口形式图
(FIGURE 6.57 Schematic illustration of spool valves core and sleeve relation)

2. 喷嘴挡板阀(Nozzle flapper servo valves)

喷嘴挡板阀有单喷嘴和双喷嘴两种。

1) 单喷嘴挡板阀

图 6.58 所示为单喷嘴挡板阀的工作原理图。它主要由挡板 1、喷嘴 2 和液压缸 3 等元件组成。压力油 $p_0$ 一部分进入液压缸 3 的有杆腔,另一部分液压油经过固定节流孔 a 进入中间油腔 b。进入油腔 b 的压力油一部分经过孔道 c 进入液压缸 3 的无杆腔,另一部分经喷嘴和挡板之间的间隙 δ 流回液压油箱,单杆活塞缸为差动连接,因此油腔 b 和液压缸无杆腔的压力主要由间隙 δ 的节流阻力来建立。当活塞处于平衡状态时,活塞两侧受力相等,即 $p_1A_1=p_0A_2$。当输入信号使挡板 1 向左移动时,挡板 1 和喷嘴 2 的间隙 δ 减小,使固定节流孔 a 与喷嘴 2 之间的控制压力 $p_1$ 升高,此时 $p_1A_1>p_0A_2$,故可推动活塞向右移动。反之,当输入信号使挡板 1 向右移动时,挡板 1 和喷嘴 2 的间隙 δ 增大,使固定节流孔 a 与喷嘴 2 之间的控制压力 $p_1$ 降低,$p_1A_1<p_0A_2$,所以推动活塞向左移动。

2) 双喷嘴挡板阀

图 6.59 所示为双喷嘴挡板阀的工作原理图。它主要由挡板 1、一对严格与挡板匹配的单喷嘴 3 和 4、固定节流孔 2 和 5、液压缸 6 等元件组成。当挡板 1 处于中间位置(零位)时,挡板 1 两侧与两喷嘴 3 和 4 端面的缝隙相等 $δ_1=δ_2$,两缝隙所形成的节流阻力相等,两喷嘴腔内的油液压力相等,即 $p_1=p_2$,液压缸不动。压力油经固定节流孔 2 和 5、缝隙 $δ_1$ 和 $δ_2$ 流回液压油箱。当输入信号使挡板 1 绕轴逆时针旋转某一角度时,可变缝隙 $δ_1>δ_2$,$p_1$ 下降,$p_2$ 上升,液压缸 6 缸体向右移动。因负反馈作用,当喷嘴 3 和 4 跟随液压缸 6 缸体移动到挡板 1 两边对称位置时,液压缸 6 停止运动。同理,当输入信号使挡板 1 绕轴顺时针旋转某一角度时,可使液压缸 6 缸体向左移动。

喷嘴挡板阀的优点是结构简单,加工方便,调整简易,尺寸、体积也较小,运动部件惯性小,反应快,灵敏度和精度高。缺点是挡板处于中间位置(零位)时泄漏大,无功损耗大,负载刚性差,输出流量小,抗污染能力差,喷嘴与挡板之间的缝隙约为 0.025~0.1mm,极易淤堵,造成零偏,严重时会造成"满舵"事故。喷嘴挡板阀常用作多级放大伺服控制元件中的前置级。

图 6.58 单喷嘴挡板阀的工作原理图
(FIGURE 6.58 Schematic illustration of operating principles of single-nozzle flapper servo valves)
1—挡板；2—喷嘴；3—液压缸

图 6.59 双喷嘴挡板阀的工作原理图
(FIGURE 6.59 Schematic illustration of operating principles of double-nozzle flapper servo valves)
1—挡板；2、5—固定节流孔；
3、4—喷嘴；6—液压缸

3. 射流管阀（Jet-flow pipe valves）

图 6.60 所示为射流管阀的工作原理图。射流管阀由射流管 1、接收板 2 和液压缸 3 等主要部件组成。射流管 1 在输入信号的作用下可绕 $O$ 轴左右摆动一个不大的角度，压力油经轴孔管道进入射流管 1，从锥形喷嘴孔 a 射出的压力油冲到接收板 2 上的两个并列的接收孔 b、c 内，两接收孔分别与液压缸 3 两腔相通。液压能通过射流管 1 的喷嘴转换为液流的动能，液流被接收孔接收后，又将其动能转变为压力能。当射流管 1 处于两接收孔的中间位置（零位）时，两接收孔 b、c 所接收的射流动能相同，因此恢复压力相等，液压缸 3 不动。当输入信号使射流管 1 绕 $O$ 轴向右摆动一个小角度时，进入孔 c 的油液压力就比进入孔 b 的油液压力大，因液压缸 3 的活塞杆固定，所以液压缸 3 的缸体向右移动。由于接收板 2 与缸体连接在一起，接收板 2 也向右移动，形成负反馈，射流管 1 的喷嘴恢复到中间位置，液压缸 3 停止运动。同理，当输入信号使射流管 1 绕 $O$ 轴向左摆动一小角度时，进入孔 b 的油液压力大于进入孔 c 的油液压力，液压缸 3 向左移动，在负反馈信号的作用下，液压缸 3 最终停止移动。

射流管阀的优点是结构简单，元件加工精度要求较低；动作灵敏，工作可靠，

图 6.60 射流管阀的工作原理图
(FIGURE 6.60 Schematic illustration of operating principles of jet-flow pipe valves)
1—射流管；2—接收板；3—液压缸

抗污染能力强,不会发生"卡紧"情况。其缺点是受射流力的影响,高压时易产生干扰振动;射流管运动部件惯性较大,工作性能较差,射流能量损失大、效率较低。因此,射流管阀适用于低压小功率的液压伺服系统。

### 6.10.2 机液伺服控制阀(Mechanical hydraulic servo control valves)

机液伺服阀的输入信号为手控或机动的位移量。轴向柱塞泵的手动伺服变量机构的结构和工作原理图,如图 6.61 所示。主要由单向阀 1、斜盘 2、阀体 4、变量活塞 5、阀套 6、阀芯 7 等零件组成。液压泵输出的压力油 $p$ 经液压泵壳体上的通道,变量机构下方的单向阀 1 进入变量活塞 5 的下腔 f,然后经变量活塞 5 上的通道 g 引到机液伺服阀的阀口 b。图示位置,机液伺服阀的阀口 b 和 d 都关闭,变量活塞 5 的上腔 a 为密闭容积。在变量活塞 5 下腔压力油的作用下,上腔油液形成相应的压力使变量活塞 5 受力平衡(由于变量活塞 5 上、下两腔有效作用面积之比设计为 2∶1,因此上腔 a 的压力为下腔 f 的压力的 1/2)。此时,液压泵斜盘 2 倾角和排量皆为零。

图 6.61 轴向柱塞泵手动伺服变量机构的结构和工作原理图
(FIGURE 6.61 Schematic illustration of structure and operating principles of axial piston pump manually operated servo variable displacement mechanism)
1—单向阀;2—斜盘;3—球铰;4—阀体;
5—变量活塞;6—阀套;7—阀芯;8—控制杆

若用力向上提拉控制杆 8 带动伺服阀阀芯 7 向上移动时,阀口 d 开启,变量活塞 5 上腔 a 油液经变量活塞 5 内的通道 c、阀口 d 流向液压油箱。于是变量活塞 5 上腔 a 的压力下降,变量活塞 5 就会带着阀套 6 一起向上移动,通过球铰 3 带动斜盘 2 摆动,使斜盘 2 倾角增大。由于伺服阀阀套 6 与变量活塞 5 刚性地连成一体,因此在变量活塞 5 向上移动的同时反馈作用给伺服阀阀套 6,当变量活塞 5 的移动量与控制杆 8 的位移量相等时,阀口 d 关闭,变量活塞 5 因油路切断而停止向上移动,变量活塞 5 受力重新平衡,使斜盘 2 保持在一个方向向下的倾角的位置上。若反向向下推压控制杆 8,则阀口 b 开启,变量活塞 5 下腔压力油经阀口 b 通到上腔,上腔压力增大,变量活塞 5 向下移动,当变量活塞 5 的移动量与控制杆 8 的位移量相等时,阀口 b 关闭,变量活塞 5 下移停止并受力重新平衡,使斜盘 2 保持在一个方向向上的倾角位置上。

由上可知,给控制杆 8 输入一个位移信号,变量活塞 5 将跟随产生一个同方向的位移,轴向柱塞泵的斜盘 2 摆动为某一角度,轴向柱塞泵输出一定的流量,流量的大小与控制杆 8 的位移信号成比例。

### 6.10.3 电液伺服控制阀(Electro-hydraulic servo control valves)

电液伺服控制阀是电液转换元件,又是功率放大元件,它能将很小功率的输入电信号转换为大功率的液压能输出,是电液伺服控制系统的关键元件。

1. 滑阀式电液伺服阀(Electro-hydraulic servo spool valves)

图 6.62 所示为滑阀式直接反馈二级电液伺服阀的结构和工作原理图。滑阀式伺服阀又称动圈伺服阀。它由永磁动圈式力马达、一对固定节流孔、预开口双边滑阀式前置液压放大器和三通滑阀式功率级组成。前置控制滑阀的两个预开口节流控制边 9、12 与两个固定节流孔 8、16 组成一个液压桥路。滑阀副的阀芯直接与力马达的动圈骨架相连,在阀套内滑动。前置级的阀套 10 又是功率级滑阀 11 放大器的阀芯。

输入控制电流使力马达动圈 4 产生的电磁力与对中弹簧 2 的弹簧力相平衡,使动圈 4 和前置级(控制级)阀芯 7 移动,其位移量与动圈 4 电流成正比。若前置级阀芯 7 向左移动,则滑阀左腔控制口面积增大,左腔控制压力降低;右侧控制口面积减小,右腔控制压力升高。该压力差作用在功率级滑阀阀心(即前置级的阀套)10 的两端上,使功率级滑阀阀芯 10 向左移动,也就是前置级滑阀的阀套 10 向左移动,左侧控制孔的面积逐渐减小,直至停留在某一位置。在此位置上,前置级滑阀副的两个可变节流控制孔的面积相等,功率级滑阀阀心 10 两端的压力相等。这种直接反馈的作用,使功率级滑阀阀芯(前置级滑阀的阀套)10 跟随前置级滑阀阀芯 7 运动,功率级滑阀阀心 10 的位移与动圈输入电流大小成正比。

图 6.62 滑阀式直接反馈二级电液伺服阀的结构和工作原理图

(FIGURE 6.62 Schematic illustration of structure and operating principles of direct feedback spool-valve electro-hydraulic servo control valve)

1—调节螺钉;2—对中弹簧;3—内导磁体;4—动圈;5—外导磁体;6—磁钢(永久磁铁);
7—控制阀芯;8—固定右节流孔;9—控制级右节流边;10—功率级滑阀阀芯(前置级的阀套);
11—主滑阀;12—控制级左节流边;13—减压孔板;14—过滤器;15—壳体;16—固定左节流孔;
P—进油口;A、B—工作油口;T—回油口;L—泄漏油口;$K_1$—控制级进油口;$K_2$—控制级回油口

滑阀式直接反馈二级电液伺服阀的优点如下。

(1) 固定节流口尺寸大,不易被堵塞,工作可靠。

(2) 采用动圈式力马达(输出直线位移),结构简单,功率放大系数较大,滞环小,工

作行程较大。

（3）主滑阀阀芯两端作用面积大，从而加大了驱动力，故滑阀阀芯不易卡死。

2. 射流管式电液伺服阀（Electro-hydraulic servo jet-flow pipe valves）

图 6.63 所示为射流管式伺服阀的结构和工作原理图。该阀采用衔铁式永磁力矩马达 5 带动射流管 6，射流管 6 焊接于衔铁 4 上，并由薄壁弹簧片支承，两个接收孔 a 和 b 直接和主阀阀芯 8 两端面连接，控制主阀阀芯 8 运动。主阀阀芯 8 靠一个板簧定位，其位移与主阀阀芯 8 两端压力差成比例。

射流管式伺服阀的优点是：结构简单，最小通流尺寸（射流管口尺寸）比喷嘴挡板的工作间隙大 4~10 倍，抗污染能力强，对油液的清洁度要求不高，动作可靠性较好。缺点是：零位泄漏量大；力矩马达带动射流管，外负载惯量大，工作性能差；射流能量损耗大，效率较低；受油液黏度变化影响明显，低温特性差。

图 6.63 常见的射流管式力反馈两级电液流量伺服阀的结构和工作原理图
(FIGURE 6.63 Schematic illustration of structure and operating principles of force feedback jet-flow pipe electro-hydraulic servo control valve)

1—过滤器；2—反馈弹簧；3—柔性供压管；4—衔铁；5—力矩马达；
6—射流管；7—射流接收器；8—阀芯；9—阀体

3. 喷嘴挡板电液伺服阀（Electro-hydraulic servo nozzle flapper servo valves）

图 6.64 所示为喷嘴挡板式二级四通力反馈电液伺服阀的结构和工作原理图。图中上半部为衔铁式力矩马达，下半部为喷嘴挡板式和滑阀式液压放大器。挡板 12 和衔铁 7 及反馈弹簧杆 5 连接在一起，由固定在阀体 14 上的弹簧管 11 支承。反馈弹簧杆 5 下端为一球头，嵌放在滑阀阀芯 15 的凹槽内，永久磁铁 9 和导磁体 6、8 形成一个固定磁场。当线圈 10 中没有电流通过时，衔铁 7 和导磁体 6、8 间 4 个气隙中的磁通相等，且方向相同，挡板 12 和衔铁 7 都处于中间位置，因此滑阀阀芯 15 没有液压油输出。当有控制电流流入

线圈 10 时，一组对角方向气隙中的磁通增加，另一组对角方向气隙中的磁通减小，于是衔铁 7 在磁力作用下克服弹簧管 11 的弹性反作用力而以弹簧管 11 中的某一点为支点偏转 $\theta$ 角，并偏转到磁力所产生的转矩与弹簧管 11 的弹性反作用力产生的反转矩平衡时为止。这时滑阀阀芯 15 尚未移动，而挡板 12 因随衔铁 7 偏转而发生挠曲，改变了它与两个喷嘴 4 和 13 之间的间隙，挡板 12 与喷嘴 4 之间的间隙减小，挡板 12 与喷嘴 13 之间的间隙增大。

图 6.64　喷嘴挡板式二级四通力反馈电液伺服阀的结构和工作原理图
(FIGURE 6.64　Schematic illustration of structure and operating principles of force feedback nozzle flapper electro‐hydraulic servo control valve)

1、3—固定节流口；2—过滤器；4—右喷嘴；5—反馈弹簧杆；6、8—导磁体；
7—衔铁；9—永久磁铁；10—线圈；11—弹簧管；12—挡板；
13—左喷嘴；14—阀体；15—滑阀阀芯

进入伺服阀的压力油经过滤器 2、两个对称的固定节流孔 1、3 和左右喷嘴 13、4 流回液压油箱。当挡板 12 挠曲，喷嘴与挡板两侧的两个间隙不相等时，左右喷嘴 13、4 两侧的压力 $p_1$ 和 $p_2$ 就不相等，即 $p_1 < p_2$，它们作用在滑阀阀芯 15 左右端面上，使滑阀阀芯 15 向左移动一段距离，压力油就通过滑阀阀芯 15 上的一个阀口 A 输向一个液压执行元件，由液压执行元件排出的油液经滑阀阀芯 15 上另一个阀口 B 和 T 流回液压油箱。当滑阀阀芯 15 移动时，反馈弹簧杆 5 下端球头跟着向左移动，在衔铁挡板组件上产生转矩，使衔铁 7 向相应方向偏转，并使挡板 12 在左右喷嘴 13、4 间的偏移量减少，这就是所谓力反馈。反馈作用的结果，使滑阀阀芯 15 两端的压差减小。当滑阀阀芯 15 通过反馈弹簧杆 5 作用于挡板 12 的力矩，喷嘴作用于挡板 12 的力矩以及弹簧管 11 反力矩之和等于力矩马达产生的电磁力矩时，滑阀阀芯 15 不再向左移动，并一直使其阀口保持在这一开度上。通入线圈 10 的控制电流越大，使衔铁 7 偏转的转矩，反馈弹簧杆 5 的挠曲变形，滑阀阀芯 15 两端的压差以及滑阀阀芯 15 的偏移量就越大，伺服阀输出的流量也就越大。由于滑阀阀芯 15 的位移，左右喷嘴 13、4 与挡板 12 之间的间隙，衔铁 7 转角都依次和输入

电流成正比，因此喷嘴挡板式伺服阀的输出流量也和输入电流成正比。输入电流反向时，输出流量也反向。

喷嘴挡板式二级四通力反馈电液伺服阀，由于力反馈的存在，使得力矩马达在其零点附近工作，即衔铁 7 偏转角 $\theta$ 很小，故线性度好。此外，改变反馈弹簧杆 5 的刚度，就能在输入相同电流时改变滑阀阀芯 15 的位移量。这种伺服阀结构紧凑，外形尺寸小，响应快。但挡板与两个喷嘴的工作间隙较小，对液压油液的清洁度要求较高。

## 重点和难点课堂讨论
（Important and difficult understanding knowledge points discussion in this chapter）

**课堂讨论**：先导式控制阀的工作原理和滑阀式换向阀中位机能的特性及应用。

## 本 章 小 结 (Summary)

液压控制阀是直接影响液压传动系统工作过程和工作特性的重要元件。在液压传动系统中，液压控制阀被用来控制工作介质的压力、流量和方向，保证液压执行元件按照外负载的需求进行工作。方向控制阀则包括单向阀和换向阀两大类，其基本作用是控制液压传动系统中工作介质的流动方向。压力控制阀主要有溢流阀、减压阀、顺序阀和压力继电器等，其基本作用是控制液压传动系统中工作介质的压力。流量控制阀包括普通节流阀、调速阀、溢流节流阀、分流阀、集流阀、分流集流阀和限速切断阀等，其基本作用是控制液压传动系统中工作介质的流量。叠加阀是在板式阀集成化的基础上发展起来的一种新型液压元件，其主要特点是组成的液压传动系统集成度高。多路阀是将单向阀、安全阀、补油阀、制动阀等组合在两个以上的组合换向阀内，用以操纵工程机械中多个液压执行元件的运动。插装阀是一种把作为主控元件的锥阀插装于油路集成块中、利用小流量控制大流量工作的开关式阀。电液比例控制阀和电液数字控制阀则是在通用型控制阀的基础上，应用比例控制技术和数字控制技术发展起来的两类高精度控制阀，它们在现代高精度的液压传动系统中应用越来越广泛。电液伺服控制阀是电液伺服系统的核心元件，它将小功率的电信号输入转换为大功率的液压能输出，通过改变输入信号，连续、成比例的控制流量和压力，其控制精度和响应的快速性远远高于普通的液压传动系统。

## 思考题和习题 (Review Questions)

1. 液压控制阀是如何进行分类的？

2. 单向阀有哪些功用？

3. 二位四通电磁换向阀用作二位二通或二位三通阀时应如何连接？

4. 什么是直动式溢流阀的开启压力、全流压力、调压偏差及开启比？

5. 试述溢流阀在液压传动系统中都有哪些用途。它是怎样进行工作的？若进出油口反接了，会出现什么情况？

6. 若先导式溢流阀主阀芯上的阻尼孔被污物堵塞，溢流阀会出现什么样的故障？为什么？

7. 顺序阀能否用溢流阀代替？

8. 溢流阀与减压阀有什么区别？

9. 节流指数对流量有什么影响，为什么一般节流口选用三角沟式？

10. 调速阀的流量稳定性为什么比节流阀好？

11. 哪些液压阀可以作背压阀？

12. 叠加阀的特点是什么？

13. 多路阀有什么特点？

14. 插装阀由哪几部分组成？与普通阀相比有何特点？

15. 按用途电液比例控制阀可以分为几种？各有何功能？

16. 简述电液数字控制阀的工作原理与结构组成。

17. 电液伺服控制阀的功能是什么？常用的液压伺服阀有哪些种类？

18. 滑阀式电液伺服阀按工作边数可分为几类？哪种控制性能最好？

19. 说明喷嘴挡板阀和射流管阀的工作原理和特点。

20. 在图 6.65 所示回路中，顺序阀调定压力为 $p_s=3\text{MPa}$，溢流阀的调定压力为 $p_y=5\text{MPa}$，求在下列情况下，A、B 点的压力等于多少？

(1) 液压缸运动时，外负载建立的压力 $p_L=4\text{MPa}$。

(2) 外负载建立的压力变为 $p_L=1\text{MPa}$。

(3) 活塞运动到右端不动时。

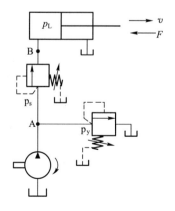

图 6.65
(FIGURE 6.65)

21. 图 6.66 所示的液压传动系统中，液压缸的有效面积 $A_1=A_2=100\text{cm}^2$，液压缸 1 外负载 $F=35000\text{N}$，液压缸 2 运动时外负载为零。溢流阀、顺序阀和减压阀的调定压力分别为 4MPa、3MPa 和 2MPa。如不计摩擦阻力、惯性力和管路损失，求在下列 3 种工况下 A、B、C 3 点的压力。

(1) 液压泵启动后，两换向阀处于中位。
(2) 1YA 通电，2YA、3YA、4YA 断电，液压缸 1 活塞运动时及活塞运动到终端后。
(3) 3YA 通电，1YA、2YA、4YA 断电，液压缸 2 活塞运动时及活塞碰到固定挡块时。

图 6.66
(FIGURE 6.66)

22. 在图 6.67 所示的回路中，已知溢流阀的调定压力 $p_y=5$MPa，减压阀的调定压力 $p_{j1}=2.5$MPa，液压缸无杆腔的活塞面积 $A=50\times10^{-4}$m²，油液流过单向阀和非工作状态下的减压阀时，其压力损失分别为 0.2MPa 和 0.3MPa。试问：当外负载分别为 0kN、7.5kN、和 30kN 时，(1)液压缸能否移动？(2)A、B 和 C 3 点的压力值各为多少？

图 6.67
(FIGURE 6.67)

# 第7章 液压辅助元件

## Chapter 7  Hydraulic accessories

本章教学要点

| 知识要点 | 掌握程度 | 相关知识 |
| --- | --- | --- |
| 液压密封装置 | 掌握常用密封件的结构与性能 | 常用密封件的结构与性能 |
| 液压油箱 | 掌握液压油箱的设计要点 | 液压油箱的设计要点 |
| 管道及管接头 | 掌握管道安装要求 | 管道安装要求 |
| 过滤器 | 了解过滤器的选用 | 过滤器的选用 |
| 蓄能器 | 了解蓄能器的选用和安装 | 蓄能器的选用和安装 |

### 导入案例

**案例1**：液压传动系统中液压泵的最大流量 $q=80\text{L/min}$，最高工作温度为60℃，液压工作介质的运动黏度 $7.3\text{mm}^2/\text{s}$，欲使液压传动系统供油管路液流处于层流状态，求管道内径。

**解**：液压工作介质流动时的雷诺数

$$Re = \frac{vd}{v} = \frac{4q}{\pi d^2} \times \frac{d}{v} < 2320$$

故

$$d > \frac{4 \times 80 \times 10^{-3}}{60 \times \pi \times 7.3 \times 10^{-6} \times 2320} = 0.1002\text{mm} = 100.2\text{mm}$$

**案例2**：某一蓄能器的充气压力为 $p_0=8\text{MPa}$，用流量 $q=5\text{L/min}$ 的液压泵充油，当压力升到 $p_1=19\text{MPa}$ 时向液压传动系统快速排油，当压力降到 $p_2=10\text{MPa}$ 时排出的体积为5L，试确定蓄能器的容积 $V_0$。

**解**：根据题意，蓄能器排油过程是绝热过程，取 $n=1.4$，故可得 $p_1V_1^{1.4}=p_2V_2^{1.4}$ 及 $V_2-V_1=5$，解之，得 $V_1=8.6\text{L}$。

先假设充液过程是绝热过程，则

$$V_0 = \left(\frac{p_1}{p_0}\right)^{\frac{1}{1.4}}V_1 = \left(\frac{19}{8}\right)^{\frac{1}{1.4}}\times 8.6 = 15.9(\text{L})$$

充液时间 $t = \dfrac{V_0-V_1}{q} = \dfrac{15.9-8.6}{5}\text{min} = 1.5\text{min}$

因充液时间超过 1min，也可认为充液过程近似等温过程，$n=1$，

$$V_0 = \left(\frac{p_1}{p_0}\right)V_1 = \frac{19}{8}\times 8.6 = 20.4(\text{L})$$

故根据等温过程的充液要求，需用 20.4L 的蓄能器。

液压传动系统辅助元件有液压密封装置、液压油箱、加热器、冷却器、管道及管接头、过滤器、蓄能器等，是液压传动系统中不可缺少的组成部分。除液压油箱通常需要自行设计外，其余皆为标准件，它们对液压传动系统的性能、效率、温升、可靠性、噪声和寿命等影响很大，必须给予足够的重视。

## 7.1　液压密封装置(Hydraulic seals)

液压传动是以液体为工作介质，依靠密闭容积变化来实现能量转换和传递的。在能量转换时，由于液压泵、液压马达、液压缸内的相对运动零件之间存在间隙，间隙两端又存在压力差，势必导致液压元件的内泄漏，必须采取有效的密封措施减小内泄漏，以提高容积效率。在能量传递时，在管道及管接头和液压元件的固定连接处，必须防止液压工作介质外漏，防止外界灰尘和异物侵入，而防漏、防尘功能则依靠密封装置来完成。

### 7.1.1　对密封装置的基本要求(Basic requirement for seals)

（1）密封件材料必须与液压工作介质相容，具有良好的力学性能和化学稳定性等。
（2）与密封面贴合的柔软性和弹性好。
（3）为避免出现相对运动件卡紧或运动不均匀现象，要求密封件的摩擦力要小，摩擦系数稳定。
（4）抗腐蚀能力强，不易老化，耐磨性要好，磨损后在一定程度上能自动补偿，工作寿命长。
（5）在一定的压力和温度范围内具有良好的密封性能，并能随压力的增大自动地提高密封程度。
（6）结构简单，制造容易，价格低廉，使用方便。

### 7.1.2　密封件的分类(Classification of seals)

密封件可分为静密封和动密封两大类，其详细分类见表 7-1。

1. 静密封（Static seals）

相对静止的结合面之间的密封被称为静密封。

2. 动密封（Dynamic seals）

相对运动的结合面之间的密封被称为动密封。按照运动形式的不同，可分为往复运动密封和旋转运动密封。

表 7-1 密封件的分类

(TABLE 7-1 Classification of seals)

| 分 类 | | | 主要密封件 |
|---|---|---|---|
| 静密封 | 金属静密封 | | 金属垫圈 |
| | | | 空心金属 O 形密封圈 |
| | 非金属静密封 | | O 形橡胶密封圈 |
| | | | 橡胶垫片 |
| | | | 聚四氟乙烯生料带 |
| | 橡胶-金属复合静密封 | | 组合密封垫圈 |
| | 液态密封垫 | | 密封胶 |
| 动密封 | 非接触式密封 | | 间隙密封 |
| | | | 迷宫密封 |
| | 接触式密封 | 自封式压紧型密封 | O 形橡胶密封圈 |
| | | | 同轴密封圈 |
| | | | X 形密封圈 |
| | | | 其他 |
| | | 自封式自紧型密封（唇形密封） | V 形密封圈 |
| | | | Y 形密封圈 |
| | | | 组合式 U 形密封圈 |
| | | | 带支承环组合双向密封圈 |
| | | | 星形和复式唇密封圈 |
| | | | 其他 |
| | | 旋转轴密封 | 油封 |
| | | | 机械密封（端面密封） |
| | | | 橡胶组合旋转密封 |
| | | | X 形（星形）密封圈 |
| | | 填料密封 | 纤维填料、金属填料、复合填料、成型填料 |
| | | 防尘密封 | 防尘圈 |
| | | 活塞环 | 金属活塞环 |
| | | 液压缸导向支承件 | 导向支承环 |

### 7.1.3 常用密封件的材料(Material of common seals)

常用的液压传动系统密封件材料主要有以下几种。

**1. 聚氨酯**

聚氨酯既具有高弹性又具有高强度，有很好的耐磨性，耐油性能比丁腈橡胶好，拉断强度比一般橡胶高，是常用的动密封材料，工作温度为－30℃～＋90℃。

**2. 丁腈橡胶**

丁腈橡胶具有良好的弹性与耐磨性，有一定的强度，摩擦系数较大，是最常用的耐油橡胶，工作温度为－30℃～＋100℃。

### 7.1.4 常用密封件的结构与性能(Structure and characteristics of common seals)

**1. O 形密封圈(O‐seal)**

1) 主要性能

O 形密封圈是一种截面为圆形的橡胶圈，如图 7.1 所示。其材料主要为丁腈橡胶或氟橡胶。它是液压传动系统中使用最广泛的一种密封件，O 形密封圈具有结构简单，制造容易，摩擦系数小，密封性能好，成本低廉等优点，主要用于静密封和往复动密封，使用工作压力范围为 0.0013～400MPa，温度范围为－60℃～＋260℃，速度范围为 0.005～0.5m/s。

图 7.1　O 形密封圈的结构图

(FIGURE 7.1　Schematic illustration of structure of O‐seal)

2) 静密封原理

O 形密封圈用于静密封时的工作原理，如图 7.2 所示。O 形密封圈装入密封槽后，其截面承受接触压缩应力而产生弹性变形。当无压力液压工作介质时，O 形密封圈在其自身的弹性力作用下，对接触面产生一个预接触应力 $p_0$，如图 7.2(a)所示。当有压力液压工作介质时，O 形密封圈在液压工作介质压力 $p$ 的作用下，向低压侧产生位移，使其弹性变形进一步增大，填充和封闭了密封间隙 $\delta$，且作用于密封副偶合面的接触应力上升为 $p_1 = p + p_0$，增强了密封效果，如图 7.2(b)所示。当液压工作介质卸压后，O 形密封圈在接触面上仍具有初装时的预接触应力 $p_0$，仍然能保证密封性能，这就是 O 形密封圈的自密封作用。

(a) 空载状态　　　　　　　　(b) 承载状态

图 7.2　O 形密封圈的静密封工作原理

(FIGURE 7.2　Schematic illustration of operating principle of static seal of O‐seal)

一般静密封的偶件是可以通过紧固螺钉等对密封圈施加压力而达到完全密封的。

3) 用于往复动密封的工作原理

O形密封圈在往复运动滑移面上的接触情况，如图7.3所示。当O形密封圈被装入密封槽后，其截面因受压产生弹性变形；O形密封圈的动密封作用主要是依靠其预挤压应力$p_0$和加入液压工作介质压力$p$后作用于偶合面上的接触应力$p_1 = p + p_0$，且由于O形密封圈自身的弹性而具有磨损后自动补偿的能力。由于液压工作介质的压力、运动速度及黏度等因素的影响，沿滑移面和O形密封圈间形成一层粘附力极强的边界层液体薄膜，如图7.3(a)所示，这层液压工作介质薄膜始终存在且具有一定的密封作用。当滑移面向外伸出时，液压工作介质薄膜也随着一同探出，如图7.3(b)所示；当滑移面回缩时，液压工作介质薄膜则被O形密封圈阻留在外侧。随着滑移面往复运动次数的增加，阻留在O形密封圈外侧的液压工作介质薄膜逐渐增厚，最后形成液滴，从滑移面上滴下，如图7.3(c)所示。这就是O形密封圈用于往复运动密封时会产生泄漏的原因。由此可见，O形密封圈不适合用于滑移面频繁往复运动的密封装置中。

图 7.3　O形密封圈的动密封工作原理

(FIGURE 7.3　Schematic illustration of operating principle of dynamic seal of O‐seal)

4) 安装使用

O形密封圈被安装入截面为矩形沟槽内起密封作用，如图7.2所示。O形密封圈良好的密封效果主要取决于O形密封圈尺寸和矩形沟槽尺寸匹配的正确性，因此，O形密封圈及沟槽尺寸和表面精度必须按国家标准规定选取。装配后的预变形量$\delta$是保证密封性能所必须具备的，预变形量的大小应选择合适。当预变形量$\delta$过小时，由于安装部位的偏心或公差波动等原因而漏油；当预变形量$\delta$过大时，对用于动密封的O形密封圈来说，摩擦阻力将会增加。同样，若装配后O形密封圈拉伸过度，会使其过早老化而引起密封装置泄漏。因而对用于静密封的O形密封圈的预变形量$\delta$通常取大值，用于动密封的O形密封圈的预变形量$\delta$应取小值。当静密封工作压力大于32MPa时，或动密封工作压力大于10MPa时，O形密封圈有可能被压力油挤入间隙而损坏，可在O形密封圈低压侧安置聚四氟乙烯挡圈，如双向交替受高压油作用时，两侧都要加挡圈，如图7.4所示。

图 7.4　O形密封挡圈的安装

(FIGURE 7.4　O‐seal with gasket installation)

2. 唇形密封圈(Y‐seals and V‐seals)

唇形密封圈的密封是通过其唇口在液压力的作用下变形，使唇边紧贴密封面而实现的。液压力越高,唇边与密封面贴得就越紧,密封唇边磨损后,具有一定自动补偿的能力。这种密封圈常用于往复动密封。常见的有 V 形和 Y 形密封圈。

1) V 形密封圈

V 形密封圈的截面呈 V 形,由多层涂胶质物压制而成,图 7.5 所示为 V 形密封圈的结构形式,它由压环 1、密封环 2 和支承环 3 部分组成。当工作压力大于 10MPa 时,可适当增加中间密封环的数量,来满足密封的需要。

这种密封圈在安装时应使密封环 2 唇口面向压力油作用方向,如图 7.6 所示。V 形密封圈的密封原理为:作用在压环 1 上的轴向力使密封环 2 唇边径向伸展,对被密封件产生挤压应力,从而起到密封作用。调整压紧力就可调节挤压应力。

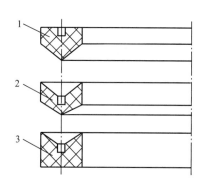

图 7.5　V 形密封装置的结构图
(FIGURE 7.5　Schematic illustration of structure of V‑seals)
1—压环;2—密封环;3—支承环

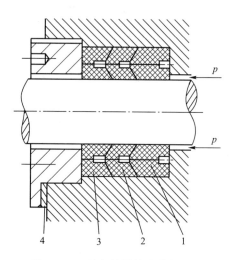

图 7.6　V 形密封圈的安装与调整
(FIGURE 7.6　V‑seal installation and adjustment)
1—压环;2—密封环;3—支承环;4—调整垫片

V 形密封圈主要用于液压缸活塞杆的往复动密封,最高工作压力大于 60MPa,适用工作温度范围为 -30℃～+80℃,工作速度范围:采用夹布橡胶制作时为 0.005～0.5m/s;采用丁腈橡胶制作时为 0.02～0.3m/s。

2) Y 形密封圈

Y 形密封圈由耐油橡胶制成,截面为 Y 形,是一种典型的唇形密封圈。根据截面的高宽比不同来分,有宽形、窄形、Yx 形等类型;根据两唇的高度是否相等来分,有轴、孔通用形的等高唇 Y 形密封圈和轴用、孔用的不等高唇 Y 形密封圈,后者又称为 Yx 形密封圈,如图 7.7 所示。

Yx 形密封圈其断面高度与宽度之比大于 2,因而不易翻转,稳定性好,它的短边为密封边,与密封面接触,滑动摩擦阻力小;其长边与非滑动表面接触,有较大的预压缩量,摩擦阻力大,工作时不易窜动。这种密封圈在耐磨性、耐油性、密封性等方面都比等高唇 Y 形密封圈优越,因而被广泛地应用。Y 形密封圈工作压力小于 40MPa,适用工作温度范围为 -3℃～+80℃,工作速度范围:采用聚氨酯橡胶制作时为 0.01～1m/s;采用氟橡胶制作时为 0.05～0.3m/s;采用丁腈橡胶制作时为 0.01～0.6m/s。

图 7.7　Y 形密封圈的结构图

(FIGURE 7.7　Schematic illustration of structure of Y‑seals)

在安装 Y 形密封圈时，唇口端一定要对着压力高的一侧，才能起密封作用，如图 7.8(a)所示。在高压状态下，Y 形密封圈的根部因材质塑性变形易被挤入密封偶合面的间隙，所以应控制滑移偶合件间的配合间隙 $\delta$ 的大小，使它不超过表 7‑2 所规定的最大间隙值 $c$。当工作压力大于 14MPa 时，为了防止 Y 形密封圈的根部被挤入配合间隙，应在其根部安装挡圈，如图 7.8(b)所示。

图 7.8　Y 形密封圈的安装

(FIGURE 7.8　Y‑seal installation)

1—Y 形密封圈；2—挡圈

当压力变化较大，滑动速度较高，为了防止 Y 形密封圈在往复运动中出现翻转或扭曲现象，在 Y 形密封圈的唇口处设置支承环，如图 7.9 所示。支承环上开有均布的导流小孔，以利于压力液压工作介质通过小孔作用到密封圈唇边上，撑开双唇，保持 Y 形密封圈的正确动态姿势，保证其良好的密封性能。

图 7.9　Y 形密封圈的安装及支承环结构

(FIGURE 7.9　Schematic illustration of structure of Y‑seal with support ring)

表 7-2  Y 形密封圈允许的最大间隙值 $c$ (mm)

(TABLE 7-2  Y-seals allowable maximum clearance $c$ value)

| 密封材料 | 密封圈的公称直径/mm | 使用压力/MPa | | |
|---|---|---|---|---|
| | | <3.5 | 3.5~21 | >21 |
| 丁腈橡胶 | ~50 | 0.15 | 0.13 | |
| | 50~125 | 0.20 | 0.15 | |
| | 125~200 | 0.25 | 0.20 | |
| | 200~250 | 0.30 | 0.25 | |
| | 250~300 | 0.36 | 0.30 | |
| | 300~400 | 0.41 | 0.36 | |
| 聚氨酯橡胶 夹织物橡胶 | ~75 | 0.30 | 0.20 | 0.15 |
| | 75~200 | 0.36 | 0.25 | 0.20 |
| | 200~250 | 0.41 | 0.30 | 0.25 |
| | 250~300 | 0.46 | 0.36 | 0.30 |
| | 300~400 | 0.51 | 0.41 | 0.36 |
| | 400~600 | 0.56 | 0.46 | 0.41 |

3. 组合式密封件(Assembled seals)

组合式密封件由两个或两个以上元件组成。其中一部分是摩擦系数小、润滑性能好的元件；另一部分是充当弹性体的元件，这样就可以提高综合密封性能。

1) 组合式密封垫圈

组合式密封垫圈是由金属环和橡胶环整体黏合硫化而成的密封元件，如图 7.10 所示。垫圈的金属外环由 Q235 钢制成起支承作用，橡胶内环承受压缩变形后起密封作用。内环厚度 $s$ 与外环厚度 $h$ 之差为橡胶的压缩量。

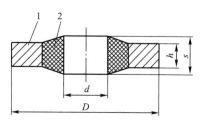

图 7.10  组合密封垫圈的结构图

(FIGURE 7.10  Schematic illustration of structure of assembled seals)

1—Q235 钢圈；2—耐油橡胶

组合式密封垫圈的优点是密封可靠，主要用于管接头或油塞的端面密封，无需加开密封安装沟槽，连接时轴向压紧力小，安装方便，因此被广泛地应用。适用于工作温度范围为 -30℃ ~ +200℃，工作压力小于 100MPa 的静密封。

2) 同轴密封圈

同轴密封圈是由 O 形密封圈和格来圈或斯特圈组合而成的往复运动用密封元件，如图 7.11 所示。格来圈和斯特圈都是以聚四氟乙烯树脂为基材，根据不同的使用条件，添加不同比例的填充材料(如陶土、石棉、碳素纤维、石墨、铜粉、二硫化钼、玻璃纤维等)而制成的。

图 7.11(a)所示为方形断面的格来圈和 O 形密封圈的组合，用于活塞和缸筒的密封；图 7.11(b)所示为阶梯形断面的斯特圈和 O 形密封圈组合，用于活塞杆和缸盖之间的密封。这两种组合密封圈都是利用 O 形圈的弹性和预压缩力将格来圈或斯特圈压紧在缸筒

内表面或活塞杆上起密封作用。O 形密封圈不与密封偶合面直接接触,因而不存在磨损、扭转、啃伤等问题。

其特点是:格来圈与斯特圈有极低的摩擦系数(0.02~0.04,仅为橡胶的 1/10),且静、动摩擦系数变化小,因此运动平稳无爬行;密封性能良好;自润滑性能好,与金属组成摩擦副时不易粘着;使用寿命比橡胶密封高百倍,因而被广泛地用于中、高压液压缸往复运动的密封件。同轴密封圈运动速度小于 1m/s,工作温度-30℃~+120℃,工作压力小于 50MPa。

4. 旋转轴的密封件(Rotating shaft seals)

旋转轴的密封件有旋转轴唇形密封圈、旋转格来圈、旋转 Variseal 密封圈等,其中比较常用的为旋转轴唇形密封圈。

旋转轴唇形密封圈又称油封,如图 7.12 所示。它是安装在旋转轴和静止件之间,用于防止润滑油沿旋转轴向外泄漏及防止外界杂物、尘土侵入设备内部的动密封元件。

图 7.11 同轴密封圈的结构图
(FIGURE 7.11 Schematic illustration of structure of concentric assembled seals)
1—斯特圈;2—O 形圈;3—格来圈

图 7.12 在旋转轴上安装的密封圈
(FIGURE 7.12 Rotating shaft seal installation)
1—弹簧;2—橡胶本体;3—骨架

它内部有直角形圆环铁骨架支承,密封圈内边上的螺旋弹簧把内边收紧轴上密封。维持密封性能的关键是介于唇缘与轴表面之间的一层油膜,其密封原理是建立在滑动轴承的润滑理论上的。旋转轴唇形密封圈主要用于液压泵、液压马达和回转式液压缸伸出轴的密封。油封的工作温度范围:丙烯酸酯橡胶油封为-20℃~+150℃,氟橡胶油封为-25℃~+200℃,丁腈橡胶油封为-40℃~+120℃。普通油封的工作压力小于 0.05MPa,耐压油封的工作压力可达 1~1.2MPa。油封的工作线速度一般小于 15m/s。

5. 新型密封件(New type seals)

1) M2 型 Turcon-Variseal 密封圈

M2 型 Turcon-Variseal 密封圈是一种轮廓形状不对称,既可用于内圆密封,又可用于外圆密封的往复运动用单作用密封圈,简称 T-V 密封圈。T-V 密封圈由一个 U 形外壳和一个 V 形不锈钢弹簧所组成,如图 7.13 所示。U 形外壳的制作材料 Turcon 是一种高性能工程热塑性复合物。M2 型 T-V 密封圈尺寸稳定性好,能承受急剧的温度变化,摩擦系数小,精确控制时也不会产生爬行。不会污染药剂液体和食品,能适应绝大部分液

图7.13 M2型Turcon-Variseal形密封圈的结构和密封工作原理
(FIGURE 7.13 Schematic illustration of structure and operating principle of M2 Turcon-Variseal seals)
1—V形弹簧

压工作介质和化学制品,可以进行消毒,使用寿命长等优点,主要用于往复和旋转动密封。M2型T-V密封圈的工作压力:静外负载时小于60MPa;动外负载时小于45MPa。工作速度:旋转运动时小于1m/s;往复运动时小于1.5m/s,工作温度为-70℃~+260℃。

2)星形密封圈

星形密封圈又称X形圈,是一种具有4个唇的无接缝的圆形环,在模具内硫化成形,其截面近似正方形,如图7.14所示。星形密封圈的制作材料一般为各种合成橡胶。它比O形密封圈具有更显著、更有效的动密封和静密封性能。适用于双作用往复运动的柱塞、活塞和活塞杆等;也能在摆动、旋转和螺旋工况下适用于轴和心轴等。星形密封圈的工作线速度一般小于0.5m/s,工作压力小于40MPa,工作温度为-60℃~+200℃。

3) Zurcon-L形密封圈

Zurcon-L形密封圈的截面呈倒L形,简称Z-L密封圈,其结构和工作原理,如图7.15所示。其制作材料Zurcon是专门支承系统和密封而研制的高性能聚氨酯。Zurcon-L形密封圈具有在整个工作压力范围内流体动力回吸性能,密封唇不受压力作用,摩擦力小,抗挤出性能好,动态和静态密封性能好,使用寿命长等优点,主要用于活塞杆的静、动密封。Zurcon-L形密封圈的工作线速度一般小于0.5m/s,工作压力小于40MPa,工作温度为-30℃~+80℃。

图7.14 X形密封圈的密封工作原理
(FIGURE 7.14 Schematic illustration of operating principle of X-seals)

图7.15 Zurcon-L形密封圈的结构和密封工作原理
(FIGURE 7.15 Schematic illustration of structure and operating principle of Zurcon-L seals)

6. 带密封和胶密封(Strip seals and glue seals)

1)带密封

带密封是一种介于液态胶密封和固体密封之间的密封。带密封是用密封带缠绕在需要密封的螺纹上,在螺纹副的间隙中填满密封带,防止泄漏。常用的密封带是聚四氟乙烯生料带。带密封的特点是不腐蚀螺纹,操作简便,不污染液压工作介质,干净,耐高压,耐油性好和连接牢固等。

2)胶密封

胶密封是用密封胶涂敷在两个零件的结合面上,通过螺栓连接使两个零件的结合面胶接在一起,堵塞泄漏通道。密封胶的主要成分为无机或有机高分子材料,分为硫化型和非硫化型两大类，在施工时具有流动性或塑性，在施工后具有良好的成膜性，对零件的接缝、孔洞或缺口能起密封作用，并能承受一定的压力和振动。

## 7.2 液压油箱
### (Oil tanks)

### 7.2.1 液压油箱的功能与类型(Function and type of oil tanks)

**1. 液压油箱的功能(Function of oil tanks)**

（1）存储液压传动系统所需足够的液压工作介质。
（2）沉淀液压工作介质中的污染物。
（3）应能有效地防止外界污染物的侵入。
（4）散发液压传动系统工作过程中产生的热量。
（5）逸出渗入液压工作介质中的空气。
（6）为液压传动系统中的元件提供安装位置。

**2. 液压油箱的类型(Types of oil tanks)**

按结构可分为整体式液压油箱和分离式液压油箱；按形状可分为矩形液压油箱和圆筒形液压油箱；按液压油箱液面是否与大气相通可分为闭式液压油箱和开式液压油箱。

闭式液压油箱完全与大气隔绝，液压油箱整个密封，在其内设置气囊或弹簧活塞，对液压油箱中的油液施压，如图 7.16 所示。闭式压力油箱的特点是液压泵的吸油条件好，但液压传动系统的泄油管、回油管要承受背压，常用于飞行器或海拔较高地区或水下作业机械的液压传动系统中。

分离式液压油箱的典型结构，如图 7.17 所示。它主要由箱体 1、箱盖 2、吸油管 4、空气滤清器 5、回油管 7、液位计 8、隔板 9 和 11 及过滤器 12 等组成。油箱中隔板 9 和 11 主要用来阻挡沉淀污染物进入吸油管 4，放油阀 10 用来排放沉淀污物，空气滤清器 5 兼有通气和加油的作用。

整体式液压油箱是利用主机的空腔部分作为液压油箱。其特点是结构紧凑，易于回收泄漏油，但增加了主机的复杂件，维修不便，散热条件不好。分离式液压油箱因单独设置，与主机分开，所以布置灵活、维修方便，减少了液压油箱发热和液压油箱振动对主机工作精度的影响，因而得到广泛地应用，

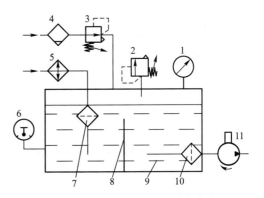

图 7.16 闭式压力液压油箱的结构图
(FIGURE 7.16 Schematic illustration of structure
of closed loop pressure oil tanks)
1—电接点压力表；2—安全阀；3—减压阀；
4—分水滤水器；5—冷却器；6—电接点
温度表；7、10—过滤器；8—隔板；
9—液压油箱；11—液压泵

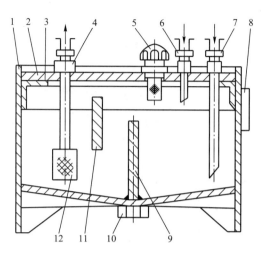

图 7.17 分离式液压油箱的结构图

(FIGURE 7.17 Schematic illustration of structure of independence oil tanks)

1—箱体；2—箱盖；3—密封垫；4—吸油管；5—空气滤清器；6—泄油管；
7—回油管；8—液位计；9、11—隔板；10—放油阀；12—过滤器

常用于行走作业机械和固定作业机械系统中。

### 7.2.2 液压油箱容积的计算(Volume calculation of oil tanks)

液压油箱的容积是指液压工作介质高度为液压油箱高度 80% 时的液压油箱有效容积，是液压油箱的主要参数。在初步设计时，可用经验公式确定液压油箱的容积

$$V = \alpha q_p \tag{7-1}$$

式中：$V$ 为液压油箱有效容积，单位 $m^3$；$\alpha$ 为与压力有关的经验系数，见表 7-3；$q_p$ 为液压泵的额定流量，单位 $m^3/min$。

表 7-3 经验系数 $\alpha$

(TABLE 7-3 Test coefficient $\alpha$)

| | 行走机械 | 低压系统 | 中压系统 | 冶金机械 | 锻压系统 |
|---|---|---|---|---|---|
| $\alpha$ | 1~2 | 2~4 | 5~7 | 10 | 6~12 |

对于功率较大且连续工作的液压传动系统，当液压传动系统损失的功率所产生的发热量几乎全部由液压油箱散发时，应根据液压传动系统的热平衡来确定液压油箱(长、宽、高之比为 1∶1∶1~1∶2∶3)的最小容积

$$V_{min} = \sqrt{\left[\frac{P_t}{0.065K(t_1-t_2)}\right]^3} \tag{7-2}$$

式中：$V_{min}$ 为液压油箱的最小容积，单位 $m^3$；$P_t$ 为液压传动系统损失的功率，单位 W；$K$ 为液压油箱散热系数，单位 $W/(m^2 \cdot K)$，见表 7-4；$t_1$ 为最高允许温度，单位 ℃；$t_2$ 为环境温度，单位 ℃。

表7-4 液压油箱散热系数 $K$

(TABLE 7-4 Oil tanks heat exchange coefficient $K$)

| 散热条件 | $K$ | 散热条件 | $K$ |
| --- | --- | --- | --- |
| 通风很差 | 8~10 | 风扇冷却 | 20~25 |
| 通风良好 | 14~20 | 循环水强制冷却 | 110~175 |

### 7.2.3 液压油箱的设计要点(Design characteristics of oil tanks)

1. 液压油箱的结构(Structure of oil tanks)

对于单件制造或大型的液压油箱,常采用钢板直接焊接或内衬角钢作为骨架与钢板焊接,一般钢板厚度$\delta=1.5\sim6$mm。对于小型且批量生产的液压油箱,常采用铝合金或铸铁铸造,液压油箱要有足够的强度和高度。如果液压泵、液压阀和电动机的集成装置固定在液压油箱盖上,箱盖的钢板厚度$\delta=8\sim12$mm,且箱盖与箱体间应垫上橡胶垫以减振和防尘。箱盖与箱体通过螺栓紧固。

液压油箱底部做成适当斜度,并在最低处设置放油塞。为了更好地通风散热,液压油箱底角高度应在150mm以上。此外,为了吊装或搬运的方便,液压油箱应设计有吊耳。

2. 隔板的设置(Setting metal clapboard)

设置隔板的目的是将吸油、回油隔开,增加液压工作介质循环的距离,提高散热效果,并使液压工作介质有足够的时间分离气泡,沉淀污染物。隔板一般为1~2个,高度约为最低液压工作介质油面高度的2/3。

3. 液压油箱的组装与清洗(Oil tanks assembling and cleaning)

新液压油箱经喷丸、酸洗和表面清洗后,内壁应涂上耐油的除锈清漆,然后,再安装其他组件。

4. 液位计与空气滤清器的设置(Liquid height meter and setting air cleaner)

液位计一般在液压油箱侧壁安装,其窗口尺寸应能观察到最高与最低液位。

空气滤清器的作用是滤除空气中的灰尘杂质,兼作注油口用,根据液压泵输出液压工作介质量的大小来选择其容量,它一般布置在盖上靠近液压油箱的边缘处。

5. 吸油、回油和泄油管(Oil inlet pipe and oil return pipe and oil leakage pipe)

吸油管离液压油箱边的距离应不小于管径的3倍,以使吸油通畅。在吸油管入口处,绝大多数安装网式过滤器,通流能力为液压泵流量的2倍以上。回油管必须侵入最低油面以下,以避免回油时将空气带入油液中,距液压油箱底面的距离也不小于内径的2倍,管端切成45°斜口,并朝向箱体壁面。泄油管流量一般较小,为了防止泄油阻力,泄油管应设置在油面以上。

6. 温度计的设置(Setting thermometer)

常用接触式温度计来显示液压油箱内液压工作介质的温度。接触式温度计有压力式和膨胀式两种类型,其中带有电接点的温度计可以实现温度自动控制。

## 7.3 加 热 器
(Heaters)

当液压传动系统温度低于10℃时，液压工作介质的黏度显著增大，液压泵吸油困难，阻力增加，噪声加大，为了使液压工作介质的温度不低于正常工作温度，通常采用加热器进行温度控制。

液压工作介质加热方法有电加热器和蛇形管蒸汽加热两种。电加热器由于使用方便，容易自动控制温度，所以被广泛地应用。图7.18所示为电加热器的安装图，电加热器1用法兰连接在液压油箱2的内壁上，电加热器1浸在液压工作介质中，通电后先是局部加热，然后逐渐扩散传热使液压油箱内的液压工作介质加热。一般加热管表面温度不允许超过120℃，电加热管表面功率密度不得超过$3W/cm^2$，以免液压工作介质局部温度过高而变质，为

(a)结构　　　　　　　(b)职能符号

图 7.18　电加热器安装图
(FIGURE 7.18　Schematic illustration of electric heater installation)
1—电加热器；2—液压油箱

此，应设置联锁保护装置，在没有足够的液压工作介质经过加热循环时，或者在加热元件没有被液压工作介质完全包围时，阻止电加热器工作。

电加热器的发热功率可按下式计算

$$P \geqslant \frac{c\rho V \Delta t}{T\eta} \tag{7-3}$$

式中：$P$ 为电加热器的发热功率，单位 W；$c$ 为液压工作介质的比热容，取 $c=1675\sim 2093J/(kg \cdot K)$；$\rho$ 为液压工作介质的密度，取 $\rho=900kg/m^3$；$V$ 为液压油箱内液压工作介质的容积，单位 $m^3$；$\Delta t$ 为液压工作介质温升，单位 K；$T$ 为加热时间，单位 s；$\eta$ 为加热器的热效率，一般取 $\eta=0.6\sim 0.8$。

## 7.4 冷 却 器
(Coolers)

液压传动系统工作是否正常与液压工作介质的温度有密切关系。液压传动系统本身损耗的能量绝大部分转变成热量，这些热量使液压传动系统油温升高，当温度超过65℃时，将增加液压传动系统的泄漏、压力的下降，噪声的增大，严重影响液压传动系统的正常工作，因此需使用冷却器对液压工作介质进行降温，要控制液压工作介质的温度为30℃～50℃。

冷却器的种类很多，根据冷却介质可分为无冷却介质冷却器和有冷却介质冷却器。

## 7.4.1 无冷却介质冷却器(Coolers without cooling medium)

翅片管式冷却器的结构和工作原理,如图 7.19 所示。它由一根或多根具有径向翅片的冷却器构成,较大地增加了散热面积和热交换效果,属于无冷却介质冷却器。

(a)结构　　　　　(b)图形符号

**图 7.19　翅片管式冷却器的结构和工作原理**
(FIGURE 7.19　Schematic illustration of structure and operating principle of fin pipe coolers)

## 7.4.2 有冷却介质冷却器(Coolers with cooling medium)

1. 列管式冷却器(Parallel connection pipe coolers)

列管式冷却器的结构和工作原理,如图 7.20 所示。它由一组相间陈列的冷却器管封装在壳体内组成,壳体一端为进水口,另一端为出水口。被冷却的液压工作介质从进油口进入,从排油口流出,这种冷却器由于采用强制对流的方式,散热效率高,结构紧凑,因而应用广泛。

2. 蛇形管式冷却器(Spiral pipe coolers)

蛇形管式冷却器的结构和工作原理,如图 7.21 所示。蛇形管可直接浸入液压工作介质中,安装在液压油箱侧壁上,冷却水从蛇形管内部通过,把液压油箱中的热量带走,这种冷却器结构简单,成本低,但冷却效率低。

(a)结构　　(b)图形符号

**图 7.20　列管式冷却器的结构和工作原理**　　**图 7.21　蛇形管式冷却器的结构和工作原理**
(FIGURE 7.20　Schematic illustration of structure and 　(FIGURE 7.21　Schematic illustration of structure
operating principle of parallel connection pipe coolers)　and operating principle of spiral pipe coolers)
1—端盖；2—隔板；3—端盖

## 7.4.3 冷却器的计算(Calculation of coolers)

1. 风冷式冷却器的计算(Calculation of fan coolers)

$$A = \frac{P_h - P_{hd}}{K \Delta t_m} \alpha \qquad (7-4)$$

式中：$P_h$ 为液压传动系统发热功率，单位：W；$P_{hd}$ 为液压油箱散热功率，单位：W；$K$ 为冷却器的散热系数，单位：W/(m²·K)，一般，风冷式 $K=116\sim175$ W/(m²·K)；$\alpha$ 为污垢系数，一般，$\alpha=1.5$；$\Delta t_m$ 为平均温差。

$\Delta t_m$ 可用下式来计算：

$$\Delta t_m = \frac{t_0 + t_1}{2} - \frac{t_0'' + t_1''}{2} \tag{7-5}$$

式中：$t_0''$ 为进口空气温度，单位：K；$t_1''$ 为出口空气温度，单位：K。

$t_1''$ 可用下式来计算：

$$t_1'' = t_0'' + \frac{P_P}{q_P \rho_P c_P} \tag{7-6}$$

式中：$q_P$ 为空气流量，单位：m³/s，$q_P = \dfrac{P_h}{\rho_P c_P}$；$\rho_P$ 为空气密度，单位：kg/m³，一般 $\rho_P=1.4$ kg/m³；$c_P$ 为空气比热容，单位：J/(kg·K)，一般，$c_P=1005$ J/(kg·K)。

2. 水冷式冷却器的计算(Calculation of water coolant coolers)

1) 冷却器散热面积的计算

$$A = \frac{P_h - P_{hd}}{K \Delta t_m} \tag{7-7}$$

式中：$A$ 为冷却器的散热面积，单位：m²；$P_h$ 为液压传动系统发热功率，单位：W；$P_{hd}$ 为液压油箱散热功率，单位：W；$K$ 为冷却器的散热系数，单位：W/(m²·K)，一般，强制风冷 $K=35\sim350$ W/(m²·K)，蛇形管水冷却器 $K=110\sim175$ W/(m²·K)，多管式水冷却器 $K=116$ W/(m²·K)，平板式水冷却器 $K=465$ W/(m²·K)；$\Delta t_m$ 为液压工作介质和水之间的平均温差。

$\Delta t_m$ 可用下式来计算：

$$\Delta t_m = \frac{t_0 + t_1}{2} - \frac{t_0' + t_1'}{2} \tag{7-8}$$

式中：$t_0$ 为冷却器液压工作介质进口温度，单位：K；$t_1$ 为冷却器液压工作介质出口温度，单位：K；$t_0'$ 为冷却器水(或其他介质)进口温度，单位：K；$t_1'$ 为冷却器水(或其他介质)出口温度，单位：K。

液压传动系统发热功率的估算：

$$P_h = P_P(1 - \eta_c)$$

式中：$P_P$ 为输入液压泵的功率，单位：W；$\eta_c$ 为液压传动系统的总效率。

一般液压传动系统仅达到 50%～60%，高效、合理的液压传动系统为 70%～80%。

液压油箱散热功率的估算

$$P_{hd} = K_1 A_1 \Delta t \tag{7-9}$$

式中：$K_1$ 为液压油箱散热系数，单位：W/(m²·K)，在周围通风很差时，$K_1$ 为 11～28 W/(m²·K)；在周围通风较好时，$K_1$ 为 29～57 W/(m²·K)；在周围通风好时 $K_1$ 为 58～74 W/(m²·K)；$A_1$ 为液压油箱的散热面积，单位：m²；$\Delta t$ 为液压工作介质与周围空气的温度差，单位：K。

散热表面积 $A$ 计算出后，可按照产品样本或根据设计手册来选取冷却器规格。

2) 冷却水流量 $q'$ 的计算

根据热平衡可知,液压工作介质释放出的热量应等于冷却器冷却水吸收的热量,故冷却水流量 $q'$ 为

$$q' = \frac{c\rho(t_1-t_0)}{c'\rho'(t'_1-t'_0)}q \tag{7-10}$$

式中:$c$、$c'$ 分别为液压工作介质与水的比热容,$c=1675\sim2093\text{J/(kg·K)}$,$c'=4186.8\text{J/(kg·K)}$;$\rho$、$\rho'$ 分别为液压工作介质与水的密度,$\rho=900\text{kg/m}^3$,$\rho'=1000\text{kg/m}^3$。$q$ 为液压工作介质的流量,单位:$\text{m}^3/\text{s}$。

液压工作介质流过冷却器的压力降范围应为 0.05~0.08MPa,冷却水流过冷却器的流速应小于 1.2m/s。

## 7.5 管道及管接头
### (Pipes and pipe fittings)

管道及管接头的主要功能是连接液压元件和输送液压工作介质,应有足够的强度和良好的密封性,压力损失要小,装拆要方便。

### 7.5.1 管道的种类及材料(Classification and material of pipes)

液压传动系统中常用的管道根据管道的材料可分为钢管、铜管、塑料管、橡胶软管、尼龙管等。管道的材料应根据管道的安装位置、工作条件和工作压力来正确选择。各种常用管道的特点及适用场合见表 7-5。

表 7-5 各种常用管道的特点及适用场合

(TABLE 7-5 Characteristic and application of common pipes)

| 种类 | | 特点和适用场合 |
|---|---|---|
| 硬管 | 钢管 | 承压能力强、耐油、抗腐蚀、刚性好、价格低廉,常在装拆方便处用作压力管道。在中、高压时,常用 10、15 冷拔无缝钢管,在低压小于 1.6MPa 时,用焊接钢管 |
| | 紫铜管 | 易弯曲成各种形状,管壁光滑、摩擦阻力小,承压能力小于 6.5~10MPa,抗振能力弱,易使液压工作介质氧化,通常用在液压装置内配接不便处 |
| 软管 | 聚氨酯管 | 是高性能聚氨酯制品,比尼龙管更柔软,弹性类似橡胶,具有很好的耐弯曲疲劳特性,弯曲半径非常小;在 -20℃ 以下还能耐机床油;高温时承压能力迅速下降,允许环境温度一般为 -35℃~60℃ |
| | 尼龙管 | 乳白色半透明,可观察油液的流动情况,加热后可以随意弯曲成形或扩口,冷却后即定形,承压能力因材质而异为 2.5~8MPa,最高可达 16MPa,常用于中、低压油路 |
| | 耐油塑料管 | 质轻且耐油,装配方便,价格便宜,但耐压能力低,长期使用会变质老化,只用在压力低于 0.5MPa 的泄油管和回油管等 |
| | 橡胶软管 | 用于有相对运动部件间的连接,高压软管由夹有几层交叉编织或缠绕编织钢丝的耐油橡胶制成,钢丝层数越多,管径越小,耐压就越高,最高可达 20~32MPa,价格昂贵。低压软管由夹有帆布或棉线的耐油橡胶制成,常用于回油管路 |

### 7.5.2 管道内径及壁厚的确定(Determining of pipes inner diameter and wall thickness)

1. 管道内径的确定(Determining of pipes inner diameter)

管道内径的确定一般要考虑管中允许的流速，所以在流量 $q$ 和允许流速 $v$ 已知时，内径 $d$ 可由下式确定

$$d = \sqrt{\frac{4q}{\pi v}} \qquad (7-11)$$

式中：$q$ 为通过管道的流量，单位：$m^3/s$；$v$ 为管道中允许的流速，单位：$m/s$，$v$ 值可按表 7-6 的推荐值选用。高压大流量液压传动系统取大值，反之取小值；管路短时取大值，反之取小值。

表 7-6 液压传动系统中最大允许流速
(TABLE 7-6 Allowable maximum flow velocity in hydraulic transmission system)

| 元件或管道名称 | | 平均流速推荐值/(m/s) | 平均流速最大值/(m/s) |
|---|---|---|---|
| 液压泵吸油管道 | 管径 15～25mm | 0.5～1.2 | 2.5 |
| | 管径>32mm | 1.5 | 2.5 |
| 压力管道 | 按内径区分 管径 15～50mm | 3.0 | 6 |
| | 管径>50mm | 4.0 | 6 |
| | 按压力区分 $P<2.5$MPa | 2.0 | 6 |
| | $p=2.5$～14MPa | 4.0 | 6 |
| | $p=14$～21MPa | 5.0 | 6 |
| | $p>21$MPa | 5.0～6.0 | |
| 回油管道 | | 1.5～2.5 | |
| 短管及局部收缩处 | | 5.0～7.0 | |
| 橡胶软管 | | 4 | |
| 换向阀阀口 | | 6.0～8.0 | 10 |
| 溢流阀阀口 | | 15 | |
| 安全阀阀口 | | 30 | |

2. 壁厚的确定(Determining of pipes wall thickness)

1) 对于橡胶软管的选择

对于高压软管，在已知工作压力和计算出内径 $d$ 的情况下，可按标准选用。另外，在使用中要注意液压传动系统的工作压力不得超过软管的工作压力，因液压传动系统中存在冲击力，则最高冲击压力不能超过软管的试验压力(软管的试验压力为工作压力的 1.25 倍)。

2) 金属管道壁厚 $\delta$ 的确定

为保证管道的强度，金属管道壁厚 $\delta$ 的确定应根据工作压力、材质和内径来计算，如

下式

$$\delta = \frac{pd}{2[\sigma]} \quad (7-12)$$

式中：$p$ 为管道内液压工作介质的工作压力，单位：Pa；$d$ 为管道内径，单位：m；$[\sigma]$ 为管道材料许用应力，单位：Pa。

对于钢管

$$[\sigma] = \frac{\sigma_b}{n} \quad (7-13)$$

式中：$\sigma_b$ 为管道材料的抗拉强度(Pa)，对于钢管，与钢号有关，可在各种手册中查得。

对铜管，取许用应力 $[\sigma] \leqslant 25\text{MPa}$；$n$ 为安全系数，$p < 7\text{MPa}$ 时，取 $n=8$；$7 < p < 17.5\text{MPa}$ 时，取 $n=6$；$p > 17.5\text{MPa}$ 时，取 $n=4$。

选择管道时，内径不能过大，也不能过小。过大时，易使液压装置不紧凑；过小易使管道中液压工作介质流速过大、压力损失增加，产生振动和噪声。

根据式(7-11)和式(7-12)计算出 $d$ 和 $\delta$ 后，应查机械设计手册或工程材料手册取接近的标准值。

### 7.5.3 管道安装要求(Installation requirement of pipes)

(1) 管道最好安装为横平竖直，长度尽量短，转弯少。在装配时，对于悬伸较长时要设置管夹固定。管道需拐弯时，可用弯接头连接直管实现，也可在弯管机上弯曲成形，管道弯曲半径要足够大，弯曲半径可参考表 7-7。

表 7-7 硬管装配时允许的弯曲半径
(TABLE 7-7 Steel pipes installation allowable bending radius)

| 管道外径/mm | 10 | 14 | 18 | 22 | 28 | 34 | 42 | 50 | 63 |
|---|---|---|---|---|---|---|---|---|---|
| 弯曲半径/mm | 50 | 70 | 75 | 80 | 90 | 100 | 130 | 150 | 190 |

(2) 为防止钢管接触振动，平行管道间距要大于 100mm，尽量避免交叉。

(3) 软管安装时，要考虑油温的变化、振动和受拉的影响，对于直线安装的软管，长度要有 30% 左右的余量；对于弯曲安装的软管，弯曲半径要大于软管外径的 9 倍，弯曲处到管接头的距离最少等于外径的 6 倍。

### 7.5.4 管接头(Pipe fittings)

在液压传动系统中，管道与液压元件或管道与管道之间，除外径大于 50mm 的金属管一般采用法兰连接外，对于小直径的管道普遍采用管接头连接方式。管接头的形式和质量，直接影响油路阻力和连接强度，而且其密封性能是影响系统外泄漏的重要原因。因此，对管接头的合理选择，要给予足够重视。

对管接头的主要要求是安装、拆卸方便，抗振动、冲击，密封性好，外形尺寸小，通流能力大，压力损失小及工艺性能好。

目前，用于软管连接的主要有软管接头；用于硬管连接的管接头形式主要有固定铰接式、卡套式、扩口式、焊接式。当被连接件之间存在摆动或转动时，可选用活动铰接式管接头或中心回转接头。

1. 橡胶软管接头(Rubber hose pipe fittings)

橡胶软管接头有扣压式和可拆式两种,各有 A、B、C 3 种形式分别与卡套式、扩口式和焊接式管接头连接使用。

A、B 型扣压式橡胶软管接头的结构,如图 7.22 所示。它主要由接头外套 2 和接头体 3 组成,在装配时软管的外胶层须剥离一部分,然后在专用设备上扣压而成,因而管接头和胶管成为一体,具有较好的抗剥脱和密封性能。随管径不同可用于工作压力范围为 6~40MPa 的液压传动系统。

(a) A型扣压式　　　　　　　　(b) B型扣压式

**图 7.22　A、B 型扣压式橡胶软管接头的结构图**

(FIGURE 7.22　Schematic illustration of structure of model A and B rubber hose pipe fittings)

1—胶管接头；2—外套；3—接头体；4—螺母

2. 快换式接头(Fast connect pipe fittings)

快换接头是一种不需要使用如何工具,能实现迅速装上或卸下的管接头。适用于经常装拆的液压管路。

两端开闭式快换接头结构和工作原理,如图 7.23 所示。图示是油路接通的工作位置,当需要断开油路时,用力将锁紧套 9 向左推,钢球 11 从 V 形槽中滑出,拉出左接头体 7,同时两单向阀芯 2 和 3 分别在弹簧 1 和 4 的作用下自动复位,使两单向阀芯紧压在接头体的锥形孔上,关闭两端通路,将管道中油液封闭。

**图 7.23　快换式接头的结构图**

(FIGURE 7.23　Schematic illustration of structure of fast connect pipe fittings)

1、4、8—弹簧；2—右阀芯；3—左阀芯；5、15—卡环；6、14—弹簧座；7—左接头体；
9—锁紧套；10—密封圈；11—钢球；12—卡键；13—右接头体

3. 固定铰接式管接头(Fixed swing joint pipe fittings)

固定铰接式管接头属于直角接头,特点是可以随意调整布管的方向,安装方便,占用空间小，使用压力小于32MPa。

固定铰接式管接头的结构，如图7.24所示。它由空心螺钉1、组合垫圈2与4、管道的接头3组成。它是利用空心螺钉1将两个组合密封垫圈2和4压紧在接头体上进行密封。

4. 卡套式管接头（Cutting sleeve pipe fittings）

卡套式管接头的结构，如图7.25所示。它主要由接头体2、螺母3、卡套4组成。卡套4是一个在内圆端部带有尖锐内刃的金属环。在拧紧螺母3的同时，一种具有特殊力学性能的渐进式多刃卡套4自动嵌入接管5的外表面，卡套4同时起到连接和密封作用。同时，因卡套4受压而中间部分微凸，在A处与接头体2的内锥面接触，也起到密封作用。卡套式管接头对管接头的轴向尺寸要求不严，装拆方便，但对管道径向尺寸精度要求高，适于冷拔无缝钢管，管道外径一般不大于42mm，使用压力可达32MPa。

图 7.24　固定铰接式管接头的结构图
(FIGURE 7.24　Schematic illustration of structure of fixed swing joint pipe fittings)
1—空心螺钉；2、4—组合垫圈；3—接头

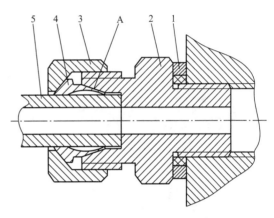

图 7.25　卡套式管接头的结构图
(FIGURE 7.25　Schematic illustration of structure of cutting sleeve pipe fittings)
1—组合密封圈；2—接头体；3—螺母；
4—卡套；5—接管

新结构卡套式管接头在卡套和接头体之间增加了一个独立的密封组件，该密封组件由橡胶和定位环组成，将刚性密封改进为弹性密封，卡套只保留连接的作用。其优点是降低了金属零件的加工精度，延长了使用寿命，适用于高压、有压力冲击和易振动的场合，最高工作压力可达40MPa。

5. 扩口式管接头（Collet pipe fittings）

扩口式管接头是由接头体1、连接螺母2、导套3和接管4组成，如图7.26所示。接管4管端的扩口成74°～90°的喇叭口，拧紧连接螺母2，通过导套3压紧接管4扩口和接头体1相应锥面连接与密封。它适用于铜管、薄壁钢管、尼龙管和塑料管等低压管道的连接，适用于薄壁管件连接工作压力一

图 7.26　扩口式管接头的结构图
(FIGURE 7.26　Schematic illustration of structure of collet pipe fittings)
1—接头体；2—连接螺母；3—导套；4—接管

一般不超过 8MPa 的中低压液压传动系统。

**6. 焊接式管接头(Welding pipe fittings)**

焊接式管接头的结构,如图 7.27 所示。螺母 2 套在接管 1 上,把油管端部与接管 1 焊接在一起,旋转螺母 2 将接管 1 与接头体 3 连接在一起并压紧。在接触面上,依靠球面和锥面的环形接触线实现密封,接头体 3 与本体 4 的连接是采用锥螺纹连接,在螺纹表面裹一层聚四氟乙烯的密封带一同旋入,这样,在锥螺纹的连接面上就可以形成可靠的密封层,如图 7.27(a)所示,适用于 8MPa 以下的低压系统。在接触面上,利用 O 形密封圈 6 来实现密封,接头体 3 与本体 4 的连接是采用普通圆柱螺纹,普通圆柱螺纹连接密封性能不好,常采用组合垫圈 5 加以密封,如图 7.27(b)所示,适用于工作压力 32MPa 以上的液压传动系统。焊接式管接头特点是简单可靠,连接牢固,是目前最广泛应用的一种形式。但装配工作量大,要求焊接质量高。

图 7.27 焊接式管接头的结构图

(FIGURE 7.27 Schematic illustration of structure of welding pipe fittings)

1—接管;2—螺母;3—接头体;4—本体;5—组合密封圈;6—O 形密封圈

**7. 活动铰接式管接头(Rotating swing joint pipe fittings)**

活动铰接式管接头用于液流方向成直角的连接,与普通直角管接头相比,优点是可以随意调整布管方向,安装方便、占用空间小。

活动铰接式管接头安装之后,按成直角的两油管是否需要摆动分为固定和活动两种形式。活动铰接式管接头的结构,如图 7.28 所示。活动铰接式管接头的接头芯 5 靠台肩和弹簧卡圈 1 保持与接头体 3 的相对位置,两者之间有间隙可以转动,其密封由套在接头芯 5 外圆的密封件 2 和 4 予以保证。活动铰接式管接头与管道的连

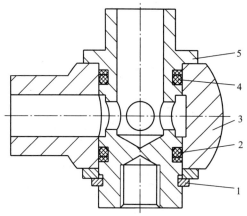

图 7.28 活动铰接式管接头的结构图

(FIGURE 7.28 Schematic illustration of structure of rotating swing joint pipe fittings)

1—弹簧卡圈;2、4—密封件;3—接头体;5—接头芯

接可以是焊接式或卡套式,使用压力可达 32MPa。

## 7.6 过 滤 器
## (Filters)

理论分析和实践表明,液压工作介质的污染程度直接影响到液压传动系统和液压元件的正常工作及可靠性。据统计,液压传动系统的故障中,至少有 70%～80% 以上是由于液压工作介质被污染而造成的。目前,控制液压工作介质清洁度的最有效方法是采用过滤器。过滤器的主要功用是对液压工作介质进行过滤,控制液压工作介质的清洁度。

### 7.6.1 过滤器的基本性能参数(Basic property and parameters of filters)

过滤器的性能参数有过滤精度、通流能力、压降特性、纳垢容量等,其中过滤精度为主要指标。

1. 过滤精度(Filtering precision)

过滤精度是指过滤器从液压工作介质中滤除不同尺寸污染物颗粒的能力。用绝对过滤精度、过滤比和过滤效率来表示。

绝对过滤精度是指通过滤芯的最大硬球状颗粒的尺寸($y$),对滤芯来说,是指滤材的最大间隙或通孔尺寸,以 $\mu m$ 表示,主要取决于液压传动系统的压力。其推荐值见表 7-8。

表 7-8 过滤精度与压力的关系
(TABLE 7-8 Filtering precision and pressure relation)

| 系统类别 | 润滑系统 | 一般液压传动系统 | | 伺服系统 | 特殊要求系统 |
|---|---|---|---|---|---|
| 压力/MPa | 0～2.5 | ≤7 | >7 ≤35 | ≤21 | ≤35 |
| 过滤精度/$\mu m$ | ≤100 | ≤50 | ≤25 ≤10 | ≤5 | ≤1 |
| 过滤器精度 | 粗 | 普通 | 普通 精 | 高精 | 特精 |

过滤比 $\beta_x$ 是指过滤器上游(入口)液压工作介质单位容积中大于尺寸 $x$ 的污染颗粒数 $N_u$ 与下游(出口)液压工作介质单位容积中大于同一尺寸 $x$ 的颗粒数 $N_d$ 之比,其中 $x$ 为被过滤液压工作介质中要滤除的颗粒尺寸($\mu m$)。

$$\beta_x = \frac{N_u}{N_d} \quad (7-14)$$

由式(7-14)可知,$\beta_x$ 值越大,过滤精度相应就越高。当 $\beta_x = 75$ 时,即为过滤器的绝对过滤精度,$\beta_x = 2$ 为平均过滤精度,ISO 4572—1981 规定用 $\beta_{10}$ 作为评定过滤器精度的性能参数。

过滤效率 $E_C$ 是指上游颗粒数 $N_u$ 与下游颗粒 $N_d$ 数之差与上游颗粒数 $N_u$ 的比值。

$$E_C = \frac{N_u - N_d}{N_u} = 1 - \frac{1}{\beta} \quad (7-15)$$

由式(7-15)可知,过滤比越大,过滤效率就越高。

## 2. 通流能力(Flow capacity)

通流能力是指在一定压差下允许通过的最大流量。过滤器在液压传动系统中的位置不同,对通流能力的要求也不同。在液压泵的吸油口通流能力应为液压泵额定流量的2倍以上,在压力管路和回油管路中,其通流能力 q 只要达到管路中最大流量即可。可用下式计算

$$q = \frac{KA\Delta p}{\mu} \tag{7-16}$$

式中：$K$ 为滤芯通流能力系数,单位：$m^3/m^2$;$K$ 的大小与滤芯的结构和材料有关,一般纸质滤芯 $K=0.006m$;线隙式滤芯 $K=0.17m$;网式滤芯 $K=0.34m$;烧结式滤芯 $K=0.104D^2/\delta$,其中 $D$ 为烧结颗粒平均直径,单位：m,$\delta$ 为滤芯直径,单位：m;$A$ 为过滤器有效过滤面积,单位：$m^2$;$\Delta p$ 为允许的压力降,单位：Pa;$\mu$ 为液压工作介质动力黏度,单位：Pa·s。

## 3. 压降特性(Pressure drop characteristics)

液压工作介质通过滤芯过滤时会受到阻力,因此液压工作介质流经过滤器必然有压力降。过滤器的压降与液压工作介质黏度、过滤精度、过滤面积有很大关系。为了保证过滤器不受破坏或液压传动系统压力不致过高,过滤器有最大允许压力降值。

## 4. 纳垢容量(Contaminant volume)

过滤器在压力降达到规定值之前,所滤除的污染物总量称为纳垢容量。纳垢容量越大,使用寿命也越长,所以它是反映过滤器寿命的重要指标。一般来说,过滤面积越大,纳垢容量就越大,寿命就越长。

### 7.6.2 过滤器的分类和结构特点(Classification and structure characteristics of filters)

过滤器按过滤的精度可分为：粗过滤器和精过滤器两大类；按滤芯的结构来分有纸芯式、磁性式、复合式、网式、烧结式和线隙式等；按过滤的方式可分为表面型、深度型和中间型过滤器。

## 1. 纸芯式过滤器(Paper core filters)

图 7.29 所示为纸芯式过滤器的结构图。将厚度为 0.25～0.7mm 平纹或波纹的酚醛树脂或木浆的微孔滤纸,环绕在带孔的镀锡铁皮骨架上,制成滤芯 3。液压工作介质从外侧进入纸芯后流出。为了增大滤纸的过滤面积,纸芯 3 常制成折叠式。过滤精度为 10～20μm,高精度的可达 1μm 左右,压力损失为 0.01～0.04MPa,可在高压 38MPa 下工作,其优点是过滤精度高,可安装在伺服阀或调速阀入口前；缺点是堵塞后无法清洗,必须定期更换滤芯；一般用于精过滤系统。

污染指示装置1的工作原理,如图 7.30 所示。过滤器进、出油口的液压工作介质分别与阀芯2左、右两腔相连通,作用在阀芯2上的压力差 $\Delta p = p_1 - p_2$ 与弹簧1作用在阀芯2上的力相平衡。当滤芯通流能力较好时,阀芯2两端压力差 $\Delta p$ 很小,阀芯2在弹簧力的作用下处于左端,指针3指在刻度左端,随着污染物逐渐堵塞滤芯,阀芯2两端压差 $\Delta p$ 逐渐增大,阀芯2带动指针3逐渐右移,指示出过滤器5滤芯堵塞的情况。根据指示

情况，就可确定是否应更换滤芯。如将指针更换为电气触点开关就是发讯装置。污染指示装置还有片簧式、磁力式等形式。

图 7.29 纸芯式过滤器的结构图
(FIGURE 7.29 Schematic illustration of structure of paper core filters)

1—污染指示装置；2—连接体；3—滤芯；
4—弹簧；5—壳体；6—蝶形螺母

图 7.30 污染指示装置的工作原理图
(FIGURE 7.30 Schematic illustration of operating principle of contamination indicating device)

1—弹簧；2—阀芯；3—指针；
4—阀体；5—过滤器

2. 磁性式过滤器(Magnetism core filters)

图 7.31 所示为磁性式过滤器的结构图。其滤芯 1 为永磁性材料，将液压工作介质对磁性敏感的金属颗粒吸附到滤芯 1 上面。它常与其他形式的滤芯一起制成复合式过滤器，对加工金属的机床液压传动系统特别适用。

3. 复合式过滤器(Compound core filters)

纸芯与磁复合式过滤器的结构，如图 7.32 所示。外保护壁 4、滤芯 5 和内骨架 6 组成纸质滤芯，中央拉杆 9 上装有许多磁环 7 和涤纶隔套 8 组成的磁性滤芯。液压工作介质首先经过磁性滤芯滤除铁质微粒，然后由里向外经过滤纸滤除其他污染物，具有纸质过滤器和磁性过滤器的双重功能。当污染指示装置 1 发出更换滤芯 5 信号后，若没有及时更换，则滤芯 5 内侧增大的压力克服弹簧的力带动滤芯 5 下移，使进油口和出油口直接相通而不经过滤芯 5，起到保护作用。纸芯

图 7.31 磁性过滤器的结构图
(FIGURE 7.31 Schematic illustration of structure of magnetism core filters)

1—永久磁铁；2—罩子；3—铁环

与磁复合式过滤器常用于对铁质微粒要求去除干净的液压传动系统中回油路上。

**4. 网式过滤器（Net core filters）**

图 7.33 所示为网式过滤器的结构图。它主要由上端盖 1、骨架 2、过滤网 3 和下端盖 4 组成，其过滤精度取决于铜网层数和网孔大小。过滤精度一般在 80～180μm，压力降一般为 0.01MPa。其特点是：结构简单，清洗方便，通流能力大，压力损失小，但过滤精度低，一般安装在液压泵的吸油口处。

图 7.32 纸质磁性复合式过滤器的结构图
(FIGURE 7.32 Schematic illustration of structure of paper - magnetism core filters)
1—污染指示装置；2—滤芯座；3—壳体；
4—外保护壁；5—滤芯；6—内骨架；
7—磁环；8—涤纶；9—拉杆；
10—支承弹簧

图 7.33 网式过滤器的结构图
(FIGURE 7.33 Schematic illustration of structure of net core filters)
1—上端盖；2—骨架；3—过滤网；4—下端盖

**5. 烧结式过滤器（Sinter core filters）**

图 7.34 所示为烧结式过滤器的结构图。它主要由金属壳体 1、密封垫 2 和 4、滤芯 3、密封圈 5 和端盖 6 组成。滤芯 3 由颗粒状铜粉烧结而成，利用铜粒之间的微孔来挡住液压工作介质中污染物通过，也属于精过滤器。其过滤精度与滤芯 3 铜颗粒间微孔的尺寸有关，选择不同颗粒的粉末，制成厚度不同的滤芯，就可获得不同过滤精度的滤芯。过滤精度在 10～100μm 之间，压差为 0.03～0.2MPa。其特点是：过滤精度高，滤芯能承受高压、耐高温，但堵塞后不易清洗，偶有颗粒脱落现象。常用于需要精过滤的压力管道中。

**6. 线隙式过滤器（Line gap core filters）**

图 7.35 所示为线隙式过滤器的结构图。它主要由端盖 1、壳体 2、金属绕线滤芯 3 和

带孔眼的筒形骨架 4 组成。金属绕线滤芯 3 是在铝合金骨架上密绕特制铜丝而成，壳上有进口和出口直接与管件相连接。在工作时，液压工作介质从入口进去经过滤芯线间缝隙，污染物被缝隙滤除后，再从出口流出。这种过滤器的过滤精度取决于缝隙的大小，过滤精度为 30～100μm。用于压力管道时，过滤精度为 30～80μm，压力损失小于 0.06MPa；用于吸油管道时，其过滤精度为 50～100μm，它的流量应选的比液压泵流量大。其特点是：结构简单，通流能力大，过滤精度高，但滤芯材料强度低，不易清洗。线隙式过滤器可用于吸油管道或压力管道。

图 7.34　烧结式过滤器的结构图
（FIGURE 7.34　Schematic illustration of structure of sinter core filters）
1—壳体；2、4—密封垫；3—滤芯；
5—密封圈；6—端盖

图 7.35　线隙式过滤器的结构图
（FIGURE 7.35　Schematic illustration of structure of line gap core filters）
1—端盖；2—壳体；3—金属绕线滤芯；
4—骨架

7. 过滤器的图形符号（Diagram symbols of filters）

过滤器的图形符号，如图 7.36 所示。

(a) 一般符号　　(b) 磁性过滤器　　(c) 污染指示过滤器

图 7.36　过滤器的图形符号
（FIGURE 7.36　Diagram symbols of filters）

## 7.6.3　过滤器的选用（Selection and application of filters）

选用过滤器时，主要考虑的因素如下。

(1) 要满足液压传动系统的技术要求，液压传动系统的工作压力是选择过滤器精度的主要依据之一。

（2）要满足液压传动系统中液压工作介质的黏度要求。

（3）要有足够的通流能力（即过滤能力），并且压力降要小。过滤器的通流能力应大于实际通过过滤器流量的两倍以上，否则压力降会增加，过滤器易堵塞，缩短使用寿命。

（4）滤芯的抗腐蚀性要好，且能在规定的温度和使用寿命内正常工作。

（5）滤芯的强度。结构不同的滤芯有不同的强度，在冲击大或高压的液压传动系统中，须选用高强度的过滤器。

（6）滤芯更换与清洗要方便。

### 7.6.4 过滤器的安装（Installation of filters）

过滤器的安装是根据液压传动系统的需要而确定的，过滤器在液压传动系统中的安装方式有下列几种。

1. 单独过滤系统（Separateness filtering system）

如图 7.37 所示，用一个专用液压泵和过滤器单独组成一个独立于液压传动系统之外的过滤回路 1。它可以连续清除液压工作介质中的杂质，保证液压传动系统清洁。常用于高压、大流量连续运行的液压传动系统。过滤器的过滤精度可选用更高的复合式过滤器。

图 7.37　过滤器在液压传动系统中的安装位置

(FIGURE 7.37　Filters installation position in hydraulic transmission system)

1—独立过滤回路；2—安装在液压传动系统的回油路上；3—安装在液压泵的吸油口；
4—安装在主溢流阀的溢流口；5—安装在液压泵的出油口

2. 过滤器安装在液压传动系统的回油路上（Hydraulic transmission system oil return pipe setting filter）

如图 7.37 所示，过滤器 2 安装在回油路上，可以滤除液压元件磨损后生成的金属屑和橡胶颗粒，对液压传动系统起间接保护作用。由于过滤器有较大的压降，为了避免滤芯堵塞引起液压传动系统压力升高，常与过滤器并联一个单向阀，起旁通作用。

3. 过滤器安装在液压泵的吸油口处（Hydraulic pump inlet port setting filter）

如图 7.37 所示，过滤器 3 安装在液压泵的吸油口处，目的是滤去较大的杂质颗粒来保护液压泵。为了减少吸油阻力,防止产生气穴现象,要求过滤器有较大的通流能力,压力损失不得超过0.02MPa。过滤器精度不可太高,常选用网式或线隙式过滤器。

4. 过滤器安装在主溢流阀的溢流口处(Main pressure relief valve oil return port setting filter)

如图7.37所示,过滤器4安装在溢流过滤的回路上,这种方式不会在主油路中造成压力损失,也不承受液压传动系统压力,其缺点是不能过滤全部油液,只间接保护液压传动系统。

5. 过滤器安装在液压泵的出油口处(Hydraulic pump outlet port setting filter)

如图7.37所示,过滤器5安装在液压泵的出油口处,可保护除液压泵以外的其他液压元件。一般采用精度高的过滤器,它应能承受液压传动系统工作压力和冲击压力,压力降不应超过0.3MPa。为避免过滤器堵塞,常设置旁路阀或带报警器加以保护。

## 7.7 蓄 能 器
## (Accumulators)

蓄能器是液压传动系统中一种储存和释放液压工作介质压力能的元件。它还可以用作短时供油或吸收液压传动系统的冲击和振动。

### 7.7.1 蓄能器的类型、结构和工作原理(Classification and structure and operating principle of accumulators)

蓄能器结构形式有多种,按其储存能量的方式不同分为弹簧加载式、重力加载式和气体加载式。气体加载式又分为隔离式和非隔离式。常用蓄能器的结构图、工作原理及其特点见表7-9。

表7-9 常用蓄能器的结构、工作原理及其特点
(TABLE 7-9 Structure and operating principle and characteristic of accumulators)

| 种类 | 结构图 | 工作原理 | 特点 |
| --- | --- | --- | --- |
| 重力加载式蓄能器 |  | 利用重物2的势能来储存和释放能量,产生的压力取决于重物的重量和柱塞3的直径 | 结构简单;容量小,体积大,结构笨重,灵敏度不高;密封处易泄漏;存在摩擦损失;输出能量时压力恒定;温度适用范围为-50℃~+120℃、最高工作压力45MPa;一般用于固定设备做蓄能用 |

(续)

| 种类 | 结构图 | 工作原理 | 特点 |
|---|---|---|---|
| 弹簧加载式蓄能器 | | 利用弹簧3的压缩和伸长来储存和释放液压能，产生的压力取决于弹簧的刚度和压缩量 | 结构简单、反应灵敏、容量小；输出能量时压力随之减小；使用寿命取决于弹簧的寿命；温度适用范围为-50℃～+120℃、最大压力$p \leq 1.2$MPa的低压回路储能及缓冲之用，不适合高压或高频的工作场合 |
| 气体加载式蓄能器 | 气囊式蓄能器 | 液体和气体用耐油橡胶制成的气囊2分隔开，液体的压力能经气囊转换为气体的压力能储存 | 结构紧凑、重量轻；气囊惯性小，反应灵敏；气液可靠隔离，密封好，无泄漏；温度适用范围为-10℃～+120℃，最高工作压力32MPa；最大气体容量150L；可用于储能、吸收脉动和压力冲击 |
| | 气瓶式蓄能器 | 利用气体1的压缩和膨胀来储存和释放能量，气体和油液在蓄能器中直接接触 | 容量大，轮廓尺寸小，惯性小，反应灵敏，但气体易混入液压工作介质中，影响液压传动系统的稳定性；温度适用范围为-10℃～+70℃，最高工作压力一般为5MPa；最大气体容量200L；适用于大流量的中、低压液压传动系统 |

(续)

| 种类 | | 结构图 | 工作原理 | 特点 |
|---|---|---|---|---|
| 气体加载式蓄能器 | 活塞式蓄能器 | | 浮动的活塞3不仅将气液隔开,且将液体的压力能转换为气体的压力能储存 | 结构简单,寿命长;活塞惯性大,活塞和缸壁之间有摩擦,反应不够灵敏;温度适用范围为-50℃~+120℃,最高工作压力20MPa;最大气体容量100L;用于储存能量,或在中、高压液压传动系统中吸收压力脉动 |
| | 薄膜式蓄能器 | | 利用气体的压缩和膨胀来储存和释放能量,气体和油液在蓄能器中由膜片隔开 | 气液隔离可靠,密封性能好,无泄漏;膜片动作灵敏;温度适用范围为-10℃~+70℃,最大工作压力范围为7MPa;最大气体容量11.5L;用于补偿液压传动系统泄漏,吸收流量脉动和压力冲击 |

### 7.7.2 蓄能器参数的计算(Calculation of accumulator parameters)

蓄能器的总容量是指气控和液控容积之和。它的大小与其用途有关,在实际工作中广泛应用的蓄能器多为气囊式蓄能器,下面以气囊式蓄能器为例讨论蓄能器容积的计算。

**1. 用于储存和释放压力能时蓄能器容量的计算**(Calculation of accumulator volume when pressure energy is stored or released)

气囊式蓄能器储存和释放能量的过程,如图7.38所示。图7.38(a)为充气状态,图7.38(b)为蓄能状态,图7.38(c)为释放能量状态。蓄能器储存和释放压力油的容量和气囊中气体体积的变化量有关,而气体状态的变化遵循波义耳定律,即:

$$p_0 V_0^n = p_1 V_1^n = p_2 V_2^n = 常数 \tag{7-17}$$

图 7.38 气囊式蓄能器的工作过程
(FIGURE 7.38 Schematic illustration of operating principle of nitrogen chamber accumulators)

式中：$p_0$ 为气囊最大充气压力（绝对压力），单位：MPa；$V_0$ 为气囊充气容积，未蓄能时，气囊充满壳体内腔，即蓄能器的总容积，单位：$m^3$；$p_1$ 为液压传动系统最高工作压力（绝对压力），单位：MPa；$V_1$ 为气囊被压缩后相应于 $p_1$ 时的气体体积，单位：$m^3$；$p_2$ 为液压传动系统最低工作压力，即蓄能器向液压传动系统供油结束时的压力（绝对压力），单位：MPa；$V_2$ 为气体膨胀后相应于 $p_2$ 时的气体体积，单位：$m^3$；$n$ 为气体条件变化指数，当蓄能器瞬时提供大量油液时，释放能量速度快，可以视为气体在绝热条件下工作，$n=1.4$；当蓄能器用作补偿泄漏，保持压力时，它释放能量过程很慢，可视为等温条件，$n=1$；在实际工作过程中，气体状态的变化在绝热和等温过程之间，$1<n<1.4$。

蓄能器向液压传动系统释放的液体容积 $\Delta V = V_2 - V_1$，代入式(7-17)，便可求得蓄能器容量 $V_0$。

$$V_0 = \left(\frac{p_2}{p_0}\right)^{\frac{1}{n}} V_2 = \left(\frac{p_2}{p_0}\right)^{\frac{1}{n}} (V_1 + \Delta V) = \left(\frac{p_2}{p_0}\right)^{\frac{1}{n}} \left[\left(\frac{p_0}{p_1}\right)^{\frac{1}{n}} V_0 + \Delta V\right] \quad (7-18)$$

故可推得：

$$V_0 = \frac{\Delta V \left(\frac{p_2}{p_0}\right)^{\frac{1}{n}}}{1 - \left(\frac{p_2}{p_1}\right)^{\frac{1}{n}}} \quad (7-19)$$

如已知 $V_0$，也可反过来求出储能时的供油容积

$$\Delta V = p_0^{\frac{1}{n}} V_0 \left[\left(\frac{1}{p_2}\right)^{\frac{1}{n}} - \left(\frac{1}{p_1}\right)^{\frac{1}{n}}\right] \quad (7-20)$$

充气压力 $p_0$ 值理论上可与 $p_2$ 值相等，但实际中为了保证蓄能器最低工作压力为 $p_2$ 时蓄能器仍有补偿泄漏的能力，通常 $p_0 < p_2$，一般对活塞式蓄能器取 $p_0 = (0.8 \sim 0.9)p_2$，对折合型气囊取 $p_0 = (0.8 \sim 0.85)p_2$，气瓶式蓄能器取 $p_0 = (0.75 \sim 0.85)p_2$，波纹型气囊取 $p_0 = (0.6 \sim 0.65)p_2$，薄膜式蓄能器取 $p_0 \geq 0.25 p_2$。蓄能器的总容积 $V_0$ 在实际选用时要比计算值大 5% 为好，详细情况可查相关的资料和手册。

2. 用于吸收振动和冲击时的蓄能器容积计算 (Calculation of accumulator volume when vibration and impact pressure energy is absorbed)

用于吸收振动和冲击的蓄能器容积与管路布置、油液流态、阻尼情况和泄漏等因素有关，准确计算较困难。一般按经验公式计算蓄能器的容积，即

$$V_0 = \frac{0.004 q p_2 (0.0164 L - t)}{p_2 - p_1} \quad (7-21)$$

式中：$q$ 为阀门关闭前管道内的流量，单位：L/min；$p_1$ 为阀门关闭前的工作压力，即液压传动系统最低工作压力，单位：MPa；$p_2$ 为液压传动系统允许的最大冲击压力，单位：

MPa，一般 $p_2 \approx 1.5 p_1$；$L$ 为产生冲击的管道长度，即压力油源到阀口的管道长度，单位：m；$t$ 为阀门由开到关闭的持续时间，单位：s，瞬时关闭时 $t = 0$。

3. 用作吸收压力脉动时蓄能器容积的计算（Calculation of accumulator volume when pressure pulsation energy is absorbed）

通常按下列经验公式来计算

$$V_0 = \frac{Vi}{0.6k} \tag{7-22}$$

式中：$V$ 为液压泵的排量；$i$ 为流量变化率，$i = \frac{\Delta V}{V}$，$\Delta V$ 为超过平均排量的排出量；$k$ 为压力脉动率，$k = \frac{\Delta p}{p}$，$\Delta p$ 为压力脉动幅值，$p$ 为液压泵出口平均压力。

### 7.7.3 蓄能器的安装和选用（Installation and use of accumulators）

蓄能器安装时须注意如下几点。

（1）蓄能器作为一种压力容器，选用时必须选有完善质量体系保证并取得有关部门认可的产品。

（2）选择蓄能器必须考虑与液压传动工作介质的相容性，当液压传动系统采用非矿物基液压油时，订购蓄能器应特别加以说明。

（3）不能在蓄能器上进行铆接、焊接或机械加工。

（4）气囊式蓄能器原则上应可靠固定，垂直安装，充气阀朝上，油口向下，否则会影响气囊的正常伸缩。

（5）安装在管路中的蓄能器须用支板或支架固定。

（6）在液压传动系统中蓄能器的安装位置随其功能不同而不同。吸收液压冲击或压力脉动时宜安装在冲击源或脉动源附近，作补偿保压时应安装在尽可能接近有关的执行元件处。

（7）蓄能器与液压管路系统之间应安装截止阀，供充气和检修时使用。蓄能器与液压泵之间应安装单向阀，防止液压泵停转或卸荷时蓄能器内储存的压力油倒流。

（8）进油管路内径应与所选蓄能器油口内径一样，以便减小阻力快速充放油液。另外，蓄能器在使用时应注意以下几点。

① 充气式蓄能器允许的工作压力视蓄能器的结构而定。如气囊式蓄能器允许的工作压力为 3.5～32MPa。

② 不同的蓄能器各有其适用的工作范围；例如，气囊式蓄能器由于它的气囊强度不高，不能承受很大的压力波动，且只能在 −10℃～+70℃的温度范围内工作。

# 重点和难点课堂讨论
# （Important and difficult understanding knowledge points discussion in this chapter）

**课堂讨论**：密封件结构及选用方法，不同工况下蓄能器的选用及容量计算。

## 本 章 小 结(Summary)

液压辅助元件主要包括密封件、液压油箱、加热器、冷却器、管道及管接头、过滤器、蓄能器等。如辅助元件选用和安装不当，会造成污染严重、泄漏、效率下降、液压工作介质温度过高或过低等不良后果。密封件主要用于减小液压传动系统的泄漏，进而提高液压传动系统的效率。液压油箱主要用于液压工作介质的存储、散热、沉淀杂质、使液压工作介质中气泡析出，设计时其体积可根据液压传动系统流量确定。加热器和冷却器是用来保持液压工作介质温度在规定范围内，保证液压传动系统能正常工作。管道是用来连接液压元件和传输液压工作介质的，管接头是用来连接管道或液压元件的，要根据管道内液压工作介质的压力、流量及使用场合来选用。过滤器是滤除液压工作介质中杂质的装置，通常根据液压传动系统的工作压力及性质来选择过滤器。蓄能器通常是用来储存和释放压力能的，其参数的选择与其用途有关。工作时基本上处于动态工况，在应用中主要关注其动态特性。

## 思考题和习题(Review Questions)

1. 在液压传动系统中常用的密封装置有哪几类？各有什么特点？
2. 对于静密封，可选用哪些密封装置？
3. 对于往复运动密封，可选用哪些密封装置？
4. 对于旋转运动密封，可选用哪些密封装置？
5. 简述液压油箱的功用及主要类型。
6. 设计液压油箱时应注意哪些问题？
7. 一单杆液压缸，活塞直径 $D=100\text{mm}$，活塞杆直径 $d=56\text{mm}$，行程 $L=500\text{mm}$，现从有杆腔进油，无杆腔回油。问由于活塞的移动使有效底面积为 $20\times10^3\text{mm}^2$ 的液压油箱液面高度发生多大变化？
8. 液压传动系统在什么情况下需设置加热器或冷却器？
9. 加热器的发热功率如何计算？
10. 液压管道安装时有哪些要求？
11. 有一液压泵向液压传动系统供油，工作压力为 6.3MPa，流量为 40L/min，试确定供油管道尺寸(管材为无缝钢管，其 $\sigma_b=300\text{MPa}$)。
12. 简述过滤器的类型、特点及选用过滤器的主要原则。
13. 简述蓄能器的主要类型及在液压传动系统中的作用。
14. 液压传动系统最低和最高工作压力各是 5.6MPa 和 7MPa。其执行元件每隔 30s

需要供油一次，每次输油1L，时间为0.5s。试求：

(1) 若用液压泵供油，该液压泵应有多大流量？

(2) 若改用气囊式蓄能器（充气压力为5MPa）完成此工作，则蓄能器的容量应为多大？

(3) 向蓄能器充液的液压泵流量应为多大？

# 第 8 章
# 液压传动基本回路

## Chapter 8　Basic circuits of hydraulic transmission

本章教学要点

| 知识要点 | 掌握程度 | 相关知识 |
| --- | --- | --- |
| 速度控制回路 | 掌握容积节流调速回路组成、工作原理及其应用；<br>掌握快速运动回路组成、工作原理及其应用 | 容积节流调速回路；<br>快速运动回路 |
| 压力控制回路 | 掌握调压回路组成、工作原理及其应用；<br>掌握平衡回路组成、工作原理及其应用 | 调压回路；<br>平衡回路 |
| 方向控制回路 | 掌握锁紧回路组成、工作原理及其应用；<br>了解浮动回路组成、工作原理及其应用 | 锁紧回路；<br>浮动回路 |
| 多执行元件运动控制回路 | 掌握顺序运动回路组成、工作原理及其应用；<br>掌握互不干扰回路组成、工作原理及其应用 | 顺序运动回路；<br>互不干扰回路 |

导入案例

**案例 1**：在图 8.2 所示的回油节流调速中，采用定量柱塞泵，工作压力为 32MPa。
故障现象：液压泵工作时异常发热。
诊断与维修方法：属于设计错误。
诊断方法：在排除回路中各液压元件没有问题的前提下，经检查发现液压泵外壳温度为 65℃，液压油箱内工作介质温度为 55℃。另发现液压泵的外泄油管连接在泵的吸油管中，且用手触摸时感觉发烫。这是由液压泵运转时内部泄漏造成的。当液压泵的外泄油管与液压泵的吸油管连接时，65℃的工作介质直接进入液压泵吸油腔，使液压工作介质的黏度降低，造成更为严重的泄漏，发热量增大，导致恶性循环，使液压泵壳体异常发热。

维修方法：将液压泵的外泄油管单独接回液压油箱。

**案例2**：某双液压泵供油回路。

故障现象：液压泵工作时噪声较大。

诊断与维修方法：属于设计错误。

诊断方法：在排除回路中各液压元件没有问题的前提下，经检查发现双液压泵合流处距离液压泵出口太近，只有12cm，这样会使液压泵排油口附近产生涡流。涡流本身产生冲击和振动，尤其是在两股涡流汇合处，涡流方向急剧变化，产生气穴现象，使振动和噪声加剧。

维修方法：在结构允许的情况下，将双液压泵合流处安装在远离液压泵排油口的地方。

**案例3**：图1所示为定量液压泵与变量液压马达组成的容积调速回路，定量液压泵4的排量$V_p=200\times10^{-6}\mathrm{m^3/r}$，转速$n_p=2000\mathrm{r/min}$，机械效率$\eta_{pm}=0.85$，容积效率$\eta_{pv}=0.9$，变量液压马达6的最大排量$V_{mmax}=160\times10^{-6}\mathrm{m^3/r}$，机械效率$\eta_{mm}=0.85$，容积效率$\eta_{mv}=0.9$，管路高压侧压力损失$\Delta p=2\mathrm{MPa}$，不计管路泄漏，回路的最高工作压力$p_{max}=15\mathrm{MPa}$，溢流阀1的调定压力$p_y=1\mathrm{MPa}$，变量液压马达6驱动扭矩$T_m=70\mathrm{N\cdot m}$为恒转矩外负载。求：

(1) 变量液压马达6的最低转速及其在该转速下的压力降。

(2) 变量液压马达6的最高转速。

(3) 液压闭式回路的最大输出功率。

**图1 容积调速回路**
**(FIGURE 1)**

**解**：(1) $n_{mmin}=\dfrac{V_p n_p \eta_{pv}\eta_{mv}}{V_{mmax}}=\dfrac{200\times2000\times0.9\times0.9}{160}=2025\mathrm{r/min}$

$\Delta p_m=\dfrac{2\pi T_m}{V_{mmax}\eta_{mm}}=\dfrac{2\pi\times70}{160\times10^{-6}\times0.85}=3.23\times10^6\mathrm{Pa}=3.23\mathrm{MPa}$

(2) 变量液压马达 6 入口最大压力

$$p_{mmax} = p_{max} - \Delta p = 15 - 2 = 13 \text{MPa}$$

变量液压马达 6 的最大压力降

$$\Delta p_{mmax} = p_{mmax} - p_y = 13 - 1 = 12 \text{MPa}$$

因为变量液压马达 6 输出的是恒转矩,所以

$$V_{mmax} \Delta p_m \eta_{mm} = V_{mmin} \Delta p_{mmax} \eta_{mm}$$

$$V_{mmin} = \frac{V_{mmax}}{\Delta p_{mmax}} \Delta p_m = \frac{160 \times 10^{-6}}{12} \times 6.46 = 86.14 \times 10^{-6} \text{m}^3/\text{r}$$

变量液压马达 6 的最大转速

$$n_{mmax} = \frac{V_{mmax}}{V_{mmin}} n_{mmin} = \frac{160 \times 10^{-6}}{43.07 \times 10^{-6}} \times 4050 = 15046 \text{r/min}$$

(3) $P_{mmax} = T_m \times 2 n_{mmax} \pi = 70 \times 15046 \times 2\pi \div 60 = 110238 \text{W}$

机械设备中所用的液压传动系统都是由几个基本回路组成。基本回路是指由相关液压元件组成,用来完成特定功能的典型油路。熟悉和掌握液压传动系统的类型以及基本回路的工作原理和作用,是分析和设计复杂液压传动系统的基础。

基本回路按其在液压传动系统中的功能被分为:速度控制回路、压力控制回路、方向控制回路、多执行元件运动控制回路等。

# 8.1 速度控制回路
## (Speed control circuits)

### 8.1.1 速度控制回路概述(Speed control circuits introduction)

速度控制回路是指对液压传动系统执行元件的运动速度进行调节和变换的回路,即液压执行元件从一种速度变换到另一种速度的回路。包括增速、减速和速度换接回路。

对速度控制回路的基本要求如下。

(1) 能在规定的速度控制范围内调节液压执行元件的运动速度。

(2) 具有驱动液压执行元件所需的力或力矩。

(3) 当外负载变化时,调节好的液压执行元件的运动速度最好不发生变化,或在允许的范围内变化。

(4) 功率损耗小,减小液压传动系统发热。

调速是指调节液压执行元件的运动速度。改变液压执行元件运动速度的方法,由其速度表达式可知,液压缸的速度为

$$v = \frac{q}{A} \tag{8-1}$$

液压马达的转速为

$$n=\frac{q}{V_\mathrm{m}} \tag{8-2}$$

式中：$q$ 为输入液压执行元件的流量；$A$ 为液压缸的有效面积；$V_\mathrm{m}$ 为液压马达的排量。

由式(8-1)和式(8-2)可知，改变进入液压执行元件的流量 $q$，或者改变液压执行元件的几何尺寸，即改变液压缸的有效面积 $A$ 或液压马达的排量 $V_\mathrm{m}$，都可以改变其运动速度。

实现液压执行元件调速的方法有以下 3 种。

(1) 液压传动系统采用定量液压泵供油，利用流量控制阀改变进入液压缸或液压马达的流量来调节速度的方法，被称为节流调速回路。

(2) 液压传动系统采用变量液压泵供油或者采用变量液压马达作为执行元件，来实现速度改变的方法，被称为容积调速回路。

(3) 液压传动系统采用变量液压泵和流量控制阀来实现速度调节的方法，被称为容积节流调速回路。

### 8.1.2 节流调速回路（Throttle adjusting speed control circuits）

节流调速回路的工作原理是用定量液压泵供油，通过改变回路中流量控制元件通流截面积的大小来控制流入液压执行元件或从液压执行元件流出的流量，以调节其运动速度。根据流量控制元件在液压回路中的安装位置不同，分为进油节流调速回路、回油节流调速回路和旁路节流调速回路 3 种。

1. 进油节流调速回路（Inlet throttle adjusting speed control circuits）

如图 8.1(a)所示，节流阀串联在定量液压泵和液压缸之间。定量液压泵输出的油液一部分经节流阀进入液压缸的无杆腔，推动活塞运动，定量液压泵多余的油液经溢流阀流回液压油箱。由于溢流阀有溢流，定量液压泵出口压力 $p_\mathrm{p}$ 就是溢流阀的调整压力并基本保持恒定。调节节流阀的通流面积 $A_\mathrm{T}$，即可调节通过节流阀的流量，从而调节了液压缸活塞的运动速度。

1) 速度—负载特性（Speed-load characteristics）

进油节流调速回路速度—负载特性曲线，如图 8.1(b)所示。液压缸活塞克服外负载做等速运动时，活塞上的力平衡方程为

(a) 进油节流调速回路　　(b) 速度—负载特性曲线

图 8.1　进油节流调速回路及其速度—负载特性曲线
（FIGURE 8.1　Inlet throttle adjusting speed control circuits and speed-load characteristic curves）

1—定量液压泵；2—溢流阀；3—节流阀；4—液压缸

$$p_1 A_1 = p_2 A_2 + F \tag{8-3}$$

式中：$p_1$，$p_2$ 分别为液压缸进油腔压力和回油腔压力（因回油腔与液压油箱直接相连，所以 $p_2 \approx 0$），单位 Pa；$A_1$，$A_2$ 分别为液压缸无杆腔和有杆腔活塞的有效承压面积，单位 $\mathrm{m}^2$；$F$ 为活塞上的外负载，单位 N。

所以

$$p_1 = \frac{F}{A_1} \quad (8-4)$$

由于液压泵出口压力 $p_p$ 由溢流阀调定，为一定值，所以节流阀两端的压力差 $\Delta p$ 为

$$\Delta p = p_p - p_1 = p_p - \frac{F}{A_1} \quad (8-5)$$

因此，经过节流阀进入液压缸的流量为

$$q_1 = KA_T \Delta p^m = KA_T \left(p_p - \frac{F}{A_1}\right)^m \quad (8-6)$$

如果忽略油液的泄漏和可压缩性，则活塞的运动速度为

$$v = \frac{q_1}{A_1} = \frac{KA_T}{A_1}\left(p_p - \frac{F}{A_1}\right)^m \quad (8-7)$$

式中：$K$ 为节流系数；$m$ 为节流口形状和结构决定的指数。

速度稳定性经常用速度刚性 $T_v$ 来表示。速度刚性 $T_v$ 是指速度随外负载变化的程度，它是速度—负载特性曲线上某点处的切线斜率的负倒数。速度刚性 $T_v$ 为

$$T_v = -\frac{\partial F}{\partial v} = -\frac{1}{\frac{\partial v}{\partial F}} = -\frac{1}{\tan\alpha} \quad (8-8)$$

$$T_v = \frac{A_1^2}{KA_T m}\left[p_p - \frac{F}{A_1}\right]^{1-m} \quad (8-9)$$

式(8-7)为进油节流调速回路的速度—负载特性方程。若以外负载 $F$ 为横坐标，以活塞的运动速度 $v$ 为纵坐标，以节流阀的节流口面积 $A_T$ 为参变量，就可绘制出图 8.1(b) 所示的速度—负载特性曲线。从速度—负载特性曲线图 8.1(b) 和速度刚性 $T_v$ 表达式可知：

(1) 当外负载 $F$ 一定时，$A_T$ 越小，活塞速度越低，速度刚性 $T_v$ 越大。
(2) 在节流口面积 $A_T$ 一定时，外负载越小，速度刚性 $T_v$ 较大。
(3) 增大液压泵出口压力 $p_p$ 和液压缸无杆腔有效承压面积 $A_1$ 可以提高速度刚性 $T_v$。

2) 最大承载能力（Maximum loading ability）

由式(8-7)可知，无论 $A_T$ 为何值，当外负载 $F = p_p A_1$ 时，节流阀两端压力差 $\Delta p = p_p - F/A_1 = 0$，活塞运动也就停止，此时定量液压泵输出的流量全部经过溢流阀流回液压油箱，所以此外负载 $F$ 值即为该回路的最大承载值，即 $F_{\max} = p_p A_1$。

3) 功率和效率（Power and efficiency）

液压泵的输出功率为

$$P_p = p_p q_p = 常量 \quad (8-10)$$

而液压缸的输出功率为

$$P_1 = Fv = F\frac{q_1}{A_1} = p_1 q_1 \quad (8-11)$$

由于存在节流阀和溢流阀的能量损失，因此，进油节流调速回路的功率损失为

$$\Delta P = P_p - P_1 = p_p q_p - p_1 q_1 = p_p(q_1 + q_y) - (p_p - \Delta p)q_1 = p_p q_y + \Delta p q_1 \quad (8-12)$$

式中：$q_y$ 为溢流阀的溢流量，$q_y = q_p - q_1$。

由式(8-12)可知，进油节流调速回路的功率损失由两部分组成，即溢流功率损失 $\Delta P_y = p_p q_y$ 和节流功率损失 $\Delta P_j = \Delta p q_1$。

进油节流调速回路的效率为

$$\eta = \frac{P_1}{P_p} = \frac{Fv}{p_p q_p} = \frac{p_1 q_1}{p_p q_p} \tag{8-13}$$

2. 回油节流调速回路（Outlet throttle adjusting speed control circuits）

回油节流调速回路就是将节流阀装在液压传动系统的回油路上，如图8.2所示。其工作原理及其性能与进油节流调速回路相似。

1) 速度—负载特性（Speed and load characteristics）

液压缸活塞克服外负载做等速运动时，活塞上的力平衡方程为

$$p_p A_1 = p_2 A_2 + F \tag{8-14}$$

式中：$p_p$，$p_2$ 分别为液压缸无杆腔和有杆腔压力，因回油腔后面接节流阀，所以 $p_2 \neq 0$，单位 Pa。

活塞的运动速度 $v$ 为

$$v = \frac{q_2}{A_2} = \frac{KA_T}{A_2^{m+1}}(p_p A_1 - F)^m \tag{8-15}$$

速度刚性 $T_v$ 为

$$T_v = \frac{A_1^2 n^{m+1}}{KA_T m}\left[p_p - \frac{F}{A_1}\right]^{1-m} \tag{8-16}$$

式中：$n$ 为液压缸有杆腔和无杆腔活塞的有效承压面积比，$n = \frac{A_2}{A_1}$。

图 8.2 回油节流调速回路

(FIGURE 8.2 Outlet throttle adjusting speed control circuits)

1—定量液压泵；2—溢流阀；
3—节流阀；4—液压缸

比较式(8-7)、式(8-15)和式(8-9)、式(8-16)可知，回油节流调速回路与进油节流调速回路的速度负载特性相似，如果使用的都是双作用双活塞杆液压缸（$A_1 = A_2$），这两种节流调速回路的速度负载特性和速度刚性就完全一样。

2) 最大承载能力（Maximum loading ability）

回油节流调速的最大承载能力与进油节流调速相同，即 $F_{max} = p_p A_1$。

3) 功率和效率（Power and efficiency）

液压泵的输出功率为

$$P_p = p_p q_p = 常量 \tag{8-17}$$

液压缸的输出功率为

$$P_1 = Fv = (p_p A_1 - p_2 A_2)v = p_p q_1 - p_2 q_2 \tag{8-18}$$

回油节流调速回路的功率损失为

$$\Delta P = P_p - P_1 = p_p q_p - p_p q_1 + p_2 q_2 = p_p(q_p - q_1) + p_2 q_2 = p_p q_y + \Delta p q_2 \tag{8-19}$$

式中：$p_p q_y$ 为溢流阀的溢流功率损失；$\Delta p q_2$ 为节流阀的节流功率损失。

回油节流调速回路的效率为

$$\eta = \frac{Fv}{p_p q_p} = \frac{p_p q_1 - p_2 q_2}{p_p q_p} \quad (8-20)$$

从以上分析可知，进油节流调速回路和回油节流调速回路有很多相似之处，但是，它们也有不同之处。

1) 启动性能

液压传动系统在长时间停车后，液压缸里面的液压油会流回液压油箱而造成空隙。当液压传动系统重新启动时，对进油节流调速回路，有节流阀控制流量，故活塞前冲很小，甚至没有前冲；对于回油节流调速回路，由于没有节流阀控制流量，会使活塞前冲。

2) 油液发热对泄漏的影响

在进油节流调速回路中，经过节流阀发热后的油液直接进入液压缸的进油腔；而在回油节流调速回路中，经过节流阀发热后的油液直接流回液压油箱冷却。因此，油液发热引起的泄漏对进油节流调速的影响大于对回油节流调速的影响。

3) 运动平稳性

在回油节流调速回路中，由于有起到阻尼作用的背压力存在，空气不容易渗入，可获得更为稳定的运动。而在进油节流调速回路中，回油路的油液没有节流阀阻尼作用，因此，运动平稳性稍差。

4) 实现压力控制的方便性

进油节流调速回路中，进油腔压力随外负载而变化，当工作机构碰到死挡铁停止运动时，其压力将升至溢流阀的调定压力，取此压力做控制顺序动作的指令信号，比较可靠和方便地控制下一个动作的执行。

5) 承受负值负载的能力

当外负载的方向与液压执行元件运动方向相同时，就会产生负值负载。回油节流调速回路的节流阀在液压缸的回油腔形成一定的背压，可阻止工作部件向前冲。进油节流调速回路由于回油腔没有背压力，因而不能在负值负载下工作。

**3. 旁路节流调速回路**(Bypass throttle adjusting speed control circuits)

图 8.3(a)所示为采用节流阀的旁路节流调速回路，节流阀调节定量液压泵溢回液压油箱的流量，从而控制进入液压缸的流量，调节节流阀的通流面积 $A_T$，即可实现调速，由于溢流已由节流阀承担，故溢流阀作安全阀用，常态时关闭，过载时打开，其调定压力为最大工作压力的 1.1～1.2 倍。

1) 速度—负载特性(Speed and load characteristics)

如同式(8-7)的推导过程，由活塞的受力方程、流量连续性方程和节流阀的压力流量方程，可得旁路节流调速回路的速度—负载特性方程。需要指出，由于定量液压泵的工作压力由外负载决定是变化的，定量液压泵的输出流量应计入泵的泄漏量。因此，活塞的运动速度为

$$v = \frac{q_1}{A_1} = \frac{q_t - k_1 \dfrac{F}{A_1} - KA_T \left(\dfrac{F}{A_1}\right)^m}{A_1} \quad (8-21)$$

式中：$q_t$ 为定量液压泵的理论流量；$k_1$ 为定量液压泵的泄漏系数。

旁路节流调速回路的速度刚性 $T_v$ 为

$$T_v = \frac{A_1 F}{m(q_t - A_1 v) + (1-m)k_1 \dfrac{F}{A_1}} \tag{8-22}$$

根据式(8-21),选取不同的通流面积 $A_T$ 值就可以做出不同的速度—负载特性曲线,如图8.3(b)所示。由特性曲线图8.3(b)可知:

(1) 当外负载一定时,节流阀的通流面积 $A_T$ 越小,外负载运动速度越大,速度刚性越大,与进口、出口节流调速回路相反。

(2) 在节流阀通流面积 $A_T$ 一定时,旁路节流调速回路的速度随外负载增加而显著下降,外负载越大,速度刚性越大。

(a) 旁路节流调速回路  (b) 速度—负载特性曲线

**图 8.3 旁路节流调速回路及其速度—负载特性曲线**
(FIGURE 8.3 Bypass throttle adjusting speed control circuits and speed and load characteristic curves)
1—定量液压泵;2—溢流阀;3—节流阀;4—液压缸;
虚线—理论特性曲线;实线—实测特性曲线

由于外负载变化引起定量液压泵的泄漏对速度产生附加影响,导致旁路节流调速回路的速度—负载特性较前两种回路要差。

2) 最大承载能力(Maximum loading ability)

由特性曲线图8.3(b)可知,速度—负载特性曲线在横坐标上并不汇交,旁路节流调速回路的最大承载能力随节流阀通流面积 $A_T$ 的增加而减小,即该调速回路低速承载能力很差,调速范围也小。

3) 功率和效率(Power and efficiency)

定量液压泵的输出功率为

$$P_p = p_p q_p = p_1 q_p \tag{8-23}$$

液压缸的输出功率为

$$P_1 = p_1 q_1 \tag{8-24}$$

旁路节流调速回路的功率损失为

$$\Delta P = P_p - P_1 = p_1 q_p - p_1 q_1 = p_1 \Delta q \tag{8-25}$$

旁路节流调速回路的效率为

$$\eta = \frac{P_1}{P_p} = \frac{Fv}{p_p q_p} = \frac{p_1 q_1}{p_p q_p} \tag{8-26}$$

由式(8-25)和式(8-26)可知,旁路节流调速回路只有节流损失、无溢流损失,因此功率损失比进口、出口节流调速回路小,效率高。

4. 改善节流调速性能的回路(Improving throttle adjusting speed characteristic control circuits)

采用节流阀的节流调速回路速度刚性差,且为手动开环控制,无法实现随机调节。因此,节流调速回路只适用于外负载变化不大且对速度稳定性要求不高的场合。为改善节流调速回路的性能,可选用以下回路。

1) 采用调速阀的节流调速回路

由于调速阀本身能在外负载变化的条件下保证节流阀进出口压力差基本不变,因此用调速阀代替节流阀,可以改善3种调速回路的速度—负载特性,速度刚性大为提高,从而获得比较稳定的运动速度。调速阀的工作压差一般最小为0.5MPa,高压调速阀为1MPa。

2) 采用电液比例流量阀的节流调速回路

采用电液比例流量阀代替普通流量阀调速,由于电液比例流量阀能始终保证阀芯输出位移与输入电信号成正比,因此较普通流量调速阀有更好的抗外负载干扰能力和位移调节特性,可构成闭环控制回路,也可实现自动和远程调速,速度控制精度也可大大提高。

3) 采用旁通式调速阀的节流调速回路

旁通式调速阀只能用于进油节流调速回路中,定量液压泵的工作压力由外负载决定,因此旁通式调速阀的节流调速回路的功率损失较小,效率较采用调速阀的节流调速回路时高,但流量稳定性差,不易用在对低速稳定性要求较高的精密机床液压传动调速系统中。

### 8.1.3 容积调速回路(Volume adjusting speed control circuits)

容积调速回路是利用改变液压泵或液压马达的排量来实现调速的。一般分为变量液压泵与定量液压执行元件组成的容积调速回路、定量液压泵与变量液压马达组成的容积调速回路或变量液压泵与变量液压马达组成的容积调速回路3种。

根据回路的循环方式,容积调速回路被分为开式回路和闭式回路。

在开式回路中,液压泵从液压油箱中吸油,把压力油输给液压执行元件,液压执行元件排出的油液直接流回液压油箱。该回路机构简单,冷却好,但液压油箱尺寸较大,空气和杂质易进入回路中,影响液压传动系统正常工作。

在闭式回路中,液压泵排油腔与液压执行元件进油口相连,液压执行元件的回油口与液压泵的吸油腔相连。闭式回路液压油箱尺寸小,结构紧凑,不易污染,但冷却条件较差,需要补油泵进行换油和冷却。补油泵的流量一般为液压传动系统主液压泵流量的10%~15%,压力通常为0.3~1.0MPa。

**1. 变量液压泵和定量液压执行元件组成的容积调速回路**(Volume adjusting speed control circuits of variable displacement hydraulic pump and fixed displacement hydraulic actuator)

1) 变量液压泵与液压缸组成的容积调速回路(Volume adjusting speed control circuits of variable displacement hydraulic pump and hydraulic cylinder)

图 8.4(a)所示为变量液压泵与液压缸组成的开式容积调速回路。改变变量液压泵的排量即调节液压缸活塞的运动速度,溢流阀主要用于防止液压传动系统过载,起安全保护作用。

若不考虑变量液压泵以外的元件和管道的泄漏时,液压缸活塞的运动速度为

$$v = \frac{q_p - k_1 \dfrac{F}{A_1}}{A_1} = \frac{V_P n_p - k_1 \dfrac{F}{A_1}}{A_1} \tag{8-27}$$

式中:$q_p$,$V_p$,$n_p$ 分别为变量液压泵的流量、排量和转速;$F$,$A_1$ 分别为液压缸活塞杆承受的外负载和进油腔活塞的有效承压面积;$k_1$ 为变量液压泵的泄漏系数。

由式(8-27)可绘出该回路的速度—负载特性曲线,如图 8.4(b)所示。从图中可以看出,由于变量液压泵的泄漏,液压缸活塞的运动速度按线性规律下降,尤其是在低速下,甚至会出现活塞停止运动的情况,因此该回路在低速条件下的承载能力是相当差的。

变量液压泵和液压缸组成的容积调速回路的速度刚性 $T_v$ 为

$$T_v = \frac{A_1^2}{k_1} \qquad (8-28)$$

由式(8-28)可知,该容积调速回路的速度刚性 $T_v$ 只与参数 $A_1$ 和 $k_1$ 有关,与外负载和速度无关。

图 8.4 变量液压泵和液压缸组成的容积调速回路
(FIGURE 8.4 Volume adjusting speed control circuits of variable displacement hydraulic pump and hydraulic cylinder)
1—变量液压泵;2—溢流阀;3—液压缸;
虚线—理论特性曲线;实线—实测特性曲线

2) 变量液压泵与定量液压马达组成的容积调速回路(Volume adjusting speed control circuits of variable displacement hydraulic pump and fixed displacement hydraulic motor)

图 8.5(a)所示为闭式循环的变量液压泵与定量液压马达容积调速回路。高压溢流阀 4 主要用于防止液压传动系统过载,起安全保护作用,低压溢流阀 6 的作用是控制补油液压泵的压力。

若不考虑变量液压泵以外的元件和管道的泄漏时,分析回路的主要特性。

(1) 定量液压马达的转速 $n_m$ 为

$$n_m = \frac{q_p}{V_m} = \frac{V_p n_p - k_1 \frac{2\pi T_m}{V_m}}{V_m} \qquad (8-29)$$

式中:$q_p$,$V_p$,$n_p$ 分别为变量液压泵的流量、排量和转速;$V_m$ 为定量液压马达排量;$k_1$ 为变量液压泵和定量液压马达泄漏系数之和;$T_m$ 为定量液压马达输出转矩。

在式(8-29)中,定量液压马达的排量 $V_m$ 是常数,变量液压泵在一定转速 $n_p$ 下,调节变量液压泵的排量 $V_p$ 即可以调节定量液压马达的转速 $n_m$。调速范围 $\frac{n_{m\max}}{n_{m\min}}$ 较宽,一般可达 40。

变量液压泵和定量液压马达组成的容积调速回路的速度刚性 $T_v$ 为

$$T_v = \frac{V_m^2}{2\pi k_1} \qquad (8-30)$$

由式(8-30)可知,减小变量液压泵和定量液压马达的泄漏系数 $k_1$ 或增大定量液压马达排量 $V_m$ 均可提高回路的速度刚性。

(2) 定量液压马达的输出转矩 $T_m$ 为

$$T_m = \frac{\Delta p V_m}{2\pi} \eta_m \qquad (8-31)$$

式中:$\Delta p$ 为定量液压马达的进出口压力差;$\eta_m$ 为定量液压马达的机械效率。

该回路的最大输出转矩不受变量液压泵排量 $V_p$ 的影响，与调速无关，是恒定值，故称这种回路为恒转矩调速回路。变量液压泵和定量液压马达组成的闭式容积调速回路的调速特性曲线如图 8.5(b)所示。一般用于机床上作直线运动的主运动(拉床、刨床等)。

（3）定量液压马达的输出功率 $P_m$ 为

$$P_m = T_m \omega = \Delta p_m V_m n_m \eta_m = \Delta p_p V_p n_p \eta_m \tag{8-32}$$

变量液压泵和定量液压马达组成的容积调速回路的输出功率与变量液压泵排量 $V_p$ 调节呈线性变化的。其工作特性曲线 $n_m—V_p$、$T_m—V_p$、$P_m—V_p$，如图 8.6 所示。

(a) 容积调速回路

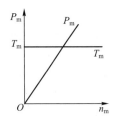

(b) 速度—负载特性曲线

**图 8.5 变量液压泵和定量液压马达的容积调速回路**

（FIGURE 8.5 Volume adjusting speed control circuits of variable displacement hydraulic pump and fixed displacement hydraulic motor）

1—补油液压泵；2—单向阀；3—变量液压泵；
4—高压溢流阀；5—定量液压马达；
6—低压溢流阀

**图 8.6 变量液压泵与定量液压马达容积调速回路工作特性**

（FIGURE 8.6 Volume adjusting speed control circuits of variable displacement hydraulic pump and fixed displacement hydraulic motor and operating characteristics）

2. 定量液压泵与变量液压马达组成的容积调速回路（Volume adjusting speed control circuits of fixed displacement hydraulic pump and variable displacement hydraulic motor）

图 8.7(a)所示为定量液压泵与变量液压马达组成的闭式容积调速回路。在该回路中，

(a) 容积调速回路

(b) 速度—负载特性曲线

**图 8.7 定量液压泵与变量液压马达组成的容积调速回路**

（FIGURE 8.7 Volume adjusting speed control circuits of fixed displacement hydraulic pump and variable displacement hydraulic motor）

1—补油液压泵；2—单向阀；3—定量液压泵；
4—高压溢流阀；5—变量液压马达；
6—低压溢流阀

执行机构的速度是靠改变变量液压马达的排量来调定的。

若不考虑定量液压泵和变量液压马达以外的元件和管道的泄漏时,分析回路的主要特性。

1) 变量液压马达的转速 $n_m$ (Speed of variable displacement hydraulic motor)

$$n_m = \frac{q_p}{V_m} = \frac{V_p n_p - k_1 \frac{2\pi T_m}{V_m}}{V_m} \qquad (8-33)$$

回路的速度刚性 $T_v$ 为

$$T_v = \frac{V_m^2}{2\pi k_1} \qquad (8-34)$$

2) 变量液压马达的输出转矩 $T_m$ (Output torque of variable displacement hydraulic motor)

$$T_m = \frac{\Delta p V_m}{2\pi} \eta_m \qquad (8-35)$$

3) 变量液压马达的输出功率 $P_m$ (Output power of variable displacement hydraulic motor)

$$P_m = T_m \omega = \Delta p V_m n_m \eta_m = \Delta p_p V_p n_p \eta_m \qquad (8-36)$$

由式(8-33)、式(8-35)、式(8-36)可知,变量液压马达输出的转速与其排量成反比,其输出的功率不变,因此,这种回路又被称为恒功率调速回路。定量液压泵与变量液压马达闭式循环的容积调速回路的调速特性曲线如图 8.7(b)所示。

综上所述,定量液压泵和变量液压马达容积调速回路的调速范围很小,一般小于 3。该回路在造纸和纺织等行业的卷曲液压传动装置中得到了应用,它能使被卷材料在不断加大直径的情况下,基本上保持被卷件的拉力和线速度为恒定值。

3. 变量液压泵与变量液压马达组成的容积调速回路(Volume adjusting speed control circuits of variable displacement hydraulic pump and variable displacement hydraulic motor)

图 8.8(a)所示为双向变量液压泵与双向变量液压马达组成的容积调速回路。在主回路中,各液压元件对称布置,变换液压泵 2 的供油方向,即实现马达 7 正反向旋转。单向阀 3 和 4 用于补油泵 9 双向低压回路补油,单向阀 5 和 6 使高压溢流阀 8 在两个方向都起过载保护作用。

该回路液压马达转速的调节可分为低速和高速两阶段进行。

1) 低速阶段(Low speed range)

使变量液压马达的排量最大,通过调节变量液压泵的排量来改变液压马达的转速。所以,这一速度段为变量液压泵与定量液压马达容积调速回路的工作特性。

2) 高速阶段(High speed range)

将变量液压泵的排量调到最大值后,改变液压马达的排量来调节液压马达的转速。所以,这一速度段为定量液压泵与变量液压马达容积调速回路的工作特性。

该回路的调速特性曲线,如图 8.8(b)所示。其调速范围是变量液压泵的调速范围与变量液压马达的调速范围之积。调速范围很大,可达 100 左右。

这种容积调速回路多用于大功率液压传动系统,如牵引机、各种行走机械、矿山采掘机械及港口起重运输机械等大功率设备。

(a) 容积调速回路　　　　(b) 调速特性曲线

**图 8.8　变量液压泵和变量马液压达组成的容积调速回路**
(FIGURE 8.8　Volume adjusting speed control circuits of variable displacement
hydraulic pump and variable displacement hydraulic motor)
1—低压溢流阀；2—变量液压泵；3、4、5、6—单向阀；
7—变量液压马达；8—高压溢流阀；9—补油液压泵

为了合理地利用变量液压泵和变量液压马达在调速中各自的优点，克服其缺点，在实际应用时，该回路液压马达转速的调节可分为低速和高速两阶段进行。

### 8.1.4　容积节流调速回路(Volume and throttle adjusting speed control circuits)

容积节流调速回路是容积调速回路与节流调速回路的组合，采用压力补偿型变量叶片泵供油，用流量控制阀调节进入或者流出液压缸的流量来调节活塞运动速度，并且使变量叶片泵的输出流量自动地与液压缸所需要的流量相适应。容积节流调速回路有节流损失，但不存在溢流损失，效率较高，适用于速度变化范围大，中小功率的场合，如某些组合机床的进给液压传动系统中。

1. 差压式变量叶片泵和节流阀组成的容积节流调速回路（Volume and throttle adjusting speed control circuits of differential pressure variable displacement vane pumps and throttle valve）

差压式变量叶片泵和节流阀组成的容积节流调速回路是采用差压式变量叶片泵供油，通过节流阀来确定进入液压缸或自液压缸流出的流量，不但使差压式变量叶片泵输出的流量与液压缸所需流量自动相适应，而且液压泵的工作压力能自动跟随外负载压力的变化而变化。

回路的工作原理：如图 8.9 所示，当外负载快进时，电磁换向阀 2 处于断电状态，差压式变量叶片泵 6 输出的压力油经过电磁换向阀 2 右位进入液压缸。差压式变量叶片泵 6 的定子在弹簧力的作用下处于最左端位置，定子与转子的偏心距 $e$ 最大，差压式变量叶片泵 6 输出的流量 $q_p$ 也就最大；当外负载工进时，电磁换向阀 2 处于通电状态，差压式变量叶片泵 6 输出的压力油经过节流阀 5 进入液压缸。此时差压式变量叶片泵 6 输出的流量 $q_p$ 大于进入液压缸 3 的流量 $q_1$，差压式变量叶片泵 6 的供油压力上升，差压式变量叶片泵 6 内的左右两个柱塞压缩弹簧，推动定子向右移动，减小差压式变量叶片泵 6 的偏心距 $e$，使差压式变量叶片泵 6 输出的流量减小到 $q_p = q_1$，即差压式变量叶片泵 6 的输出流量 $q_p$ 自动和 $q_1$ 相匹配；当节流阀开口变大时，此时差压式变量叶片泵 6 输出的流量 $q_p$ 小于进入液压缸 3 的流量 $q_1$，差压式变量叶片泵 6 的供油压力下降，差压式变量叶片泵 6 内的弹簧释放能量推动定子向左移动，增大差压式变量叶片泵 6 的偏心距 $e$，使差压式变量叶片泵 6 的流量增大到 $q_p=q_1$。固定阻尼 7 用于防止差压式变量叶片泵 6 的定子移动过快引起的振荡，溢流阀 8 为安全阀用于防止回路过载。

在这种调速回路中，作用在差压式变量叶片泵 6 定子上的力平衡方程为

$$p_p A_1 + p_p(A_2 - A_1) = p_1 A_2 + F_s \quad (8-37)$$

由式(8-37)可得

$$p_p - p_1 = \frac{F_s}{A_2} \quad (8-38)$$

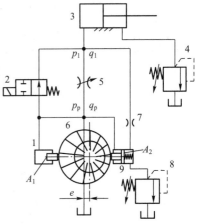

图 8.9 差压式变量叶片泵和节流阀组成的容积节流调速回路

(FIGURE 8.9 Volume and throttle adjusting speed control circuits of differential pressure variable displacement vane pumps and throttle valve)

1—柱塞液压缸；2—二位二通电磁换向阀；
3—液压缸；4—背压阀；5—可调节流阀；
6—差压式变量叶片泵；7—固定阻尼；
8—安全阀；9—活塞液压缸

式中：$A_1$ 为柱塞液压缸 1 中的柱塞承压面积，等于活塞液压缸 9 中的活塞杆承压面积；$A_2$ 为活塞液压缸 9 中的活塞承压面积；$F_s$ 为活塞液压缸 9 中的弹簧力。

由式(8-38)可知，因为弹簧的刚度很小，工作中的伸缩量也很小，$F_s$ 基本恒定，节流阀 5 进出口的压力差 $\Delta p = p_p - p_1 = F_s/A_2$ 也近似为常数，所以通过可调节流阀的流量 $q_1$ 不会随外负载而变化，这与调速阀的工作原理相似。这种调速回路的调速范围只受可调节流阀的调节范围限制。该调速回路中液压泵输出压力随外负载而变化，因此，它也被称为变压式容积节流调速回路。

差压式变量叶片泵和节流阀容积节流调速回路的效率为

$$\eta = \frac{p_1 q_1}{p_p q_p} = \frac{p_1}{p_1 + \frac{F_s}{A_2}} \quad (8-39)$$

综上所述，回路中的可调节流阀 5 在起流量调节作用的同时，又将流量检测为压力差信号，反馈作用控制差压式变量叶片泵 6，差压式变量叶片泵 6 的出口压力等于外负载压力加节流阀 5 前后压力差，差压式变量叶片泵 6 的输出流量和压力自动与外负载所需的流量和压力相适应，因此回路又被称为功率适应调速回路或负载敏感调速回路，特别适用于外负载变化较大的场合。

**2. 限压式变量叶片泵和调速阀组成的容积节流调速回路**（Volume and throttle adjusting speed control circuits of pressure limited variable displacement vane pumps and 2-way flow control valve with pressure compensator）

图 8.10(a)所示为限压式变量叶片泵和调速阀组成的容积节流调速回路。限压式变量叶片泵 9 输出的流量 $q_p$ 与进入液压缸 4 的流量 $q_1$ 相适应，即 $q_p=q_1$。工作原理如下：空载时，两个电磁换向阀均断电，限压式变量叶片泵 9 输出最大流量进入液压缸 4 无杆腔实现活塞的快进；当活塞快进结束时，活塞杆碰触行程开关 5 使电磁换向阀 2 通电，压力油经过调速阀 7 进入液压缸 4 无杆腔，活塞的运动速度由调速阀 7 中节流阀的通流面积 $A_T$

控制，实现活塞的工进，此时限压式变量叶片泵 9 输出的流量 $q_p$ 还没来得及变小，于是出现 $q_p > q_1$，限压式变量叶片泵 9 的出口压力升高，根据限压式变量叶片泵 9 的工作原理，其输出流量会随压力 $p_p$ 的升高而自动减小到 $q_p = q_1$；当活塞工进结束后，限压式变量叶片泵 9 的出口压力升高到压力继电器 3 的调定值时，压力继电器 3 发出电信号，使电磁换向阀 2 断电和电磁换向阀 6 通电，实现活塞的快退，此时限压式变量叶片泵 9 输出的流量 $q_p$ 还没来得及变大，于是出现 $q_p < q_1$，限压式变量叶片泵 9 的出口压力降低，其输出流量自动增加，直至 $q_p = q_1$。至此，液压传动系统完成了一个工作循环。

(a) 容积节流调速回路　　(b) 速度—负载特性曲线

图 8.10　限压式变量叶片泵和调速阀组成的容积节流调速回路
(FIGURE 8.10　Volume and throttle adjusting speed control circuits of pressure limited variable displacement vane pumps and 2-way flow control valve with pressure compensator)

1—安全阀；2—二位二通电磁换向阀；3—压力继电器；
4—液压缸；5—行程开关；6—二位四通电磁换向阀；
7—调速阀；8—背压阀；9—限压式变量叶片泵

限压式变量叶片泵和调速阀容积节流调速回路的调速特性曲线，如图 8.10(b)所示。曲线 abc 为限压式变量叶片泵 9 的流量压力特性曲线，曲线 cde 为调速阀 7 在某一开口 $A_T$ 工作时通过的流量与其进出口压力差的关系曲线，$\Delta p$ 为调速阀 7 进出口压力差，$\Delta p_{min}$ 是为获得稳定速度所允许的最小压差，一般取 $\Delta p_{min} = 0.5\text{MPa}$。曲线 abc 和曲线 cde 的交点 f 是该调速回路在调速阀 7 开口面积为 $A_T$ 时限压式变量叶片泵 9 的工作点。调节调速阀 7 的开口面积 $A_T$，交点 f 的位置也随之发生变化。在限压式变量叶片泵 9 的工作曲线和调速阀 7 开口面积一定的情况下，交点 f 的位置为一定点，此时限压式变量叶片泵 9 输出压力 $p_p$ 和进入液压缸 4 流量 $q_1$ 为一定值，不受外负载的变化影响(交点 f 左面的一段水平直线)。这种回路也被称为定压式容积节流调速回路。

由图 8.10(b)可知，容积节流调速回路虽无溢流损失，但仍有节流损失，其大小与液压缸 4 工作腔压力 $p_1$ 有关，且存在背压力 $p_2$，因此液压缸 4 工作腔压力 $p_1$ 的正常工作范围是

$$p_2 \frac{A_2}{A_1} \leqslant p_1 \leqslant (p_p - \Delta p) \tag{8-40}$$

限压式变量叶片泵和调速阀容积节流调速回路的效率为

$$\eta=\frac{\left(p_1-p_2\dfrac{A_2}{A_1}\right)q_1}{p_\mathrm{p}q_\mathrm{p}}=\frac{p_1-p_2\dfrac{A_2}{A_1}}{p_\mathrm{p}} \tag{8-41}$$

式(8-41)没有考虑限压式变量叶片泵 9 的泄漏损失,当限压式变量叶片泵 9 达到最大工作压力时,其泄漏量为 8% 左右。当外负载越大,液压缸 4 的工作压力 $p_1=p_{1\max}$ 时,限压式变量叶片泵 9 输出流量 $q_\mathrm{p}$ 越小,其工作压力 $p_\mathrm{p}$ 就越大,这样 $\Delta p$ 便会减小,此时回路的节流损失最小(见图 8.10(b)中小阴影面积);当外负载越小时,则式(8-40)中的液压缸工作腔压力 $p_1$ 便减小,曲线 cde 就会向左边移动,这样 $\Delta p$ 便会增大,此时回路的节流损失增加(图 8.10(b)中大阴影面积)。可见在速度低、外负载小的场合,限压式变量叶片泵和调速阀容积节流调速回路的效率就很低。回路中的调速阀 7 也可安装在回油路上,它的承载能力、运动平稳性和速度刚性与相应采用调速阀的节流调速回路相同。

节流调速回路、容积调速回路、容积节流调速回路的特性比较见表 8-1。

表 8-1 三种调速回路的特性比较

(TABLE 8-1 Three kinds of adjusting speed control circuit characteristics)

| 项目 | 节流调速回路 | 容积调速回路 | 容积节流调速回路 |
| --- | --- | --- | --- |
| 液压泵、液压马达结构 | 结构简单 | 结构复杂 | 结构较简单 |
| 调速范围与低速稳定性 | 调速范围较大,采用调速阀可获得稳定的低速运动 | 调速范围较小,获得稳定的低速运动较困难 | 调速范围较大,能获得较稳定的低速运动 |
| 效率与发热 | 效率低,发热量大,旁路节流调速较好 | 效率高、发热量小 | 效率较高、发热量较小 |
| 适用范围 | 适用于小功率、轻载的中、低压液压传动系统 | 适用于大功率、重载高速的中、高压液压传动系统 | 适用于中小功率、中压液压传动系统,在机床液压传动系统中获得广泛的应用 |

## 8.1.5 快速运动回路(High speed control circuits)

快速运动回路又被称为增速回路,其功用就是提高液压执行元件的空载运行速度,缩短空行程运行时间,以提高液压传动系统的工作效率。常用的快速运动回路有以下几种。

1. 双液压泵供油快速运动回路(High speed control circuits of double hydraulic pumps)

如图 8.11 所示,高压小流量液压泵 3 与低压大流量液压泵 4 组成的双联泵作动力源。液控顺序阀 5 作卸荷阀用和溢流阀 1 分别设定低压大流量液压泵 4 和高压小流量液压泵 3 的最高工作压力。当执行机构快进时,外负载较小,双联泵同时供油;当执行机构转为工进时,液压传动系统压力高,打开卸荷阀 5,低压大流量液压泵 4 卸荷,高压小流量液压泵 3 单独向液压传动系统供油。卸荷阀 5 的调定压力至少应比溢流阀 1 的调定压力低 10%~20%,低压大流量液压泵 4 卸载减少了动力消耗,回路效率高。

2. 液压缸差动连接快速运动回路(High speed control circuits of hydraulic cylinder differential connection)

图 8.12 所示为液压缸差动连接快速运动回路,在图示状态下,液压泵 5 卸荷。当电磁铁 1YA 通电、3YA 断电时,形成差动连接,液压缸 3 有杆腔的回油和液压泵 5 供油合在一起进入液压缸 3 无杆腔,使液压缸 3 活塞快速向右运动。这种回路的最大好处是在不增加任何液压元件的基础上可提高工作速度,因此在液压传动系统中被广泛采用。

图 8.11 双液压泵供油快速运动回路
(FIGURE 8.11　High speed control circuits of double hydraulic pumps)
1—溢流阀;2—单向阀;
3—高压小流量液压泵;
4—低压大流量液压泵;
5—液控顺序阀

3. 液压蓄能器辅助供油快速运动回路(High speed control circuits of accumulator)

液压蓄能器辅助供油快速运动回路,如图 8.13 所示。采用一个大容量的液压蓄能器 2 使液压执行元件液压缸 4 快速运动。当三位四通电磁换向阀 3 处于中位时,液压缸 4 活塞停止不动,液压泵 6 经单向阀 5 向液压蓄能器 2 充液,使液压蓄能器 2 储存能量。当液压蓄能器 2 的压力升高到液控顺序阀 1 的调定压力时,液压泵 6 卸荷,此时,由单向阀 5 保持液压蓄能器 2 的压力。当三位四通电磁换向阀 3 左位或右位处于工作状态时,液压泵 6 和液压蓄能器 2 同时向液压缸 4 供油。实现液压缸 4 快速运动。

图 8.12　液压缸差动连接快速运动回路
(FIGURE 8.12　High speed control circuits of hydraulic cylinder differential connection)
1—溢流阀;2—二位三通电磁换向阀;3—液压缸;
4—三位四通电磁换向阀;5—液压泵

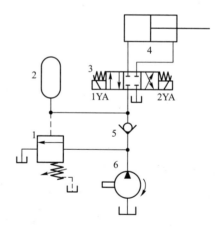

图 8.13　液压蓄能器辅助供油快速运动回路
(FIGURE 8.13　High speed control circuits of accumulator)
1—液控顺序阀;2—液压蓄能器;
3—三位四通电磁换向阀;4—液压缸;
5—单向阀;6—液压泵

## 8.1.6　速度换接回路(Speed conversion control circuits)

速度换接回路的功能是在液压传动系统工作时,执行机构从一种工作速度转换到另一种工作速度。这种回路应该具有较高的速度换接精度和速度换接平稳性。

1. 快速与慢速的换接回路（High - low speed conversion control circuits）

图 8.14 所示为最常见的一种快速运动转为工作进给运动的速度换接回路。在图示状态下，液压缸 4 快进，当活塞杆上挡块压下行程阀 5 时，行程阀 5 关闭，液压缸 4 有杆腔的回油就必须经过可调节流阀 6 流回液压油箱，活塞运动速度转变为慢速工进；当二位四通电磁换向阀 3 通电右位处于工作状态时，压力油经二位四通电磁换向阀 3 右位和单向阀 7 进入液压缸 4 有杆腔，活塞反向快速退回。这种回路同采用电磁换向阀代替行程阀的回路比较，其特点是换接过程平稳，有较好的可靠性，换接点的位置精度高。

2. 两种慢速的换接回路（Two kinds of low speed conversion control circuits）

某些机床要求工作行程有两种进给速度，一般第一进给速度大于第二进给速度，为实现两次工进速度，常用两个调速阀串联或者并联在回路中，用换向阀进行切换。

图 8.15 所示为两个调速阀串联。速度的换接是通过二位二通电磁换向阀 5 的两个工作位置换接。在这种回路中，调速阀 4 的开口一定要小于调速阀 3，工作时油液始终通过两个调速阀，速度换接的平稳性较好，但回路能量损失较大。

图 8.16 所示为两个调速阀并联，两个调速阀分别调节两种工作进给速度，互不影响。但一个调速阀工作时，另一个调速阀没有油液通过，其定差减压阀处于最大开口位置，速度换接时油液大量进入使执行元件突然前冲。因此，这种回路不适合于在工作过程中的速度换接。

图 8.14 用行程阀的速度换接回路
(FIGURE 8.14 Speed conversion control circuits of directional control valve operated by roller lever)
1—溢流阀；2—液压泵；
3—二位四通电磁换向阀；
4—液压缸；5—行程阀；
6—可调节流阀；7—单向阀

图 8.15 两个调速阀串联的速度换接回路
(FIGURE 8.15 Speed conversion control circuits of two serial 2 - way flow control valves with pressure compensator)
1—溢流阀；2—液压泵；3、4—调速阀；
5—二位二通电磁换向阀；6—液压缸

图 8.16 两个调速阀并联的速度换接回路
(FIGURE 8.16 Speed conversion control circuits of two parallel 2 - way flow control valves with pressure compensator)
1—溢流阀；2—液压泵；3、4—调速阀；
5—二位三通电磁换向阀；6—液压缸

## 8.2 压力控制回路
(Pressure control circuits)

压力控制回路是利用压力控制阀来控制整个液压传动系统或局部油路的压力,达到调压、卸荷、减压、增压、保压、释压、平衡等目的,以满足执行元件对力或力矩的要求。

### 8.2.1 调压回路(Pressure adjusting control circuits)

调压回路的功能在于调定或限制液压传动系统的最高工作压力,或者使执行机构在工作过程不同阶段由溢流阀实现多级压力变化。

1. 一级调压回路(One kind of pressure adjusting control circuit)

图 8.17 所示为一级调压回路,这是液压传动系统中最常见的回路,在定量泵 3 出口处并联一个溢流阀 1 来调定液压传动系统的最高压力值。溢流阀 1 的调定压力必须大于液压执行元件的最大工作压力和管路上各种压力损失之和,作溢流阀使用时可大于 5%～10%;作安全阀使用时可大于 10%～20%。

2. 二级调压回路(Two kinds of pressure adjusting control circuits)

图 8.18 所示为二级调压回路,可实现两种不同的液压传动系统压力控制。由先导式溢流阀(主阀)和直动式溢流阀(远程调压阀)各调一级,在图示状态下,液压传动系统压力由先导式溢流阀 4 调定;当二位二通电磁换向阀 5 通电后右位处于工作状态时,液压传动系统压力由直动式溢流阀 1 调定。直动式溢流阀 1 的调定压力一定要小于先导式溢流阀 4 的调定压力,液压泵 2 的溢流流量经主阀流回液压油箱。

图 8.17 一级调压回路
(FIGURE 8.17 One kind of pressure adjusting control circuit)
1—溢流阀;2—液压缸;3—液压泵

图 8.18 二级调压回路
(FIGURE 8.18 Two kinds of pressure adjusting control circuits)
1—直动式溢流阀;2—液压泵;3—液压缸;
4—先导式溢流阀;5—二位二通电磁换向阀

**3. 三级调压回路**（Many kinds of pressure adjusting control circuits）

图 8.19 所示为三级调压回路，先导式溢流阀 5 的遥控口 K 通过三位四通电磁换向阀 6 分别接具有不同调定压力的两个直动式溢流阀 1 和 2。当三位四通电磁换向阀 6 右位处于工作状态时，压力由直动式溢流阀 1 调定；当三位四通电磁换向阀 6 左位处于工作状态时，压力由直动式溢流阀 2 调定；当三位四通电磁换向阀 6 中位时，由主溢流阀 5 调定液压传动系统最高压力。

**4. 比例调压回路**（Electro-hydraulic proportional pressure adjusting control circuits）

图 8.20 所示为比例调压回路，根据液压执行元件在工作过程各个阶段的不同要求，调节输入电液比例溢流阀 1 的电流，即可达到无级调节液压传动系统工作压力的目的。该调压回路的优点是结构简单，压力的变换平稳，冲击小，易于实现远距离和连续控制。

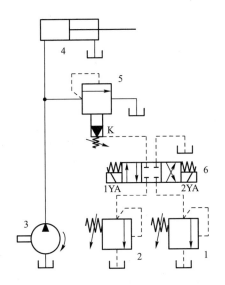
图 8.19 三级调压回路
（FIGURE 8.19 Three kinds of pressure adjusting control circuits）
1、2—直动式溢流阀；3—液压泵；4—液压缸；
5—先导式溢流阀；6—三位四通电磁换向阀

图 8.20 无级调压回路
（FIGURE 8.20 Unlimited pressure adjusting control circuits）
1—电液比例溢流阀；
2—液压泵；3—液压缸

### 8.2.2 卸荷回路（Unloading pressure control circuits）

卸荷回路是在液压传动系统执行元件短时间不工作时，不频繁启停驱动液压泵的电动机，而使液压泵在很小的输出功率下运转的回路。因为液压泵的输出功率等于其输出流量和出口压力的乘积，所以液压泵卸荷有压力卸荷和流量卸荷两种。压力卸荷是使液压泵在零压力或接近零压力的情况下工作；流量卸荷是使液压泵在零流量或接近零流量的情况下工作。流量卸荷仅适用于变量液压泵。

**1. 换向阀卸荷回路**（Directional control valve unloading pressure control circuits）

利用二位二通电磁换向阀 5 旁通接法，当电磁铁通电时，实现定量液压泵 1 卸荷，如

图 8.21(a)所示。

定量液压泵可借助 H、M 和 K 型三位四通电磁换向阀中位机能来实现卸荷。在大流量液压传动系统里，采用 M 型中位机能的三位四通电液换向阀 3 卸荷回路，如图 8.21(b)所示。这种回路切换时的压力冲击小，但回路中必须设置单向阀，以使液压传动系统能保持约 0.3MPa 的压力，以供控制油路之用。采用 H 型中位机能的三位四通电液换向阀 3 卸荷回路，如图 8.21(c)所示。这种卸荷回路适用于低压、小流量的场合。

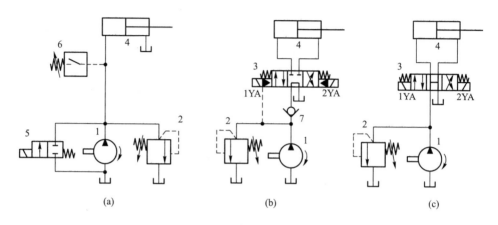

图 8.21 换向阀卸荷回路
(FIGURE 8.21 Directional control valve unloading pressure control circuits)
1—液压泵；2—溢流阀；3—三位四通电磁换向阀；4—液压缸；5—二位二通电磁换向阀；
6—压力继电器；7—单向阀

2. 先导式溢流阀卸荷回路（Pilot operated pressure relief valve unloading pressure control circuits）

图 8.22(a)所示为二位二通电磁换向阀 2 控制先导式溢流阀 3 的卸荷回路。当先导式溢流阀 3 的遥控口 K 通过二位二通电磁换向阀 2 接通液压油箱时，液压泵 1 输出的油液以很低的压力经先导式溢流阀 3 流回液压油箱，实现液压泵 1 卸荷。其优点是卸荷压力小，切换时液压冲击也小。

3. 二通插装阀卸荷回路（Two-way cartridge valve unloading pressure control circuits）

(a) 先导式溢流阀卸荷回路　　(b) 二通插装阀卸荷回路

图 8.22 先导式溢流阀和二通插装阀卸荷回路
(FIGURE 8.22 Pilot operated pressure relief valve and two-way cartridge valve unloading pressure control circuits)
1—液压泵；2—二位二通电磁换向阀；3—溢流阀；
4—液压缸；5—压力继电器；6—二通插装阀

图 8.22(b)所示为二通插装阀卸荷回路，液压传动系统正常工作时，液压泵 1 的供油压力由溢流阀 3 调定。当二位二通电磁换向阀 2 通电后，二通插装阀 6 上腔接通液压油箱，主阀口完全打开，液压泵 1 卸荷。由于二通插装阀通流能力大，因此这种卸荷回路适用于大流量液压传动系统。

### 8.2.3 减压回路(Pressure reducing control circuits)

减压回路的功能在于使液压传动系统中某一支路具有低于液压传动系统压力调定值的稳定工作压力。机床的工件夹紧、导轨润滑及液压传动系统的控制油路常用减压回路。

最常见的减压回路是在所需低压的支路上接入与主油路并联的减压阀 3，也被称为一级减压回路，如图 8.23(a)所示。回路中的单向阀 4 用于当主油路压力低于减压阀 3 的调定值时，防止液压缸 5 的压力受其干扰，起短时保压作用。

图 8.23(b)所示为二级减压回路，在先导式减压阀 3 的遥控口上接一个二位二通电磁换向阀 6 和远程调压阀 7，当二位二通电磁换向阀 6 断电处于左位时，低压油路的压力由减压阀 3 的调定压力决定；当二位二通电磁换向阀 6 通电处于右位时，低压油路的压力由远程调压阀 7 的调定压力决定。远程调压阀 7 的调定压力必须低于减压阀 3 的调定压力。液压泵 1 的最大工作压力由溢流阀 2 调定。减压回路也可以采用电液比例减压阀来实现无级减压。

为了使减压阀稳定工作，其最低调整压力应大于 0.5MPa，最高调整压力至少应比主液压传动系统压力低 0.5~1MPa。由于减压阀工作时存在阀口的压力损失和泄漏口泄漏造成的容积损失，故这种回路不宜用在压力降或流量较大的场合。

(a) 一级减压回路　　　(b) 二级减压回路

图 8.23　减压回路

(FIGURE 8.23　Pressure reducing control circuits)

1—液压泵；2—溢流阀；3—减压阀；4—单向阀；5—液压缸；
6—二位二通电磁换向阀；7—远程调压阀

### 8.2.4 增压回路(Pressure increasing control circuits)

增压回路用来使液压传动系统中某一支路获得较液压传动系统压力高且流量不大的油液供应。利用增压回路，液压传动系统可以采用压力较低的液压泵，甚至压缩空气动力源来获得较高压力的压力油。增压回路中实现油液压力放大的主要液压元件是增压缸。增压回路的优点是：可节省能源、降低成本、工作可靠、噪声小和效率高。

**1. 单作用增压缸的增压回路**（Single-acting pressure increasing piston cylinder pressure increasing control circuits）

图 8.24(a)所示为单作用增压缸的增压回路，增压缸的两端活塞面积不一样，因此，

当活塞面积较大的左腔中通入压力油时,在另一端,活塞面积较小的右腔中就可获得较高的油液压力。增压的倍数取决于大小活塞面积的比值。这种单作用增压缸的缺点是不能获得连续的高压油。

(a) 单作用增压缸的增压回路　　　(b) 双作用增压缸的增压回路

图 8.24　增压回路

(FIGURE 8.24　Pressure increasing control circuits)

1—液压泵;2—溢流阀;3—二位四通电磁换向阀;4—单作用增压缸;5—高位液压油箱;
6、7、11、12、13、14—单向阀;8—液压缸;9—三位四通电磁换向阀;10—双作用增压缸

2. 双作用增压缸的增压回路(Double-acting pressure increasing piston cylinder pressure increasing control circuits)

图 8.24(b)所示为双作用增压缸的增压回路,它能连续输出高压油,适用于增压行程要求较长的场合。双作用增压缸 10 活塞不论向左或向右运动,均能输出高压油,只要三位四通电磁换向阀 9 不断切换,双作用增压缸 10 活塞就不断地往复运动,连续输出高压油进入液压缸 8 无杆腔,使其获得较大的推力,液压缸 8 活塞杆快退时,增压回路不起作用。

### 8.2.5　保压回路(Circuits for pressure protecting)

保压回路的功能在于使液压传动系统在液压缸不动或因工件变形而产生微小位移的工况下保持稳定不变的压力。保压性能的两个主要指标为保压时间和压力稳定性。

1. 蓄能器保压回路(Accumulator pressure protecting circuits)

图 8.25 所示为蓄能器保压回路,当三位四通电磁换向阀 5 左位工作时,液压缸 6 活塞杆向右运动直到压紧工件,当压力升高到压力继电器 4 的调定值时,压力继电器 4 发出电信号使三位四通电磁换向阀 5 断电回到中位,液压泵 1 卸荷,液压缸 6 由蓄能器 3 保压。

2. 自动补油保压回路(Automation pressure protecting circuits)

图 8.26 所示为液控单向阀和电触点压力表的自动补油保压回路,主要是保证液压缸

无杆腔通油时其压力在一个调定的稳定值。

当电磁铁 1YA 通电,三位四通电磁换向阀 2 左位接入回路,液压缸 3 活塞杆下降加压,当压力上升到电触点压力表 4 上限触点调定压力时,电触点压力表 4 发出电信号,三位四通电磁换向阀 2 切换到中位,液压泵 6 卸荷,液压缸 3 无杆腔由液控单向阀 5 保压;当压力下降至下线触点调定压力时,使电磁铁 1YA 通电,三位四通电磁换向阀 2 左位再次接入回路,液压泵 6 又向液压缸 3 供油,使压力回升。这种回路压力稳定性高,保压时间长。

**图 8.25 蓄能器保压回路**

(FIGURE 8.25 Accumulator pressure protecting circuits)

1—液压泵;2—溢流阀;3—蓄能器;
4—压力继电器;5—三位四通
电磁换向阀;6—液压缸

**图 8.26 自动补油保压回路**

(FIGURE 8.26 Automation pressure protecting circuits)

1—溢流阀;2—三位四通电磁换向阀;
3—液压缸;4—电触点压力表;
5—液控单向阀;6—液压泵

**3. 液压泵的保压回路**(Hydraulic pump pressure protecting circuits)

在液压传动系统压力较低时,低压大流量液压泵和高压小流量液压泵同时供油;当液压传动系统压力升高时,低压大流量液压泵卸荷,高压小流量液压泵起保压作用。

在保压回路中如采用恒压变量泵或压力补偿变量泵,可实现保压卸载,功率损失比较小,效率高,故应用广泛。

## 8.2.6 释压回路(Pressure releasing control circuits)

释压回路的功能在于使液压执行元件高压腔中的压力缓慢地释放,以免泄压过快而引起剧烈的冲击和振动。

采用节流阀的释压回路,如图 8.27 所示。在图示位置,液压缸 7 无杆腔的高压油在三位四通电磁换向阀 5 处于中位(液压泵 2 卸荷)时通过可调节流阀 4、单向阀 3 和三位四通电磁换向阀 5 中位释压,释压快慢由可调节流阀 4 调节。当液压缸 7 无杆腔压力降至压力继电器 6 的调定压力时,三位四通电磁换向阀 5 切换到左位,液控单向阀 8 开启,使液压缸 7 无杆腔的油液通过该液控单向阀 8 排至液压缸 7 顶部的高位液压油箱 9 中去。

这种回路一般用在液压缸的直径较大、压力较高时,其高压腔在排油前就需释压的液压传动系统中，如压力机液压传动系统。

图 8.27 释压回路

(FIGURE 8.27 Pressure releasing control circuits)

1—溢流阀；2—液压泵；3—单向阀；4—可调节流阀；5—三位四通电磁换向阀；
6—压力继电器；7—液压缸；8—液控单向阀；9—高位液压油箱

### 8.2.7 平衡回路(Pressure balancing control circuits)

平衡回路的功能在于使液压执行元件的回油路上保持一定的背压值，以平衡重力负载，使之不会因自重而自行下落。

1. 采用单向顺序阀的平衡回路(Pressure balancing control circuits of check pressure sequence valve)

图 8.28(a)所示为单向顺序阀组成的平衡回路，在液压缸 3 有杆腔油路上加一个单向顺序阀 5，使液压缸 3 有杆腔形成一个与液压缸运动部分重量相平衡的压力，可防止其自重下降(此处的顺序阀又被称为平衡阀)，只有当液压泵 4 向液压缸 3 无杆腔供油对活塞施加压力，使液压缸 3 有杆腔产生的油压高于单向顺序阀 5 调定的压力值时，液压缸 3 活塞才能向下运动。因三位四通电磁换向阀 2 和单向顺序阀 5 存在泄漏，所以这种回路适用于工作负载固定且活塞闭锁要求不高的场合。

2. 采用液控顺序阀的平衡回路(Pressure balancing control circuits of hydraulic control pressure sequence valve)

图 8.28(b)所示为远控平衡阀组成的平衡回路，远控平衡阀是一种特殊结构的液控顺序阀，又被称为限速锁，它不但具有很好的密封性，能起到长时间的闭锁定位作用，而且阀口大小能自动适应不同外负载对背压的要求，保证了活塞下降速度的稳定性不受外负载变化的影响。这种回路常用于工程机械液压传动系统中。

3. 采用液控单向阀的平衡回路(Pressure balancing control circuits of pilot operated Check valve)

图 8.28(c)所示为液控单向阀组成的平衡回路，在液压缸 3 有杆腔回油路上串联液控单向阀 7 和单向节流阀 8，用于保证活塞和工作部件下行运动的平稳，而且不会发生超速

现象。由于液控单向阀7是锥面密封，泄漏量小，故其密封性能好，液压缸3活塞和工作部件能够较长时间停止不动，因此工作部件定位精度比较高。

(a) 单向顺序阀的平衡回路　　(b) 单向液控顺序阀的平衡回路　　(c) 液控单向阀的平衡回路

图 8.28　平衡回路

(FIGURE 8.28　Pressure balancing control circuit)

1—溢流阀；2—三位四通电磁换向阀；3—液压缸；4—液压泵；5—单向顺序阀；
6—单向液控顺序阀；7—液控单向阀；8—单向节流阀

## 8.3　方向控制回路
## (Directional control circuits)

通过控制进入液压执行元件液流的通、断和变向来实现液压传动系统执行元件的启动、停止或改变运动方向的回路被称为方向控制回路。常用的方向控制回路有换向回路、锁紧回路、浮动回路和制动回路。

### 8.3.1　换向回路(Directional circuits)

采用二位四通(五通)、三位四通(五通)换向阀都可以使液压执行元件换向。二位阀只能使液压执行元件正、反向运动，而三位阀有中位，不同中位滑阀机能可使液压传动系统获得不同性能。

双作用液压缸换向回路，如图8.29所示。由三位四通M型电磁换向阀2控制液压缸3换向，当电磁铁1YA通电时，液压泵4输出的压力油经过三位四通M型电磁换向阀2左位进入液压缸3无杆腔，活塞向右运动；当活塞杆碰到限位开关$S_2$时，1YA断电、2YA通电时，液压泵4输出的压力油经过三位四通M型电磁换向阀2右位进入液压缸3有杆腔，活塞向左运动；三位四通M型

图 8.29　阀控方式实现的双作用液压缸换向回路
(FIGURE 8.29　Directional circuits of double‐acting and single‐piston‐rod cylinder using directional control valve)

1—溢流阀；2—三位四通M型电磁换向阀；3—液压缸；4—液压泵；
$S_1$、$S_2$—行程开关

电磁换向阀 2 在中位时,活塞停止运动,液压泵 4 卸荷。

### 8.3.2 锁紧回路(Locking circuits)

锁紧回路的功能是通过切断液压执行元件的进油、出油通道来使它停在任意位置,并防止停止运动后因外界因素而发生窜动。常用的锁紧回路有以下几种。

1. 换向阀的锁紧回路 (Locking circuits of directional control valve)

图 8.30 所示为三位四通 M 型电磁换向阀锁紧的回路,在图示位置,活塞不会发生运动,实现双向锁紧,因滑阀密封性能差,所以锁紧精度不高。

2. 液控单向阀的单向锁紧回路(One-way locking circuits of pilot operated check valve)

图 8.31(a)所示为液控单向阀单向锁紧回路,当二位二通电磁换向阀 4 通电右位工作时,液压泵 1 卸荷,液控单向阀 5 关闭,活塞被锁紧停止下行运动。液控单向阀 5 密封性好,锁紧可靠。

3. 液控单向阀的双向锁紧回路 (Two-way locking circuits of pilot operated check valve)

图 8.31(b)所示为双向液压锁的锁紧回路,在图示位置时,液压泵 1 卸荷,双向液压锁 7 均关闭,液压缸 3 活塞被双向锁住。这种锁紧回路的优点是活塞可在任意位置被锁紧,因液控单向阀是锥阀式结构,所以密封性好,泄漏极少,常用于工程机械、汽车起重机支腿和飞机起落架等回路上。

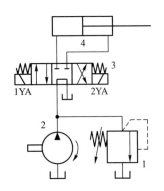

图 8.30 换向阀锁紧回路

(FIGURE 8.30 Locking circuits of directional control valve and check valve)

1—溢流阀;2—液压泵;3—三位四通电磁换向阀;4—液压缸

(a) 液控单向阀的单向锁紧回路   (b) 液控单向阀的双向锁紧回路

图 8.31 液控单向阀的锁紧回路

(FIGURE 8.31 Locking circuits of pilot operated check valve)

1—液压泵;2—溢流阀;3—液压缸;4—二位二通电磁换向阀;5—液控单向阀;6—三位四通电磁换向阀;7—双向液压锁

### 8.3.3 浮动回路(Circuits for lock releasing)

浮动回路的功能是将液压执行元件的进、出油路连通或同时接通液压油箱,使其处于无约束的浮动状态。在自重或外负载的惯性力及外力作用下液压执行元件仍可运动。常用的浮动回路有以下两种。

## 1. 利用三位四通电磁换向阀中位机能使液压马达浮动的回路（Hydraulic motor lock releasing circuits of four-way-three-position electrically operated directional spool valve）

图 8.32(a)所示为采用三位四通 H 型电磁换向阀浮动的回路，在图示位置，液压泵 3 卸荷，液压马达 4 处于浮动状态。同样，也可采用 P 型或 Y 型三位四通电磁换向阀实现浮动。

## 2. 用二位二通换向阀使液压马达浮动的回路（Hydraulic motor lock releasing circuits of two-way-two-position electrically operated directional spool valve）

图 8.32(b)所示为采用二位二通电磁换向阀浮动的回路，当电磁铁 3YA 通电时，二位二通电磁换向阀 6 上位处于工作状态，液压马达 4 进出油口接通处于浮动状态，吊钩 9 利用自重快速下降实现"抛钩"，这时液压马达 4 作液压泵运行，经单向阀 7 或 8 从高位液压油箱 11 自吸补油。

(a) 利用三位四通电磁换向阀中位机能的浮动回路　　(b) 采用二位二通电磁换向阀的浮动回路

图 8.32　浮动回路
(FIGURE 8.32　Circuits for lock releasing)

1—溢流阀；2—三位四通电磁换向阀；3—液压泵；4—液压马达；5—液控顺序阀；
6—二位二通电磁换向阀；7、8、10—单向阀；9—吊钩；11—高位液压油箱

### 8.3.4　制动回路(Brake circuits)

制动回路的功能在于使液压执行元件平稳地由运动状态转换成静止状态。要求对回路中出现的异常负压和高压作出迅速反应，使制动时间尽可能短，液压冲击尽可能小。

## 1. 液压缸制动回路（Hydraulic cylinder brake circuits）

采用溢流阀的液压缸制动回路，如图 8.33(a)所示。当电磁铁 1YA 通电时，三位四通电磁换向阀 5 左位处于工作状态，液压缸 6 活塞杆向右运动；如电磁铁 1YA 断电，2YA 通电时，三位四通电磁换向阀 5 换向到右位，液压缸 6 有杆腔油液压力由于运动部件的惯

性而突然升高，当压力超过直动式溢流阀7的调定压力时，直动式溢流阀7打开溢流，缓和管路中的液压冲击，并实现液压缸6制动，同时液压缸6无杆腔通过单向阀4补油；当活塞杆向左运动制动时，直动式溢流阀3起缓冲和制动作用，单向阀8起补油作用。两个直动式溢流阀的调定压力一般比主油路先导式溢流阀的调定压力高5%～10%。

2. 液压马达制动回路（Hydraulic motor brake circuits）

采用溢流阀的液压马达制动回路，如图8.33(b)所示。当电磁铁3YA通电时，液压泵2向液压马达12供油，液压马达12排油通过起背压作用的直动式溢流阀9流回液压油箱，背压阀9的调定压力一般为0.3～0.7MPa；当电磁铁3YA断电时，液压马达12排油通过直动式溢流阀10流回液压油箱，缓和管路中的液压冲击，实现液压马达12制动。直动式溢流阀10的调定压力一般为液压传动系统的额定工作压力。先导式溢流阀1为液压传动系统的安全阀。

图 8.33　制动回路

(FIGURE 8.33　Brake circuits)

1—先导式溢流阀；2—液压泵；3、7、9、10—直动式溢流阀；4、8—单向阀；
5—三位四通电磁换向阀；6—液压缸；11—二位三通电磁换向阀；12—液压马达

## 8.4　多执行元件运动控制回路
（Multi-actuators motion control circuits）

在液压传动系统中，用一个液压泵向两个或多个液压执行元件提供压力油，按各液压执行元件之间运动关系的要求进行控制，完成预定功能的回路，被称为多执行元件运动控制回路。常见的这类回路有多路换向阀、顺序运动回路、同步运动回路和互不干扰回路控制回路等。

### 8.4.1　多路换向阀控制回路(Hydraulic multi-pathway valves control circuits)

图8.34(a)所示为串联油路，多路换向阀内第一联滑阀的回油为下一联的进油，依次下去直到最后一联滑阀。串联油路的特点是工作时可以实现两个以上液压执行元件的复合动作，这时液压泵的工作压力等于同时工作的各液压执行元件外负载压力的总和。当外负载压力较大时，串联的液压执行元件很难实现复合动作。

图 8.34(b)所示为并联油路,从多路换向阀进油口来的压力油可直接通到各联滑阀的进油腔,各联滑阀的回油腔又都直接与总回油路相连。并联油路的多路换向阀既可控制液压执行元件单动,又可实现复合动作。当复合动作时,若各液压执行元件的外负载相差很大,则外负载小的先动,复合动作成为顺序动作。

图 8.34(c)所示为串并联油路,按串并联油路连接的多路换向阀每一联滑阀的进油腔都与前一联滑阀的中位回油通道相通,每一联滑阀的回油腔则直接与总回油口相连,即各滑阀的进油腔串联,回油腔并联。当一个液压执行元件工作时,后面的液压执行元件的进油道被切断。因此多路换向阀中只能有一个滑阀工作,即各滑阀之间具有互锁功能,各液压执行元件只能实现单动。

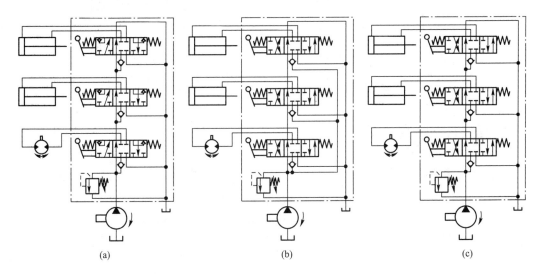

图 8.34 多路换向阀控制回路

(FIGURE 8.34 Basic control circuits of hydraulic multi‐pathway control valves)

当多路换向阀的联数较多时,常采用上述三种油路连接形式的组合,被称为复合油路连接。无论多路换向阀是何种连接方式,在各个液压执行元件都处于停止位置时,液压泵可通过各联滑阀的中位自动卸荷,而当任一液压执行元件要求工作时,液压泵又立即恢复向该液压执行元件供压力油。

## 8.4.2 顺序运动回路(Sequence motion control circuits)

顺序运动回路的功能是使液压传动系统中的多个液压执行元件严格按照预定顺序动作。顺序运动回路按其控制方式不同,被分为压力控制、行程控制和时间控制三类。其中前两类应用比较广泛。

1. 压力控制顺序运动回路(Pressure controls sequence motion control circuits)

1)顺序阀控制的顺序运动回路(Pressure sequence valves control sequence motion control circuits)

利用液压传动系统工作过程中的压力变化来使液压执行元件按顺序先后动作是液压传动系统独具的控制特性。图 8.35(a)是用两个单向顺序阀控制的顺序运动回路。钻床液压传动系统的动作顺序为：夹紧工件①→钻头进给②→钻头快退③→松开工件④。当电磁铁1YA通电，三位四通电磁换向阀6左位处于工作状态时，夹紧液压缸3活塞向右运动，夹紧工件后回路压力升高到顺序阀7的调定压力，顺序阀7开启，钻孔液压缸9活塞才向右运动进行钻孔。钻孔完毕，当电磁铁2YA通电，三位四通电磁换向阀6右位处于工作状态，钻孔液压缸9活塞先退回到左端点，回路压力升高，打开顺序阀4，再使夹紧液压缸3活塞退回原位。该回路的主要优点是安装连接方便、动作灵敏，其缺点是位置精度和可靠性不高，主要取决于顺序阀的性能及其压力调整值。

(a) 顺序阀控制的顺序动作回路　　(b) 压力继电器控制的顺序动作回路

图 8.35　压力控制顺序动作回路

(FIGURE 8.35 Pressure controls sequence motion control circuits)

1—溢流阀；2—液压泵；3、9、10、15—液压缸；4、7—顺序阀；5、8—单向阀；
6、12、13—三位四通电磁换向阀；11、14—压力继电器

2) 压力继电器控制的顺序运动回路（Hydro-electric pressure switch control sequence motion control circuits）

图8.35(b)是用压力继电器控制电磁换向阀来实现顺序动作的回路。当电磁铁3YA通电，三位四通电磁换向阀12左位处于工作状态时，液压缸10活塞向右运动到端点后，回路压力升高，压力继电器11动作，使电磁铁5YA通电，液压缸15活塞向右运动。按返回按钮，电磁铁3YA、5YA断电，6YA通电时，液压缸15活塞向左运动退回到原位后，回路压力升高，压力继电器14动作，使电磁铁4YA通电，液压缸10活塞向左运动后退。

在压力控制的顺序动作回路中，顺序阀和压力继电器的调整压力应比液压缸运动时的最大工作压力高出10%～15%。否则在液压管路中的压力冲击或波动下会发生误动作，引起事故。这种回路适用于液压传动系统中液压执行元件数目少、外负载变化小的场合。

2. 行程控制顺序动作回路（Position controls sequence motion control circuits）

在液压传动设备中，当工作部件到达指定位置时，利用行程阀和行程开关等液压元件发出信号来控制液压执行元件先后动作的顺序回路，被称为行程控制顺序动作回路。

1) 行程阀控制的顺序动作回路（Directional control valve operated by roller lever controls sequence motion control circuits）

图8.36(a)是用行程阀控制的顺序动作回路。图示位置两个液压缸3和5的活塞均处

于最左端，当电磁铁 1YA 通电，二位四通电磁换向阀 4 左位处于工作状态时，液压缸 3 活塞先向右运动，活塞杆上的挡块压下行程阀 6 后，液压缸 5 活塞才向右运动；当电磁铁 1YA 断电，二位四通电磁换向阀 4 右位处于工作状态时，液压缸 3 活塞先退回，其挡块离开行程阀 6 后，液压缸 5 的活塞才开始返回。这种回路动作可靠，但要改变动作顺序难。

2) 行程开关控制的顺序动作回路(Position switches control sequence motion control circuits)

图 8.36(b)是用行程开关控制的顺序动作回路。当电磁铁 2YA 通电，二位四通电磁换向阀 7 左位处于工作状态时，液压缸 8 活塞先向右运动，活塞杆上的挡块压下行程开关 $S_1$ 后，使电磁铁 3YA 通电，液压缸 10 活塞向右运动，直到压下行程开关 $S_2$，使电磁铁 2YA 断电，液压缸 8 活塞向左退回，而后压下行程开关 $S_3$，使电磁铁 3YA 断电，液压缸 10 活塞再退回。在这种回路中，调整挡块位置可调整液压缸的行程，通过电控系统可任意地改变动作顺序，方便灵活，可靠性好，应用广泛。

(a) 行程阀控制的顺序动作回路　　　(b) 行程开关控制的顺序动作回路

图 8.36　行程控制顺序动作回路

(FIGURE8.36　Position controls sequence motion control circuits)

1—溢流阀；2—液压泵；3、5、8、10—液压缸；4、7、9—二位四通电磁换向阀；
6—行程阀；$S_1$、$S_2$、$S_3$、$S_4$—行程开关

### 8.4.3　同步运动回路(Synchronizing motion control circuits)

同步运动回路的功能是使液压传动系统中多个液压执行元件克服外负载、摩擦阻力、油液泄漏、制造精度和结构变形上的差异，而保证在运动上的同步。同步运动被分为速度同步和位置同步两种。速度同步是指各液压执行元件的运动速度相等。位置同步是指各液压执行元件在运动中或停止时都保持相同的位移量。

1. 用调速阀的速度同步回路（Speed synchronizing motion control circuits of 2 - way flow control valve with pressure compensator）

1) 两个并联调速阀构成的单向速度同步回路（One way speed synchronizing motion control circuits of two parallel 2 - way flow control valves with pressure compensator）

在图 8.37(a)中，两个并联液压缸 4 和 7 的有杆腔回油路上分别串联一个调速阀 3 和 8，仔细调整两个调速阀 3 和 8 的开口大小，控制液压缸 4 和 7 有杆腔流出的流量，可使

两个并联液压缸 4 和 7 的活塞杆向外伸出的速度同步。这种同步回路结构简单，但调整比较麻烦，同步精度不高，一般速度同步误差在 5%~8%，不宜用于偏载或外负载变化频繁的场合。

2) 普通调速阀和比例调速阀构成的双向速度同步回路（Two way speed synchronizing motion control circuits of 2 - way flow control valve with pressure compensator and proportional 2 - way flow control valve with pressure compensator）

图 8.37(b)所示为普通调速阀和电液比例调速阀构成的双向速度同步回路，普通调速阀 11 和电液比例调速阀 18 均安装在由 4 个单向阀组成的桥式回路中，分别控制着两个液压缸 14 和 17 活塞的运动。当两个活塞出现位置误差时，检测装置就会发出电信号，自动调节电液比例调速阀 18 的开度，使两个活塞实现同步运动。这种同步精度可达 0.5mm，能够满足大多数机械设备所要求的同步精度。如果想获得同步精度为 0.05~0.2mm，则只能使用电液伺服阀控制的同步回路。

(a) 两个并联调速阀的同步回路　　　　(b) 普通调速阀和电液比例调速阀的同步回路

图 8.37　调速阀的同步回路

(FIGURE 8.37　Synchronizing motion control circuits of 2-way flow control valve with pressure compensator)

1—溢流阀；2—液压泵；3、8、11—调速阀；4、7、14、17—液压缸；5—三位四通电磁换向阀；
6、9、12、13、15、16、19、20、21、22—单向阀；10—二位四通电磁换向阀；18—电液比例调速阀

2. 机械连接位置同步回路（Position synchronizing motion control circuits of Mechanical connection）

图 8.38(a)所示为用机械连接来实现的同步运动回路。这种同步回路是用刚性梁使两个液压缸活塞杆间建立刚性的运动连接，实现位置同步。这种同步回路的优点是结构简单、可靠，同步精度取决于机构的制造精度和刚性，其缺点是不能有太大的偏载，否则会出现活塞杆因偏斜而被卡住的现象。

3. 串联液压缸的位置同步回路（Position synchronizing motion control circuits of serial hydraulic cylinders）

图 8.38(b)所示为两个串联液压缸的位置同步回路，在这个回路中，液压缸 7 有杆腔活塞的有效面积与液压缸 8 无杆腔活塞的有效面积相等，可实现两个液压缸活塞杆升降同

步。因存在活塞制造误差、摩擦阻力及油液泄漏等因素的影响，串联液压缸的同步精度会降低，所以回路上设置了补偿装置。其补偿工作原理为：当两个液压缸 7 和 8 活塞杆同时下行时，若液压缸 7 活塞杆先到达行程端点，则挡块压下行程开关 $S_1$，电磁铁 5YA 通电，三位四通电磁换向阀 6 左位处于工作状态，压力油经换向阀 6 左位和液控单向阀 9 进入液压缸 8 无杆腔，进行补油，使其活塞杆继续下行到达行程端点。如果液压缸 8 活塞杆先到达行程端点，行程开关 $S_2$ 使电磁铁 6YA 通电，三位四通电磁换向阀 6 右位处于工作状态，压力油进入液控单向阀 9 的控制腔，打开液控单向阀 9，液压缸 7 有杆腔与液压油箱接通，使其活塞杆继续下行到达行程端点，从而消除积累误差。

图 8.38　位置同步回路

(FIGURE 8.38　Position synchronizing motion control circuits)

1—溢流阀；2—液压泵；3、6—三位四通电磁换向阀；4、5、7、8—液压缸；
9—液控单向阀；$S_1$、$S_2$、$S_3$、$S_4$—行程开关

4. 用同步液压执行元件的速度同步回路（Speed synchronizing motion control circuits of synchronizing hydraulic actuators）

1）同步液压马达的速度同步回路（Speed synchronizing motion control circuits of synchronizing hydraulic motor）

图 8.39(a) 所示为采用两个相同结构、相同排量的同轴双向同步液压马达 4 作为等流量分流装置的速度同步回路。两个同步液压马达 4 轴刚性连接，把等流量的油液分别输入两个尺寸相同的液压缸中，使两个液压缸 6 和 7 活塞杆实现升降同步，节流阀 5 用于行程端点消除两个液压缸 6 和 7 活塞杆位置误差。影响同步精度的因素主要有两个液压马达的制造精度、摩擦阻力和油液的泄漏等，但这种回路的同步精度比采用流量控制阀的同步回路高。

2）同步液压缸的速度同步回路（Speed synchronizing motion control circuits of synchronizing hydraulic cylinder）

图 8.39(b) 是同步液压缸的速度同步回路。同步液压缸 9 是两个尺寸相同的缸体和两

个活塞共用一个活塞杆的液压缸,活塞向左或向右运动时输出或接受相等容积的油液,在回路中起着配流的作用,使有效面积相等的两个液压缸 11 和 14 实现升降同步运动。两个单向阀 12 和 13 和溢流阀 10 可以在活塞杆行程端点消除位置误差。这种回路结构尺寸较小,同步精度比较高,一般精度可达到 98%~99%,但同步液压缸制造成本高。

(a) 同步马达同步回路　　　　　(b) 同步缸同步回路

图 8.39　同步执行元件的同步回路

(FIGURE 8.39　Speed synchronizing motion control circuits of synchronizing hydraulic actuators)

1、10—溢流阀;2—液压泵;3、8—三位四通电磁换向阀;4—同步液压马达;5—节流阀;
6、7、11、14—液压缸;9—同步液压缸;12、13—单向阀

### 8.4.4　互不干扰回路(High-low speed motion noninterference control circuits of hydraulic cylinders)

多液压缸快慢速运动互不干扰回路的功能是防止液压传动系统中的几个液压缸因速度快慢的不同而在动作上的相互干扰。

**1. 叠加阀控制的多液压缸快慢速运动互不干扰回路**(High-low speed motion noninterference control circuits of modular valves)

图 8.40 是用叠加阀控制的多液压缸快慢速运动互不干扰回路。该回路采用双液压泵供油,其中液压泵 1 为低压大流量液压泵,工作压力由溢流阀 5 调定,液压泵 2 为高压小流量液压泵,工作压力由溢流阀 9 调定,液压泵 1 和液压泵 2 分别接叠加阀 $P_1$ 口和 $P_2$ 口。当电磁铁 1YA 和 3YA 通电,三位四通电磁换向阀 8 和 12 左位处于工作状态时,液压泵 1 输出的压力油进入液压缸 3 和 4 的无杆腔推动活塞快速向左运动,此时外控式顺序节流阀 7 和 11 因控制压力较低而关闭,所以液压泵 2 输出的压力油经溢流阀 9 流回液压油箱。当其中一个液压缸,如液压缸 3 先完成快进动作,则液压缸 3 的无杆腔压力升高,顺序节流阀 7 的阀口被打开,液压泵 2 输出的压力油经顺序节流阀 7 中的节流口而进入液压缸 3 的无杆腔,高压油同时使单向阀 6 关闭,液压缸 3 活塞的运动速度由顺序节流阀 7 中节流口的开度所决定(节流口开度按工进速度进行调整)。此时,液压缸 4 仍由液压泵 1 供油进行

快进,两个液压缸活塞的运动互不干扰,此后,当液压缸3率先完成工进运动,电磁铁1YA断电,2YA通电,三位四通电磁换向阀8右位处于工作状态,液压泵1输出的压力油进入液压缸3有杆腔,使液压缸3活塞向右运动。如三位四通电磁换向阀8和12电磁铁均断电,则液压缸3和4停止运动。由此可见,该回路中顺序节流阀的开启取决于液压缸3和4工作腔的压力。这种回路已被广泛地应用于组合机床的液压传动系统中。

图 8.40 使用叠加阀的多液压缸快慢速运动互不干扰回路
(FIGURE 8.40 High-low speed motion noninterference control circuits of modular valves)

1、2—液压泵;3、4—液压缸;5、9—溢流阀;6、10—单向阀;
7、11—外控式顺序节流阀;8、12—三位四通电磁换向阀

2. 双液压泵供油的多液压缸快慢速运动互不干扰回路(High-low speed motion non-interference control circuits of double hydraulic pumps)

图 8.41 是用双液压泵供油的多液压缸快慢速运动互不干扰回路。液压缸 13 和 14 各自要完成快进→工进→快退的自动工作循环。其工作原理是:在图示状态下液压缸 13 和 14 原位停止;当电磁铁 2YA 和 4YA 通电,二位五通电磁换向阀 12 和 11 左位处于工作状态时,液压缸 13 和 14 均由低压大流量液压泵 2 供油并作差动快进;如果液压缸 13 先完成快进动作,挡块和行程开关 $S_1$ 使电磁铁 2YA 断电,1YA 通电,低压大流量液压泵 2 的油路被切断,而改为高压小流量液压泵 1 供油,由调速阀 5 获得慢速工进,此时液压缸 14 仍快进,互不影响;当液压缸 13 和 14 都转为工进后,两个液压缸均由高压小流量液压泵 1 供油;此后,若液压缸 13 又率先完成工进,挡块和行程开关 $S_2$ 使电磁铁 1YA 和 2YA 通电,液压缸 13 即由低压大流量液压泵 2 供油实现快退。当所有电磁铁皆断电时,两个液压缸都停止运动。由此可见,此回路之所以能够防止两个液压缸的快慢速运动互不干扰,是因为快速和慢速运动各由一个液压泵分别供油,再由相应的电磁铁进行控制的缘故。

图 8.41　双液压泵供油的多液压缸快慢速运动互不干扰回路
(FIGURE 8.41　High-low speed motion noninterference control circuits of double hydraulic pumps)

1、2—液压泵；3、4—溢流阀；5、6—调速阀；7、8、11、12—二位五通电磁换向阀；
9、10—单向阀；13、14—液压缸；$S_1$、$S_2$、$S_3$、$S_4$—行程开关

# 重点和难点课堂讨论
# (Important and difficult understanding knowledge points discussion in this chapter)

**课堂讨论**：双向变量液压泵与双向变量液压马达组成的容积调速回路的安装、调试方法与应用。

# 本章小结(Summary)

本章通过一些工程实例，介绍了比较典型的液压基本回路，重点分析了速度控制回路、压力控制回路、方向控制回路和多执行元件运动控制回路组成、工作原理和特点，指出了各类液压传动基本回路的功能。强调了正确理解液压传动基本回路的优缺点，为正确分析研究和设计液压传动系统打下必要的基础。

## 思考题和习题(Review Questions)

1. 采用节流阀进油节流调速回路,何时液压缸输出功率最大?

2. 试分析节流调速系统的能量利用效率。在设计和使用节流调速系统时,应如何尽量提高其效率?

3. 试设计一回路能实现快进(差动连接)→工进→快退→停止卸荷的工作循环。

4. 在回油节流调速回路中,将一减压阀安装在节流阀前面,如图 8.42 所示,能否起到节流阀稳定速度的作用?

5. 画出差压式变量叶片泵与安装在回油路上的节流阀组成的容积节流调速回路工作原理图,分析说明其工作原理。

6. 如图 8.43 所示的调速阀节流调速液压回路中,已知溢流阀 2 的流量为 25L/min,液压缸 3 两腔的有效面积 $A_1 = 2A_2 = 50 \text{cm}^2$,$F$ 由零增至 30000N 时活塞向右运动速度基本无变化,$v = 0.2\text{m/min}$,若调速阀要求的最小压力差为 $\Delta p_{\min} = 0.5\text{MPa}$。

试求:(1) 不计调压偏差时溢流阀调整压力是多少?液压泵的工作压力是多少?

(2) 液压缸 3 可能达到的最高工作压力是多少?

(3) 液压回路的最高效率是多少?

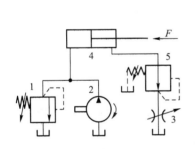

图 8.42 回油节流调速回路
(FIGURE 8.42)

图 8.43 调速阀节流调速液压回路
(FIGURE 8.43)

7. 试绘出三级压力控制的基本回路。

8. 图 8.44 所示为一个调压回路,根据各溢流阀的压力值,试回答:

(1) 该回路最多能够实现多少压力级?

(2) 每个压力级的压力值是多少?

9. 试画出利用先导式溢流阀实现液压传动系统多级调压回路和卸荷回路的工作原理图。

10. 减压回路有何作用?

11. 如图 8.45 所示,已知活塞运动时的外负载 $F = 1200\text{N}$,无杆腔活塞面积 $A = 15\text{cm}^2$,溢流阀 2 调定值为 $P_y = 4.5\text{MPa}$,两个减压阀的调定值分别为 $P_{j1} = 3.5\text{MPa}$ 和 $P_{j2} = 2\text{MPa}$,如油液流过减压阀及管路时的损失可忽略不计,试确定活塞在运动时和运动到终点时,A、B、C 三点的压力值。

图 8.44 调压回路
(FIGURE 8.44)

图 8.45
(FIGURE 8.45)

12. 图 8.46 所示为液压缸 5 往复运动的工作原理图。试解释该液压缸 5 在往复运动中发生断续停顿和换向阀 2 到中位,液压缸 5 便左右推不动的原因。

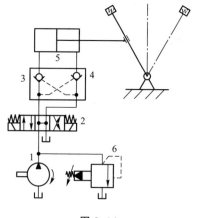

图 8.46
(FIGURE 8.46)

13. 设计一液压传动系统回路图,要求用储能器保持液压传动系统中的油压力,且在保压过程中液压泵处于卸荷状态。

14. 根据要求,画出下列基本回路。

(1) 能够实现液压缸的上、下运动,并能够在任意位置停止,要求液压泵实现卸荷。

(2) 试画出采用液控单向阀的单向和双向锁紧回路。

(3) 采用调速阀的同步回路。

# 第 9 章
# 典型液压传动系统分析

## Chapter 9　Typical hydraulic transmission systems analysis

本章教学要点

| 知识要点 | 掌握程度 | 相关知识 |
| --- | --- | --- |
| 单斗全液压挖掘机液压传动系统 | 掌握全液压挖掘机液压传动系统特点及其工作原理 | 全液压挖掘机液压传动系统及其工作原理 |
| 塑料注射成型机液压传动系统 | 掌握塑料注射成型机液压传动系统特点及其工作原理 | 塑料注射成型机液压传动系统及其工作原理 |
| 液压机液压传动系统 | 掌握液压机液压传动系统特点及其工作原理 | 液压机液压传动系统及其工作原理 |
| 组合机床动力滑台液压传动系统 | 掌握组合机床动力滑台液压传动系统特点及其工作原理 | 组合机床动力滑台液压传动系统工作原理 |
| 计算机电液控制技术 | 了解液压泵控制容积调速计算机电液控制系统组成 | 液压泵控制容积调速计算机电液控制系统组成 |
| 盘式热分散机电液比例流量和压力液压传动系统 | 掌握盘式热分散机液压传动系统组成及工作原理 | 盘式热分散机液压传动系统组成及工作原理 |

### 导入案例

$\phi 710$ 盘式热分散机电液比例流量和压力液压传动系统常见故障分析（Hydraulic transmission system troubleshooting analysis of electro-hydraulic proportional flow and pressure of model $\phi 710$ discal heat dispersing machine）

**图 1　ϕ710 盘式热分散机液压传动系统工作原理图**

（FIGURE 1　Schematic illustration of operating principles of hydraulic transmission system model ϕ710 discal heat dispersing machine）

1—液压油箱；2—粗过滤器；3—液压泵；4—冷却器；5—精过滤器；6—电液比例溢流阀；7—安全阀；8—电液比例流量阀；9—减压阀；10、11—三位四通电磁换向阀；12—双向液压锁；13—机体维修液压缸；14、15—单向节流阀；16—动盘进给液压缸

故障现象 1：液压传动系统无压力。

诊断与维修方法：属于安装调试过程故障。

（1）目测管路和连接件是否有外泄漏的地方。

（2）目测电动机轴转向是否正确。

（3）检查电液比例溢流阀放大器①~② 0~10V，③~④ 0~24V，"+/−"极是否接反。

（4）检查液压泵、溢流阀是否损坏。发现液压传动系统压力表指针指向零值，溢流阀处于全开状态，调到压力设定值后，故障排除。

故障现象 2：液压传动系统工作压力为 10MPa 正常，动盘进给液压缸 16 在定位点有自走现象，导致精度降低。

诊断与维修方法：属于使用现场故障。

诊断方法：①液压传动工作介质被污染。②双向液压锁12被污染或本身质量差。

维修方法：清洗双向液压锁12后，故障仍未排除。过滤或更换液压传动工作介质，更换双向液压锁12，故障排除。

故障现象3：液压传动系统工作压力为10MPa，动盘进给液压缸16工作正常，但机体维修液压缸13不动作。

诊断与维修方法：属于使用现场故障。

诊断方法：①三位四通电磁换向阀11阀芯卡死或电磁铁未通电。②减压阀9调定压力太小。③机体维修液压缸13本身故障。

维修方法：检查减压阀9调定压力是否大于4MPa；测量三位四通电磁换向阀11是否有电信号；反复推动三位四通电磁换向阀11阀芯；故障仍未排除。将机体维修液压缸13拆下，让其在无外负载的情况下往复运动，用高压气体把机体各注油孔吹干净，在导轨上均匀注入润滑脂。安装好机体维修液压缸13后，再次启动驱动液压泵的电机，机体推开、合拢自如，液压传动系统工作正常。

故障现象4：维修液压缸13工作正常，液压传动系统工作压力为10MPa正常，动盘进给液压缸16只能进刀却无法退刀。

诊断与维修方法：属于使用现场故障。

诊断方法：①动盘进给液压缸的三位四通电磁换向阀10阀芯卡死或退刀电磁铁2YA未通电。②控制退刀的单向节流阀14开口调的太小。③电液比例流量阀8受到电磁干扰或放大器故障。④电液比例流量阀8本身故障。

维修方法：先将控制柜和液压泵站接地，对液压泵站进行屏蔽处理；单向节流阀14开口调大；测量退刀电磁铁2YA是否有电信号；反复推动三位四通电磁换向阀10阀芯；故障仍未排除。因盘式热分散机工作时，振动特别强，此时所需流量极小，电液比例流量阀8阀芯处于半关闭状态，振动大导致阀芯波动，动盘进给液压缸16无法退刀，更换电液比例流量阀8后，故障排除。

故障现象5：启动驱动液压泵的电机，液压传动系统压力达到设定值10MPa后，半小时内压力下降至5.0MPa后稳定不变，重新启动驱动液压泵的电机还是同样故障。

诊断与维修方法：属于使用现场故障。

诊断方法：在排除电液比例溢流阀、安全阀、管路密封、精过滤器没有问题的前提下，检查液压油箱内部，打开液压油箱盖后发现液压泵壳体发热严重，因吸油粗过滤器几乎完全被纸浆纤维糊住，吸油阻力过大所致。

维修方法：排掉液压油箱内工作介质，彻底清洗液压油箱，清洗或更换液压泵，更换吸油粗过滤器，更换精过滤器滤芯，加注清洁的液压传动工作介质后，启动驱动液压泵的电机，液压传动系统工作压力设定在10MPa，设备工作稳定无压力波动现象。

液压传动广泛地应用在机械制造、工程机械、农业机械、交通运输、矿山冶金、起重机械、轻工、石油化工、林业、渔业、航海、航空、军事器械等各个领域。根据液压主机的工况特点、动作循环和工作要求，其液压传动系统的组成、作用和特点不尽相同。本章通过对典型液压传动系统的分析，能加深对液压传动基本知识、各种液压元件和系统综合应用的认识，掌握液压传动系统的分析方法，为液压传动系统的设计、分析、研究、调试、使用、维修和故障排除打下基础。

分析一个较复杂的液压传动系统工作原理图,一般可按下列步骤进行。

(1) 了解机械设备工况对液压传动系统的要求。

(2) 根据机械设备工况对液压传动系统的要求,了解液压执行元件在工作循环中外负载和运动之间的变化规律,以每个液压执行元件为中心,将液压传动系统分解为若干个子系统。

(3) 根据对液压执行元件的动作要求,参照电磁铁动作顺序表,逐步分析各子系统的压力控制回路、换向回路、调速回路等。

(4) 根据液压传动系统中各液压执行元件间的同步、互锁、顺序动作和防干扰等要求,分析各子系统之间的联系。

(5) 在全面读懂完整的液压传动系统工作原理图的基础上,归纳总结出整个液压传动系统的特点,加深对液压传动系统的理解。

液压传动系统的种类繁多,按照其工况与特点大致可分为以下 4 种,见表 9-1。

表 9-1  4 种典型液压传动系统的工况及其特点

(TABLE 9-1  Operating load condition and main characteristics of four kinds of typical hydraulic transmission systems)

| 液压传动系统名称 | 液压传动系统的工况要求及其特点 |
| --- | --- |
| 多个液压执行元件配合工作的液压传动系统<br>(如挖掘机液压传动系统) | (1) 能实现严格的顺序动作,完成工作部件规定的动作循环;<br>(2) 满足各液压执行元件对速度、压力及换向精度的要求;<br>(3) 在各液压执行元件动作频繁换接、压力急剧变化下,液压传动系统动作可靠 |
| 以压力变换为主的液压传动系统<br>(如液压机液压传动系统) | (1) 液压传动系统多采用高低压泵组合或恒功率变量泵供油,以满足空行程和压制时的压力和速度的变化;<br>(2) 液压传动系统压力要能经常变换调节,且能产生很大的推力;<br>(3) 空行程时速度大,加压时推力大,功率利用合理 |
| 以速度变换为主的液压传动系统<br>(如组合机床液压传动系统) | (1) 进给行程终点的重复位置精度高,有严格的顺序动作;<br>(2) 要求进给速度平稳、刚性好,有较大的调速范围;<br>(3) 快进与工进时,其速度与外负载相差值大;<br>(4) 能实现工作部件的自动工作循环,生产效率较高 |
| 以换向精度为主的液压传动系统<br>(如磨床液压传动系统) | (1) 启动与制动迅速平稳、无冲击,有较高的换向频率;<br>(2) 换向精度高,换向前停留时间可调;<br>(3) 要求运动平稳性高,有较低的稳定运动速度 |

# 9.1  $1m^3$ 单斗全液压挖掘机液压传动系统分析<br>(Hydraulic transmission system analysis of $1m^3$ excavator)

## 9.1.1  概述(Introduction)

单斗挖掘机在工业与民用建筑、交通运输、水利施工、露天采矿及现代化军事工程中都有着广泛的应用,是各种土石方施工中不可缺少的机械设备。单斗挖掘机根据其传动形式被分为机械式和液压式两类挖掘机。目前中型单斗挖掘机绝大部分都采用了液压传动。液压挖掘机与机械挖掘机相比具有操作灵活方便、挖掘力大、体积小、重量轻、易于实现过载保护等特点。采用恒功率变量液压泵还可以充分、有效地利用发动机功率。近几年发展起来的负荷传感控制新技术在挖掘机液压传动系统中的应用,进一步提高了挖掘机的效率,节省了其功率,使其有更佳的经济性、先进性和可靠性。

图 9.1 所示为履带式反铲单斗液压挖掘机示意简图,单斗液压挖掘机主要由行走机构、工作装置和回转机构三部分组成。工作装置包括动臂、斗杆及铲斗,若更换工作装置,还可以进行抓斗、正铲及装载作业。挖掘机的工作过程主要包括平台回转、整机行走、动臂升降、铲斗翻转、斗杆收放 5 个动作。为了提高作业效率,在一个循环作业中可以由几个动作同时进行组合而形成复合操作。

挖掘机的每一工作循环的主要动作包括以下几个部分。

(1) 挖掘。在松散土壤中挖掘作业时,一般以铲斗液压缸 5 动作为主;在坚硬土壤中挖掘作业时,一般以斗杆液压缸 4 动作为主,用铲斗液压缸 5 调整切削角度,配合挖掘;在铲平基坑底面或修整斜坡等有特殊要求的挖掘动作

图 9.1　履带式反铲单斗液压挖掘机示意图
(FIGURE 9.1 Outline schematic illustration of caterpillar excavating machine)
1—行走履带;2—回转平台;3—动臂液压缸;
4—斗杆液压缸;5—铲斗液压缸

时,动臂、铲斗、斗杆 3 个液压缸需根据作业要求做复合动作,以保证铲斗按特定轨迹运动。

(2) 满斗提升及回转。挖掘作业结束时,铲斗液压缸 5 推出,动臂液压缸 3 顶起,满斗提升;同时,回转液压马达转动,驱动回转平台 2 向卸载方向旋转。

(3) 卸载。当回转平台 2 回转到卸载处时,回转平台 2 制动,动臂液压缸 3 和铲斗液压缸 5 配合动作,使铲斗对准卸载位置。然后,铲斗液压缸 5 内缩,铲斗向上翻转卸载。

(4) 返回。卸载结束后,回转平台 2 反转,动臂液压缸 3、斗杆液压缸 4 及铲斗液压缸 5 复合动作,将空斗返回到新的挖掘位置,开始第二个工作循环。通过行走机构驱动整机行走调整挖掘点。

## 9.1.2　全液压挖掘机液压传动系统及其工作原理(Hydraulic transmission system and operating principles of excavator)

1m³ 履带式单斗液压挖掘机的液压传动系统工作原理如图 9.2 所示。液压传动系统属于高压双泵双回路的开式液压传动系统。两组由 3 个手动液压换向阀组成的多路换向阀 A、B 控制液压泵 3、4 输出压力油的流动方向。进入手动液压多路换向阀 A 的压力油,驱动回转液压马达 5、铲斗液压缸 20,同时经中央回转接头 15 驱动两个左行走液压马达 6;进入手动液压多路换向阀 B 的压力油,驱动斗杆液压缸 21、动臂液压缸 22,并经中央回转接头 15 驱动两个右行走液压马达 7。从手动液压多路换向阀 A、B 流出的压力油都要经过限速阀 16,进入总回油管,再经过背压阀 10、冷却器 9、过滤器 8 流回液压油箱。当

6个M型中位机能的手动液压换向阀中位处于工作状态时，构成低压卸载回路。液压泵3、4均为径向柱塞泵，其排量为$2\times1.04\times10^{-5}\,\mathrm{m^3/r}$，额定工作压力为32MPa。采用同一根曲轴驱动的两液压泵3、4做在同一壳体内，每边3个柱塞各自成为一个液压泵。

图9.2 1m³履带式单斗液压挖掘机的液压系统工作原理示意图

(FIGURE 9.2 Schematic illustration of operating principle of hydraulic transmission system of 1m³ caterpillar excavating machine)

1—液压油箱；2—柴油发动机；3、4—液压泵；5—回转马达；6、7—左、右履带行走液压马达；8—过滤器；9—冷却器；10—背压阀；11—节流阀；12—缓冲补油阀组；13—行走马达中的双速阀；14—补油单向阀；15—中心回转接头；16—限速阀；17、24—溢流阀；18—梭阀；19—合流阀；20—铲斗缸；21—斗杆缸；22—动臂缸；23—单向节流阀；25—缓冲阀

回转液压马达5及左、右履带行走液压马达6、7均为多作用内曲线径向柱塞液压马达，回转液压马达排量为$3.18\times10^{-4}\,\mathrm{m^3/r}$，行走液压马达排量为$2\times6.36\times10^{-4}\,\mathrm{m^3/r}$。

液压传动系统工作原理按回路功能进行说明如下。

1. 一般操作回路（General operating circuit）

在进行单个液压执行元件动作时，操纵一个相对应的手动液压换向阀，切断卸载回路，使压力油经手动液压多路换向阀进入相对应的液压执行元件，回油经手动液压多路换向阀、限速阀16流到总回油管，再经过背压阀10、冷却器9、过滤器8流回液压油箱。

要同时进行两个液压执行元件动作时，可同时操纵相对应的手动液压换向阀，实现两个液压执行元件的复合动作。

在串联供油时，只需同时操作几个相对应的手动液压换向阀，切断卸载回路，液压泵

输出的压力油进入第一个液压执行元件,循环后又进入第二个液压执行元件,依此类推。由于液压传动系统为串联回路,在轻载下可以实现多机构同时动作。当执行机构需要短时锁紧或制动时,可以操作相应的手动液压换向阀使其处于中位来实现。

2. 调压、安全回路（Adjust pressure and safety circuit）

各液压执行元件进油路与回油总管之间均设有安全阀17、24,其调定压力为32MPa,分别控制两回路的工作压力。

3. 限速与调速回路（Limit speed and adjust speed circuit）

两个手动液压多路换向阀A、B的回油都要经过限速阀16流至回油总管。限速阀16是一个液控节流阀,其控制压力油经梭阀18取自两个手动液压多路换向阀A、B的进油口,当这两个液压回路的进油压力均低于0.8～1.5MPa时,此时出现负值负载,限速阀16自动对回油进行节流,增加回油阻力,实现自动限速作用。限速阀16自动控制挖掘机下坡时的行走速度,防止超速溜坡。此外,在动臂和斗杆机构的支路上设置了单向节流阀23,以限制动臂和斗杆机构的下降速度,防止它们在自重下超速下降。行走液压马达中的双速阀13可使液压马达中的两排柱塞实现串、并联转换。当双速阀13电磁铁断电时,高压油并联进入每个液压马达的两排油腔,行走液压马达处于低速大转矩工况,适合于上坡爬行或道路阻力大的工况;当双速阀13电磁铁通电时,可使每个液压马达的两排油腔处于串联工作状态,此时行走液压马达输出转矩小,转速高,行走液压马达处于高速小转矩工况。因而,该挖掘机具有两种行驶速度即3.4km/h和1.7km/h。

4. 合流回路（Incorporated circuit）

当手动液压多路换向阀A控制的液压执行元件不工作,且手控合流液压阀19左位处于工作状态时,液压泵3输出的压力油经手动液压多路换向阀A进入手动液压多路换向阀B,实现两液压泵合流,从而提高手动液压多路换向阀B控制的液压执行元件的工作速度,同时也能充分利用发动机功率,进一步提高工作效率。当手控合流液压阀19右位处于工作状态时,具有分流功能。

5. 背压补油回路（Back pressure reinforce oil circuit）

液压马达壳体内泄漏的液压油温度和进入液压马达柱塞腔、配流轴内腔的液压油温度不同,使液压马达各零件的热膨胀不一致,有可能造成密封滑动面卡死。为避免这种现象发生,一般在液压马达壳体上加工两个与泄漏腔相通的油口,其中一个油口通过节流阀11和有背压的回油路与液压油箱相通,另一个油口直接与液压油箱相通。这样,在背压回路中,压力约0.8～1.2MPa的低压热油经过节流阀11减压后进入液压马达壳体内,使马达壳体内维持有一定量的油液循环,从而可缩小液压马达内各零件和液压油的温差。壳体内油液的循环流动还可冲刷掉壳体内的磨损物和杂质,此外,在行走液压马达超速时,可通过补油单向阀14向液压马达补油,防止液压马达吸空。

此外,在液压传动系统回路中设置了冷却器9,使液压传动系统在连续工作条件下液压油温度保持在50℃～70℃范围内,最高不超过80℃,以保证液压传动系统的正常工作。

### 9.1.3 全液压挖掘机液压传动系统的主要特点（Main characteristics of hydraulic transmission system of excavator）

（1）液压传动系统设计了合理的排油回路和耐振的液压油液冷却装置,使得液压传动系统在工作环境恶劣、工作温度变化大和连续作业条件下，液压油温度不会超过80℃，保证了液压传动系统工作性能的稳定。

（2）液压传动系统液压元件压力调节阀集成在手动液压多路换向阀的阀体内，双速液压阀集成在双速液压马达内，且所有滤清元件集中布置在液压油箱上，仅通过管路就可将几个单元总成连接起来，集成化程度高，有利于安装、调试及维修保养。

（3）液压传动系统充分利用了发动机功率，具有较高的工作效率。由于单斗挖掘机采用了双泵双回路液压传动系统，液压泵3、4分别向手动液压多路换向阀A、B控制的液压执行元件供油，因而无论是在轻载还是在重载下，这两种液压回路中的任意两个液压执行元件（如铲斗和动臂、铲斗和斗杆的复合动作）都能实现互不干扰的复合动作，且在轻载时由手动液压多路换向阀A、B所控制的液压执行元件也能够实现多种机构的同时动作。

（4）由于液压传动系统设置了防止动臂、斗杆因自重快速下降，防止整机超速溜坡的较完善的安全装置，因此，液压传动系统在外负载变化大、冲击载荷和强烈振动的工况下具有足够的可靠性。

## 9.2　XS‐ZY‐250A型塑料注射成型机液压传动系统分析（Hydraulic transmission system analysis of model XS‐ZY‐250A plastic injection machine）

### 9.2.1　概述（Introduction）

塑料注射成型机简称注塑机。它将颗粒状的塑料加热熔化到流动状态后，高压快速注入模腔，经一定时间的保压，冷却凝固成一定形状的塑料制品。本节主要介绍每次理论最大注射容量为$250cm^3$，锁模力为1600kN的XS‐ZY‐250A型注塑机的组成、工作原理和应用特点，它属于中小型注塑机。

塑料注射成型机的外形，如图9.3所示。它主要由合模部件、注射部件、液压传动及电气控制系统等三大部分组成。

（1）合模部件。其主要由定模板、动模板、合模机构、合模缸和顶出装置等组成。它是安装模具用的成型部件。

（2）注射部件。其主要由加料装置（料斗、料筒、螺杆、喷嘴）、预塑装置、注射缸和注射座移动缸等组成。它是塑化部件。

图9.3　塑料注射成型机外形示意图
(FIGURE 9.3　Outline schematic illustration of plastic injection machine)
1—合模部件；2—注射部件；
3—液压传动及电气控制系统

（3）液压传动及电气控制系统。其主要由液压泵、各种液压控制阀、电动机、电气元件及控制仪表等组成。安装在床身上，它是动力和操纵控制部件。

根据注塑成型工艺，注塑机液压传动系统应完成的主要动作有：合模、注射座前移和后退、开模、注射、保压以及顶出等。注塑机的工作循环如图9.4所示。

图 9.4 注塑机工作循环示意图

(FIGURE 9.4 Operating cycle schematic illustration of plastic injection machine)

## 9.2.2 塑料注射成型机液压传动系统及其工作原理(Hydraulic transmission system and operating principles of plastic injection machine)

SZ-250A 型塑料注射成型机的液压传动系统,如图 9.5 所示。该注塑机采用了液压—机械式合模机构。合模液压缸通过具有增力和自锁作用的对称五连杆机构推动模板进行开模与合模,依靠连杆的弹性变形所产生的预紧力来保证所需要的合模力。注塑机液压传

图 9.5 SZ-250A 型塑料注射成型机液压传动系统工作原理图

(FIGURE 9.5 Schematic illustration of operating principle of hydraulic transmission system of Model SZ-250A plastic injection machine)

1—液压油箱;2—冷却器;3—过滤器;4—低压大流量液压泵;5—高压小流量液压泵;6、20—单向阀;7、8—电磁溢流阀;9、10、11—远程调压阀;12、25—二位四通电磁换向阀;13、15—三位四通电磁换向阀;14—固定节流阀;16、18、22—电液换向阀;17、24—单向节流阀;19—背压阀;21—溢流节流阀;23—行程换向阀;26—注射座移动液压缸;27—注射液压缸;28—预塑液压马达;29—合模液压缸;30—顶出液压缸;31—压力表

动系统的各液压执行元件多种速度是靠双联泵和节流阀组合实现的；液压传动系统的多级压力是靠电磁换向阀与远程调压阀组合实现的，能实现远程控制，也易于采用计算机控制。注塑机电磁铁动作顺序见表9-2。

表 9-2 SZ-250A 型注塑机液压传动系统电磁铁动作顺序表

(TABLE 9-2 Electromagnet core operating sequence chart of hydraulic transmission system of Model SZ-250A plastic injection machine)

| 动作循环 | | 电磁铁 YA | | | | | | | | | | | | |
|---|---|---|---|---|---|---|---|---|---|---|---|---|---|---|
| | | 1YA | 2YA | 3YA | 4YA | 5YA | 6YA | 7YA | 8YA | 9YA | 10YA | 11YA | 12YA | 13YA | 14YA |
| 合模 | 慢速 | + | − | − | − | − | + | − | − | − | − | − | − | − | − |
| | 快速 | + | + | − | − | − | + | − | − | − | − | − | − | − | − |
| | 低压慢速 | + | − | − | + | − | + | − | − | − | − | − | − | − | − |
| | 高压 | − | − | − | − | − | + | − | − | − | − | − | − | − | − |
| 注射座整体前移 | | + | − | − | − | − | − | − | − | − | + | − | − | − | − |
| 注射 | 慢速 | + | + | + | − | − | − | − | − | − | + | − | − | + | − |
| | 快速 | + | + | + | − | − | − | − | − | − | + | − | + | − | − |
| 保压 | | + | − | − | − | + | − | − | − | − | + | − | − | + | − |
| 预塑 | | + | + | − | − | − | − | − | − | − | + | − | − | − | + |
| 防流涎 | | + | − | − | − | − | − | − | − | − | − | + | − | − | − |
| 注射座整体后退 | | + | − | − | − | − | − | − | − | + | − | − | − | − | − |
| 开模 | 慢速Ⅰ | + | − | − | − | − | − | + | − | − | − | − | − | − | − |
| | 快速 | + | + | − | − | − | − | + | − | − | − | − | − | − | − |
| | 慢速Ⅱ | − | + | − | − | − | − | + | − | − | − | − | − | − | − |
| 顶出 | 前进 | + | − | − | − | − | − | − | + | − | − | − | − | − | − |
| | 后退 | + | − | − | − | − | − | − | − | − | − | − | − | − | − |
| 螺杆前进 | | + | − | − | − | − | − | − | − | − | − | − | + | − | − |
| 螺杆后退 | | + | − | − | − | − | − | − | − | − | − | + | − | − | − |

SZ-250A型塑料注射成型机液压传动系统工作原理如下。

1. 关闭安全门（Shut the safety door）

关闭注塑机安全门后，行程换向阀23下位处于工作状态，准备开始整个动作循环。

2. 合模 （Close the mould）

动模板慢速启动、快速前移，接近定模板时，液压传动系统转为低压、慢速，在确认模具内没有硬质异物存在后，液压传动系统开始进行高压合模。

具体工艺过程如下。

1) 慢速合模（Mould closes at low speed）

电磁铁1YA、6YA通电，低压大流量液压泵4通过电磁溢流阀7卸荷，高压小流量液压泵 5 的压力由电磁溢流阀 8 调定，液压泵 5 输出的压力油经电液换向阀 22 右位进入合模液压缸 29 无杆腔，推动活塞带动五连杆机构慢速合模，合模液压缸 29 有杆腔油液经电液换向阀 22 右位和冷却器 2 流回液压油箱 1。

2）快速合模（Mould closes at high speed）

当慢速合模转为快速合模时，由行程开关（图中未画）发出指令使电磁铁 2YA 通电（此时电磁铁 1YA 和 6YA 通电），液压泵 4 和液压泵 5 同时供油给合模液压缸 29 无杆腔，合模机构实现快速合模。液压泵 4 供油压力由电磁溢流阀 7 调定。

3）低压慢速合模（Mould closes at low speed and low pressure）

当电磁铁 1YA、4YA 和 6YA 通电时，液压泵 4 卸荷，液压泵 5 的压力由远程调压阀 11 控制，因为远程调压阀 11 的压力调得较低，只有液压泵 5 供油，合模液压缸 29 在低压下慢速合模，合模液压缸 29 输出推力较小，即使两个模板间有硬质异物，也不会损坏模具表面，起到了保护模具的作用。

4）高压合模（Mould closes at high pressure）

当动模板压下高压锁模行程开关（图中未画）时，使电磁铁 4YA 断电，电磁铁 1YA 和 6YA 通电。液压泵 4 卸荷，液压泵 5 供油，液压传动系统压力由高压电磁溢流阀 8 控制进行高压合模，并使五连杆机构产生弹性变形，更加可靠地锁紧模具。

3. 注射座前移（Injection seat assembly moves forward）

当电磁铁 1YA 和 10YA 通电时，液压泵 5 输出的压力油经固定节流阀 14 和电磁换向阀 15 右位进入注射座移动液压缸 26 无杆腔，此时注射座整体前移使喷嘴与模具贴紧，注射座移动液压缸 26 有杆腔油液经电磁换向阀 15 右位流回液压油箱 1。

4. 注射（Injecting）

按照制品和注射工艺条件，注射螺杆以一定的压力和速度将料筒前端的熔料经喷嘴注入模腔，按注射速度分为慢速注射和快速注射两种模式。

1）慢速注射（low speed injection）

当电磁铁 1YA、2YA、3YA、10YA 和 13YA 通电时，液压泵 4 和液压泵 5 输出的压力油经电液换向阀 18 左位和单向节流阀 17 进入注射液压缸 27 无杆腔，其注射速度可由单向节流阀 17 调节。注射液压缸 27 有杆腔油液经电液换向阀 16 中位回液压油箱 1。液压传动系统压力由远程调压阀 9 来控制。

2）快速注射（High speed injection）

当电磁铁 1YA、2YA、3YA、10YA、12YA 通电时，液压泵 4 和液压泵 5 输出的压力油经电液换向阀 16 右位而不经过单向节流阀 17 直接进入注射液压缸 27 无杆腔，注射液压缸 27 有杆腔油液经电液换向阀 16 右位流回液压油箱 1，注射速度加快。液压传动系统压力由远程调压阀 9 来控制。

5. 保压（Protecting pressure）

当电磁铁 1YA、5YA、10YA 和 13YA 通电时，液压泵 4 卸荷，液压泵 5 供油，此时液压油仅用于补充保压时液压传动系统和液压元件的泄漏量，使注射液压缸 27 对模腔内熔料保压并进行补塑。保压压力由远程调压阀 10 控制，液压泵 5 供油的多余油液从电磁溢流阀 8 溢回液压油箱 1。

### 6. 预塑（Pre-heat up plastic）

保压完毕，当电磁铁 1YA、2YA、10YA 和 14YA 通电时，液压泵 4 和液压泵 5 供油，压力油经电液换向阀 18 右位、溢流节流阀 21 和单向阀 20 进入液压马达 28，液压马达 28 驱动螺杆转动，螺杆将料斗中的塑料颗粒带到料筒前端加热预塑逐渐建立起一定压力。液压马达 28 转速由溢流节流阀 21 调节。当螺杆头部熔料压力足以克服注射液压缸 27 活塞后退的背压阻力时，螺杆开始后退。注射液压缸 27 无杆腔的油液经背压阀 19 流回液压油箱 1，使得注射液压缸 27 有杆腔产生局部真空，液压油箱 1 的油液在大气压作用下经电液换向阀 16 中位进入其有杆腔。当螺杆后退到预定位置时，螺杆头部熔料达到下次注射所需量，螺杆停止转动和后退，准备下次注射。与此同时，在模腔内的制品正在冷却成形。

### 7. 防流涎（Protect plastic escaping）

当电磁铁 1YA、10YA 和 11YA 通电时，大流量液压泵 4 卸荷，小流量液压泵 5 输出的压力油一路经电磁换向阀 15 右位进入注射座移动液压缸 26 无杆腔，使喷嘴与模具保持接触，另一路压力油经电液换向阀 16 左位进入注射液压缸 27 有杆腔，强制螺杆后退，减小料筒前端压力，防止在注射座整体后退时物料从喷嘴端部流出。注射座移动液压缸 26 有杆腔油液和注射液压缸 27 无杆腔油液分别经电磁换向阀 15 右位和电液换向阀 16 左位流回液压油箱 1。

### 8. 注射座后退（Injection seat assembly moves backward）

当保压、冷却、预塑结束后，电磁铁 1YA 和 9YA 通电，大流量液压泵 4 卸荷，小流量液压泵 5 输出的压力油经节流阀 14 和电磁换向阀 15 左位进入注射座移动液压缸 26 有杆腔，使注射座整体后退。注射座移动液压缸 26 无杆腔的油液经电磁换向阀 15 左位流回液压油箱 1，节流阀 14 调节注射座整体后退的速度。

### 9. 开模（Open the mould）

开模分为慢速开模和快速开模两种模式。

1) 慢速开模（Mould opens at low speed）

当电磁铁 1YA 和 7YA 通电时，大流量液压泵 4 卸荷，小流量液压泵 5 输出的压力油经电液换向阀 22 左位进入合模液压缸 29 有杆腔，合模液压缸 29 无杆腔的油液经电液换向阀 22 左位流回液压油箱 1，这样得到一种慢速开模。若电磁铁 2YA 和 7YA 通电时，则小流量液压泵 5 卸荷，大流量液压泵 4 供油，可得到另一种慢速开模。

2) 快速开模（Mould opens at high speed）

当电磁铁 1YA、2YA 和 7YA 通电时，大流量液压泵 4 和小流量液压泵 5 同时供油，经电液换向阀 22 左位进入合模液压缸 29 有杆腔，使开模速度提高，合模液压缸 29 无杆腔的油液经电液换向阀 22 左位流回液压油箱 1。

### 10. 顶出液压缸前进和后退（Auxiliary hydraulic cylinder piston rod moves forward and backward）

1) 顶出液压缸前进（Auxiliary hydraulic cylinder piston rod moves forward）

当电磁铁 1YA 和 8YA 通电时，大流量液压泵 4 卸荷，小流量液压泵 5 输出的压力油经电磁换向阀 25 左位、单向节流阀 24 进入顶出液压缸 30 无杆腔，顶出液压缸 30 活塞杆顶出制品，活塞杆运动速度由单向节流阀 24 调节，此时压力由电磁溢流阀 8 调节。顶出液压缸 30 有杆腔的油液经电磁换向阀 25 左位流回液压油箱 1。

2）顶出液压缸后退（Auxiliary hydraulic cylinder piston rod moves backward）

当电磁铁 1YA 通电时，小流量液压泵 5 输出的压力油经电磁换向阀 25 右位进入顶出液压缸 30 有杆腔，使顶出液压缸 30 活塞杆后退，顶出液压缸 30 无杆腔的油液经单向节流阀 24 和电磁换向阀 25 右位流回液压油箱 1。

11. 螺杆前进（Screw move forwards）

当电磁铁 1YA 和 12YA 通电时，小流量液压泵 5 的压力油经电液换向阀 16 右位进入注射液压缸 27 无杆腔，注射液压缸 27 有杆腔的油液经电液换向阀 16 右位流回液压油箱 1，使螺杆前进。

12. 螺杆后退（Screw move backwards）

为了拆卸和清洗螺杆，螺杆要退出，此时电磁铁 1YA 和 11YA 通电。小流量液压泵 5 输出的压力油经电液换向阀 16 左位进入注射液压缸 27 有杆腔，注射液压缸 27 无杆腔的油经电液换向阀 16 左位流回液压油箱 1，使螺杆后退。

### 9.2.3 塑料注射成型机液压传动系统的主要特点（Main characteristics of hydraulic transmission system of plastic injection machine）

（1）注塑机采用液压—机械式对称五连杆合模机构，减小了合模液压缸尺寸，提供了足够的合模力，易于实现高速，在高压注射时，使模具锁紧更加可靠。

（2）液压传动系统采用两个定量泵和节流阀的组合调节流量，多个远程调压阀并联控制压力，符合塑料注射成型工艺的要求。若采用电液比例控制压力阀和电液比例控制流量阀，就可实现压力和流量的无级调节，这样也可减少液压元件和简化液压传动系统，更容易用计算机控制，进一步降低压力及速度变换过程中的冲击和噪声，提高液压传动系统的控制精度和效率。

（3）液压传动系统采用行程开关和电磁换向阀实现自动工作循环，实现工作机构的顺序动作，满足了注塑机液压传动系统精确、可靠地执行多种动作的要求。

## 9.3 3150kN 液压机液压传动系统分析
### （Hydraulic transmission system analysis of the 3150kN press machine）

### 9.3.1 概述（Introduction）

液压机是根据帕斯卡原理制成的。液压机是一种用静压力来加工金属、木材、皮革、粉末制品、塑料、橡胶的机械，能完成锻压、冲压、弯曲、校直、薄板拉伸、板材成型、翻边、胶合板压制、耐火砖压制、打包和轮轴压装等多种工艺的机械，在许多工业部门得到了广泛应用。按其工作介质是油还是水（乳化液），液压机被分为油压机和水压机两种。

液压机的类型很多，其中以四柱式液压机最为典型，应用也最广泛，其外形图如图9.6所示。液压机一般由四根导向立柱，上、下横梁，滑块，工作台和顶出机构等部件组成。

对液压机液压传动系统的基本要求如下。

(1) 液压机的主运动为滑块和顶出机构的运动。滑块由上主液压缸驱动能实现"原位停止→快速下行→慢速下行、加压→保压延时→释压→快速返回→原位停止"的工作循环；辅助液压缸（顶出液压缸）能实现"原位停止→向上顶出→向下退回→原位停止"的工作循环，如图9.7所示。

(2) 液压传动系统中的压力比较高，一般工作压力范围为10～40MPa。

(3) 液压传动系统为高压大流量系统，对安全性和工作平稳性要求比较高，须防止产生液压冲击。

(4) 液压传动系统功率比较大，空行程和加压行程的速度差异大，要求功率分配合理。

图9.6 液压机外形图

(FIGURE 9.6 Outline schematic illustration of press machine)

1—副油箱；2—上横梁；
3—主液压缸；4—上滑块；
5—立柱；6—下滑块；
7—顶出缸

图9.7 液压机的工作循环

(FIGURE 9.7 Operating cycle schematic illustration of press machine)

### 9.3.2 液压机液压传动系统及其工作原理（Hydraulic transmission system and operating principles of press machine）

四柱式3150kN万能液压机的液压传动系统工作原理，如图9.8所示。在液压传动系统中，有两个液压泵，主液压泵 3 是高压、大流量、恒功率轴向柱塞变量泵，为主液压传动系统供给高压油，最高工作压力调定为 32MPa，远程调压阀 6 调定；辅助液压泵 4 是一个低压小流量定量泵，主要用于供给三位四通电液换向阀 8、21 和液控单向阀 15、18 及顺序阀 10 的控制油，其压力由溢流阀 7 调定。

**图 9.8　3150kN 万能液压机液压传动系统原理图**

(FIGURE 9.8 Schematic illustration of operating principle of hydraulic transmission system of the 3150kN universal press machine)

1—主液压油箱；2—粗过滤器；3—主液压泵；4—辅助液压泵；5、7、23、26—溢流阀；6—远程调压阀；
8、21—三位四通电液换向阀；9—压力继电器；10—顺序阀；11—单向阀；12—压力表；
13—液控滑阀；14—副液压油箱；15—充液阀；16—主液压缸；17、24—背压阀；
18—液控单向阀；19—电磁换向阀；20—顶出液压缸；22—节流阀；
25—挡铁；$S_1$、$S_2$—行程开关

1. 液压机启动　(Press machine start)

按下启动按钮后，三位四通电磁换向阀 8、21 的电磁铁处于断电状态，主液压泵 3 输出的液压油经三位四通电液换向阀 8 的中位及三位四通电液换向阀 21 的中位流回主液压油箱 1；辅助液压泵 4 输出的液压油经溢流阀 7 流回主液压油箱 1。液压机空载启动。

2. 主液压缸活塞杆快速下行　(Main hydraulic cylinder piston rod moves down at high speed)

再按下快速下行按钮，使电磁铁 2YA、5YA 通电，三位四通电液换向阀 8 右位和电

磁换向阀 19 右位处于工作状态，辅助液压泵 4 输出的控制油经电磁换向阀 19 的右位打开液控单向阀 18。其主油路如下。

进油路：变量液压泵 3→三位四通电液换向阀 8 右位→单向阀 11→主液压缸 16 无杆腔。

回油路：主液压缸 16 有杆腔→液控单向阀 18→三位四通电液换向阀 8 右位→三位四通电液换向阀 21 中位→主液压油箱 1。

此时主液压缸 16 活塞杆连同上滑块在自重作用下实现快速下行，尽管主液压泵 3 已输出最大流量，但还不足以补充主液压缸 16 无杆腔空出的容积，因而主液压缸 16 无杆腔形成局部真空，置于主液压缸 16 顶部的副油箱 14 内的液压油在大气压及油液位能的作用下，经液控单向阀（充液阀）15 进入主液压缸 16 无杆腔。

3. 主液压缸活塞杆慢速加压（Main hydraulic cylinder piston rod moves down at low speed and increases pressure）

当主液压缸 16 上滑块快速下行，滑块上的挡铁 25 触动行程开关 $S_2$ 后，发电信号使电磁铁 5YA 断电，电磁换向阀 19 左位处于工作状态，液控单向阀 18 关闭。主液压缸 16 有杆腔的油液经背压阀 17、三位四通电液换向阀 8 的右位、三位四通电液换向阀 21 的中位流回主液压油箱 1。这时，回油路上有背压力，主液压缸 16 无杆腔的压力升高，充液阀 15 关闭，主液压缸 16 在变量液压泵 3 供给的压力油作用下慢速接近工件，当主液压缸 16 活塞的滑块接触工件后，阻力急剧增加，主液压缸 16 无杆腔压力进一步提高，变量液压泵 3 通过压力反馈机构使输出流量自动减小，主液压缸 16 活塞以极慢的速度对工件加压。

4. 主液压缸保压延时（Main hydraulic cylinder protects pressure and time-lapse）

当主液压缸 16 无杆腔压力升高到压力继电器 9 的预定值时，压力继电器 9 发出电信号，使电磁铁 2YA 断电，三位四通电液换向阀 8 恢复到中位。将主液压缸 16 无杆腔和有杆腔同时封闭。此时变量液压泵 3 通过三位四通电液换向阀 8、21 的中位卸荷，主液压缸 16 无杆腔的高压油被活塞密封装置和单向阀 11 封闭，保压开始。保压延时的时间由时间继电器（图中未画）控制，可在 0～24min 内调节。根据外负载确定具体的调定值。

5. 主液压缸卸压、快速回程（Main hydraulic cylinder releases pressure and backtracks at high speed）

因为主液压缸 16 无杆腔的油压高、活塞直径大、行程长，所以主液压缸 16 无杆腔内的油液在加压过程中受到压缩而储存了相当大的能量。若此时主液压缸 16 无杆腔立即与主液压油箱 1 接通，则主液压缸 16 无杆腔内的油液积蓄的能量会突然释放出来，产生很大的液压冲击和噪声，造成管路和机器剧烈振动。因此，主液压缸 16 保压延时后必须先卸压然后再快速回程。

在保压延时结束时，时间继电器发出电信号，使电磁铁 1YA 通电，三位四通电液换向阀 8 左位处于工作状态，因为主液压缸 16 无杆腔尚未卸压，压力很高，液动滑阀 13 上位处于工作状态，压力油经三位四通电液换向阀 8 左位及液动滑阀 13 上位使外控顺序阀 10 开启，主液压泵 3 输出油液经顺序阀 10 回主液压油箱 1。这时主液压泵 3 在低压下运转，此压力不足以打开充液阀 15 的主阀芯，但能打开充液阀 15 内的卸荷小阀芯，主液压缸 16 无杆腔的油液经此卸荷阀小阀芯的阀口泄到顶部副液压油箱 14，压力逐渐降低。这一过程持续到主液压缸 16 无杆腔压力降低到一定值后，液动滑阀 13 的阀芯向上移动，其下位处于工作状态，外控顺序阀 10 关闭，变量液压泵 3 供油压力升高，充液阀 15 完全打开，实现上滑块的快速返回。其主油路如下。

进油路：变量液压泵 3→三位四通电液换向阀 8 左位→液控单向阀 18→主液压缸 16 有杆腔。

回油路：主液压缸 16 无杆腔→充液阀 15→副液压油箱 14。

副液压油箱 14 内液面超过预定位置时，多余油液由溢流管流回主液压油箱 1。

6. 主液压缸活塞杆原位停止（Main hydraulic cylinder piston rod backtracks and stops original position）

当主液压缸 16 滑块上的挡铁 25 触动行程开关 $S_1$ 后，使电磁铁 1YA 断电，三位四通电液换向阀 8 处于中位，液控单向阀 18 将主液压缸 16 有杆腔封闭，主液压缸 16 原位停止不动，回程结束。此时变量液压泵 3 输出油液经三位四通电液换向阀 8、21 中位流回主液压油箱 1，变量液压泵 3 处于卸荷状态。

7. 顶出液压缸活塞杆向上顶出（Auxiliary hydraulic cylinder piston rod moves up）

当电磁铁 4YA 通电，3YA 断电时，三位四通电液换向阀 21 左位处于工作状态。顶出液压缸 20 活塞杆向上顶出。其油路如下。

进油路：变量液压泵 3→三位四通电液换向阀 8 中位→三位四通电液换向阀 21 左位→顶出液压缸 20 无杆腔。

回油路：顶出液压缸 20 有杆腔→三位四通电液换向阀 21 左位→主液压油箱 1。

8. 顶出液压缸活塞杆向下退回（Auxiliary hydraulic cylinder piston rod moves down）

当电磁铁 3YA 通电，4YA 断电时，三位四通电液换向阀 21 右位处于工作状态。顶出液压缸 20 活塞杆向下退回。其油路为：

进油路：变量液压泵 3→三位四通电液换向阀 8 中位→三位四通电液换向阀 21 右位→顶出液压缸 20 有杆腔。

回油路：顶出液压缸 20 无杆腔→三位四通电液换向阀 21 右位→主液压油箱 1。

9. 顶出液压缸活塞杆原位停止（Auxiliary hydraulic cylinder piston rod backtracks and stops original position）

当挡块压下原位开关（图中未画）时，电磁铁 3YA 断电，三位四通电液换向阀 21 处于中位，顶出液压缸 20 活塞杆原位停止。

10. 浮动压边（Press freely）

当进行薄板拉伸压边时，要求顶出液压缸 20 无杆腔既能保持一定压力，活塞又能随着主液压缸 16 滑块的下压而一起下降。此时，三位四通电液换向阀 21 处于中位，电磁铁 2YA 通电，三位四通电液换向阀 8 右位处于工作状态，主液压缸 16 滑块下压时顶出液压缸 20 活塞杆被迫随之下行，顶出液压缸 20 无杆腔回油经节流阀 22 和背压阀 24 流回主液压油箱 1，使顶出液压缸 20 无杆腔建立起压边力所需的液压力。顶出液压缸 20 有杆腔则经三位四通电液换向阀 21 中位从主液压油箱 1 补油。溢流阀 23 为顶出液压缸 20 无杆腔的安全阀。

表 9 - 3 为 3150kN 液压机的电磁铁动作顺序表。表中"+"代表电磁铁通电,"−"代表电磁铁断电。

表 9 - 3  3150kN 万能液压机的电磁铁动作顺序表
(TABLE 9 - 3  Electromagnet core operating sequence chart of the 3150kN universal press machine)

| | 动作程序 | 1YA | 2YA | 3YA | 4YA | 5YA |
|---|---|---|---|---|---|---|
| 主缸 | 快速下行 | − | + | − | − | + |
| | 慢速加压 | − | + | − | − | − |
| | 保压 | − | − | − | − | − |
| | 卸压回程 | + | − | − | − | − |
| | 停止 | − | − | − | − | − |
| 顶出缸 | 顶出 | − | − | − | + | − |
| | 退回 | − | − | + | − | − |
| | 压边 | − | + | − | − | − |

### 9.3.3 液压机液压传动系统的主要特点(Main characteristics of hydraulic transmission system of press machine)

(1) 液压机是典型的以压力控制为主的液压传动系统。本机具有远程调压阀 6 控制的调压回路,控制油路可获得稳定低压 2MPa 的低压回路,高压大流量恒功率变量泵 3 的低压(约 3MPa)卸荷回路。

(2) 液压传动系统中的两个液压缸 16、20 分别有一个安全阀 26、23 进行过载保护。

(3) 液压传动系统利用管道和油液的弹性变形实现保压,方法简单,但对单向阀 11、液控单向阀 18 和主液压缸 16 等元件的密封性能要求较高。

(4) 顶出液压缸 20 与主液压缸 16 运动互锁,三位四通电液换向阀 8、21 采用串联接法,只有主液压缸 16 不运动时,压力油才能进入三位四通电液换向阀 21,使顶出液压缸 20 运动,这是一种安全措施。

(5) 液压机液压传动系统采用了高压大流量恒功率式变量泵 3 供油,既符合工艺要求又能节省能量,这是压力机液压传动系统的一个特点。

(6) 采用三位四通电液换向阀 8、21,适合于高压大流量液压传动系统的要求。

(7) 液压传动系统中采用了带有卸荷小阀芯的充液阀 15 和顺序阀 10 组成的液压回路来实现上滑块的快速返回时主液压缸 16 和三位四通电液换向阀 8 的延时换向,保证液压机动作平稳,不会在换向时产生液压冲击和噪声。

(8) 液压传动系统利用上滑块的自重作用实现快速下行,并用充液阀 15 对主液压缸 16 无杆腔充液。这种快速运动回路结构简单,液压元件少,在中、小型液压机中常被采用。

### 9.3.4 液压机插装阀集成液压传动系统及其工作原理(Cartridge valves integrating hydraulic transmission system and operating principles of press machine)

插装阀具有结构简单、压力损失小、密封性能好、通流能力大、不同的阀有相同的主阀芯,易于集成化,便于实现标准化与无管连接,具有明显的节能效果等优点。在冶金、船舶、模具机械等大型机械的大流量液压传动系统中,插装阀集成液压传动系统得到了广泛地应用。四柱式3150kN万能液压机的插装阀液压传动系统工作原理,如图9.9所示。

图 9.9 3150kN 液压机插装阀集成液压传动系统工作原理图
(FIGURE 9.9 Schematic illustration of operating principle of cartridge valves integrating hydraulic transmission system of the 3150kN press machine)

1—主液压油箱;2—变量液压泵;3、4、8、12、13、17、20—先导溢流阀;5、9—缓冲阀;
6、14—三位四通电磁换向阀;7、10、11、15、18、19、21、28—二位四通电磁换向阀;
16—单向阀;22、27—压力表;23—顶出液压缸;24—主液压缸;25—充液阀;26—副油箱

四柱式3150kN液压机采用二通插装阀集成液压传动系统,由5个集成块组成。由插装阀CV1、CV2组成进油调压回路,插装阀CV1为单向阀,用以防止液压传动系统中的油液向变量液压泵2倒流,插装阀CV2为压力阀,先导溢流阀3用于限制液压传动系统最高工作压力,先导溢流阀4用于调节主液压缸24工作行程的最大工作压力,缓冲阀5

用于减小变量液压泵 2 卸载时的液压冲击；插装阀 CV3、CV5、CV7、CV9 为液压方向控制阀，作为两个液压缸的进油阀；进油插装阀 CV3、CV5、CV7、CV9 的控制油路上都有一个梭阀，用于保证锥阀关闭可靠，密封性能好，防止反向加压时使之开启；插装阀 CV4、CV6、CV8、CV10 为液压压力控制阀；由插装阀 CV3、CV4 组成的主液压缸 24 无杆腔油液三通回路，先导溢流阀 8 为主液压缸 24 无杆腔安全阀，缓冲阀 9，用于减小主液压缸 24 无杆腔卸压时的液压冲击；由插装阀 CV5、CV6 组成的主液压缸 24 有杆腔油液三通回路，先导溢流阀 12 为主液压缸 24 有杆腔安全阀，先导溢流阀 13 用于调整主液压缸 24 有杆腔平衡压力，以支承主液压缸 24 活动横梁的重量；由插装阀 CV7、CV8 组成的顶出液压缸 23 有杆腔油液三通回路，单向阀 16 用于顶出液压缸 23 作液压垫时，活塞杆浮动下行时向有杆腔补油，先导溢流阀 17 为顶出液压缸有杆腔安全阀；由插装阀 CV9、CV10 组成的顶出液压缸 23 无杆腔油液三通回路，先导溢流阀 20 为顶出液压缸 23 无杆腔安全阀。

液压传动系统工作循环的电磁铁动作顺序见表 9-4。实现主液压缸 24 加压、顶出液压缸 23 顶出自动工作循环的工作原理如下。

1. 液压机启动（Press machine start）

按下启动按钮，所有电磁换向阀的电磁铁处于断电状态，插装阀 CV2 控制腔经二位二通换向阀 5 上位、三位四通电磁换向阀 6 中位与主液压油箱 1 连通，主插装阀 CV2 开启。变量液压泵 2 输出油液经插装阀 CV2 流回主液压油箱 1，变量液压泵 2 空载启动。

2. 主液压缸活塞杆快速下行（Main hydraulic cylinder piston rod moves down at high speed）

电磁铁 2YA、9YA、10YA 通电，插装阀 CV2 关闭，插装阀 CV3、CV6 开启，变量液压泵 2 向液压传动系统供油，输出油液经插装阀 CV1、CV3 进入主液压缸 24 无杆腔。主液压缸 24 有杆腔油液经插装阀 CV6 快速排回主液压油箱 1。于是液压机上滑块在自重作用下快速下行，主液压缸 24 无杆腔产生负压，通过充液阀 25 从顶部副油箱 26 对主液压缸 24 无杆腔充液。

3. 主液压缸活塞杆减速下行（Main hydraulic cylinder piston rod moves down at low speed）

当滑块下降到一定位置触动行程开关 $S_2$ 后，电磁铁 8YA 通电，9YA 断电，插装阀 CV6 控制腔与先导溢流阀 13 接通，插装阀 CV6 在先导溢流阀 13 的调定压力下溢流，主液压缸 24 有杆腔产生一定背压。主液压缸 24 无杆腔压力相应增高，充液阀 25 关闭。主液压缸 24 无杆腔进油仅为变量液压泵 2 的流量，滑块减速。

4. 主液压缸活塞杆工作行程加压（Main hydraulic cylinder piston rod moves work stroke and increases pressure）

当主液压缸 24 减速下行接近工件时，主液压缸 24 无杆腔压力由压制外负载决定，主液压缸 24 无杆腔压力升高，变量液压泵 2 输出流量自动减小。当压力达到插装阀 CV2 的先导溢流阀 4 的调定压力时，变量液压泵 2 的流量全部经插装阀 CV2 溢流，流回主液压油箱 1，滑块停止运动。

5. 主液压缸保压（Main hydraulic cylinder protects pressure）

当主液压缸 24 无杆腔压力达到所要求的工作压力后，电接点压力表 27 发出电信号，使电磁铁 2YA、8YA、10YA 断电，主液压缸 24 的控制阀 CV3、CV6 关闭。主液压缸 24 无杆腔和有杆腔同时闭锁，实现保压。同时插装阀 CV2 开启，变量液压泵 2 实现低压卸荷。

6. 主液压缸卸压（Main hydraulic cylinder releases pressure）

主液压缸 24 无杆腔保压一定时间后，时间继电器（图中未画）发出电信号，使电磁铁 11YA 通电，主液压缸 24 的控制阀 CV4 控制腔通过缓冲阀 9 下位及电磁换向阀 10 下位与主液压油箱 1 接通，由于缓冲阀 9 的作用，插装阀 CV4 缓慢开启，从而实现主液压缸 24 无杆腔无冲击卸压。

7. 主液压缸活塞杆快速回程（Main hydraulic cylinder piston rod backtracks at high speed）

主液压缸 24 无杆腔压力降至一定值后，电接点压力表 27 发出电信号，使电磁铁 1YA、7YA、11YA、12YA 通电，先导溢流阀 4 关闭，从而使插装阀 CV2 关闭，主液压缸 24 的控制阀 CV4、CV5 开启，充液阀 25 开启，压力油经插装阀 CV1、插装阀 CV5 进入主液压缸 24 有杆腔，主液压缸 24 无杆腔油液经充液阀 25 和插装阀 CV4 分别流到顶部副油箱 26 和主液压油箱 1。主液压缸 24 活塞杆实现回程。

8. 主液压缸活塞杆原位停止（Main hydraulic cylinder piston rod stops original position）

当主液压缸 24 回程到达上端点，行程开关 $S_1$ 发出电信号，使全部电磁铁断电，插装阀 CV2 开启，变量液压泵 2 实现低压卸荷。插装阀 CV5 将主液压缸 24 有杆腔封闭，上滑块停止运动。

9. 顶出液压缸活塞杆顶出（Auxiliary hydraulic cylinder piston rod moves up）

电磁铁 1YA、3YA、6YA 通电，顶出液压缸 23 的控制阀 CV8、CV9 开启，压力油经插装阀 CV1、插装阀 CV9 进入顶出液压缸 23 无杆腔，顶出液压缸 23 有杆腔油液经插装阀 CV8 排回主液压油箱 1，实现顶出液压缸 23 活塞杆顶出。

10. 顶出液压缸活塞杆退回（Auxiliary hydraulic cylinder piston rod moves down）

电磁铁 1YA、4YA、5YA 通电，3YA、6YA 断电，顶出液压缸 23 的控制阀 CV7、CV10 开启，压力油经插装阀 CV1、CV7 进入顶出液压缸 23 有杆腔，顶出液压缸 23 无杆腔油液经插装阀 CV10 排回主液压油箱 1，实现顶出液压缸 23 活塞杆退回。

11. 浮动压边（Press freely）

电磁铁 2YA、8YA、10YA 通电，主液压缸 24 的控制阀 CV3、CV6 开启，压力油经插装阀 CV1、CV3 进入主液压缸 24 无杆腔，主液压缸 24 有杆腔油液经插装阀 CV6 排回主液压油箱 1。主液压缸 24 滑块向下压制工件时，顶出液压缸 23 活塞杆被迫随之下行，顶出液压缸 23 有杆腔则经单向阀 16 从主液压油箱 1 补油，顶出液压缸 23 无杆腔油液经插装阀 CV10 排回主液压油箱 1。

表 9 – 4　3150kN 液压机插装阀集成液压传动系统电磁铁动作顺序表
(TABLE 9 – 4　Electromagnet core operating sequence chart of cartridge valves integrating hydraulic transmission system of the 3150kN press machine)

| 动作程序 | | 1YA | 2YA | 3YA | 4YA | 5YA | 6YA | 7YA | 8YA | 9YA | 10YA | 11YA | 12YA |
|---|---|---|---|---|---|---|---|---|---|---|---|---|---|
| 主液压缸 | 快速下行 | − | + | − | − | − | − | − | − | + | + | − | − |
| | 减速加压 | − | + | − | − | − | − | − | + | − | + | − | − |
| | 保压 | − | − | − | − | − | − | − | − | − | − | − | − |
| | 卸压 | − | − | − | − | − | − | − | − | − | − | + | − |
| | 回程 | + | − | − | − | − | − | + | − | − | − | + | + |
| | 停止 | − | − | − | − | − | − | − | − | − | − | − | − |
| 顶出缸 | 顶出 | + | − | + | − | − | + | − | − | − | − | − | − |
| | 退回 | + | − | − | − | + | − | − | − | − | − | − | − |
| | 压边 | − | + | − | − | − | − | − | + | − | + | − | − |

## 9.4　YT4543 型组合机床动力滑台液压传动系统分析 (Hydraulic transmission system analysis of power work table in YT4543 combining machine tool)

### 9.4.1　概述 (Introduction)

组合机床是由通用部件和部分专用部件组成的高效、专用、自动化程度较高的机床，如图 9.10 所示。液压动力滑台是组合机床上用来完成直线运动的通用部件，配上动力头和主轴箱后可以对工件完成钻、扩、铰、镗、铣、攻螺纹等孔和端面的加工工序。

组合机床要求动力滑台空载时速度快、推力小；工进时推力大、速度慢且稳定；速度换接平稳；功率利用合理、效率高、发热少。

YT4543 型组合机床液压动力滑台由液压缸驱动，在电气和机械装置的配合下可以实现各种自动循环。该动力滑台工作台面的尺寸为 450mm×800mm，最高工作压力为 6.3MPa，最大进给推力为 45 000N，进给速度范围为 6.6～660mm/min，最大快进速度为 7300mm/min。组合机床液压动力滑台的液压传动系统是一种以速度变换为主的中压系统。

图 9.10　组合机床外形示意图
(FIGURE 9.10　Outline schematic illustration of combining machine tool)
1—床身；2—挡铁；3—行程开关；4—底座；
5—工作台；6—夹具；7—工件；8—刀具；
9—主轴箱；10—动力头；11—动力滑台

## 9.4.2 YT4543型组合机床动力滑台液压传动系统工作原理（Hydraulic transmission system and operating principles of power work table in YT4543 combining machine tool）

YT4543型组合机床动力滑台的液压传动系统，如图9.11所示。该液压传动系统可实现如下多种自动工作循环。

**图9.11　YT4543型组合机床动力滑台液压传动系统工作原理图**
(FIGURE 9.11　Schematic illustration of operating principle of hydraulic transmission system of power work table in YT4543 combining machine tool)

1—液压油箱；2—粗过滤器；3—限压式变量叶片泵；4—精过滤器；5、8、11、14、19—单向阀；
6—背压阀；7—液控顺序阀；9—三位五通液动换向阀；10—三位五通电磁换向阀；
12、13—节流阀；15、16—调速阀；17—二位二通电磁换向阀；18—压力继电器；
20—死挡铁；21、24—行程开关；22—行程阀；23—液压缸

(1) 快进→工进→死挡铁短暂停留→快退→原位停止。

(2) 快进→一工进→二工进→死挡铁短暂停留→快退→原位停止。

(3) 快进→工进→快进→工进→……→快退→原位停止。

各种自动循环均由行程阀的动作顺序或挡铁控制电磁铁来实现。下面我们以第二种自动

工作循环为例来说明该液压传动系统的工作原理。该动力滑台的电磁铁动作顺序见表9-5。

表9-5　YT4543型组合机床动力滑台液压传动系统电磁铁动作顺序表
(TABLE 9-5　Electromagnet core operating sequence chart of hydraulic transmission system of power work table in YT4543 combining machine tool)

| 元件<br>动作 | 1YA | 2YA | 3YA | 压力继电器 | 行程阀 | 信号来源 |
| --- | --- | --- | --- | --- | --- | --- |
| 快进 | + | − | − | − | 通 | 启动按钮或夹紧完成信号 |
| 一工进 | + | − | − | − | 断 | 液压挡块压下行程阀信号 |
| 二工进 | + | − | + | − | 断 | 电气挡铁压下行程开关 |
| 死挡铁停留 | + | − | + | + | 断 | 死挡铁 |
| 快退 | − | + | − | − | 断　通 | 压力继电器发信号 |
| 原位停止 | − | − | − | − | 通 | 原位挡铁压原位开关 |

1. 快进（Power work table moves at high speed）

按下启动按钮，电磁铁1YA通电，三位五通电磁换向阀10左位处于工作状态，控制压力油经三位五通电磁换向阀10左位进入三位五通液动换向阀9左端油腔，三位五通液动换向阀9右端油腔的油液经节流阀12和三位五通电磁换向阀10左位流回液压油箱1，使三位五通液动换向阀9左位处于工作状态。在快进时动力滑台导轨摩擦外负载较小，液压传动系统的工作压力不高，限压式变量叶片泵3输出最大流量，外控式液控顺序阀7关闭，液压缸23实现差动连接。其主油路如下。

进油路：粗过滤器2→限压式变量叶片泵3→精过滤器4→单向阀5→三位五通液动换向阀9左位→行程阀22右位→液压缸23无杆腔。

回油路：液压缸23有杆腔→三位五通液动换向阀9左位→单向阀8→行程阀22右位→液压缸23无杆腔。

2. 第一次工作进给（Power work table moves first work stroke）

当动力滑台快进到预定位置，动力滑台上的挡块压下行程阀22时，使其左位处于工作状态，其余液压元件所处状态不变，此时压力油主要经过调速阀15和二位二通电磁换向阀17右位进入液压缸23无杆腔，使液压传动系统工作压力升高，打开外控式液控顺序阀7；限压式变量叶片泵3自动减小其输出的流量与调速阀15的流量相适应。动力滑台的进给速度降低。其主油路如下。

进油路：粗过滤器2→限压式变量叶片泵3→精过滤器4→单向阀5→三位五通液动换向阀9左位→调速阀15→二位二通电磁换向阀17右位→液压缸23无杆腔。

回油路：液压缸23有杆腔→三位五通液动换向阀9左位→外控式液控顺序阀7→背压阀6→液压油箱1。

3. 第二次工作进给（Power work table moves second work stroke）

当动力滑台第一次工作进给结束，动力滑台上的挡块压下行程开关21，使电磁铁3YA通电时，二位二通电磁换向阀17左位处于工作状态，此时压力油只能经过调速阀15和调速阀16进入液压缸23无杆腔。回油路和第一次工作进给时完全相同。由于调速阀16

的开口比调速阀 15 小，液压传动系统工作压力进一步升高，限压式变量叶片泵 3 输出的流量与调速阀 16 的流量相适应，动力滑台的进给速度进一步降低。其主油路如下。

进油路：粗过滤器 2→限压式变量叶片泵 3→精过滤器 4→单向阀 5→三位五通液动换向阀 9 左位→调速阀 15→调速阀 16→液压缸 23 无杆腔。

回油路：液压缸 23 有杆腔→三位五通液动换向阀 9 左位→外控式液控顺序阀 7→背压阀 6→液压油箱 1。

**4. 死挡铁短暂停留（Power work table stops and protects pressure and time-lapse）**

当动力滑台第二次工作进给结束，碰上死挡铁 20 时，动力滑台便不再前进，开始停留。液压缸 23 无杆腔压力升高，当压力升高到压力继电器 18 的设定值时，压力继电器动作并发电信号给时间继电器（图中未画出），经过时间继电器的延时，使动力滑台停留一段时间后再返回。时间继电器调定动力滑台的停留时间。动力滑台执行该项程序主要是满足加工零件的轴肩孔深及孔端面的轴向尺寸精度和表面粗糙度的要求。此时限压式变量叶片泵 3 的偏心距减小接近于零，液压泵输出的流量能满足补偿液压泵和液压传动系统的泄漏量就可以了。

**5. 快退（Power work table backtracks at high speed）**

动力滑台停留时间结束后，时间继电器发出电信号，使三位五通电磁换向阀 10 电磁铁 2YA 通电、1YA 断电，三位五通电磁换向阀 10 右位处于工作状态，控制油路换向，使三位五通液动换向阀 9 换向、右位也处于工作状态，因而主油路换向。由于此时动力滑台导轨摩擦外负载很小，限压式变量叶片泵 3 的偏心距自动恢复到最大值，限压式变量叶片泵 3 输出最大流量，使动力滑台快速退回。其主油路如下。

进油路：粗过滤器 2→限压式变量叶片泵 3→精过滤器 4→单向阀 5→三位五通液动换向阀 9 右位→液压缸 23 有杆腔。

回油路：液压缸 23 无杆腔→单向阀 19→三位五通液动换向阀 9 右位→液压油箱 1。

**6. 原位停止（Power work table backtracks and stops original position）**

动力滑台快速退到原位时，挡块压下行程开关 24，行程开关 24 发出电信号，使所有的电磁铁断电，三位五通电磁换向阀 10 在对中弹簧作用下处于中位，三位五通液动换向阀 9 左右两腔的控制油路都通油箱，因而三位五通液动换向阀 9 也在其对中弹簧作用下回到中位，液压缸 23 两腔封闭，动力滑台停止运动。此时限压式变量叶片泵 3 输出的液压油经精过滤器 4、单向阀 5 和三位五通液动换向阀 9 的中位流回液压油箱 1，在低压下卸荷，以便动力滑台下次启动时能使三位五通液动换向阀 9 快速换向。

### 9.4.3　YT4543 型组合机床动力滑台液压传动系统特点（Main characteristics of hydraulic transmission system of power work table in YT4543 combining machine tool）

该液压传动系统主要有以下特点。

（1）液压传动系统采用换向时间可调，中位为 M 型机能的三位五通电液换向阀来切换主油路，使动力滑台的换向更加平稳，冲击和噪声小。动力滑台在原位停止运动时，M 型中位机能可使限压式变量叶片泵在低压下卸载，电液换向阀的五通结构使动力滑台进和退时分别从两条油路回油，这样动力滑台在后退时没有背压，减小了压力损失。

（2）液压传动系统采用行程阀和顺序阀实现快进与工进的换接，不仅简化了油路和电路，而且使动作可靠，转换的位置精度也比较高。由于工进速度比较低，采用布置灵活的电磁换向阀切换调速阀串联回路来实现两种工进速度的换接，保证了必要的换接精度。采用死挡铁作限位装置，定位准确，重复精度很高。

(3) 液压传动系统采用限压式变量叶片泵和液压缸差动连接回路来实现快进，可以得到较大的快进速度，液压传动系统能量利用合理，因此简化了液压传动系统。

(4) 液压传动系统采用了限压式变量叶片泵和调速阀组成的进口容积节流调速回路，它能保证液压缸稳定的低速运动性能(最小运动速度可达 0.0066m/min)，较好的速度刚性和较大的调速范围(R≈100 左右)。进给时回油路上的背压阀可防止空气渗入液压传动系统，可使动力滑台承受一定的负值负载。回路无溢流损失，液压传动系统效率较高。

## 9.5　Q2－8 型汽车起重机液压传动系统分析
（Hydraulic transmission system analysis of model Q2－8 automobile crane）

### 9.5.1　概述(Introduction)

汽车起重机是将起重机安装在汽车底盘上的一种可移动的设备。汽车起重机机动性好，能以较快速度行走。汽车起重机属于工程机械，承载能力大，可在有冲击、振动和环境较差的条件下工作。汽车起重机的执行元件需要完成的动作较为简单，液压传动系统工作压力较高，位置精度要求不高，对液压传动系统的安全性要求较高，控制阀通常采用手动控制。Q2－8 型汽车起重机的最大起重量在幅度 3m 时为 80kN，最大起重高度 11.5m，起重装置可连续回转。Q2－8 型汽车起重机的外形，如图 9.12 所示。它主要由汽车 1、基

图 9.12　Q2－8 型汽车起重机的外形示意图
(FIGURE 9.12　Outline schematic illustration of model Q2－8 automobile crane)
1—汽车；2—基本臂；3—伸缩臂；4—起升机构；5—吊臂变幅液压缸；6—回转平台；7—支腿

本臂 2、伸缩臂 3、起升机构 4、吊臂变幅液压缸 5、回转平台 6 和支腿 7 等组成。

## 9.5.2 Q2-8 型汽车起重机液压传动系统工作原理（Hydraulic transmission system operating principles of model Q2-8 automobile crane）

Q2-8 型汽车起重机是一种中小型起重机，其液压传动系统工作原理，如图 9.13 所示。该液压传动系统属于中高压系统，液压泵 6 的动力由汽车发动机通过装在底盘变速箱上的取力箱 5 提供。液压泵 6 的额定压力为 21MPa，排量为 40mL/r，转速为 1500r/min，液压泵 6 通过中心回转接头 4、截止阀 3 和粗过滤器 2 从液压油箱 1 吸油，输出的压力油经双联手动换向阀组 9 和四联手动换向阀组 24 串联地输送到各个液压执行元件。安全阀 12 用于防止液压传动系统过载，调整压力为 19MPa，实际工作压力由压力表 15 指示。汽车起重机液压传动系统一般分为上车和下车两部分布置，液压泵 6、安全阀 12、双联手动换向阀组 9 和支腿部分安装在下车部分，其余部分安装在上车部分。液压油箱 1 安装在上车部分，兼作配重。上车和下车部分油路通过中心回转接头 4 连通。

图 9.13 Q2-8 型汽车起重机液压传动系统工作原理图
(FIGURE 9.13 Schematic illustration of operating principle of model Q2-8 automobile crane hydraulic transmission system)

1—液压油箱；2—粗过滤器；3、14—截止阀；4—回转接头；5—取力箱；6—液压泵；
7—后支腿液压缸；8、10—双向液压锁；9—双联手动换向阀组；11—前支腿液压缸；
12—安全阀；13—节流阀；15—压力表；16—回转液压马达；17—伸缩液压缸；
18、20、23—单向顺序阀；19—变幅液压缸；21—单向节流阀；
22—起升液压马达；24—四联手动换向阀组

汽车起重机液压传动系统包括支腿收放、吊重起升、吊臂变幅、吊臂伸缩和转台回转等五个部分。其中，前、后支腿收放控制由双联手动换向阀组 9 实现，其余动作由四联手动换向阀组 24 来实现。各液压换向阀均为 M 型中位机能三位四通手动液压换向阀，相互串联组合,可实现多液压缸卸荷。根据起重工作的具体要求,操纵各液压换向阀不仅可以分别控制各执行元件的运动方向,而且还可以通过控制阀芯的位移量来实现节流调速。

1. 支腿收放回路(Knighthead move circuit)

由于汽车起重机轮胎支承能力有限,在进行吊装作业前必须放下前、后支腿,使汽车轮胎架空,用支腿承载。汽车起重机的底盘前、后端各有两条支腿,每条支腿均配有液压缸。两条前支腿和两条后支腿分别由三位四通手动换向阀 A 和 B 控制其伸出和缩回。液压换向阀采用 M 型中位机能,且油路是串联的。每个液压缸的油路上均设有双向锁紧回路,以保证支腿被可靠地锁住,防止在起重作业时发生"软退"现象或行车过程中支腿自行滑落。

当三位四通手动换向阀 A 左位工作时,前支腿放下,其油路如下。

进油路:液压泵 6→手动换向阀 A 左位→双向液压锁 10→前支腿液压缸 11 无杆腔。

回油路:前支腿液压缸 11 有杆腔→双向液压锁 10→手动换向阀 A 左位→手动换向阀 B 中位→手动换向阀 C 中位→手动换向阀 D 中位→手动换向阀 E 中位→手动换向阀 F 中位→液压油箱 1。

当三位四通手动换向阀 A 右位工作时,前支腿收回,油路基本上同前支腿放下,只不过压力油进入前支腿液压缸有杆腔。

后支腿收、放液压缸用三位四通手动换向阀 B 控制,其油路路线与前支腿回路类似。

2. 吊重起升回路(The external load move circuit)

吊重起升回路是起重机系统中的主要工作回路。吊重的提升和落下是由一个大扭矩起升液压马达 22 带动卷扬机来完成的。三位四通手动换向阀 F 控制起升液压马达 22 的正转和反转。起升液压马达 22 的转速可通过改变发动机的转速来进行调节。油路中设置平衡阀 23,用以防止外负载因自重而下落。考虑到起升液压马达 22 的内泄漏因素,在起升液压马达 22 的驱动轴上设置了制动液压缸,制动液压缸油路设置了单向节流阀 21,实现了制动回路的制动快,解除制动慢的动作要求。

外负载起升油路如下。

进油路:液压泵 6→手动换向阀 A 中位→手动换向阀 B 中位→手动换向阀 C 中位→手动换向阀 D 中位→手动换向阀 E 中位→手动换向阀 F 右位→单向顺序阀 23→起升液压马达 22 正转,外负载提升。

回油路:起升液压马达 22→手动换向阀 F 右位→液压油箱 1。

外负载下落油路为:

进油路:液压泵 6→手动换向阀 A 中位→手动换向阀 B 中位→手动换向阀 C 中位→手动换向阀 D 中位→手动换向阀 E 中位→手动换向阀 F 左位→起升液压马达 22 反转,外负载下落。

回油路:起升液压马达 22→单向顺序阀 23→手动换向阀 F 左位→液压油箱 1。

3. 吊臂变幅回路(Crane rod angle move circuit)

吊臂变幅就是用一个液压缸来改变起重臂的角度。为防止在变幅作业时因自重使吊臂下落,在油路中设置了平衡阀 20。三位四通手动换向阀 E 控制吊臂的增幅、减幅和停止三种工况。其油路路线参照吊臂伸缩回路。

4. 吊臂伸缩回路(Crane rod move circuit)

汽车起重机的吊臂由基本臂和伸缩臂组成,伸缩臂套在基本臂之中,用一个由三位四通手动换向阀 D 控制的伸缩液压缸来驱动吊臂的伸出、缩回和停止。为防止因自重而使吊臂下落,油路中设有平衡回路。例如,当三位四通手动换向阀 D 左位工作时,吊臂缩回,其油路如下。

进油路:液压泵 6→手动换向阀 A 中位→手动换向阀 B 中位→手动换向阀 C 中位→手动换向阀 D 左位→伸缩液压缸 17 有杆腔。

回油路:伸缩液压缸 17 无杆腔→单向顺序阀 18→手动换向阀 D 左位→手动换向阀 E 中位→手动换向阀 F 中位→液压油箱 1。

5. 转台回转机构回路(Turning framework move circuit)

转台回转机构采用一个液压马达,它通过蜗轮蜗杆减速箱和一对内啮合的齿轮来驱动转盘回转。转盘可获得1~3r/min的低速。三位四通手动换向阀 C 控制马达正转、反转、停止三种工况,其油路如下。

进油路:液压泵 6→手动换向阀 A 中位→手动换向阀 B 中位→手动换向阀 C 左位(中位、右位)→液压马达 16 反转(停止、正转)。

回油路:液压马达 16→手动换向阀 C 左位(中位、右位)→手动换向阀 D 中位→手动换向阀 E 中位→手动换向阀 F 中位→液压油箱 1。

### 9.5.3 Q2-8 型汽车起重机液压传动系统特点(Hydraulic transmission system characteristics of model Q2-8 automobile crane)

(1) 采用中位机能为 M 型的三位四通手动换向阀,能使液压传动系统卸荷,减少功率损失,适合于汽车起重机间歇工作。

(2) 在调压回路中,用安全阀限制液压传动系统最高压力。

(3) 液压传动系统采用了单向顺序阀的平衡回路、采用了先导式双单向阀的锁紧回路和带制动缸的制动回路,保证了汽车起重机操作安全,工作可靠和运行平稳。

(4) 采用了三位四通手动换向阀串联组合,不仅可以灵活方便地控制各机构换向动作,还可以通过手柄操纵来控制流量,以实现节流调速。在起升作业中,将此节流调速方法与控制发动机转速方法相结合,可以实现各工作机构微速动作。另外在空载或轻载吊重作业时,可以实现各工作机构任意组合并同时动作,以提高生产率。

## 9.6 计算机电液控制技术分析
## (Calculator control and electro-hydraulic transmission technology analysis)

### 9.6.1 概述(Introduction)

随着计算机控制技术和电子技术的日益发展,液压技术也日益朝着智能化方向迈进,计算机电液控制技术是计算机控制技术与液压传动技术相结合的产物。计算机电液控制系统主要由主控制器(单片微机或微型计算机)及相关的显示器和键盘、电气—机械转换器、数据采集装置、信号隔离和功率放大电路、驱动电路、液压传动系统等组成。它是一个涉及液压传动技术、机械传动技术、传感技术、信号处理技术、计算机技术等技术的机电液一体化闭环控制系统。其优点是操作简单,人机对话方便;可进行多功能控制;宜实现在线检测和实时控制。

### 9.6.2 液压泵控制容积调速计算机电液控制系统组成(Components of calculator control volume adjusting speed circuit and electro-hydraulic transmission)

常规的变量液压泵和变量液压马达组成的容积调速系统,因液压传动系统的工作参数(如温度、流量等)的严重时变,导致其输出参数(转速、转矩等)不稳定,使液压传动系统的静态特性和动态品质较差。液压泵控制容积调速计算机电液控制系统,如图 9.14 所示。该系统是以单片微机 MCS-51 作为主控单元,对其输出量进行检测与控制。输入接口电路,经 A/D 转换后反馈到主控单元,主控单元按一定的控制策略对其进行运算后经输出接口和接口电路,输送到步进电动机,再由步进电动机驱动机械传动装置,控制伺服变量液压泵的斜盘倾角,调整变量液压泵的输出参数,从而保证了变量液压马达的输出量稳定在一定的数值上。

图 9.14 液压泵控制容积调速计算机电液控制系统工作原理示意图
(FIGURE 9.14 Schematic illustration of operating principle of calculator control volume adjusting speed circuit and electro-hydraulic transmission)

### 9.6.3 液压泵控制容积调速计算机电液控制系统硬件设计(Hardware design of calculator control volume adjusting speed circuit and electro-hydraulic transmission)

控制系统的硬件包括输入通道的硬件配置、输出通道的硬件配置和主控单元的硬件配置。

输入通道是将转矩传感器得到的相位差信号放大,再经过转速转矩测量仪转变成模拟量输出,然后转矩信号和转速信号分成两路经高共模抑制比电路进行放大。根据转矩信号和转速信号的电压量程不同,选取合适的放大倍数,将其电压转变成统一的量程为 200mV~5V 的标准电压信号,再经硬件滤波、滤去高次谐波,分别将转矩信号和转速信号接入 A/D 的通道,经 A/D 转换后送入 8031 主控单元。

输出通道包括输出电路、步进电动机和机械传动机构,后两者对控制系统的精度影响较大。在硬件设计过程中,根据液压泵控制容积调速方式选择机械传动的具体形式后,算出负载力的大小,选择步进电动机,确定控制电路的形式,以满足控制系统的精度需要。同时,根据控制系统的精度要求,对步进电动机和机械传动结构之间的精度进行合理分配,确保控制系统的精度满足设计要求。

### 9.6.4 液压泵控制容积调速计算机电液控制系统软件设计(Software design of calculator control volume adjusting speed circuit and electro – hydraulic transmission)

液压泵控制容积调速计算机电液控制系统软件组成,如图 9.15 所示。它主要由主系统管理软件、输入信号采集、A/D 转换及滤波软件、控制算法及步进电动机控制软件、系统自动复位软件、键盘及显示软件等组成。

主系统管理软件的主要职能是在控制系统启动后自动调用控制系统自动复位软件使系统复位,然后调用显示软件进行显示,并完成调用其输入控制值、采样信号、A/D 转换及滤波软件、比较并由此调用控制算法软件,是控制系统朝着减少误差的方向运动。

图 9.15 液压泵控制容积调速计算机
电液控制系统软件组成
(FIGURE 9.15 Software components of calculator control volume adjusting speed circuit and electro – hydraulic transmission)

系统控制算法软件是根据一定的控制策略,设计出相应的控制算法,编写出计算机应用程序。随着计算机技术和控制理论的发展,控制策略也日益增多,液压泵控制容积调速计算机电液控制系统的计算机控制中常用的控制算法有 PID 算法、砰—砰(Bang – Bang)控制算法、PID 和 Bang – Bang 相结合的控制算法。近年来,人们用智能控制方法较好地解决了液压传动系统的参数时变和非线性问题,智能控制方法不需要控制对象的准确模型,而能较好地解决控制系统在稳定性与准确性的矛盾,又能增强对不确定因素的适应性。常用的智能控制方法有模糊控制算法、参数自适应模糊控制算法以及规则可调整的模糊控制算法等。模糊控制系统原理图如图 9.16 所示。模糊控制方法的关键是模糊控制器的设计,模糊控制器由模糊化、模糊控制算法和模糊判决三部分构成。即对输入偏差量 $E$ 和 $dE/dt$ 先进行模糊化,再进行模糊化运算,最后进行模糊判决,得到确切的控制量,并加到被控制对象上,由上述过程即可算出控制表,将其存入计算机。

图 9.16 模糊控制系统原理图
(FIGURE 9.16 Schematic illustration of operating principle of fuzzy control system)

## 9.7 带钢光电液伺服跑偏控制系统分析
### (Light and electro – hydraulic servo control system analysis of metal band position error)

**9.7.1 概述(Introduction)**

带钢经过连续轧制或酸洗等一系列加工热处理后须卷成一定尺寸的钢卷。由于板型不同、辊系的偏差和带材厚度不均等种种原因,使带钢在作业线上产生随机偏离现象,被称为跑偏。跑偏会使卷取机卷成的钢卷边缘不齐,降低成品率。因此,带钢跑偏控制成了确保连续、安全、高效生产的关键技术。卷取机采用光电液伺服跑偏控制系统后,可使卷取精度在标准允许的范围内。

**9.7.2 带钢光电液伺服跑偏控制系统组成及工作原理(Components and operating principles of light and electro – hydraulic servo control system of metal band position error)**

带钢光电液伺服跑偏控制系统组成及工作原理,如图 9.17 所示。卷取机的卷筒 15 将连续运动的带钢 14 卷取成钢卷,带钢在卷取机上产生随机跑偏量 $\Delta x$。卷取机及其传动装置安装在平台 16 上,伺服液压缸 17 驱动平台 16,使平台 16 沿导轨 18 在卷筒 15 轴线方向产生的轴向位移 $\Delta x_p$,光电检测器 13 感受到跑偏量 $\Delta x$ 后,产生相应的电信号输入液压控制系统,使卷筒 15 产生相应的纠偏量 $\Delta x_p$,即纠偏量 $\Delta x_p$ 跟踪跑偏量 $\Delta x$,以保证卷取钢卷的边缘整齐。双向液压锁 10 和 11 用来锁紧辅助液压缸 12 和伺服液压缸 17,防止检测器和卷取机的滑动。带钢光电液伺服跑偏控制系统开始工作之前,使三位四通电液伺服换向阀 8 与辅助液压缸 12 相通,以便拖动光电检测器 13 使其自动调整对准钢带 14 边缘,然后使三位四通电液伺服换向阀 8 与伺服液压缸 17 相通,带钢光电液伺服跑偏控制系统投入正常工作。

带钢光电液伺服跑偏控制系统框图,如图 9.18 所示。

带钢光电液伺服跑偏控制系统电路简图,如图 9.19 所示。当带钢 14 正常卷取时,带钢 14 将光电检测器 13 光源的光照遮去一半,光电二极管接收一半光照,其电阻为 $R_1$。光电检测器 13 由光源和光电二极管组成,光电二极管作为电放大器的输入桥。当调整电桥电阻时,使 $R_1R_3=R_2R_4$,此时电桥平衡无输出,三位四通电液伺服换向阀 8 感应线圈无电信号输入,阀芯处于中位,伺服液压缸 17 两腔不通压力油,活塞停止不动。当带钢 13 的带边偏离光电检测器 13 中央跑偏时,如向右偏离时,光电二极管接收的光照减小,电阻值 $R_1$ 随之增大,电桥失去平衡,形成调节偏差信号 $u_g$。此信号经电放大器放大后在三位四通电液伺服换向阀 8 差动连接的线圈上产生差动电流 $\Delta i$,这时三位四通电液伺服换向阀 8 阀芯向右产生相应的位移量,输出正比于差动电流 $\Delta i$ 的工作介质流量,使伺服液压缸 17 驱动卷取机的卷筒 15 向跑偏方向跟踪,实现带钢 14 自动卷齐。由于光电检测器 13 安装在卷取机移动平台 16 上,随同卷筒 15 向跑偏方向跟踪,实现位置反馈,迅速使光电检测器 13 中央又对准带钢 14 的带边,电桥再次平衡无输出,三位四通电液伺服换向阀 8 阀芯回到中位,伺服液压缸 17 停止动作,至此,带钢光电液伺服跑偏控制系统完

**图 9.17 带钢光电液伺服跑偏控制系统组成及工作原理图**

(FIGURE 9.17 Schematic illustration of components and operating principles of light and electro‐hydraulic servo control system of metal band position error)

1—液压油箱；2—粗过滤器；3—液压泵；4—溢流阀；5—截止阀；6—精过滤器；7—压力表；
8—三位四通电液伺服换向阀；9—三位四通电磁换向阀；10、11—双向液压锁；12—辅助液压缸；
13—光电检测器；14—带钢；15—卷筒；16—平台；17—伺服液压缸；18—导轨

**图 9.18 带钢光电液伺服跑偏控制系统方框图**

(FIGURE 9.18 Schematic illustration of light and electro‐hydraulic servo control system of metal band position error)

成了一次自动纠偏过程。

辅助液压缸 12 用于驱动光电检测器 13。在卷完一卷剪切带钢前，光电检测器 13 应自动退出，以免带钢切断时其尾部撞坏光电检测器 13；在带钢引入卷取机钳口，卷取下一卷带钢前，光电检测器 13 应能自动复位，让光电二极管的中心对准带钢边缘。因此，辅助液压缸 12 也需由三位四通电液伺服换向阀 8 控制。光电检测器 13 在自动退出或复位时，

图 9.19 带钢光电液伺服跑偏控制系统电路简图
(FIGURE 9.19 Schematic illustration of electro-circuit of light and electro-hydraulic servo control system of metal band position error)

伺服液压缸 17 应不动;带钢自动卷齐时,辅助液压缸 12 应固定不动,为此,液压传动系统中采用了两组双向液压锁 10 和 11 来分别锁紧辅助液压缸 12 和伺服液压缸 17,并由三位四通电磁换向阀 9 加以控制。

## 9.8 液压助力器伺服控制系统分析<br>(Manually operated servo hydraulic cylinder control system analysis)

液压助力器属于机液伺服控制系统。机液伺服控制系统的给定、比较和反馈环节,均由机械构件来实现,拖动装置可以是容积式装置,也可以是节流式装置。

图 9.20 机液位置伺服控制系统工作原理图
(FIGURE 9.20 Schematic illustration of operating principles of mechanical hydraulic position servo control system)
1—操纵杆;2—差动杆;3—随动滑阀;4—液压缸

机液位置伺服控制系统工作原理,如图 9.20 所示。机液位置伺服控制系统由操纵杆 1、差动杆 2、随动滑阀 3 和液压缸 4 等组成。机液位置伺服控制系统与一般液压传动系统的主要区别在于,随动滑阀 3 与液压缸 4 之间有一差动杆 2 把两者联系起来,从而使它具有不同于一般液压传动系统的工作特性。其工作原理为:若向右施加力 F 拉操纵杆 1,给差动杆 2 上端一个向右输入的位移量,使 a 点移至 a′点,这时液压缸 4 中的活塞因外负载阻力较大暂时不移动,因而差动杆 2 上的 b 点就以 c 为支点右移至 b′点,同时使随动滑阀 3 的阀芯右移,阀口 $\delta_1$ 和 $\delta_3$ 增大,而 $\delta_2$ 和 $\delta_4$ 则减小,从而导致液压缸4的右腔压力增高而左腔压力减小,活塞向左移动;活塞的运动通过差动杆2又反馈回来,使滑阀阀芯向左移动,这个过程一直进行到b'点又重新回到b点,使阀口$\delta_1$和$\delta_3$与$\delta_2$和$\delta_4$分别减小与增大到原来的位置为止,这时差动杆2上的c点运动到c'点,机液位置伺服控制系统在新的位置上平衡;若差动杆2上端的位置不断地变化,则活塞的位置也连续不断地跟随差动杆2上端的位置变化而移动。

## 9.9 $\phi$710盘式热分散机电液比例流量和压力液压传动系统分析 (Hydraulic transmission system analysis of electro-hydraulic proportional flow and pressure of model $\phi$710 discal heat dispersing machine)

### 9.9.1 概述(Introduction)

盘式热分散机是处理废纸的专用设备之一,它能将废纸浆料中的塑料、胶粘物、油墨粒子、油脂、石蜡和橡胶等杂质进行分散处理,且将浓缩至30%以上的废纸浆经动静磨盘之间的间隙分散并细化至粉末状后,送到下一造纸工序,使纸张的性能和外观质量得以提高。

### 9.9.2 $\phi$710盘式热分散机液压传动系统组成及工作原理(Components and operating principles of hydraulic transmission system of model $\phi$710 discal heat dispersing machine)

$\phi$710盘式热分散机的液压传动系统组成及工作原理,如图9.21所示。当电磁铁1YA通电时,三位四通电磁换向阀10左位处于工作状态,动盘进给液压缸16活塞杆伸出。其主油路如下。

进油路:液压泵3→精过滤器5→三位四通电磁换向阀10左位→双向液压锁12→单向节流阀15→动盘进给液压缸16无杆腔。

回油路:动盘进给液压缸16有杆腔→单向节流阀14→双向液压锁12→三位四通电磁换向阀10左位→电液比例流量阀8→冷却器4→液压油箱1。

当电磁铁1YA断电、2YA通电时,三位四通电磁换向阀10右位处于工作状态,液压缸16活塞杆缩回。其主油路如下。

进油路:液压泵3→精过滤器5→三位四通电磁换向阀10右位→双向液压锁12→单向节流阀14→动盘进给液压缸16有杆腔。

回油路:动盘进给液压缸16无杆腔→单向节流阀15→双向液压锁12→三位四通电磁换向阀10右位→电液比例流量阀8→冷却器4→液压油箱1。

动盘进给液压缸16完成一个工作循环。盘式热分散机实际工作时,动盘进给液压缸16经刚性连接装置将活塞杆位移信号经位移传感器、A/D转换模块输送到PLC,通过PLC的处理后,再经D/A转换模块,控制电液比例流量阀8的开口大小,实现了对动盘进给液压缸16的恒间隙实时控制的目的;根据主电动机电流的反馈信号,控制电液比例溢流阀6的压力大小,实现了对主电动机的恒功率(恒电流)的控制。

图 9.21　φ710 盘式热分散机液压传动系统工作原理图
(FIGURE 9.21　Schematic illustration of operating principles of hydraulic transmission system model φ710 discal heat dispersing machine)

1—液压油箱；2—粗过滤器；3—液压泵；4—冷却器；5—精过滤器；
6—电液比例溢流阀；7—安全阀；8—电液比例流量阀；9—减压阀；
10、11—三位四通电磁换向阀；12—双向液压锁；13—机体维修液压缸；
14、15—单向节流阀；16—动盘进给液压缸

### 9.9.3　φ710 盘式热分散机液压传动系统的主要特点 (Main characteristics of hydraulic transmission system of model φ710 discal heat dispersing machine)

(1) 采用了叠加式液压元件，使液压传动系统集成化程度高。

(2) 采用了电液比例流量和电液比例压力复合控制，电液比例控制阀与 PLC 的结合，实现了磨盘定位系统恒间隙和恒功率控制。其定位精度在 ±0.02mm 以内，主电动机功率在 0~15mm 之间准确地调整动静盘间隙。

(3) 双向液压锁保证了液压传动系统中三位四通电磁换向阀处于中位时磨盘间隙恒定，单向节流阀便于粗调执行元件的速度。

(4) 因盘式热分散机的液压传动系统 24h 连续工作，所以设置冷却系统，确保液压传动系统温升在规定范围内。

(5) 比例流量阀采用了反比例控制，当电压 $u=0$ 时，其输出流量最大；当电压 $u=10$ 时，其输出流量为零，以便液压传动系统调试。

## 重点和难点课堂讨论
## (Important and difficult understanding knowledge points discussion in this chapter)

**课堂讨论**：正确阅读和分析液压传动系统工作原理图的方法是什么？

## 本 章 小 结(Summary)

> 本章介绍了9个典型的液压传动系统和液压机二通插装阀集成液压传动系统，重点分析了每个典型的液压传动系统的组成、工作原理和特点。指出了各类液压传动系统的功能、复杂程度是不同的，但有一点是相同的，就是都由基本回路构成的。强调了正确理解液压传动基础知识和基本原理，掌握液压传动基本回路原理和特点的重要意义。详细说明了阅读和分析液压传动系统工作原理图的方法，为研究和设计液压传动系统打下必要的基础。

## 思考题和习题(Review Questions)

1. 怎样阅读和分析一个液压传动系统？
2. 图 9.5 所示的注塑机液压传动系统是由哪些液压基本回路组成的？其特点有哪些？重点分析各种液压基本回路的特点。
3. 图 9.8 所示的液压机液压传动系统是由哪些液压基本回路组成的？其特点有哪些？
4. 图 9.11 所示的 YT4543 型动力滑台液压传动系统中是由哪些液压基本回路组成的？液压阀 5、8、19 在液压传动系统中起什么作用？
5. YT4543 型动力滑台液压传动系统采用＿＿＿和＿＿＿组成的＿＿＿调速回路；用＿＿＿实现换向，用＿＿＿实现快速运动；用＿＿＿实现快速前进和工作进给的速度切换。
6. 图 9.13 所示的汽车起重机液压传动系统是由哪些液压基本回路组成的？重点分析各种基本回路的特点，为什么在工程机械中，主要采用手动换向阀？
7. 微机电液控制的主要组成是什么？有何特点？
8. 试填写图 9.22 所示的液压传动系统图中的电磁铁和压力继电器动作顺序表，并分析组成液压传动系统的基本回路和液压传动系统的特点。

说明：(1) Ⅰ、Ⅱ为互不干扰回路。

(2) 3YA、5YA有一个通电时，1YA便通电。

| 动作名称 | 电磁铁和压力继电器 | | | | | | |
|---|---|---|---|---|---|---|---|
| | 1YA | 2YA | 3YA | 4YA | 5YA | 6YA | KA |
| 定位加紧 | | | | | | | |
| 快进 | | | | | | | |
| 工进 | | | | | | | |
| 快退 | | | | | | | |
| 定位夹紧 | | | | | | | |
| 原位(卸荷) | | | | | | | |

图 9.22  液压传动系统图

(FIGURE 9.22  Schematic illustration of hydraulic transmission system)

# 第10章

# 液压传动系统的设计与计算

## Chapter 10  Design and calculation of hydraulic transmission system

本章教学要点

| 知识要点 | 掌握程度 | 相关知识 |
| --- | --- | --- |
| 液压传动系统主要性能参数 | 掌握确定液压传动系统主要性能参数；掌握液压传动系统方案设计 | 确定液压传动系统主要性能参数；液压传动系统方案设计 |
| 液压传动系统计算 | 了解液压传动系统的设计与计算 | 液压传动系统的设计与计算举例 |

### 导入案例

设计出某柴油机气缸加工自动生产线上的一台卧式钻镗两用组合机床的液压传动系统。因该机床是自动生产线上的设备之一，为了确保自动化要求，所以工件的定位与夹紧均采用液压控制。要求组合机床的动作顺序为：定位装置定位→夹紧→动力滑台快进→工进→快退→原位停止→夹具松开→拔定位销。已知：组合机床工作时最大轴向切削力为 $F_{tmax}=20000N$，运动部件重量为 $F_G=20000N$；夹紧力为 $F_f=30000N$，快进、快退速度为 $6m/min$，工作进给要求能在 $0.02\sim1.2m/min$ 的范围内实现无级调速；主液压缸快进行程为 200mm，工进行程为 200mm；夹紧液压缸行程为 30mm，导轨型式为平面导轨，动摩擦系数 $f_k=0.1$，静摩擦系数 $f_s=0.2$；主液压缸往复运动的加速减速时间要求不大于 0.5s，夹紧时间要求不大于 2s。液压传动系统的两个液压缸均采用双作用单活塞杆液压缸，其机械效率均为 $\eta_m=0.9$。刀具材料为高速钢，工件材料为铸铁。

该液压传动系统的设计要求与步骤如下。

(1) 进行工况分析。

(2) 确定双作用单活塞杆液压缸的主要结构尺寸 $D$、$d$。
(3) 选择执行元件、动力元件、原动机、控制元件及辅助元件的类型和规格。
(4) 确定液压传动系统的主要参数。
(5) 进行液压传动系统发热计算和效率计算。
(6) 绘制正式液压传动系统原理图。

卧式钻镗两用组合机床动力滑台液压传动系统的设计计算过程如下。

**1. 负载和运动分析（Analyzing operating load and kinematics）**

1) 负载分析

(1) 轴向切削力 $\quad F_t = \dfrac{F_{tmax}}{\eta_m} = \dfrac{20000}{0.9} = 22222\text{N}$

(2) 摩擦阻力 $\quad F_{fs} = f_s F_G / \eta_m = 0.2 \times 20000 / 0.9 = 4444\text{N}$

$\quad\quad\quad\quad\quad\quad F_{fk} = f_k F_G / \eta_m = 0.1 \times 20000 / 0.9 = 2222\text{N}$

(3) 惯性阻力 $\quad F_i = \dfrac{ma}{\eta_m} = \dfrac{F_G}{g} \dfrac{\Delta v}{\Delta t} \dfrac{1}{\eta_m} = \dfrac{20000}{9.81} \times \dfrac{6}{0.5 \times 60} \times \dfrac{1}{0.9} = 453\text{N}$

(4) 重力阻力 因工作部件是卧式安置，故重力阻力为零。

(5) 背压阻力 背压力 $p_b$ 由表10-2选取。

根据上述分析（不考虑切削力引起的颠覆力矩对导轨摩擦阻力的影响）可算出液压缸在各动作阶段中的工作负载，见表1。

**表1 主液压缸在各工作阶段的速度和负载值**

**(TABLE 1 Speed and the external load of main hydraulic cylinder in whole operating load condition)**

| 工　况 | 计算公式 | 速度 $v/(\text{m}\cdot\text{s}^{-1})$ | 推力 $F/\text{N}$ |
|---|---|---|---|
| 启动 | $F = F_{fs}$ |  | 4444 |
| 加速 | $F = F_{fk} + F_i$ |  | 2675 |
| 快速 | $F = F_{fk}$ | 0.1 | 2222 |
| 工进 | $F = F_t + F_{fk}$ | 0.000 33～0.02 | 24444 |
| 快退 | $F = F_{fk}$ | 0.1 | 2222 |

2) 运动分析

题目中已给定各阶段的运动参数。

**2. 绘制负载图和速度图（Drawing operating load and speed schematic diagram）**

根据题目中给定参数和表1中的数值绘制液压缸的 $F-s$ 负载图和 $v-s$ 速度图，如图1所示。

**3. 初定液压缸的结构尺寸（Predetermining structure dimension of hydraulic cylinders）**

1) 初选液压缸的工作压力 $p_1$

由表10-3和表10-4初选：主液压缸的工作压力值为 $p_1 = 30 \times 10^5\text{Pa}$，夹紧液压缸的工作压力值为 $p_1 = 25 \times 10^5\text{Pa}$。

**图1 液压缸的负载图和速度图**

(FIGURE 1　Operating load and speed schematic diagram of hydraulic cylinder)

2) 计算液压缸的结构尺寸 $D$ 和 $d$

(1) 计算主液压缸的结构尺寸 $D$ 和 $d$。

因为要求 $v_1 = v_3$，所以快进时使液压缸差动连接取 $A_1 = 2A_2 (d = 0.707D)$。又因为是钻(镗)孔加工，为防止钻(镗)通孔时工作部件突然前冲，回油路中应有背压。由表10.2取背压为 $p_2 = p_b = 6 \times 10^5 \text{Pa}$。

由式(10-5)可求出面积为

$$A_1 = \frac{F}{p_1 - \frac{1}{2}p_2} = \frac{24444}{(30 - \frac{1}{2} \times 6) \times 10^5} = 90.5 \text{cm}^2$$

液压缸直径 $$D = \sqrt{\frac{4A_1}{\pi}} = \sqrt{\frac{4 \times 90.5}{\pi}} = 10.73 \text{cm} = 107.3 \text{mm}$$

按国家推荐标准 GB/T 2348—1993 取 $D = 110 \text{mm}$。

液压缸活塞杆直径　$d = \dfrac{D}{\sqrt{2}} = 0.707D = 0.707 \times 110 = 77.8 \text{mm}$

按国家推荐标准 GB/T 2348—1993 取 $d = 80 \text{mm}$。

由此求得液压缸实际有效工作面积为

无杆腔面积　$A_1 = \dfrac{\pi D^2}{4} = \dfrac{\pi \times 110^2}{4} = 9503 \text{mm}^2 = 95.0 \text{cm}^2$

有杆腔面积　$A_2 = \dfrac{\pi}{4}(D^2 - d^2) = \dfrac{\pi}{4}(110^2 - 80^2) = 4477 \text{mm}^2 = 44.8 \text{cm}^2$

查有关产品样本和参考书得调速阀 Q-10B～Q-100B 的最小稳定流量为 $q_{v\min} = 0.05 \text{L/min} = 50 \text{cm}^3/\text{min}$。由式(10-6)验算液压缸的有效工作面积，即

$$A_1 = 95.0 \text{cm}^2 > \frac{q_{v\min}}{v_{\min}} = \frac{50}{0.02 \times 10^2} = 25.0 \text{cm}^2$$

$$A_2 = 44.8 \text{cm}^2 > \frac{q_{v\min}}{v_{\min}} = \frac{50}{0.02 \times 10^2} = 25.0 \text{cm}^2$$

由计算结果可知，流量控制阀无论是放在进油路上，还是在回油路上，有效工作面积 $A_1$、$A_2$ 都能满足工作部件的最低速度要求。

(2) 计算夹紧液压缸的结构尺寸 $D$ 和 $d$。

$$A_1 = \frac{F}{p_1 - \frac{1}{2}p_2} = \frac{30000}{\left(25 - \frac{1}{2} \times 6\right) \times 10^5} = 136.4 \text{cm}^2$$

液压缸直径 $D = \sqrt{\dfrac{4A_1}{\pi}} = \sqrt{\dfrac{4 \times 136.4}{\pi}} = 13.18 \text{cm} = 131.8 \text{mm}$

按国家推荐标准 GB/T 2348—1993 取 $D = 140 \text{mm}$。

液压缸活塞杆直径 $d = \dfrac{D}{\sqrt{2}} = 0.707D = 0.707 \times 140 = 98.98 \text{mm}$

按国家推荐标准 GB/T 2348—1993 取 $d = 100 \text{mm}$。

4. 绘制液压缸工况图（Drawing operating load condition schematic diagram）

主液压缸在工作循环中各动作阶段的压力、流量和功率的实际使用值，见表2。

表2 主液压缸工作循环中的压力、流量和功率

(TABLE 2　Pressure and flow and power of main hydraulic cylinder in whole operating load condition)

| 工况 | | 负载 $F$/N | 计算公式 | 液压缸 | | | |
|---|---|---|---|---|---|---|---|
| | | | | 进油腔压力 $p_1/(10^5\text{Pa})$ | 回油压力 $p_2/(10^5\text{Pa})$ | 输入流量 $q$/min$^{-1}$ | 输入功率 $P$/kW |
| 快进 | 启动 | 4444 | $p_1 = \dfrac{F + A_2 \Delta p}{A_1 - A_2}$ $q = (A_1 - A_2)v_1$ $P = p_1 q$ | 8.85① | 0 | — | — |
| | 加速 | 2675 | | 9.79 | 5 | —② | — |
| | 恒速 | 2222 | | 8.89 | | 30.12 | 0.446 |
| 工进 | | 24 444 | $p_1 = \dfrac{F + A_2 p_2}{A_1}$ $q = A_1 v_2$ $P = p_1 q$ | 28.56 | 6 | 0.19～11.40 | 0.009～0.543 |
| 快退 | 启动 | 4 444 | $p_1 = \dfrac{F + A_1 p_2}{A_2}$ $q = A_2 v_3$ $P = p_1 q$ | 9.92① | 0 | — | — |
| | 加速 | 2 675 | | 16.57 | 5 | —② | — |
| | 恒速 | 2 222 | | 15.56 | | 26.88 | 0.697 |

① 启动时活塞尚未动作，故取：$\Delta p = 0$（快进时）；$p_2 = 0$（快退时）。
② 因加速时间很短，故流量不计。

图2是根据表2绘制出的主液压缸工况图。

5. 拟定液压传动系统基本回路（Determining hydraulic basic circuit of hydraulic transmission system）

1) 调速回路

从工况图2的曲线上可以看出，该机床液压传动系统速度较低，功率<0.7kW；因

钻镗加工为连续切削，外负载切削力变化小。为增加机床运动的平稳性和获得较好的速度负载特性，防止当工件被钻通时组合机床动力滑台突然前冲，故采用单向调速阀的出口节流调速回路，如图 3(a)所示。

**图 2　主液压缸工况图**

(FIGURE 2　Operating load condition schematic diagram of main hydraulic cylinder)

2) 速度换接回路与快速回路

由于快进、工进之间的速度相差较大，为了速度换接平稳，减小液压冲击，因此采用行程阀控制的速度换接回路。又因要求液压传动系统快进、快退的速度相等，减小液压泵流量规格，所以采用液压缸差动连接回路。

3) 换向回路

从工况图 2 上还可以看出，液压传动系统的流量较小，工作压力也不高，对机床运动换向的平稳性要求也不高，所以可采用价格低廉，且应用广泛的 O 型中位机能电磁换向阀控制的换向回路，如图 3(b)所示。

4) 压力控制回路

液压传动系统在工作状态时，用溢流阀调定高压小流量液压泵工作压力，与此同时用液控顺序阀实现低压大流量液压泵卸荷。

5) 动力元件液压泵供油回路

由工况图 2 可知，该液压传动系统由低压大流量和高压小流量两个阶段组成。其最大流量与最小流量之比为 $q_{max}/q_{min}=30.12/(0.19\sim11.40)=2.64\sim158.53$；工进与快进的时间之比为 $t_工/t_快=5\sim300$，在整个工作循环过程中的绝大部分时间内液压泵在高压小流量状态下工作。为了节约能源，提高液压传动系统的效率，因此采用双联式定量叶片泵供油，如图 3(c)所示。

6) 行程终点的控制方式

钻镗组合机床主要用于钻孔(通孔与不通孔)和镗孔加工，要求位置定位精度较高。另外，在进行镗孔加工时，为了保证"清根"，即在工进结束、但尚未退回之前，刀具在原地回转，因此在行程终点采用死挡铁停留和压力继电器发出信号的控制方式使动力滑台自动换向，如图 3(a)所示。

(a) 调速及速度换接回路　　(b) 换向回路　　(c) 双泵油源

图 3　液压回路图
（FIGURE 3　Hydraulic circuit schematic diagram）

6. 组成液压传动系统工作原理图（Composing and drawing schematic illustration of operating principle of hydraulic transmission system）

在图 3 所示的液压回路图上，增加一个单向阀 9 和一个二位二通电磁换向阀 11，以保证组合机床动力滑台能退回原位，由减压阀 14、单向阀 15、三位四通电磁换向阀 16、调速阀 17、单向阀 18、压力继电器 19、夹紧液压缸 20 组成工件夹紧液压传动系统。综合上述分析和已拟定的方案，将各种回路合理地合成为该组合机床液压传动系统图，如图 4(a) 所示。图 4(b) 所示为液压传动系统的动作循环。图 4(c) 所示为电磁铁动作顺序表。

图 4　液压传动系统原理图和电磁铁动作顺序表
（FIGURE 4　Schematic illustration of operating principle of hydraulic transmission system and electromagnet core operating sequence chart）

1—过滤器；2—双联式定量叶片泵；3、8、9、15、18—单向阀；4—高压溢流阀；5—液控顺序阀；6、16—三位四通电磁换向阀；7、17—调速阀；10—二位三通机动换向阀；11—二位二通电磁换向阀；12、20—液压缸；13、19—压力继电器；14—减压阀

**7. 液压元件的计算和选择（Calculation and selection of hydraulic components）**

1）确定液压泵的规格和电动机功率

（1）液压泵工作压力的计算。

① 确定大流量液压泵的最大工作压力 $p_{1max}$。

大流量液压泵只在快进、快退中向液压传动系统供油。由表2和工况图2可知，主液压缸最大工作压力为 $p_1 = 16.57 \times 10^5 \text{Pa}$，进油路上的压力损失为 $\sum \Delta p_1 = 5 \times 10^5 \text{Pa}$，则大流量液压泵的最大工作压力为

$$p_{1max} = p_1 + \sum \Delta p_1 = 16.57 \times 10^5 + 5 \times 10^5 = 21.57 \times 10^5 \text{Pa}$$

② 确定小流量液压泵的最大工作压力 $p_{2max}$。

小流量液压泵在快进、快退和工进时均向液压传动系统供油。由表2和工况图2可知，液压缸最大工作压力为 $p_2 = 28.56 \times 10^5 \text{Pa}$，进油路上的压力损失为 $\sum \Delta p_2 = 5 \times 10^5 \text{Pa}$，则小流量液压泵的最大工作压力为

$$p_{2max} = p_2 + \sum \Delta p_2 = 28.56 \times 10^5 + 5 \times 10^5 = 33.56 \times 10^5 \text{Pa}$$

（2）液压泵流量的计算。

由表2和工况图2可知，液压缸所需要的最大流量为 30.12L/min，若取泄漏折算系数 $K = 1.2$，则两个液压泵的总流量为

$$q = 30.12 \times 1.2 = 36.14 \text{L/min}$$

因工进时的最大流量为 11.40L/min，考虑到溢流阀的最小稳定流量一般取 3L/min，故小流量液压泵的流量最少应为 13.68L/min。

（3）液压泵规格的确定。

根据两个液压泵的最大工作压力和流量查产品样本或设计手册，选取 YB-14/16 型双联叶片泵，额定压力为 $63 \times 10^5 \text{Pa}$。

（4）电动机功率的确定。

由表2和工况图2可知，液压缸最大功率 $P_{max} = 0.697\text{kW}$ 出现在压力为 $15.56 \times 10^5 \text{Pa}$、流量为 26.88L/min 的快退阶段，这时液压泵站输出压力为 $p_p = 15.56 \times 10^5 \text{Pa} + 5 \times 10^5 \text{Pa} = 20.56 \times 10^5 \text{Pa}$，流量为 $q_p = 30\text{L/min}$。若取双联叶片泵的总效率为 $\eta_p = 0.75$，根据式(10-14)计算所需电动机功率为

$$P = \frac{p_p q_p}{\eta_p} = \frac{20.56 \times 10^5 \times 30 \times 10^{-3}}{60 \times 0.75} \times 10^{-3} = 1.371 \text{kW}$$

按产品目录（或设计手册）须选用功率为 1.4kW、同步转数为 1450r/min 的电动机。

2）液压阀的选择

根据液压传动系统的最大工作压力和通过各类液压阀的最大实际流量，选出各种液压阀的规格见表3。

3）确定油管尺寸

油管尺寸计算公式为

$$d = 2\sqrt{\frac{q}{\pi v}}$$

## 表3 液压元件一览表
### (TABLE 3　Hydraulic components chart)

| 序号 | 液压件名称 | 型　　号 | 规　　格 | 接口尺寸 | 数量 |
|---|---|---|---|---|---|
| 1 | 过滤器 | XU-40×100 | 40L/min<br>100μm | | 1 |
| 2 | 双联定量叶片泵 | YB-14/16 | (14/16) L/min<br>6.3MPa | | 1 |
| 3 | 单向阀 | I-25B | 25L/min<br>6.3MPa | $\phi$12 | 5 |
| 4 | 溢流阀 | Y-25B | 25L/min<br>6.3MPa | $\phi$12 | 1 |
| 5 | 液控顺序阀 | XY-25B | 25L/min<br>6.3MPa | | 1 |
| 6 | 三位四通电磁换向阀 | 34D-63B | 63L/min<br>6.3MPa | $\phi$18 | 2 |
| 7 | 调速阀 | Q-25B | 25L/min<br>6.3MPa | $\phi$12 | 2 |
| 9 | 二位三通机动换向阀 | 23C-25B | 25L/min<br>6.3MPa | $\phi$12 | 1 |
| 10 | 压力继电器 | DP1-63B | 调压范围<br>1~6.3MPa | $\phi$11 | 2 |
| 11 | 主液压缸 | 100＊70-400 | 6.3MPa | | 1 |
| 12 | 二位二通电磁换向阀 | 22D-25B | 25L/min<br>6.3MPa | $\phi$12 | 1 |
| 14 | 减压阀 | EG-031/70 | 25L/min<br>6.3MPa | $\phi$12 | 1 |
| 20 | 夹紧缸 | 100＊70-20 | 6.3MPa | | 1 |

(1) 吸油油管直径　取 $q=36.14\times10^{-3}/60\text{m}^3/\text{s}$　$v=(0.5\sim1.5)\text{m/s}$
$$d=0.023\sim0.039\text{m}=23\sim39\text{mm}$$
按标准尺寸取 $d=40\text{mm}$。

(2) 压油油管直径　取 $q=36.14\times10^{-3}/60\text{m}^3/\text{s}$　$v=(2.5\sim5)\text{m/s}$
$$d=0.012\sim0.018\text{m}=12\sim18\text{mm}$$
按标准尺寸取 $d=18\text{mm}$。

(3) 回油油管直径　取 $q=36.14\times10^{-3}/60\text{ m}^3/\text{s}$　$v=(1.5\sim2.5)\text{m/s}$
$$d=0.018\sim0.023\text{ m}=18\sim23\text{mm}$$
按标准尺寸取 $d=25\text{mm}$。

三种油管皆为无缝钢管。在液压传动系统中各个组成元件确定之后，主液压缸在实际快进、工进和快退时的输入、排出流量和活塞移动速度，需重新验算。与原设计要求数值进行对比，验算结果见表4。

**表 4　主液压缸输入流量和活塞移动速度的重新验算值**
(TABLE 4　Input flow and piston speed recalculation of main hydraulic cylinder)

| 流量及速度<br>工　序 | 输入流量/(L/min) | 排出流量/(L/min) | 移动速度/(m/min) |
|---|---|---|---|
| 快进(差动) | $q_1 = q_p + q_2$<br>$= q_p + \dfrac{q_p}{A_1 - A_2}A_2$<br>$= 30 + \dfrac{30 \times 44.8}{95.0 - 44.8}$<br>$= 56.77$ | $q_2 = q_1 - q_p$<br>$= 56.77 - 30$<br>$= 26.77$ | $v_1 = \dfrac{q_p}{A_1 - A_2}$<br>$= \dfrac{30 \times 10^{-3}}{(95.0 - 44.8) \times 10^{-4}}$<br>$= 5.98$ |
| 工进 | $q_1 = 0.19 \sim 11.40$ | $q_2 = \dfrac{A_2}{A_1}q_1$<br>$= \dfrac{44.8}{95.0}$<br>$(0.19 \sim 11.40)$<br>$= 0.09 \sim 5.38$ | $v_2 = 0.02 \sim 1.2$ |
| 快退 | $q_1 = q_p = 30$ | $q_2 = \dfrac{A_1}{A_2}q_1$<br>$= \dfrac{95.0}{44.8} \times 30$<br>$= 63.62$ | $v_3 = \dfrac{q_1}{A_2}$<br>$= \dfrac{30 \times 10^{-3}}{44.8 \times 10^{-4}}$<br>$= 6.70$ |

4) 确定液压油箱的容量

按推荐公式 $V = (5 \sim 7)q_p$，取 $V = 7 \times 30 = 210\text{L}$。

8. 液压传动系统主要性能的验算(Main performance calculation of hydraulic transmission system)

回路中压力损失的验算：因为液压装置管路布置图尚未设计，管道的长度也未确定，所以整个回路压力损失就无法进行准确验算，仅列出液压传动系统中有关控制元件的压力损失值，见表5。

**表 5　液压元件在额定流量下的压力损失值**
(TABLE 5　Pressure losses of hydraulic components under nominal flow)

| 元　件<br>压力损失 | 34D-63B | 23C-25B | 22D-25B | I-25B | Q-25B | XY-25B |
|---|---|---|---|---|---|---|
| $\Delta p_{v_n}/(\times 10^5)\text{Pa}$ | 4 | 1.5 | 2 | 2 | 5 | 3 |

9. 液压传动系统发热与温升的验算(Oil heated and temperature increment calculation of hydraulic transmission system)

在本题中，快进、工进和快退所占用的时间(秒)分别为

快进　　　　$t_1 = \dfrac{l_1}{v_1} = \dfrac{200 \times 10^{-3}}{6/60} = 2\text{s}$

工进　　　　$t_2 = \dfrac{l_2}{v_2} = 200 \times 10^{-3} \times 60/(0.02 \sim 1.2) = 10 \sim 600\text{s}$

快退　　　　$t_3 = \dfrac{l_3}{v_3} = \dfrac{400 \times 10^{-3}}{6/60} = 4\text{s}$

钻镗组合机床动力滑台在整个工作循环中,快进占 0.33%～12.50%,工进占 62.50%～99.00%,快退占 0.66%～25.00%,故温升应按工进工况进行验算。

工进时,主液压缸输出的机械功率为

$$P_0 = Fv_2 = 24444 \times (0.02 \sim 1.2)/60 = 8.2 \sim 488.9 \text{W} = 0.0082 \sim 0.4889 \text{kW}$$

液压泵输入的机械功率为

$$P_i = \frac{p_{p1}q_1 + p_{p2}q_2}{\eta_p} = \frac{33.56 \times 10^5 \times 14 \times 10^{-6} \times 1450/60 + 1.23 \times 10^5 \times 16 \times 10^{-6} \times 1450/60}{0.75}$$
$$= 1144.79 \text{W}$$
$$= 1.145 \text{ kW}$$

其中:大流量液压泵的工作压力 $p_{p2}$ 等于液压传动工作介质流经液控顺序阀的卸荷压力,计算过程参照第 3 章中液体流过各种阀的局部压力损失计算式(3-56)。

因此液压传动系统的发热量为

$$H_i = P_i - P_0 = 1.145 - (0.0082 \sim 0.4889) = 0.6561 \sim 1.1368 \text{kW}$$

此值也可按式(10-19)计算,其结果基本相同。

液压传动系统温升可按式(10-22)计算(假设通风良好)

$$\Delta t = \frac{H_i}{\sqrt[3]{V^2}} \times 10^3 = \frac{10^3}{\sqrt[3]{210^2}} \times (0.6561 \sim 1.1368) = 18.57℃ \sim 32.18℃$$

液压传动系统的温升值小于表 10-5 中所规定的允许温升值,所以液压传动系统不需要设置冷却器。

图 10.1 液压传动系统的一般设计流程
(FIGURE 10.1 Design of hydraulic transmission system)

液压传动系统的设计是整机设计的一部分,目前液压传动系统的设计方法主要是经验法,也是在专家的经验指导下采用计算机辅助设计进行的。它除了应符合整机工作循环和静动态性能等方面的要求外,还应当满足工作安全可靠、效率高、结构简单、寿命长、经济性好、使用和维修方便等条件。

液压传动系统的设计没有固定的统一步骤,根据主机系统的简繁,借鉴的多寡和设计人员经验的不同,在做法上有所差异。各部分的设计有时还要交替进行,甚至要经过多次反复才能完成。实际设计工作中,大体上可按图 10.1 所示的内容和流程来进行。

## 10.1 液压传动系统设计要求及工况分析
## (Design requirements and operating load condition analyzing of hydraulic transmission system)

1. 明确设计要求(Understanding design requirements)

1) 整机概况

(1) 明确整机的用途、总体布局、主要结构、技术参数与性能要求。

(2) 明确整机对液压传动系统在位置布置和空间尺寸以及质量上的限制。

(3) 明确整机的工作循环或工艺流程及作业环境等。

2) 设计要求

(1) 外负载的运动方式(直线运动、摆动或转动),动作循环及其范围。

(2) 外负载力(或转矩)和运动速度(或转速)的大小、性质及变化范围。

(3) 整机工作的可靠性、速度的平稳性、转换精度、停留时间等方面的要求。

(4) 各液压执行元件之间的动作顺序、转换方式和互锁性能要求。

(5) 整机的布置方式(卧式、垂直式或斜式)和类型。

(6) 对于动作循环较复杂的液压执行元件,或相互动作关系较复杂的几个液压执行元件,应绘出完整的运动循环图。

(7) 液压传动系统的温度及其变化范围、湿度、冲击、振动、污染、腐蚀或易燃等(这涉及液压元件和液压工作介质的选用)。

3) 成本与经济性等方面的要求

2. 进行工况分析 (Analyzing operating load condition)

液压传动系统的工况分析是分析液压传动设备在工作过程中,其液压执行元件在各阶段的运动和外负载之间的变化规律,也是拟定液压传动系统方案、选择或设计液压元件的依据。在此基础上,绘制出速度图和负载图。液压传动系统的工况分析包括运动分析和负载分析。

1) 运动分析和速度图

液压传动系统的运动分析是研究整机依据工艺要求,应以怎样的运动规律完成一个完整地工作循环,即研究运动的形式(直线运动、摆动或旋转运动)、运动行程长短、运动的速度大小、变化范围和运动变化规律(循环过程和周期)等。一般用速度—时间($v-t$)或速度—位移($v-s$)曲线表示,这种图形被称为速度图(图10.2)。

图10.2 组合机床液压动力滑台的动作循环和速度图
(FIGURE 10.2 Operating cycle and speed schematic illustration of power worktable in combining machine tool)

2）负载分析和负载图

液压传动系统的负载分析是分析液压传动系统的液压执行元件在工作过程中各阶段的外负载变化规律。通常将一个工作循环内的各阶段的外负载值列表表示，或用图形表示出来。一般用负载—位移（$F-s$）或负载—时间（$F-t$）曲线表示，这种图形被称为负载图。

(1) 液压执行元件液压缸（或液压马达）的负载分析。

液压缸在做直线往复运动时，要克服以下6种负载：工作负载、导轨摩擦负载、惯性负载、重力负载、密封负载和背压负载（前4种为外负载，后两种为内负载）。液压执行元件在工作循环中，各动作阶段的负载类型和大小是不同的。若液压执行元件是液压马达，计算时应将力换成转矩。工作负载取决于液压设备的工作性质，有恒值负载和变值负载之分。导轨摩擦负载是指液压执行元件驱动工作机构运动时所需克服的导轨或支承面上的摩擦阻力。惯性负载是指运动部件在启动和制动过程中的惯性力。重力负载是指垂直或倾斜放置的运动部件，在没有平衡的情况下，其自重也成为一种负载。密封负载是指密封装置的摩擦力。背压负载是指液压执行元件回油腔背压所造成的阻力。

① 启动阶段。这时液压缸活塞或缸筒处于要动而未动状态，其总负载为

$$F = \pm F_L + F_{fs} + F_G = \pm F_L + f_s F_n \pm F_G \quad (10-1)$$

式中：$F_L$ 为工作负载，当工作负载方向与液压缸活塞或缸筒的推力方向相反时，为正值工作负载，相同时为负值工作负载，对非工作行程 $F_L=0$；$F_{fs}$ 为静摩擦力；$f_s$ 为摩擦面的静摩擦系数，其数值与导轨的种类、材料和润滑条件有关，在正常润滑条件下的静摩擦系数见表10-1；$F_n$ 为作用在导轨或支撑面上的正压力；$F_G$ 为垂直放置和倾斜放置的运动部件的重力负载，液压缸活塞或缸筒向上运动时为正值重力负载，向下运动时为负值重力负载。

表 10-1 导轨摩擦系数

(TABLE 10-1 Slide guideways friction coefficient)

| 导轨种类 | 导轨材料 | 摩擦系数 | 工作状态 |
| --- | --- | --- | --- |
| 滑动导轨 | 铸铁对铸铁 | 0.16~0.2 | 启动 |
| | | 0.05~0.08 | 高速运动（$v>10$m/min） |
| | | 0.1~0.12 | 低速运动（$v<10$m/min） |
| | 金属兼复合材料 | 0.042~0.15 | |
| | 自润滑尼龙 | 0.16~0.20 | 低速中载（也可润滑） |
| 滚动导轨 | 淬火钢导轨+滚柱（珠） | 0.003~0.006 | |
| | 铸铁导轨+滚柱（珠） | 0.005~0.02 | |
| 气浮导轨 | 铸铁、钢或大理石 | 0.001 | |
| 静压导轨 | 铸铁对铸铁 | 0.0005 | |

② 加速阶段。液压缸活塞或缸筒速度从零到恒速的阶段，总负载 $F$ 为

$$F = \pm F_L + F_{fd} + F_m \pm F_G + F_b = \pm F_L + f_d F_n + \frac{F_G}{g}\frac{\Delta v}{\Delta t} \pm F_G + F_b \quad (10-2)$$

式中：$F_{fd}$ 为动摩擦力；$f_d$ 为动摩擦系数；$F_m$ 为惯性负载，这是所有运动部件在启动加速（或制动减速）过程中的惯性力；$g$ 为重力加速度；$\Delta v$ 为速度变化量；$\Delta t$ 为启动或制动时间，一般机械取 $\Delta t = 0.1 \sim 0.5s$，轻载低速运动部件取小值，重载高速取较大值，磨床取 $\Delta t = 0.01 \sim 0.05s$，对行走机械取 $\Delta v/\Delta t = 0.5 \sim 1.5 m/s^2$；$F_b$ 为回油背压负载，背压力 $p_b$ 见表 10-2。

③ 恒速阶段。总负载 $F$ 为
$$F = \pm F_L + F_{fd} \pm F_G + F_b = \pm F_L + f_d F_n \pm F_G + F_b \quad (10-3)$$

④ 制动阶段（或制动减速）。总负载 $F$ 为
$$F = \pm F_L + F_{fd} - F_m \pm F_G + F_b = \pm F_L + f_d F_n - F_m \pm F_G + F_b \quad (10-4)$$

表 10-2 液压传动系统中背压力的经验数据

(TABLE 10-2 Back pressure testing values of hydraulic transmission system)

| 回路特点 | 背压力 $p_b$/MPa | 回路特点 | 背压力 $p_b$/MPa |
|---|---|---|---|
| 进口调速 | 0.1～0.2 | 闭式回路，带补油辅助泵 | 1.0～1.5 |
| 进口调速，回油装背压阀 | 0.2～0.5 | 工作压力超过 25MPa 的高压系统 | 1.2～3.0 |
| 出口调速 | 0.6～1.5 | 采用内曲线液压马达 | 0.7～1.2 |

(2) 液压执行元件液压缸（或液压马达）的负载图。

按照上述各阶段液压执行元件液压缸的负载值和各负载值所经历的工作时间（或位移量），绘制出液压缸的负载图（$F—t$ 图或 $F—s$ 图），如图 10.3 所示。其中最大负载值是初选液压缸工作压力和确定液压缸结构参数时的重要依据。

图 10.3 液压缸负载图

(FIGURE 10.3 Load schematic illustration of hydraulic cylinder)

## 10.2 确定液压传动系统主要性能参数

(Determining main performance and parameters of hydraulic transmission system)

工作压力 $p$ 和最大流量 $q_{max}$ 是液压传动系统中两个最主要的参数，它们是计算液压传

动系统和选择液压执行元件、控制元件、辅件元件、动力元件和原动机(内燃机或电动机)规格和型号的重要依据。

1. 液压传动系统的工作压力 (Operating pressure of hydraulic transmission system)

液压传动系统工作压力选定是否合适，直接关系到所设计的整机是否经济合理。若液压传动系统工作压力选得过低，就会增大执行元件及系统的尺寸，使结构变得庞大；反之，若液压传动系统工作压力选得过高，液压执行元件和系统的结构紧凑，但对液压元件的强度、刚度及密封要求高。一般液压传动系统的工作压力可以根据液压执行元件负载图中的最大负载选取，见表10-3；也可根据整机设备类型选取，见表10-4。

表 10-3 按外负载选择液压传动系统的工作压力
(TABLE 10-3 Selecting operating pressure of hydraulic transmission system with respect to the external load)

| 外负载 $F/N$ | <5000 | 5000~10000 | 10000~20000 | 20000~30000 | 30000~50000 | >50000 |
|---|---|---|---|---|---|---|
| 工作压力 $p/MPa$ | <0.8~1 | 1.5~2 | 2.5~3 | 3~4 | 4~5 | ≥5~7 |

表 10-4 按整机设备类型选择液压传动系统的工作压力
(TABLE 10-4 Selecting operating pressure of hydraulic transmission system with respect to the equipment type)

| 设备类型 | 机床 | | | | 工程机械中的小型工程机械、船舶机械辅助机构、农业机械 | 大中型挖掘机船舶起货机压力机重型机械起重运输机械 |
|---|---|---|---|---|---|---|
| | 磨床 | 组合机床 | 车、镗、铣 | 拉床 龙门刨床 | | |
| 工作压力 $p/MPa$ | 0.8~2 | 3~5 | 2.5~6.3 | <10 | 10~16 | 16~32 |

2. 液压执行元件的最大流量 (Maximum flow of hydraulic actuators)

液压执行元件的最大流量 $q_{max}$ 可以根据液压执行元件速度图中的最大速度计算出来。它与液压执行元件的结构参数(液压缸的有效工作面积 $A$ 和液压马达的排量 $V$)有关，通常是先确定液压传动系统的工作压力 $p$，再按整机设备最大外负载值和初选的液压执行元件机械效率 $\eta_m$ 计算出液压缸的有效工作面积 $A$ 或液压马达的排量 $V$，经过充分与必要的验算和圆整后取得液压执行元件的结构参数，最后计算出液压执行元件的最大流量 $q_{max}$。

1) 液压执行元件液压缸主要结构参数有效工作面积 $A$ 和最大实际流量 $q_{max}$ 的确定

(1) 液压执行元件液压缸的输出力必须满足整机设备最大外负载力 $F_{max}$ 的要求，因此双作用单杆活塞缸无杆腔有效工作面积 $A$ 为

$$A = \frac{F}{(p_1 - \lambda_v p_2)\eta_{cm}} \quad (10-5)$$

式中：$p_1$ 为液压缸的无杆腔压力；$\lambda_v$ 为液压缸的往复行程速比系数；$p_2$ 为液压缸的背压力；$\eta_{cm}$ 为液压缸的机械效率。

液压执行元件液压缸的有效工作面积除了能满足整机设备最大外负载要求以外，还必须能满足液压控制元件流量控制阀最小稳定流量 $q_{min}$ 的要求。同时还应该对液压缸的有效工作面积 $A$ 进行验算。若液压缸的最低稳定速度为 $v_{min}$，则

$$A \geq \frac{q_{min}\eta_{cv}}{v_{min}} \quad (10-6)$$

式中：$\eta_{cv}$ 为液压缸的容积效率。

液压执行元件液压缸的有效工作面积 $A$ 值在按式(10-5)和式(10-6)计算出来的数值中选取较大的数值。

(2) 液压执行元件液压缸最大实际流量 $q_{max}$ 为

$$q_{max} = Av_{max}/\eta_{cv} \qquad (10-7)$$

2) 液压执行元件液压马达主要结构参数排量 $V$ 和最大实际流量 $q_{max}$ 的确定

(1) 液压执行元件液压马达的输出转矩必须满足整机设备最大外负载转矩 $T$ 的要求，因此液压马达的排量 $V$ 为

$$V = 2\pi T/\Delta p \eta_{mm} \qquad (10-8)$$

式中：$\eta_{mm}$ 为液压马达的机械效率。

按液压马达最低稳定转速 $n_{min}$ 的要求验算所选定的液压马达的排量 $V$，即

$$V \geqslant \frac{q_{min}\eta_{mv}}{n_{min}} \qquad (10-9)$$

式中：$\eta_{mv}$ 为液压马达的容积效率。

液压执行元件液压马达的排量 $V$ 值按式(10-8)和式(10-9)计算出来的数值中，从二者中选取较大的数值。

(2) 液压马达的最大实际流量 $q_{max}$

$$q_{max} = Vn_{max}/\eta_{mv} \qquad (10-10)$$

式中：$n_{max}$ 为液压马达的最高转速。

3. 绘制液压传动系统执行元件工况图(Drawing operating load condition schematic diagram of actuator in hydraulic transmission system)

液压传动系统执行元件工况图包括压力图、流量图和功率图。

1) 液压执行元件工况图的绘制

液压执行元件工况图包括压力图、流量图和功率图。压力图、流量图是液压执行元件在运动循环中各阶段的压力与位移或压力与时间、流量与位移或流量与时间的关系图。功率图是依据压力与流量计算出各循环阶段所需功率绘制出的功率与位移或功率与时间的关系图。

根据式(10-5)、式(10-6)、式(10-8)和式(10-9)计算出的液压执行元件液压缸(或液压马达)的有效工作面积(或排量)和工作循环中各阶段的负载，即可绘制出压力图10.4(a)。

根据式(10-7)和式(10-10)计算出的液压执行元件液压缸(或液压马达)的有效工作面积(或排量)和工作循环中各阶段的运动速度，即可绘制出流量图10.4(b)。

根据已绘制出的压力图和流量图，初算出液压传动系统各阶段所需的功率，即可绘制出功率

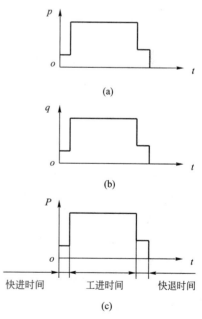

图 10.4 液压执行元件工况图
(FIGURE 10.4 Operating load condition schematic diagram of hydraulic actuator)

图 10.4(c)。

2) 液压执行元件工况图的作用

由工况图 10.4 可以方便的和直观的查出最大工作压力、最大实际流量和最大功率，根据这些参数可选择出液压动力元件液压泵和原动机的规格，通过对工况图 10.4 分析，设计者还可以较容易地选择合理的液压基本回路，确定合适的液压传动系统。

## 10.3 液压传动系统方案设计
### (Drawing schematic illustration of operating principle of hydraulic transmission system)

拟定液压传动系统原理图是整个设计工作中最重要的内容，它直接影响液压传动系统的性能和设计方案的合理性、经济性。拟定液压传动系统原理图所需的知识面较广，要综合应用前面的各章内容，一般的方法是：正确地选择液压元件和液压基本回路，并将它们科学地、有机地组合起来。组成的液压传动系统应能满足设计任务书中提出的各项要求，同时还要使液压传动系统简单可靠、成本低和效率高。

1. 选择液压传动系统的类型（Selecting hydraulic transmission system type）

液压传动系统有开式液压传动系统和闭式液压传动系统两种类型。一般选用开式液压传动系统，即执行元件的排油回液压油箱，油液经过沉淀、冷却后再进入液压泵进口。航空航天液压装置和行走机械为减少体积和重量可选闭式液压传动系统，即执行元件的排油直接进入液压泵的进口。

2. 选择液压执行元件的类型（Selecting hydraulic actuator type）

(1) 若要求液压传动系统实现连续回转运动，应选用液压马达。如果转速高于 500r/min，可直接选用高速液压马达；若转速低于 500r/min，可选用低速液压马达或高速液压马达加机械减速装置。

(2) 若要求液压传动系统实现往复摆动，应选用齿条式液压缸或摆动液压缸。

(3) 若要求液压传动系统实现直线运动，应选用活塞式液压缸或柱塞式液压缸。

3. 选择液压动力元件的类型（Selecting hydraulic power component type）

(1) 若液压传动系统工作压力 $p \leqslant 21MPa$ 时，选用齿轮式液压泵和叶片式液压泵；$p > 21MPa$ 时，选用柱塞泵。

(2) 若液压传动系统有多个液压执行元件，且各工作循环所需流量相差很大，应选用多台液压泵供油，实现分级调速。

(3) 若液压传动系统采用节流调速，选用定量液压泵；若液压传动系统要求高效节能，应选用变量液压泵。

4. 调速方式的选择（Selecting speed control circuit type）

(1) 在原动机为柴油机或汽油机的液压机、挖掘机和液压汽车起重机的设备中，采用定量泵变速调节流量实现外负载变速，同时用液压多路换向阀阀口实现微调。

(2) 在多数工程机械中,闭式液压传动系统采用变量泵容积调速回路控制外负载运动速度。

(3) 采用变量液压泵调速,可以是手动变量调速,也可以是压力适应变量调速。

(4) 在中小型液压机床中,开式液压传动系统采用定量泵节流调速回路控制外负载运动速度。

5. 调压方式的选择(Selecting pressure control circuit type)

(1) 对整机有垂直外负载应采用平衡回路,对垂直变化外负载应采用限速锁,以保证外负载平稳下落。

(2) 为了使液压执行元件不动作时液压泵在很小的输出功率下工作,应采用卸荷回路。

(3) 在中低压小型液压传动系统中,为了获得低于主系统压力的二次压力可选用减压阀,大型液压传动系统宜选用单独的控制油源。

(4) 溢流阀旁接在液压泵出口,在进、回油路节流调速开式液压传动系统中,液压传动系统压力恒定。当液压传动系统在工作循环不同阶段的工作压力相差很大时,为减少能量损失,应采用多级调压。

6. 换向回路的选择(Selecting directional control circuit type)

(1) 在自动化程度较高的液压设备中,采用电液比例换向阀和电液数字换向阀的换向回路。

(2) 在挖掘机、装载机和液压汽车起重机等工作环境恶劣的液压传动系统中,采用多路换向阀的换向回路。

(3) 在车辆马达和起重卷扬机等闭式液压传动系统中,采用手动双向变量泵的换向回路。

7. 液压基本回路的选择(Selecting hydraulic basic circuit type)

在确定了液压传动系统的类型、液压执行元件和液压动力元件后,应根据设备的工作特点和对其性能要求,在考虑节省能源,减小冲击和发热,保证动作精度等问题的同时,先确定满足整机设备要求的主要回路,再考虑其他辅助回路。在选择回路时,一般会有多种方案供参考,要反复对比,尽量多吸收同类型液压传动系统中已经采用的,并被实践证明比较实用的基本回路。

8. 液压基本回路的确定(Determining hydraulic basic circuit type)

液压基本回路的确定就是把已挑选出来的几种液压基本回路方案进行整理、归并,再增加一些必要的液压元件或辅助油路,使其成为一个完整的液压传动系统。做这项工作时还要考虑以下几点内容。

(1) 尽可能使整机设备液压传动系统经济合理,便于检测和维修。

(2) 确保整机设备在工作循环中的每个动作都安全可靠,且互不干扰的同时,尽量采用最简单的液压基本回路,使整机设备的液压传动系统简单化。

(3) 尽量减少自行设计的专用件,采用通用元件和标准元件。

(4) 防止液压传动系统过热,尽可能提高整机设备液压传动系统的总效率。

## 10.4 液压元件的计算与选择
### (Calculation and selection of hydraulic components)

液压元件的计算与选择是指计算该元件在工作中承受的压力和通过的流量,以便确定元件的规格和型号。通常,还应该计算原动机的功率和液压油箱的容量。

1. 动力元件液压泵的选择(Selecting hydraulic pump of hydraulic power component)

根据整机设备工况和对液压传动系统的设计要求确定液压泵的类型,按照液压泵的最大工作压力和最大流量来选择液压泵的规格和型号。

1) 确定液压泵的最大工作压力 $p_{pmax}$

液压泵的最大工作压力 $p_{pmax}$ 为

$$p_{pmax} \geqslant p_{amax} + \sum \Delta p_{lt} \tag{10-11}$$

式中:$p_{amax}$ 为液压执行元件的最大工作压力,也可从压力图中选取最大值;$\sum \Delta p_{lt}$ 为液压泵出口到液压执行元件入口之间所有沿程压力损失和局部压力损失之和,一般节流调速和管路简单的液压传动系统取 $\sum \Delta p_{lt} = 0.2 \sim 0.5 \text{MPa}$;有调速阀和管路较复杂的液压传动系统取 $\sum \Delta p_{lt} = 0.5 \sim 1.5 \text{MPa}$。

2) 确定液压泵的最大流量 $q_{pmax}$

液压泵的最大流量 $q_{pmax}$ 按执行元件工况图上的最大流量及回路系统中的泄漏量来确定。液压泵的最大流量 $q_{pmax}$ 为

$$q_{pmax} \geqslant K \left( \sum q \right)_{max} \tag{10-12}$$

式中:$K$ 为回路系统泄漏系数,一般 $K = 1.1 \sim 1.3$,小流量时取小值,大流量时取大值;$\left( \sum q \right)_{max}$ 为同时动作的各液压执行元件所需流量之和的最大值,也可从流量图中选取最大值。

若液压传动系统中采用了蓄能器供油时,液压泵的最大流量按一个工作循环中的平均流量和回路系统中的泄漏量之和来选取,即

$$q_{pmax} \geqslant \frac{K}{T} \sum_{i=1}^{n} q_i \Delta t_i \tag{10-13}$$

式中:$T$ 为整个工作循环的周期时间;$n$ 为一个工作循环的工序数;$q_i$ 为工作循环中第 $i$ 工序所需的流量;$\Delta t_i$ 为第 $i$ 工序持续的时间。

3) 选择液压泵的规格

根据液压泵的最大工作压力 $p_{pmax}$ 值和液压泵的最大流量 $q_{pmax}$ 值,从产品样本或参考手册中选出合适的液压泵型号和规格。通常液压泵的额定压力比 $p_{pmax}$ 高 10%~30%。液压泵的额定流量与 $q_{pmax}$ 相当。

2. 确定所需原动机的功率(Determining power of drive unit)

(1) 在整个工作循环中,液压泵的功率变化较小时,按工况图中最大功率点选取液压

泵所需驱动功率，即原动机的功率为

$$P \geqslant \frac{(pq)_{\max}}{\eta_p} \quad (10-14)$$

式中：$(pq)_{\max}$ 为液压泵的压力和流量乘积的最大值；$\eta_p$ 为液压泵的总效率，参照产品样本选取。

（2）在整个工作循环中，液压泵的功率变化较大，且最大功率点持续时间非常短时，可按式(10-14)分别计算出工作循环各工序的功率，然后用式(10-15)计算其所需原动机的平均功率

$$P \geqslant \sqrt{\frac{\sum_{i=1}^{n} P_i^2 t_i}{\sum_{i=1}^{n} t_i}} \quad (10-15)$$

式中：$t_i$ 为一个工作循环中，第 $i$ 工序持续的时间；$P_i$ 为一个工作循环中，第 $i$ 工序的功率。

求出了平均功率后，还需要验算每一个工序原动机(内燃机或电动机)的超载量是否在允许的范围内，原动机允许短期超载量一般为 25%。否则应按最大功率选取。

3. 控制元件液压阀的选择（Selecting hydraulic valve of control component）

根据液压传动系统的最大工作压力和流经液压阀的最大实际流量由产品样本确定液压阀的规格和型号，通过液压阀的实际流量可略大于该液压阀的额定流量，但不许超过 20%，以免压力损失过大，引起噪声和发热；选择换向控制阀时除考虑压力、流量外，还应考虑其中位机能及操纵方式，选择流量控制阀时应注意其最小额定流量，选择压力控制阀时应考虑调压范围；液压阀安装形式的选择一般多选择板式连接，尽量少选择管式连接，以便节省主机空间。

4. 辅助元件的选择（Selecting hydraulic accessories）

液压密封装置、液压油箱、加热器、冷却器、管路及管接头、过滤器和蓄能器等液压辅助元件可按照第 7 章的有关原则进行选取。

5. 列出所用液压元件明细表（Charting hydraulic component tables）

在所用液压元件规格和型号选定之后，应列出内燃机或电动机、全部液压元件、检测仪表的明细表，表中应注明名称、规格、型号和数量等参数及备注说明栏，以便采购订货。

## 10.5 液压传动系统的性能验算
（Performance calculation of hydraulic transmission system）

按照液压元件明细表中所列的全部液压元件的规格，对液压传动系统的压力损失、发热温升和总效率进行验算。

1. 液压传动系统压力损失的验算(Pressure losses calculation of hydraulic transmission system)

通过验算液压传动系统总的压力损失 $\sum \Delta p_{lt}$，就可以正确地调整液压泵的工作压力，使液压执行元件输出的机械能满足设计要求。若计算结果 $\sum \Delta p_{lt}$ 与前面设计的压力损失相差较大时，应对原设计进行修正。

液压传动系统总的压力损失 $\sum \Delta p_{lt}$ 由管路的沿程压力损失 $\sum \Delta p_\lambda$、局部压力损失 $\sum \Delta p_\zeta$ 和控制阀类等元件的局部压力损失 $\sum \Delta p_v$ 组成，即

$$\sum \Delta p_{lt} = \sum \Delta p_\lambda + \sum \Delta p_\zeta + \sum \Delta p_v \tag{10-16}$$

2. 液压传动系统总效率的验算(Total efficiency calculation of hydraulic transmission system)

液压传动系统的总效率 $\eta$ 等于液压泵的总效率 $\eta_p$、回路的总效率 $\eta_l$ 和液压执行元件的总效率 $\eta_a$ 的乘积，即

$$\eta = \eta_p \eta_l \eta_a \tag{10-17}$$

液压传动系统在一个工作循环周期内的平均回路效率 $\eta_{la}$ 为

$$\eta_{la} = \frac{\sum_i^n \eta_i t_i}{T} \tag{10-18}$$

式中：$\eta_i$ 为一个工作循环中，第 $i$ 工序的回路效率；$t_i$ 为一个工作循环中，第 $i$ 工序持续的时间；$T$ 为整个工作循环的周期时间。

3. 液压传动系统发热温升的验算(Oil heated and temperature increment calculation of hydraulic transmission system)

液压传动系统在工作时存在着各种各样的机械损失、压力损失和流量损失，这些损失转变为热能，使液压传动工作介质温度升高，从而加速工作介质变质，使黏度下降，泄漏增加；整机设备产生热变形，降低精度；液压元件中热膨胀系数不同的相对运动零件的间隙变小甚至卡死。因此，必须对液压传动系统进行发热温升的验算，以便使整机设备液压传动系统在规定的温度范围内正常工作。各种液压设备液压传动系统工作介质温度范围见表10-5。

表 10-5 各种整机设备液压传动系统工作介质温度允许值范围(℃)
(TABLE 10-5 Temperature allowable value range of operating medium of hydraulic transmission system in the equipment) (Celsius ℃)

| 液压设备名称 | 正常工作温度 | 最高允许温度 | 工作介质及液压油箱的温升 |
|---|---|---|---|
| 工程机械、矿山机械 | 50~80 | 70~90 | ≤35~40 |
| 机床 | 30~55 | 55~70 | ≤30~35 |
| 金属粗加工机械、无屑加工机械 | 30~70 | 60~90 | ≤35~40 |
| 数控机床 | 30~50 | 55~70 | ≤25 |
| 船舶 | 30~60 | 80~90 | ≤35~40 |
| 机车车辆 | 40~60 | 70~80 | ≤35~40 |

1) 液压传动系统发热量的计算

液压传动系统的总发热量 $H$ 为

$$H = P(1-\eta) \qquad (10-19)$$

式中：$P$ 为液压泵的输入功率，单位 kW；$\eta$ 为液压传动系统的总效率。

若一个工作循环中有几个工序，则可根据各工序的发热量，求出液压传动系统的总平均发热量为

$$H = \frac{1}{T}\sum_{i=1}^{n} P_i(1-\eta_i)t_i \qquad (10-20)$$

式中：$T$ 为工作循环周期时间，单位 s；$t_i$ 为工作循环中第 $i$ 工序的工作时间，单位 s；$i$ 为工作循环中工序的次序；$P_i$ 为工作循环中第 $i$ 工序液压泵的输入功率，单位 kW；$\eta_i$ 为工作循环中第 $i$ 工序液压传动系统的总效率。

2) 液压传动系统散热量的计算

液压传动系统产生的热量，一部分使液压传动工作介质和液压传动系统的温度升高；另一部分经过冷却表面，散发到空气中。因为管路系统的散热量与其发热量基本相等，所以一般认为液压传动系统产生的热量全部由液压油箱表面散发。液压传动系统的散热量 $H_0$ 为

$$H_0 = hA\Delta t \qquad (10-21)$$

式中：$h$ 为散热系数，单位 kW/(m²·℃)，当周围通风较差时，$h = (8.5\sim9.23)\times10^{-3}$ kW/(m²·℃)；当自然通风良好时，$h=(15.13\sim17.46)\times10^{-3}$ kW/(m²·℃)；当用风扇冷却时，$h=23.3\times10^{-3}$ kW/(m²·℃)；当用循环水冷却时，$h=(110.5\sim175)\times10^{-3}$ kW/(m²·℃)；$A$ 为液压油箱的散热面积，单位 m²；$\Delta t$ 为液压传动系统的温升，单位℃（$\Delta t = t_1 - t_2$，$t_1$ 为液压传动系统达到热平衡时的温度，$t_2$ 为环境温度）。

3) 液压传动系统温升的验算

当液压传动系统达到热平衡时，$H = H_0$，液压传动系统温升 $\Delta t$ 为

$$\Delta t = \frac{H}{hA} \qquad (10-22)$$

按式（10-22）计算出来的液压传动系统温升 $\Delta t$ 应不超过工作介质的最高允许温升（表10-5），否则就应该增大液压油箱的散热面积或增设冷却装置。

## 10.6 绘制工作图和编写技术文件
## (Drawing product blueprint and compiling technical files)

完成上述各步骤后，液压传动系统设计的最后一项工作就是绘制工作图与编写技术文件。通过仔细查阅国内外产品样本、手册和相关资料，对修改完善后的，且设计合理的液压传动系统绘制正式的工作图与编写技术文件。

**1. 绘制工作图**（Drawing product blueprint）

①采用国家标准规定的图形符号绘制液压传动系统原理图；②选用或设计液压泵站装配图和零件图；③设计液压管路装配图；④选用或设计液压执行元件装配图和零件图；⑤选用或设计液压元件集成块装配图和零件图；⑥设计非标准液压专用件的装配图及零件

图；⑦选用或设计电气线路图。

2. 编写技术文件（Compiling technical files）

技术文件一般包括液压传动系统的设计计算说明书，液压传动系统的操作使用和维修保养技术说明书，零部件目录表，标准件、通用件及外购件汇总表等内容。

## 重点和难点课堂讨论
（Important and difficult understanding knowledge points discussion in this chapter）

**课堂讨论**：如何正确拟定液压传动系统工作原理图。

## 本 章 小 结（Summary）

本章详尽阐述了液压传动系统的设计步骤和方法。液压传动系统速度循环图和负载图是确定液压传动系统性能参数和液压执行元件的主要依据。液压执行元件的工况图是对所选液压基本回路进行方案对比和修改的依据。拟定液压传动系统原理图是整个液压传动系统设计的重要内容。通过卧式钻镗组合机床液压传动系统的设计实例具体地介绍了整个设计与计算过程。

## 思考题和习题（Review Questions）

1. 工况分析是指_____分析和_____分析。
2. _____是正确设计液压传动系统的前提和依据。
3. 在对液压缸进行负载分析时，其外负载包括_____、_____、_____、_____。
4. 液压缸的工况图包括_____、_____、_____。
5. 通过_____可以找出最高压力点、最大流量点和最大功率点。
6. 为了防止过载，要设置_____。
7. 设计液压传动系统一般应有哪些步骤？要明确哪些要求？
8. 设计液压传动系统时要进行哪些计算？
9. 试为一般液压传动系统的设计步骤制作一程序流程图。
10. 如何拟定液压传动系统原理图？其核心是什么？
11. 有些液压元件有单独的泄油口，如果将泄油管直接与液压传动系统的主回油管连接在一起，可能会带来什么问题？试举例说明。
12. 在设计液压传动系统管路时，为什么要限制流速？

13. 设计一台专用铣床，若工作台、工件和夹具的总重力为5000N，轴向切削力为30kN，工作台总行程为500mm，工作行程为180mm，快进、快退速度为6m/min，工进速度为0.03～0.30m/min，加速、减速时间均为0.06s，工作台采用平导轨，动摩擦系数为0.1，静摩擦系数为0.2，试设计该机床的液压传动系统。

14. 设计一卧式单面多轴钻孔组合机床动力滑台的液压传动系统。动力滑台的工作循环是快进→工进→快退→停止。液压传动系统的主要参数与性能要求如下：轴向切削力为35000N，移动部件总重力为13000N；快进行程为220mm，快进与快退速度均为6m/min，工进行程为60mm，工进速度为0.05m/min，加速、减速时间均为0.3s，工作台采用平导轨，动摩擦系数为0.1，静摩擦系数为0.2，动力滑台可以随时在中途停止运动，试设计该组合机床的液压传动系统。

15. 试设计一台小型液压机的液压传动系统。要求实现：快速空程下行→慢速加压→保压→快速回程→停止的工作循环，快速往返速度为6m/min，加压速度为0.02～0.35m/min，压制力为400000N，运动部件总重力为15000N。

16. 一液压机液压传动系统原理图如图10.5所示。其工作循环为快速下降→压制→快速退回→原位停止。已知：①执行元件液压缸无杆腔的面积$A_1=300cm^2$，有杆腔的有效工作面积$A_2=200cm^2$，移动部件自重$G=4000N$；②快速下降时的外负载$F_L=20000N$，速度$v_1=5m/min$；③压制时的外负载$F_L=80000N$，速度$v_2=0.3m/min$；④快速回程时的外负载$F_L=15000N$，速度$v_3=10m/min$；管路压力损失、泄漏损失、液压缸的密封摩擦力及惯性力等均忽略不计。

试求：(1) 液压泵2和3的最大工作压力及流量。
(2) 阀4、6、9各起什么作用？其调整压力各为多少？

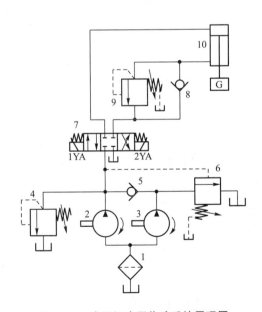

图10.5 液压机液压传动系统原理图

(FIGURE 10.5 Schematic illustration of operating principle of press machine hydraulic transmission)

1—过滤器；2—高压液压泵；3—低压液压泵；4—溢流阀；5、8—单向阀；
6—液控顺序阀；7—三位四通电磁换向阀；9—顺序阀；10—液压缸

# 第11章 气压传动基础知识

## Chapter 11 Basic knowledge of pneumatic transmission

 本章教学要点

| 知识要点 | 掌握程度 | 相关知识 |
|---|---|---|
| 气压传动系统的组成及工作原理 | 掌握气压传动系统的组成及工作原理 | 气压传动系统的组成及工作原理 |
| 基本状态参数 | 掌握气动工作介质的基本状态参数 | 气动工作介质的基本状态参数 |

### 导入案例

已知压力为 6bar(表压)，温度为 40℃ 的空气，求其重度和密度。

**解：** 根据式(1-1)，重度计算如下：

$$\gamma = \gamma_0 \frac{273}{273+t} \times \frac{p}{1.013}$$

绝对压力 $p = (6+1) \times 1.013 \, \text{bar}$

则 $\gamma = 12.68 \dfrac{273}{273+40} \times \dfrac{(6+1) \times 1.013}{1.013} = 77.3 \, \text{N/m}^3$

根据式(1-2)，密度计算如下：

$$\rho = \frac{\gamma}{g} = \frac{77.3}{9.81} = 7.88 \, \text{kg/m}^3$$

## 11.1 概　　述
### (Introduction)

气压传动(pneumatic)一词来源于希腊文，原意为风吹。气压传动是指以压缩空气为工作介质来传递能量和实现控制的一门技术,也可称为气动技术,它包含传动技术和控制技术两个方面的内容,是实现各种生产控制、自动控制的重要手段之一。自 20 世纪 60 年代以来,气压传动发展得十分迅速,目前气压传动已成为一个独立的技术领域。

### 11.1.1 气压传动系统的组成及工作原理(Components and operating principles of pneumatic transmission system)

1. 气压传动系统的组成(Components of pneumatic transmission system)

一个完整地气压传动系统一般由动力元件、气动执行元件、气动控制元件、气动辅助元件和气动工作介质等五部分组成。

1)动力元件(Pneumatic power components)

动力元件又称气源装置,它是将机械能转化成气体压力能的装置,为各类气动设备提供压力气体。气源装置的主体部分是空气压缩机,另外还有气源净化辅助设备。

2)气动执行元件(Pneumatic actuator components)

气动执行元件是将气体压力能转化成机械能的装置,输出力和速度(或转矩和转速),以驱动外负载。常见的气动执行元件是气缸和气动马达。

3)气动控制元件(Pneumatic control components)

气动控制元件是控制和调节气压传动系统中气体的压力、流量和流动方向,以保证气动执行元件达到所要求的输出力(或转矩)、运动速度和运动方向。这类气动元件主要包括压力控制阀、流量控制阀、方向控制阀和逻辑元件等。

4)气动辅助元件(Pneumatic accessories)

气动辅助元件是上述三个组成部分以外的其他元件,如冷却器、干燥器、过滤器、油雾器、消声器、管道和接头等。它们对保证气压传动系统可靠、稳定地工作起着重要作用。

5)气动工作介质(Pneumatic operating medium)

气动工作介质是传递能量和信号的介质。

2. 气压传动系统的工作原理(Operating principles of pneumatic transmission system)

剪切机气压传动系统组成及工作原理,如图 11.1 所示。

其工作原理如下:空气压缩机 2 由电动机驱动,产生的压缩空气经冷却器 3、油水分离器 4 进行降温及初步净化后,送入储气罐 5 备用,再经分水过滤器 6、减压阀 7、油雾器 8 和二位四通气控换向阀 9 下位到达气缸 10 有杆腔。剪切机此时剪刀口张开,处于剪切板材的预备工作状态。当送料机构将原材料送入剪切机到达预定位置即将行程阀 12 的触头向左推使其右位处于工作状态时,二位四通气控换向阀 9 下腔的压缩空气经行程阀 12 排入大气。在弹簧的作用下阀芯下移使二位四通气控换向阀 9 上位处于工作状态时,压缩空气经其上位进入气缸 10 无杆腔,活塞连同动剪刀快速向下运动将坯料切下。坯料切断落下后,行程阀 12 在弹簧的作用下阀芯右移复位,二位四通气控换向阀 9 下腔气压上升使其阀芯上移下位处于工作状态,压缩空气进入气缸 10 有杆腔,活塞连同动剪刀快速向上运动复位,剪切机再次处于剪切板材的预备工作状态。

图 11.1 剪切机气压传动系统工作原理图

(FIGURE 11.1 Schematic illustration of operating principles of shearing machine pneumatic transmission system)

1—空气过滤器；2—空气压缩机；3—冷却器；4—油水分离器；5—储气罐；6—分水过滤器；
7—减压阀；8—油雾器；9—二位四通气控换向阀；10—气缸；11—节流阀；12—行程阀

### 11.1.2 气压传动的优缺点(Advantages and disadvantages of pneumatic transmission)

**1. 气压传动的主要优点(Main advantages of pneumatic transmission)**

(1) 气动装置结构简单、轻便、安装维护简单。

(2) 压力等级较低，使用安全。

(3) 气动工作介质是空气，取之不尽，用之不竭，用后的空气直接排到大气中，不污染环境。

(4) 气压传动的动作速度快。气体流速一般大于 10m/s，因此在 0.02~0.03 s 内就可达到所要求的工作压力和速度，气缸动作速度一般为 0.05~0.5m/s。

(5) 空气黏度小，流动阻力很小，压力损失小，便于集中供气，远距离输送和控制。

(6) 气压传动可以在一定的超负载工况下运行，且不发生过热现象。

(7) 对工作环境适应性好，在易燃、易爆、多尘埃、强辐射及振动等恶劣环境下，能可靠地工作，比电子、电气控制和液压优越。

(8) 过载能自动保护，工作安全可靠，使用寿命长；电器元件的有效动作次数约为数百万次，而新型电磁阀(如 SMC 的一般电磁阀)的寿命大于 3000 万次，小型阀超过 2 亿次；适用于通用化、系列化、标准化。

**2. 气压传动的主要缺点(Main disadvantages of pneumatic transmission)**

(1) 气动工作介质——空气没有润滑性，气压传动系统中必须采取措施进行给油润滑。

(2) 气压传动中气压信号的传递速度限制在声速(约 340m/s)以内，比液压信号和电子信号的传递速度慢得多，不适用于高速传递信号及控制非常复杂的气压传动系统。

(3) 气压传动系统排气噪声较大，在高速排气时要加消声器。

(4) 由于空气的可压缩性大，因此气压传动工作速度的稳定性比液压传动差。

(5) 气压传动系统的工作压力低(≤0.7MPa)，气动执行元件输出的力或转矩比较小，且传动效率低。

### 11.1.3 气压传动的应用和发展(Application and development of pneumatic transmission)

气压传动已广泛应用在汽车、纺织、轻工、电子、食品等行业。气动技术正向控制高精度化、轻易化、小型化、节能化等方向发展。

目前,随着世界科技飞速发展,气动技术在我国的应用已进入到一个崭新的发展阶段,正朝着研究开发系统的控制和机、电、计、气的综合技术方向发展。一些气压传动在各类机械行业中的应用实例见表 11-1。

表 11-1 气压传动在各类机械行业中的应用实例

(TABLE 11-1 Application examples of pneumatic transmission in mechanical industries)

| 行业领域 | 应用实例 |
| --- | --- |
| 重型机械 | 震压造型气压传动系统、射心机气压传动系统等 |
| 工程机械 | 气动机械手、汽车装配生产线、气动穿孔设备、气动伺服抓取系统等 |
| 轻工机械 | 牛奶包装机、香皂装箱机、自动定量灌装机、水果自动分类机等 |
| 小型机械 | 液面自动控制装置气压传动系统、自动打印机气压传动系统等 |

## 11.2 气动工作介质的性质
## (Characteristics of pneumatic operating medium)

### 11.2.1 气动工作介质的组成(Components of pneumatic operating medium)

气压传动的工作介质主要是压缩空气,空气的成分、性能和主要参数等因素对气压传动系统能否正常工作有直接影响。而自然界的空气是由若干种气体混合而组成的。表 11-2 列出了地表附近空气的体积组份。当然,空气中还含有水蒸气,这种含有水蒸气的空气称为湿空气;而水蒸气的含量如为零,则称为干空气。在空气中还会有因污染而产生的二氧化硫、碳氢化合物等一些气体。

表 11-2 空气的组成

(TABLE 11-2 Components of atmosphere)

| 成分 | 氮($N_2$) | 氧($O_2$) | 氩(Ar) | 二氧化碳($CO_2$) | 氢($H_2$) | 其他 |
| --- | --- | --- | --- | --- | --- | --- |
| 体积分数(%) | 78.03 | 20.95 | 0.93 | 0.03 | 0.01 | 0.05 |

### 11.2.2 气动工作介质的基本状态参数(Basic condition parameters of pneumatic operating medium)

1. 重度 $\gamma$(Specific weight)

单位体积内空气的重量被称为重度。

$$\gamma = \gamma_0 \frac{273}{273+t} \times \frac{p}{1.013} \quad (11-1)$$

式中：$\gamma$ 为某温度 $t\ ℃$ 与压力 $p$ 情况下干空气的重度，单位 $N/m^3$；$\gamma_0$ 为 0℃ 压力为 1.01325 kPa 情况下干空气的重度，$\gamma_0 = 12.68 N/m^3$；$p$ 为绝对压力，单位 bar；$T$ 为绝对温度，单位 K。

2. 密度 $\rho$（Density）

单位体积气体的质量被称为密度。

$$\rho = \frac{m}{V} = \frac{\gamma}{g} \quad (11-2)$$

式中：$\rho$ 为气体的密度，单位 $kg/m^3$；$V$ 为气体的体积，单位 $m^3$；$m$ 为气体的质量，单位 kg；$g$ 为重力加速度，单位 $m/s^2$。

3. 质量体积 $V$（Mass volume）

单位质量气体的体积被称为质量体积（或称比体积）。

$$V = \frac{1}{\rho} \quad (11-3)$$

式中：$V$ 为气体的质量体积，单位 $m^3/kg$；$\rho$ 为气体的密度，单位 $kg/m^3$。

4. 温度 $T$（Temperature）

温度实质上是气体分子热运动动能的统计平均值。有摄氏温度、华氏温度和热力学温度之分。

摄氏温度：用 $t$ 表示，单位为摄氏度，单位符号为℃。

华氏温度：用 $t_F$ 表示，单位为华氏度，单位符号为℉。

热力学温度：以气体分子停止运动时的最低极限温度为起点测量的温度，用 $T$ 表示，其单位为开，单位符号为 K。

三者之间的关系是：

$$t_F = 1.8t + 32 \quad (11-4)$$
$$T = t + 273.15 \quad (11-5)$$

5. 气体压力 $p$（Pneumatic Pressure）

气体压力是由于其分子热运动而在容器器壁的单位面积上产生的力的统计平均值，用 $p$ 表示，其法定计量单位为 Pa，压力值较大时用 kPa 或 MPa。

气体压力常用绝对压力、表压力和真空度来度量。

绝对压力是以绝对真空为起点的压力值，用 $p_{abs}$ 来表示。

表压力是指高出当地大气压力的压力值，即用压力表测得的压力值，一般用 $p$ 表示。

真空度是指低于当地大气压力的压力值，其前加 "−" 则表示绝对压力与当地大气压力之差，即真空压力。

在工程计算中，一般把当地大气压力认为是标准大气压力，即 $p_a = 101.325 kPa$。

6. 黏性（Viscosity）

气体质点相对运动时产生内摩擦力的性质被称为空气的黏性。实际气体都具有黏性，从而导致了它在流动时的能量损失。

气体的黏性只因温度的升高而变大(表11-3)，受压力的影响可以忽略不计，这点有别于液体。

表 11-3 温度与空气运动黏度的关系(压力 0.1MPa)
(TABLE 11-3 Temperature and atmosphere kinetic viscosity relation)(pressure 0.1MPa)

| $t(℃)$ | 0 | 5 | 10 | 20 | 30 | 40 | 60 | 80 | 100 |
|---|---|---|---|---|---|---|---|---|---|
| $v/(10^{-4}m^2 \cdot s^{-1})$ | 0.133 | 0.142 | 0.147 | 0.157 | 0.166 | 0.176 | 0.196 | 0.210 | 0.238 |

7. 膨胀性(Thermal expansibility)

气体受温度的影响而使体积发生变化的性质被称为气体的膨胀性。

8. 可压缩性(Compressibility)

气体受压力作用而使体积发生变化的性质被称为气体的可压缩性。

气体的膨胀性和可压缩性比较大，造成了气压传动的软特性。如气缸活塞的运动速度受外负载影响很大，难以得到较为稳定的速度和精确的位移。

9. 湿度（Humidity）

空气中或多或少都会含有水蒸气。所含水分的程度用湿度和含湿量来表示，湿度用绝对湿度或相对湿度表示。

1) 绝对湿度

每立方米湿空气中含有水蒸气的质量被称为绝对湿度。

$$\chi = \frac{m_v}{V} \quad (11-6)$$

式中：$\chi$ 为绝对湿度，单位 $kg/m^3$；$m_v$ 为水蒸气的质量，单位 kg；$V$ 为湿空气的体积，单位 $m^3$。

2) 饱和绝对湿度

若湿空气中水蒸气的分压力达到该湿度下水蒸气的饱和压力，此时的绝对湿度被称为饱和绝对湿度。

$$\chi_b = \frac{p_b}{R_b T} \quad (11-7)$$

式中：$\chi_b$ 为饱和绝对湿度，单位 $kg/m^3$；$p_b$ 为饱和湿空气中水蒸气的分压力，单位 Pa；$R_b$ 为水蒸气的气体常数，$R_b = 462.05 N \cdot m/(kg \cdot K)$；$T$ 为热力学温度，单位 K。

3) 相对湿度

在相同的温度和压力下，湿空气的绝对湿度与饱和绝对湿度之比被称为相对湿度。

$$\phi = \frac{\chi}{\chi_b} \times 100\% = \frac{p_v}{p_b} \times 100\% \quad (11-8)$$

式中：$\phi$ 为相对湿度。

对于干空气，$\varphi = 0$；对于饱和湿空气，$\varphi = 1$。$\varphi$ 值可表示湿空气吸收水蒸气的能力，$\varphi$ 值越大吸湿能力越弱。气动技术中规定，各种控制阀内空气的 $\varphi$ 值应小于 90%，而且越小越好。令人体感到舒适的 $\varphi$ 值为 60%～70%。

10. 露点(Dew point)

未饱和湿空气保持水蒸气压力不变而降低温度，达到饱和状态的温度被称为露点。湿空气在温度降至露点以下时会有水滴析出。降温除湿就是利用这个原理来完成的。

## 本 章 小 结(Summary)

本章讲述了气压传动的基础知识；较详细地说明了气压传动系统的组成及工作原理；强调出了掌握空气的基本状态参数的重要性；也简单地介绍了气压传动的优缺点、应用和发展。

## 思考题和习题(Review Questions)

1. 气压传动系统由_____、_____、_____、_____、_____组成。
2. 气体的可压缩性为什么比液体大？
3. 湿空气的绝对湿度、饱和绝对湿度、相对湿度的定义是什么？
4. 为什么相对湿度大的空气密度较小？
5. 对气压传动系统来说，多大的相对湿度合适？

# 第12章 气源装置和辅助元件

## Chapter 12　Pneumatic power source units and Accessories

本章教学要点

| 知识要点 | 掌握程度 | 相关知识 |
|---|---|---|
| 气源装置的组成及工作原理 | 掌握气源装置的组成及工作原理 | 气源装置的组成及工作原理 |
| 分水过滤器 | 掌握分水过滤器 | 分水过滤器 |
| 油雾器 | 掌握油雾器 | 油雾器 |

### 导入案例

如何正确选择空气压缩机？

若整个气压传动系统中各执行机构对空气压缩机的工作压力有不同要求，可按其中最大压力来考虑。若气压传动系统中某些气动装置的工作压力要求较低，则可采用减压阀减压的方式供气。气源压力应考虑供气系统管道的沿程压力损失和局部压力损失。气源压力应高于设备中最高工作压力的 20% 左右，并以此压力来选空气压缩机。目前，一般气压系统的工作压力为 0.5~0.8MPa，这样可选用额定排气压力为 0.7~1MPa 的低压空气压缩机。特殊需要也可选用中压、高压甚至超高压的空气压缩机。

## 12.1　气源装置
### (Pneumatic power source units)

气源装置是气压传动系统的动力源。它包括空气压缩机和气源处理系统两部分。当空气压缩机供气量大于 6~12m³/min 时，就应设置独立的空气压缩站；通常当空气压缩机供气量低于 6m³/min 时，空气压缩机直接安装在主机上。

### 12.1.1 气源装置的组成及工作原理（Components and operating principles of pneumatic power source units）

**1. 气源装置的组成**（Components of pneumatic power source units）

一般气源装置主要由四大部分组成，如图 12.1 所示。
（1）产生压缩空气的装置。如空气压缩机 2。
（2）降温、净化、储存压缩空气的装置。如冷却器 3、油水分离器 4、储气罐 5 和 8。
（3）气动三联件。如分水过滤器、减压阀和油雾器。
（4）输送压缩空气的管道系统。如管道、接头、自动排水器、压力表、压力开关、截止阀。

图 12.1 气源装置组成及工作原理简图

(FIGURE 12.1　Schematic illustration of components and operating principles of pneumatic power source units)
1—电动机；2—空气压缩机；3—冷却器；4—油水分离器；5、8—储气罐；6—干燥器；7—过滤器

**2. 气源装置工作原理**（Operating principles of pneumatic power source units）

电动机 1 驱动空气压缩机 2 旋转产生一定压力和流量的压缩空气，其吸气口装有空气过滤器以减少进入空气压缩机的杂质；冷却器（又称后冷却器）3 降温冷却压缩空气，使气化的水、油凝结出来；油水分离器 4 分离并排出降温冷却的水滴、油滴和杂质等；储气罐 5 和 8 储存压缩空气、稳定压缩空气的压力脉动，同时除去部分水分和油分；干燥器 6 进一步吸收或排除压缩空气中的水分和油分，使之成为干燥空气；过滤器（又称一次过滤器）7 进一步过滤压缩空气中的灰尘、杂质颗粒。气源装置中有两个储气罐 5 和 8，储气罐 5 输出的压缩空气可用于一般要求的气压传动系统，储气罐 8 输出的压缩空气可用于要求较高的气压传动系统，如射流元件、气动仪表等组成的气压传动系统。

### 12.1.2 空气压缩机（Air compressor）

空气压缩机是将原动机的机械能转换成气体压力能的装置，简称空压机。它是气源装置的主体。

1. 空气压缩机的分类(Classification of air compressors)

常见的低压容积式空气压缩机按工作原理可分为容积型和速度型；按输出流量可分为微型（<1m³/min）、小型（1~10m³/min）、中型（10~100m³/min）、大型（>100m³/min）；按输出压力可分为低压(0.2~1.0MPa)、中压(1.0~10MPa)、高压(10~100MPa)、超高压(>100MPa)；按结构不同可分为活塞式、滑片式（又称叶片式）和螺杆式。

2. 空气压缩机的工作原理(Operating principles of air compressors)

活塞式空气压缩机工作原理，如图12.2所示。其工作原理是通过曲柄连杆机构使活塞作往复运动而实现吸气和压气，进而达到提高气体压力能的目的。当活塞4向右运动时，气缸3内活塞左腔的体积增大，压力会低于大气压力，吸气阀2被打开，空气在大气压力作用下进入气缸3内；当活塞向左移动时，气缸3内活塞左腔的体积减小、压力升高，吸气阀2在压缩气体的作用下而关闭，缸内气体被压缩；当气缸内空气压力增高到略高于输气管内压力后，排气阀1被打开，压缩空气进入输气管道。图12.2中只表示了单活塞单缸的空气压缩机，大多数空气压缩机是多缸多活塞的组合。

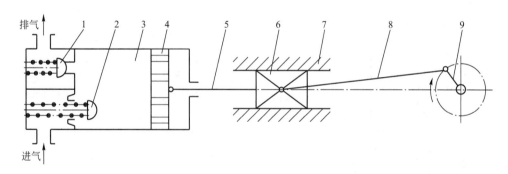

图 12.2  活塞式空气压缩机工作原理图

(FIGURE 12.2  Schematic illustration of operating principles of piston air compressors)

1—排气阀；2—吸气阀；3—气缸；4—活塞；5—活塞杆；6—滑块；7—滑道；8—连杆；9—曲柄

3. 空气压缩机的选择(Selection of air compressors)

根据气压传动系统的特点确定空气压缩机的类型，再依据气压传动系统的工作压力和流量确定空气压缩机的额定输出压力 $p$ 和吸入流量 $q$（一般空气压缩机铭牌上所标吸气量）。

通常情况下，空气压缩机额定输出压力按照气压传动系统中执行元件最高使用压力增加0.2MPa估算。低压空气压缩机为单级式，中压、高压和超高压空气压缩机为多级式，目前最多级数可达8级。

空气压缩机吸入流量是标准状态下的体积流量，应将气压传动系统所需压缩空气流量换算成标准状态下空气流量，再根据气压传动系统对压缩空气的需要量来确定。考虑到各种泄漏和备用，实际选定的空气压缩机吸入流量应为计算吸入流量的1.3~1.5倍。

### 12.1.3 压缩空气净化设备(Pneumatic power source cleaning units)

压缩空气净化装置一般包括：冷却器、油水分离器、储气罐、干燥器、过滤器等。

#### 1. 冷却器(Cooler)

冷却器安装在空气压缩机的出口管路上，也称为后冷却器。其作用是将空气压缩机排出的压缩空气温度由140℃～170℃冷却至40℃～50℃，使压缩空气中大部分的油雾和水汽迅速达到饱和，凝结成油滴和水滴，以便将它们去除。

冷却器的冷却方式有水冷和风冷两种。水冷式冷却器的结构形式有蛇形管式、列管式、散热片式、管套式等(图12.3)。水冷式冷却器主要靠冷却水与热气管进行热交换来实现降温，其优点是散热面积大、热交换均匀、效率高，适用于入口空气温度低于200℃，且处理空气量较大、湿度较大、尘埃较多的场合。风冷式冷却器是靠风扇产生的冷空气流吹向带散热片的热气管道来降温的，其优点是不需要冷却水设备、占地面积小、重量轻、结构紧凑、运转成本低、易于维修。缺点是冷却能力较小，一般适用于入口空气温度低于100℃，且处理空气量较少的场合。

冷却器的选用：根据气压传动系统的使用压力、冷却器入口温度、环境温度、冷却器出口温度及流量，选择冷却器的型号。当入口温度超过100℃或处理的空气量很大时，只能选用水冷式冷却器。

#### 2. 油水分离器(Oil-water separator)

油水分离器安装在冷却器出口管道上，它的作用是分离排出压缩空气中凝聚的油分、水分和灰尘杂质等，使压缩空气得到初步净化。其结构形式有撞击折回式、环形回转式、离心旋转式、水浴式以及以上形式的组合。撞击并环形回转式油水分离器的结构如图12.4所示。其工作原理是：压缩空气从入口进入分离器壳体后，气流先受到隔板阻挡被撞击折向下方，之后产生环形回转而上升，这样凝聚在压缩空气中的油滴、水滴等杂质受惯性力作用而分离析出，沉降于壳体底部，由排污阀定期排出。

#### 3. 储气罐(Air reservoir)

常见储气罐有立式和卧式两种，立式居多，如

(a) 蛇形管式

(b) 列管式

(c) 管套式

图 12.3 水冷式冷却器工作原理图
(FIGURE 12.3 Schematic illustration of operating principles of water cooler)

图 12.5 所示。立式储气罐的高度 $H$ 为其直径 $D$ 的 2~3 倍，进气管在下，出气管在上，并尽可能增大两管之间的距离，以利于进一步分离压缩空气中的油滴和水滴。

贮气罐的主要作用如下。

(1) 储存一定数量的压缩空气，以备发生故障或临时需要应急使用。

(2) 消除由于空气压缩机断续排气而对系统引起的压力脉动，保证输出气流的连续性和平稳性。

(3) 利用储气罐的大面积散热使压缩空气中的一部分水蒸气和油雾凝结成水滴和油滴，从而进一步分离压缩空气中的油、水等杂质。

储气罐的连接方式一般有两种：直径在 50mm 以下采用螺纹连接，在 50mm 以上采用法兰连接。

使用时每台储气罐必须配备以下装置。

(1) 安全阀用以实现安全保护，使用时调整其极限压力比正常工作压力高约 10%。

(2) 截止阀用以控制储气罐的工作状态。

(3) 压力表用以显示储气罐内的压力。

(4) 排水和排油口用以排出冷却凝结的水滴和油滴。

(5) 检查孔用以检查储气罐的结构。

图 12.4 撞击并环形回转式油水分离器结构
(FIGURE 12.4 Schematic illustration of operating principles of impact and rotating oil-water separator)

图 12.5 储气罐
(FIGURE 12.5 Schematic illustration of air reservoir)

4. 干燥器(Desiccator)

压缩空气经冷却器、油水分离器和贮气罐等空气净化过滤装置后仍含有一定量的水蒸气。当气压传动系统工作温度低于空气露点时，就会有水滴析出对系统产生不利影响。对某些要求较高的射流装置和气压仪表等，要清除气态水分必须使用干燥器。干燥器有冷却式、吸附式和高分子隔膜式等多种不同的型式。目前工业中常用的是冷却法和吸附法。

冷却法是利用制冷设备使压缩空气冷却到一定的零点温度，析出空气中的超过饱和水蒸气部分的多余水分，从而达到所需的干燥度。此方法适用于低压大流量，并且对干燥度要求不高的压缩空气。

吸附法是利用具有吸附性能的吸附剂（如硅胶、铝胶或分子筛等）来吸附压缩空气中含有的水分，而使其干燥。吸附法除水效果较好，是干燥处理方法中应用最为普遍的一种方法。由于水分和干燥剂之间没有发生化学反应，所以不需要更换干燥剂，但必须定期再生干燥剂。

吸附式干燥器的结构和工作原理，如图12.6所示。其工作原理是压缩空气从一个容器的下部流到上部，其中的水分被干燥剂吸收而起到干燥的效果。干燥后的压缩空气大部分从干燥器上面的口排出，另有一部分干燥空气通过两干燥器中间的节流阀，到达另一个容器的上部，穿过该容器中的干燥剂在下部排出，从而将饱和干燥剂中水分带走并排入大气，完成干燥剂的再生。甲、乙两容器的容积相等，使用时定期交换工作(5～10min)使干燥剂完成吸附和再生，这样可得到连续输出的干燥压缩空气。

图 12.6 吸附式干燥器结构和工作原理图

(FIGURE 12.6 Schematic illustration of structure and operating principles of adsorption desiccator)

## 12.2 辅 助 元 件
### (Accessories)

气压辅助元件主要包括分水过滤器、油雾器、消声器、管道和管接头等辅助元件，是气压传动系统不可缺少的重要组成部分。

### 12.2.1 分水过滤器(Separators)

分水过滤器，又被称为二次过滤器。其作用是滤除压缩空气中的灰尘和杂质，并将压缩空气中液态的水滴和油污分离出来，使压缩空气进一步净化。一次过滤器，其滤灰效率为50%～70%，二次过滤器，滤灰效率为70%～99%。在气压传动系统中，分水过滤器与减压阀、油雾器常组合在一起使用，被称为气动三联件，是气压传动系统中必不可少的辅助装置。分水过滤器排水方式有手动和自动之分。

分水过滤器的结构，如图12.7所示。其工作原理是当压缩空气从入口进入后，由具有很多小缺口的旋风叶子1引入存水杯3中，沿切线方向形成高速旋转气流，夹杂在气体中的较大水滴、油滴和杂质被甩到存水杯3的内壁上，并沿杯壁流到底部。然后气体通过中间的滤芯2进一步除去灰尘、雾状水，洁净的空气便从出口流出。挡水板4用来防止已积沉于滤杯底部的液态油滴和水滴重新被卷回气流中。为保证分水过滤器正常工作，必须及时将存水杯3中的污水通过手动排水阀5放掉。在某些人工排水不方便的场合，可采用自动排水式过滤器。

图12.7 分水过滤器结构图
(FIGURE 12.7 Schematic illustration of structure of separators)
1—旋风叶子；2—滤芯；3—存水杯；
4—挡水板；5—手动排水阀

### 12.2.2 油雾器(Lubricators)

气压传动系统气动元件内部有许多相对运动的零件，为了减少有相对运动零件表面之间的摩擦力，延长气动元件的寿命，使其具有良好的润滑是非常必要的。

油雾器是一种特殊的注油装置，它以空气为动力，使润滑油雾化后，注入空气流中，并随空气进入需要润滑的零部件，达到润滑的目的。

油雾器的工作原理，如图12.8所示。当高压气流通过截面积变化的文氏管时，高压气流会在面积变化处产生压降。假设气流通过文氏管后压力降为 $p_2$，当输入压力 $p_1$ 和 $p_2$ 的压差 $\Delta p$ 大于把润滑油吸到排出口所需要的压力 $\rho g h$ 时，润滑油液被吸上来，在油雾器出口形成油雾并随压缩空气输送出去。在实际工作时，因油液有黏性阻力，所以吸油所需要的压力差 $\Delta p$ 大于 $\rho g h$。

普通油雾器(也被称为一次油雾器)的结构，如图12.9所示。其工作原理是当压缩空气由输入口进入后，在油雾器的气流通道中有一立杆3，立杆3上有两个通道口A和B，上面通道口B背向气流的是喷油口，下面通道口A正对气流的是液面加压通道口。通过加压通道口A有一小部分气流进入，到达截止阀4，当压缩空气刚进入时，截止阀4的钢球被压在阀座上，但钢球与阀座密封不严，有漏气，可使储油杯5上腔C的压力逐渐升

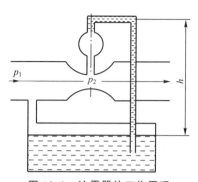

图 12.8 油雾器的工作原理
(FIGURE 12.8 Schematic illustration of operating principles of lubricators)

高,将截止阀 4 打开,使杯内液面受压,迫使储油杯 5 内的油液经吸油管 6、单向阀 8 和调节针阀 1 滴入透明的视油器 2 内,然后从喷油口 B 被主气道中的气流引射出来,在气流的压力和油液黏性力的作用下,雾化后随气流从输出口流出。油雾器上部调节针阀 1 用来调节滴油量,滴油量以 $10m^3$(ANR)空气供给 $1cm^3$ 润滑油为基准或 $0\sim200$ 滴/分钟,关闭针阀即停止滴油雾化。

截止阀 4 的工作原理是当没有气流输入时,截止阀 4 中的弹簧把钢球顶起,封住加压通道,截止阀 4 处于截止状态,如图 12.10(a)所示。正常工作时,压力气体推开钢球进入储油杯 5,储油杯 5 内的气体压力加上弹簧力使钢球处于中间位置,截止阀 4 处于打开状态,如图 12.10(b)所示。当进行不停气加油时,松开加油孔的活塞 9,储油杯 5 中的气压降至大气压,输入的气体把钢球压到下限位置,使截止阀 4 处于反关闭状态,如图 12.10(c)所示。这样便封住了油杯的进气道,保证在不停气的情况下可以从油孔加油。油塞 9 的螺纹部分开有半截小孔,当拧开油塞加油时,不等油塞全部旋开小孔已先于大气相通,油杯中的压缩空气通过小孔逐渐排空,这样不致造成油、气从加油孔中喷出。

图 12.9 普通油雾器结构简图
(FIGURE 12.9 Schematic illustration of structure of lubricators)

1—调节针阀;2—视油器;3—立杆;4—截止阀;5—储油杯;6—吸油管;
7—螺母;8—单向阀;9—油塞;A、B—通道口

视油器 2 是用透明的有机玻璃制成,能清楚地看到油雾器的滴油情况。储油杯 5 一般用透明材料制成,能清楚地看到杯中的储油量和油液的清洁程度,以便及时补油与更换。

(a) 不进气截止状态　　(b) 进气开启状态　　(c) 加油时进气反关闭状态

图 12.10　截止阀的工作原理

(FIGURE 12.10　Schematic illustration of operating principles of special check valves)

### 12.2.3　消声器(Mufflers)

在气压传动系统之中，一般不设排气管道，使用后的压缩空气直接排入大气，伴随有强烈的排气噪声，一般可达 100～120dB，为了降低噪声可以在排气口装消声器。

消声器是通过对气流的阻尼或增大排气面积等措施降低排气速度和功率来降噪的。根据消声原理不同，消声器可分为三种类型：吸收型、膨胀干涉型和膨胀干涉吸收型。

1. 吸收型消声器

吸收型消声器结构，如图 12.11 所示。消声罩是多孔的吸声材料，用聚苯乙烯颗粒或钢珠烧结而成。当消声器的通径小于 20mm 时，多用聚苯乙烯作消音材料制成消声罩，当消声器的通径大于 20mm 时，消声罩多用铜珠烧结，以增加强度。其工作原理是压缩空气通过消声罩时，气流受到阻力，声能量被部分吸收而转化为热能，从而降低了噪声强度。吸收型消声器结构简单，使用方便，一般用螺纹连接方式直接拧在排气口上即可，对中、高频噪声降噪效果较好，一般可降低 20dB。

2. 膨胀干涉型消声器

膨胀干涉型消声器的直径比排气孔直径大得多。压缩空气在膨胀干涉型消声器内通过扩散、减速、碰壁反射，互相干涉而消耗能量，降低噪声后排入大气。各种常见内燃机的排气管上都装有膨胀干涉型消声器。其优点是结构简单，排气阻力小，不易堵塞，主要用于消除中、低频噪声。其缺点是体积较大，不能安装在气动换向阀或快速排气阀上，常用于集中排气的总排气管。

3. 膨胀干涉吸收型消声器

膨胀干涉吸收型消声器是前两种消声器的组合应用，结构原理如图 12.12 所示。压缩空气由许多小斜孔进入 A 室迅速膨胀、扩散、减速并被器壁反射至 B 室。在 B 室内压缩空气互相撞击、干涉，进一步降低速度而消耗能量，再通过敷设在消声器内壁的吸声材料被阻尼降噪后排入大气。其优点是消声效果比前两种都好，高频噪声可降低 45dB 左右，低频噪声可降低 20dB 左右。其缺点是结构复杂，排气阻力较大，吸声材料需定期清洗更换,故只宜用于集中排气的总排气管。

图 12.11　吸收型消声器结构图
(FIGURE 12.11　Schematic illustration of structure of adsorption mufflers)
1—消声罩；2—连接螺钉；3—图形符号

图 12.12　膨胀干涉吸收型消声器结构图
(FIGURE 12.12　Schematic illustration of structure of adsorption and expanding mufflers)

## 本 章 小 结(Summary)

本章讲述了气压传动气源装置和辅助元件在气压传动系统中所处的位置和作用；强调了掌握气源装置和气动三联件的作用、组成及工作原理的重要性；介绍了气压传动气源净化装置、消声器等辅助元件类型、功用及主要结构特点。

## 思考题和习题(Review Questions)

1. 简述气压传动系统气源装置的组成及各元件主要作用。
2. 为什么要对压缩空气进行净化处理？若不处理会造成什么后果？
3. 冷却器一般安装在空气压缩机的_____。
4. 油水分离器的作用是什么？试简述其如何进行油水分离？
5. 储气罐的作用是什么？在使用时储气罐上需要配备什么装置？
6. 干燥器的作用是什么？
7. 简述分水过滤器的工作原理。
8. 油雾器一般安装在_____、_____之后,尽量靠近_____。
9. 消声器的消声原理是什么？

# 第13章
# 气动执行元件

## Chapter 13　Pneumatic actuators

本章教学要点

| 知识要点 | 掌握程度 | 相关知识 |
| --- | --- | --- |
| 典型气缸的工作原理 | 掌握典型气缸的工作原理及应用 | 典型气缸的工作原理 |
| 典型气动马达的工作原理 | 掌握典型气动马达的工作原理及应用 | 典型气动马达的工作原理 |

**导入案例**

已知气缸内径为0.1m，缓冲柱塞直径为0.042m，缓冲行程长度为0.015m。气缸水平安装，气缸工作压力为5bar，排气压力为3bar(绝对压力)，气缸强度容许承受气体最高压力为19bar(绝对压力)，活塞运动速度(缓冲前速度)为0.2m/s，运动部件的总外负载重力为2000N，试计算缓冲装置是否满足要求。

**解**：(1) 若不计活塞杆面积，则作用于活塞的气压能为

$$E_d = p_1 A_1 s_1 \times 10^5 = 5 \times \frac{\pi}{4} \times 0.1^2 \times 0.015 \times 10^5 = 58.5 \text{J}$$

(2) 由于惯性力产生的活塞动能为

$$E_m = \frac{1}{2} \frac{G}{g} v^2 = \frac{1}{2} \times \frac{2000}{9.8} \times 0.2^2 = 4.1 \text{J}$$

因气缸水平安装 $G_1 = 0$，则 $E_g = 0$。若不计摩擦能，则运动部件产生的全部机械能量为

$$E_1 = E_d + E_m = 58.5 + 4.1 = 62.6 \text{J}$$

缓冲装置能够吸收的最大能量为

$$E_2 = 3.5 p_2 V_2 \left[ \left( \frac{p_3}{p_2} \right)^{0.286} - 1 \right] \times 10^5$$

$$= 3.5 \times 3 \times \frac{\pi}{4}(0.1^2 - 0.042^2) \times 0.015 \times \left[\left(\frac{19}{3}\right)^{0.286} - 1\right] \times 10^5$$
$$= 70 \text{J}$$

可见 $E_1 = 62.6\text{J} < E_2 = 70\text{J}$

故缓冲装置能够满足缓冲要求。

气动执行元件的作用是将压缩空气的压力能转化为机械能的元件。它驱动机构做往复直线或旋转（或摆动）运动，其输入为压力和流量，输出为力和速度或转矩和转速。

## 13.1 气　缸
### (Pneumatic cylinders)

气缸是气压传动系统中使用最多的气压执行元件，它以压缩空气为动力驱动机构做直线往复运动。

### 13.1.1 气缸的分类 (Classification of pneumatic cylinders)

气缸是气压传动系统中应用最为广泛的一种执行元件，根据使用条件不同，气缸的结构、形状和功能也不一样，分类方法繁多。按结构和功能来分，常见的气缸被分为如下几种。

（1）按压缩空气对活塞端面作用力的方向，可分为单作用和双作用气缸。

（2）按气缸的结构特征可分为活塞式、膜片式、柱塞式、摆动式。其中摆动式气缸又有叶片式、齿轮齿条式之分。

（3）按气缸的功能可分为普通气缸和特殊气缸。普通气缸一般指活塞式气缸，多用于无特殊要求的场合；特殊气缸包括无杆气缸、气—液阻尼缸、冲击气缸、伸缩气缸、缓冲气缸、膜片式气缸、摆动气缸等，用于有特殊要求的场合。

（4）按气缸的安装方式可分为法兰式、耳座式、凸缘式、轴销式、回转式和嵌入式。

### 13.1.2 典型气缸的工作原理 (Operating principles of typical pneumatic cylinders)

**1. 普通气缸的结构与工作原理** (Structure and operating principles of pneumatic cylinders)

1) 单作用气缸

最常用的单杆单作用普通气缸的结构与工作原理，如图13.1所示。其工作原理：当压缩空气从右缸盖1上的气口进入无杆腔时，推动活塞2压缩弹簧3，有杆腔向外排气，使活塞杆7向左运动；活塞2的返向运动依靠弹簧力来实现。气缸左缸盖6上排气口始终和大气相通。这种气缸主要用于短行程、对活塞杆推力和运动速度要求不高的场合。

2) 双作用气缸

最常用的单杆双作用普通气缸的结构与工作原理，如图13.2所示。其工作原理：当压缩空气从右缸盖上的气口进入无杆腔，同时有杆腔向外排气时，推动活塞，使活塞杆向

图 13.1 单作用活塞气缸结构与工作原理图

(FIGURE 13.1　Schematic illustration of structure and operating principles of single-acting piston pneumatic cylinders)

1—右缸盖；2—活塞；3—弹簧；4—止动套；5—过滤片；6—左缸盖；7—活塞杆

左运动；当压缩空气从左缸盖上的气口进入有杆腔，同时无杆腔向外排气时，推动活塞，使活塞杆向右运动。这种气缸主要用于行程较长、对活塞杆推力、拉力和运动速度要求不高的场合。

图 13.2　双作用活塞气缸结构与工作原理图

(FIGURE 13.2　Schematic illustration of structure and operating principles of double-acting piston pneumatic cylinders)

2．膜片式气缸(Diagraph pneumatic cylinders)

膜片式气缸的结构与工作原理，如图 13.3 所示。膜片式气缸的膜片有盘形膜片和平膜片两种。膜片材料为夹织物橡胶(厚度为 5～6mm)，钢片或磷青铜片，金属膜片只用于小行程气缸中。由于它的最大行程与气缸内径有关，受膜片变形量限制，所以其输出力比较小且行程一般不超过 40～76mm。平膜片气缸最大行程大约是缸内径的 15%，盘形膜片气缸最大行程大约是缸径的 25%左右。薄膜式气缸和活塞式气缸相比较，具有结构简单、紧凑、制造容易、成本低、维修方便、寿命长、泄漏小、效率高等优点。

3．气—液阻尼缸(Pneumatic and hydraulic cylinders)

气—液阻尼缸是由气缸和液压缸组合而成，根据气缸和液压缸的连接方式不同可分为串联式和并联式两种，其结构与工作原理如图 13.4 所示。气—液阻尼缸是以压缩空气为能源，并利用油液的不可压缩性和控制油液流量来获得活塞的平稳运动和调节活塞的运动速度。图 13.4(a)为串联式气—液阻尼缸，气缸 1 和液压缸 2 串联成一个整体，两个活塞固定在同一根活塞杆上。当气缸无杆腔进气时，气缸克服外负载并带动液压缸同时向左运

(a) 单作用式　　　　　　　　　(b) 双作用式

**图 13.3　膜片式气缸结构与工作原理图**

(FIGURE 13.3　Schematic illustration of structure and operating principles of diagraph pneumatic cylinders)

1—活塞杆；2—缸体；3—膜片；4—托盘；5—缸盖；6、7—气口

动，此时液压缸左腔排油、单向阀 3 关闭，油液只能经节流阀 4 缓慢流入液压缸右腔。节流阀 4 对整个活塞的运动起阻尼作用，通过调节节流阀 4 的阀口大小就能达到调节活塞运动速度的目的。当压缩空气从气缸有杆腔进入时，液压缸右腔排油，此时因单向阀 3 开启，活塞能快速返回原来位置。这种气—液阻尼缸的结构一般是将双活塞杆缸作为液压缸，这样可使液压缸两腔的排油量相等，油杯内的油液只用来补充因液压缸泄漏而减少的油量。图 13.4(b) 为并联式气—液阻尼缸，气缸 1 和液压缸 2 并联成一个整体，两个活塞杆被固定在一起，其工作原理与串联式气—液阻尼缸相似，在此就不再叙述。

(a) 串联式气—液阻尼缸　　　　　　(b) 并联式气—液阻尼缸

**图 13.4　气—液阻尼缸结构与工作原理图**

(FIGURE 13.4　Schematic illustration of structure and operating principles of pneumatic and hydraulic cylinders)

1—气缸；2—液压缸；3—单向阀；4—节流阀

气—液阻尼缸与气缸相比，运动平稳、停位准确、噪声小；与液压缸相比，不需要液压动力源、经济性好；它同时具有液压和气压传动的优点，因此应用十分广泛。

**4. 冲击气缸 (Shock pneumatic cylinders)**

冲击气缸是一种体积小、结构简单、易于制造、耗气功率小但能产生相当大冲击力的

一种特殊气缸。与普通气缸相比，冲击气缸的结构特点是增加了一个具有一定容积的蓄能腔 5 和喷嘴 6，其结构和工作原理如图 13.5 所示。其工作过程主要分为三个阶段进行。

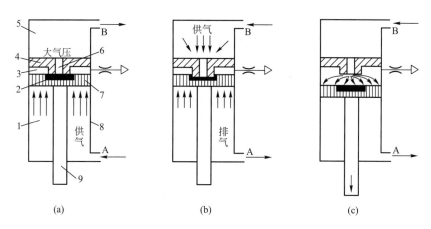

**图 13.5　冲击气缸结构与工作原理图**

（FIGURE 13.5　Schematic illustration of structure and operating principles of shock pneumatic cylinders）

1—头腔；2—密封垫；3—尾腔；4—中盖；5—储能腔；6—喷嘴；7—活塞；8—缸体；9—活塞杆

**第一阶段**　如图 13.5(a)所示，压缩空气由孔 A 输入冲击缸头腔 1，储能腔 5 经孔 B 排气，活塞 7 上升并用密封垫 2 封住喷嘴 6，中盖 4 和活塞 7 间的尾腔 3 经排气孔与大气相通。

**第二阶段**　如图 13.5(b)所示，压缩空气由孔 B 进气，输入储能腔 5 中，冲击缸头腔 1 经孔 A 排气。由于活塞 7 上端气压作用在面积较小的喷嘴 6 上，而活塞 7 下端受力面积较大，一般设计成喷嘴 6 面积的 9 倍，缸体头腔 1 的压力虽因排气而下降，但此时活塞 7 下端向上的作用力仍然大于活塞 7 上端向下的作用力。

**第三阶段**　如图 13.5(c)所示，储能腔 5 的压力继续增大，冲击缸头腔 1 的压力继续降低，当储能腔 5 内压力高于冲击缸头腔 1 压力 9 倍时，活塞 7 开始向下移动，活塞 7 一旦离开喷嘴 6，储能腔 5 内的高压气体迅速充入到活塞 7 与中盖 4 间的尾腔 3，使活塞 7 上端受力面积突然增加 9 倍，于是活塞 7 将以极大的加速度向下运动，气体的压力能转换成活塞 7 的动能。在冲程达到一定时，获得最大冲击速度和能量，利用这个能量对工件进行冲击做功，产生很大的冲击力。

**5. 摆动式气缸**（Wave pneumatic cylinders）

摆动式气缸是将压缩空气的压力能转变为气缸输出轴有限回转的机械能，多用于安装位置受限或转动角度小于 360°的回转工作部件，例如夹具的回转、阀门的开启、转塔车床的转位以及自动线上物料的转位等场合。摆动式气缸根据结构和功能不同可分为单作用叶片式和双作用叶片式，图 13.6 所示为一单作用式摆动气缸结构与工作原理图。

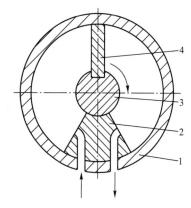

**图 13.6　单作用式摆动气缸结构与工作原理图**

（FIGURE 13.6　Schematic illustration of structure and operating principles of single‑acting wave pneumatic cylinders）

1—缸体；2—定子；3—转子；4—叶片

摆动式气缸主要由缸体 1、定子 2、转子 3 和叶片 4 等零件组成。当左侧为进气口时，气流作用在叶片 4 上，推动叶片 4 带动转子 3 顺时针转动，右侧为排气口；反之，转子 3 逆时针转动。

### 13.1.3 气缸的输出力和耗气量计算（Output force and consumption calculation of pneumatic cylinders）

**1. 气缸的输出力 $F$（Output force of pneumatic cylinders）**

(1) 单活塞杆单作用弹簧压回型气缸结构，如图 13.1 所示。

单活塞杆单作用弹簧压回型气缸的输出推力和返回拉力为

$$F_1 = A_1 p_1 - (F_f + ma + F_{s1}) \tag{13-1}$$

$$F_2 = F_{s2} - (F_f + ma) \tag{13-2}$$

式中：$F_1$ 为输出推力，单位 N；$F_2$ 为返回拉力，单位 N；$A_1$ 为活塞的工作面积，单位 $m^2$；$p_1$ 为作用于活塞上的压力，单位 Pa（表压）；$F_f$ 为摩擦阻力（包括活塞与气缸以及活塞杆和气缸密封圈等），单位 N；$m$ 为运动机构质量，单位 kg；$a$ 为运动机构加速度，单位 $m/s^2$；$F_{s1}$ 为弹簧预压缩后产生的弹簧力，单位 N；$F_{s2}$ 为 $F_{s1}$ 与活塞运动行程产生的弹簧力之和。

(2) 单活塞杆双作用气缸，如图 13.2 所示。

单活塞杆双作用气缸的输出推力为

$$F = p_1 A_1 - p_2 A_2 - (F_f + ma) \tag{13-3}$$

式中：$p_1$，$p_2$ 为输入侧和排气侧的压力；$A_1$，$A_2$ 为输入侧和排气侧的作用面积。

在实际工程计算中，双作用气缸的输出推力为

$$F = (p_1 A_1 - p_2 A_2) \eta \tag{13-4}$$

式中：$\eta$ 为气缸的效率。

**2. 气缸的效率 $\eta$（Efficiency $\eta$ of pneumatic cylinders）**

在外负载为零时，气缸活塞杆输出的力仅受活塞杆和前缸盖之间的摩擦力、活塞和缸筒之间的摩擦力影响。摩擦力影响程度用气缸的效率 $\eta$ 表示，当气缸内径 $D$ 增大和工作压力 $p$ 提高时，气缸的效率 $\eta$ 增加。一般气缸的效率 $\eta = 70\% \sim 95\%$。

**3. 气缸的负载率 $\eta_c$（Load efficiency $\eta_c$ of pneumatic cylinders）**

气缸的负载率 $\eta_c$ 是指气缸活塞杆受到的实际轴向负载力 $F$ 与其理论输出力之比，即

$$\eta_c = \frac{F}{F_1} \times 100\% \tag{13-5}$$

式中：$F$ 为气缸实际轴向负载力，单位 N；$F_1$ 为气缸理论输出推力，单位 N。

气缸的实际轴向负载力 $F$ 是由工况决定的，若确定了负载率 $\eta_c$，则由式(13-5)可以确定气缸的理论输出力 $F_1$，从而确定气缸的内径 $D$。

一般情况下，在垂直提升重物或水平夹紧工件时，气缸的实际轴向负载力 $F$ 就等于重力或夹紧力；在推拉水平负载时，如为水平滚动，实际轴向负载力 $F$ 为重力的 10% ~ 40%；如为滑动，则实际轴向负载力 $F$ 为重力的 20% ~ 80%。在确定气缸的实际轴向负载力 $F$ 后，可根据负载运动状态确定负载率 $\eta_c$。气缸负载率 $\eta_c$ 的选取与气缸的外负载性质和气缸活塞杆的运动速度有关，见表 13-1。

表 13 - 1 气缸的运动状态与负载率

(TABLE 13 - 1 Speed and load efficiency of pneumatic cylinders)

| 阻性外负载(静外负载) | | 惯性外负载(动载荷)的运动速度 $v$/(mm/s) | |
|---|---|---|---|
| 夹紧，低速压铆 | <100 | 100～500 | >500 |
| $\eta_c$<0.8 | $\eta_c \leqslant 0.65$ | $\eta_c \leqslant 0.5$ | $\eta_c \leqslant 0.3$ |

由表 13 - 1 可知，气缸的实际轴向输出力只有理论输出力的 30%～80%，高速动载荷时较小，而低速静载荷时较大。

4. 气缸的耗气量(Consumption calculation of pneumatic cylinders)

气缸的耗气量是指气缸活塞往复运动时所消耗的压缩空气量。其耗气量的大小与气缸的性能无关。气缸的耗气量被分为平均耗气量和最大耗气量。

1) 平均耗气量

气缸的平均耗气量是指气缸在气压传动系统的一个工作循环周期内所消耗的理论空气流量，一般以标准状态下的空气量表示

$$q_a = 0.00157ND^2s \frac{p+0.1}{0.1} \qquad (13-6)$$

式中：$q_a$ 为气缸的平均耗气量，单位 L/min；$N$ 为每分钟内气缸活塞的往复次数；$D$ 为气缸内径，单位 cm；$s$ 为气缸行程，单位 cm；$p$ 为工作压力，单位 MPa。

2) 最大耗气量

气缸的最大耗气量是指气缸活塞以最大速度运动完成一次往复行程时所需的理论空气流量，也用标准状态下空气量表示

$$q_{max} = 0.047 D^2 s \frac{p+0.1}{0.1} \frac{1}{t} \qquad (13-7)$$

式中：$q$ 为气缸的最大耗气量，单位 L/min；$t$ 为气缸活塞一次往复行程所需的时间，单位 s。

最大耗气量 $q_{max}$ 用来选定压缩空气处理元件、控制阀及配管尺寸；平均耗气量 $q_a$ 用于选定空气压缩机和计算运转成本。两者之差用于选定储气罐的容积。

## 13.2 气动马达
### (Pneumatic motors)

气动马达是借助压缩气体压力能而实现回转运动并对外做功的气动执行元件，其作用相当于液压马达或电动机。

### 13.2.1 气动马达的分类(Classification of pneumatic motors)

气动马达根据工作原理可分为透平式和容积式两类。透平式气动马达是通过喷嘴将压缩空气流的动能直接转变成工作轮的机械能。容积式气动马达工作原理与液压马达相似，

按照其结构形式又可分为叶片式、活塞式、齿轮式等。

### 13.2.2 典型气动马达的工作原理(Operating principles of typical pneumatic motors)

叶片式气动马达工作原理，如图13.7所示。当压缩空气从进气口A进入气室后立即喷向叶片1，作用在叶片的外伸部分，产生转矩带动转子2作逆时针转动，输出旋转的机械能，废气从排气口C排出，残余气体则经B排出(二次排气)；若进、排气口互换，则转子反转，输出相反方向的机械能。叶片式气动马达在某个工作压力下，其转矩—转速和输出功率—转速的特性曲线如图13.8所示。叶片式气动马达的软特性也十分明显。

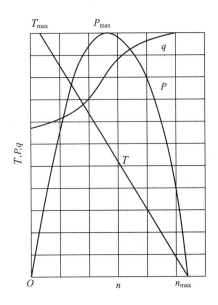

图13.7 叶片式气动马达工作原理

(FIGURE 13.7 Schematic illustration of operating principles of vane pneumatic motors)

1—叶片；2—转子；3—定子

图13.8 叶片式气动马达特性曲线

(FIGURE 13.8 Schematic illustration of characteristic curves of vane pneumatic motors)

### 13.2.3 气动马达工作特性与工作压力的关系(Operating characteristics and operating pressure of pneumatic motors)

气动马达的转矩、转速与工作压力的关系为

$$T = T_0 \frac{p}{p_0} \qquad (13-8)$$

式中：$T$ 为气动马达实际工作压力下的转矩，单位 N·m；$T_0$ 为气动马达设计工作压力下的转矩，单位 N·m；$p$ 为气动马达实际工作压力，单位 MPa；$p_0$ 为气动马达设计工作压力，单位 MPa。

$$n = n_0 \sqrt{\frac{p}{p_0}} \qquad (13-9)$$

式中：$n$ 为气动马达实际工作压力下的转速，单位 m/s；$n_0$ 为气动马达设计工作压力下的转速，单位 m/s。

## 本 章 小 结(Summary)

本章讲述了气压传动的执行元件气缸和气动马达；强调了掌握活塞式气缸的输出力和耗气量计算，以及气动马达工作原理的重要性；介绍了气动马达的工作特性与工作压力的关系。

## 思考题和习题(Review Questions)

1. 气缸用于实现_____或_____。
2. 气—液阻尼缸是由_____和_____组合而成的，以_____为能源，以_____作为控制调节气缸速度的介质。
3. 简述膜片式气缸的组成和工作原理。
4. 简述冲击气缸的工作过程。
5. 如何确定气缸的负载力和负载率，负载率主要受什么影响？
6. 气动马达用于实现连续的_____。

# 第 14 章 气动控制元件

## Chapter 14　Control components of pneumatic transmission

本章教学要点

| 知识要点 | 掌握程度 | 相关知识 |
| --- | --- | --- |
| 方向控制阀 | 掌握换向阀工作原理及其应用 | 换向阀 |
| 压力控制阀 | 掌握减压阀工作原理及其应用 | 减压阀 |
| 流量控制阀 | 掌握单向节流阀工作原理及其应用 | 单向节流阀 |

**导入案例**

如何正确选择气动控制元件？

正确地选用各种控制元件是设计气动控制系统的重要环节。选择得合理，就能使气动控制系统简化，减少控制元件的品种和数量，降低压缩空气的消耗量，提高气动控制系统的可靠性，降低成本等。

（1）在选用控制元件时，首先要考虑控制元件的技术规格能否满足使用环境的要求。如气源工作压力范围，电源条件（交、直流、电压等），介质温度，环境温度、湿度、粉尘情况等。

（2）根据流量选择控制元件的通径。对于直接控制气动执行元件的主控制元件，必须根据执行元件的流量来选择控制元件的通径。选用控制元件的流量应略大于所需要的流量。对于信号控制元件（手控、机控阀），则是根据它所控制元件的远近、控制元件的数量和要求动作时间等因素来选择控制元件的通径。一般距离在 20m 以内，选 3mm 通径的控制元件，在 20m 以上或控制数量较多的情况下，其通径可选大些，如 6mm。

(3) 要考虑控制元件的机能和功能是否保证工作的需要。应尽量选择与所需机能一致的控制元件，如选不到，可考虑用其他控制元件代用(如用二位五通阀代替二位三通或二位二通阀)。

(4) 控制元件的种类选择。在设计控制系统时，应尽量减少控制元件的种类，避免采用专用控制元件，尽量选用标准化系列的控制元件，以利于专业化生产、降低成本和便于维修使用。

(5) 安装方式的选择。从安装维护方面考虑板式连接较好，特别是对于集中控制的自动、半自动控制系统优越性更突出。

(6) 根据使用条件、使用要求来选择控制元件的结构形式。如果密封是主要的，一般应选用橡胶密封(软质密封)的控制元件。如要求换向力小，有记忆性能应选择滑阀控制元件。如气源过滤条件差的地方，应采用截止阀控制元件。

在气压传动系统中，气动控制元件是用来控制和调节压缩空气的方向、压力和流量的阀类，使气动执行元件改变运动方向、获得要求的力或(力矩)和直线速度(或转速)，并按规定的程序工作。气动控制元件主要有方向控制阀、压力控制阀、流量控制阀、比例控制阀、各种逻辑元件和射流元件等几大类。

## 14.1 方向控制阀
### (Directional control valves)

能改变压缩空气的流动方向或通断的元件，称为方向控制阀。它是气压传动系统中使用最多的一类阀。

根据气流在阀内的流通方向可分为：单向阀和换向阀两大类。气流只能沿一个方向流动的控制阀称为单向型控制阀，简称单向阀。可以改变气流流动方向的控制阀称为换向型控制阀，简称换向阀。

### 14.1.1 单向阀(Check valves)

1. 普通单向阀(General check valves)

普通单向阀有两个通口，气流只能向一个方向流动而不能反方向流动。普通单向阀的结构，如图14.1所示。其工作原理如图14.2所示。

2. "或门"型梭阀(Shuttle double-check valves with "OR" logic function)

"或门"型梭阀相当于共用一个阀芯而无弹簧的两个单向阀组合的控制阀，其作用主要在于选择信号，相当于"或门"逻辑功能，在气压传动系统中应用很广泛。图14.3所示为其结构和工作原理及图形符号图。

3. 双压阀(Pressure double-check valves with "AND" logic function)

双压阀也相当于两个单向阀组合的阀，只是将密封面由外端面改为内端面，其作用相当于"与门"逻辑功能。双压阀的结构和工作原理及图形符号,如图 14.4 所示。只有当两个输入口 $P_1$ 和 $P_2$ 都进气时,A 口才有输出,否则均无输出。当输入口 $P_1$、$P_2$ 的气压不相等时,气压低的通过 A 口输出。双压阀常用于互锁回路中。

图 14.1 普通单向阀结构图
(FIGURE 14.1 Schematic illustration of structure of check valves)
1—弹簧;2—阀体;3—阀芯;4—阀座

图 14.2 普通单向阀工作原理图
(FIGURE 14.2 Schematic illustration of operating principles of check valves)

图 14.3 "或门"型梭阀结构图和工作
原理图及图形符号
(FIGURE 14.3 Schematic illustration of structure
and operating principles and diagram symbols
of shuttle double-check valves)
1—O 形密封圈;2—阀芯;3—阀体;4—阀座

图 14.4 双压阀结构和工作原理图及图形符号
(FIGURE 14.4 Schematic illustration of structure
and operating principles and diagram symbols
of pressure double-check valves)
1—O 形圈;2—阀芯;3—阀体;4—阀座

### 4. 快速排气阀（High speed exhaust valves）

当进口压力下降到一定值时，出口有压气体自动从排气口迅速排气的阀，称为快速排气阀。快速排气阀的结构和工作原理及图形符号，如图14.5所示。当P口进气后，膜片2下移关闭排气口T，P口与A口相通，A口有输出；当P口无压缩空气输入时，A口的气体使膜片2上移将P口封住，A口与T口接通，气体快速排出。快速排气阀常装在气缸和换向阀之间，它使气缸的排气不经换向阀而快速排出，缩短了工作周期。使用时，应让其尽可能靠近排气装置。

图 14.5 快速排气阀结构和工作原理图与图形符号

(FIGURE 14.5 Schematic illustration of structure and operating principles and diagram symbols of high speed exhaust valves)

1—阀体；2—膜片

### 14.1.2 换向阀（Directional control valves）

换向型控制阀种类繁多，结构各异，控制方式多样，但其工作原理基本相同，都是利用外力使阀芯和阀套产生相对运动，改变气体通道使压缩空气流动方向发生变化，从而改变气动执行元件的运动方向。按阀芯的结构来分，常用的结构形式有截止式和滑柱式两大类。换向阀根据控制的方式可分为：人力控制换向、机械控制换向、电磁控制换向、气压控制换向等。

#### 1. 人力控制和机械控制换向阀（Manually operated directional valve and mechanical operated directional valve）

人力控制和机械控制换向阀是靠人力（手动或脚踏）和机动（凸轮、滚轮、杠杆或行程挡块等）来使换向阀产生切换动作的，其工作原理与相对应的液压控制阀的工作原理基本相同，这里不再重复。

#### 2. 电磁控制换向阀（Electrically operated directional valve）

电磁换向阀是气动控制元件中最主要的元件。它也是由电磁铁控制部分和主阀部分组成。按所用电源分有直流电磁换向阀和交流电磁换向阀；按密封形式分有间隙密封和弹性密封；按动作方式分有直动式和先导式。

1) 直动式电磁换向阀

直动式电磁换向阀是利用电磁力直接推动阀芯换向的。根据阀芯复位的控制方式又可分为单电磁控制弹簧复位换向阀和双电磁控制换向阀。

单电磁控制直动式换向阀的工作原理及图形符号，如图14.6所示。当电磁铁1断电时，阀芯2在弹簧的作用下复位，P口与A口断开，A口与T口相通，换向阀处于排气状态，如图14.6(a)所示。当电磁铁1通电时，电磁铁1推动阀芯2向下移动，使P口与A口接通，A口与T口断开，换向阀处于进气状态，如图14.6(b)所示。图14.6(c)为换向阀的图形符号。

(a) 电磁铁断电　　(b) 电磁铁通电　　(c) 图形符号

图 14.6　单电磁控制直动式电磁换向阀的工作原理图及图形符号

(FIGURE 14.6　Schematic illustration of operating principles and diagram symbol of single electrically operated three-way-two-position slide spool directional control valves)

1—电磁铁；2—阀芯

2) 先导式电磁控制换向阀

先导式电磁控制换向阀是由小型直动式电磁换向阀和大型气控换向阀组成。它是利用小型直动式电磁换向阀输出先导控制气压力来操纵大型气控换向阀换向的。其电控部分称为电磁先导阀。按先导压力来源可分为内部先导和外部先导；按控制方式可分为单电控和双电控。

单电控外部先导式电磁控制换向阀的工作原理及图形符号，如图 14.7 所示。当电磁先导控制换向阀断电，X 口与主阀控制腔 $A_1$ 断开，主阀控制腔 $A_1$ 与 $T_1$ 口相通，主阀控制腔 $A_1$ 处于排气状态。主阀阀芯在 P 口气压和弹簧力的作用下向右移动，使 P 口、A 口断开，A 口与 T 口接通，主阀处于排气状态，如图 14.7(a)所示；当电磁先导控制换向阀通电时，先导阀的 X 口与主阀控制腔 $A_1$ 接通，主阀控制腔 $A_1$ 处于进气状态。由于主阀控制腔 $A_1$ 的压缩气体作用于阀芯上的力大于 P 口气体和弹簧作用在主阀阀芯左腔的力，因此

(a) 断电状态　　　　　　　　(b) 通电状态

(c) 详细符号　　　　　　　　(d) 简化符号

图 14.7　单电控外部先导式电磁控制换向阀的工作原理图及图形符号

(FIGURE 14.7　Schematic illustration of operating principles and diagram symbol of single electrically external pilot operated three-way-two-position slide spool directional control valves)

1—阀芯；2—电磁铁；3—电磁先导控制换向阀；4—主换向阀

阀芯向左移动，使 P 口与 A 口接通，即主阀处于进气状态，如图 14.7(b)所示。

3. 气压控制换向阀（Pneumatic pressure controls directional control valves）

气压控制换向阀是靠外加的气压信号为动力切换主阀，控制回路换向或开闭。外加的气压称为控制压力。按照施加压力的方式不同可分为：加压控制换向、差压控制换向、泄压控制换向、脉冲控制换向和延时控制换向等。

1）加压控制换向

二位四通双气控加压滑柱式换向阀的工作原理，如图 14.8 所示。当 x 口有控制信号时，滑柱停在阀体的左端，P 口与 A 口相通，B 口与 $T_2$ 口相通，A 口进气，B 口排气，如图 14.8(a)所示；当 y 有控制信号时，滑柱停在阀体的右端，P 口与 B 口相通，A 口与 $T_1$ 相通，B 口进气，A 口排气，如图 14.8(b)所示。很显然，此种双气控加压滑柱式换向阀具有记忆功能，即当控制信号消失后，换向阀仍然保持着有信号时的工作状态。

2）延时控制换向

延时控制换向阀的作用是使输出信号的状态变化与输入信号形成一定的时间差。对气控换向阀在其控制压力到换向阀控制腔的气路上串接一个节流阀和固定气室组成的延时环节就构成延时阀。图 14.9 所示为固定延时控制换向阀的结构、工作原理及图形符号。当 P 口输入压缩空气时，A 口有气流输出；同时，从阀芯上的节流小孔不断向气室充气，当气室压力达到一定值时，推动阀芯左移，使 P 口与 A 口断开，A 口与 T 口接通。延时控制换向阀在易燃、易爆场合代替延时继电器工作。

图 14.8 双气控加压滑柱式换向阀工作原理图

(FIGURE 14.8 Schematic illustration of opera ihg principles of double direction pneumatic pressure controls four‐way‐two‐position slide spool directional control valves)

(a)结构

(b)图形符号

图 14.9 固定延时控制换向阀的结构、工作原理图及图形符号

(FIGURE 14.9 Schematic illustration of structure and operating principles and diagram symbol of pneumatic pressure delay controls three‐way‐two‐position slide spool directional control valves)

## 14.2 压力控制阀
### (Pressure control valves)

调节和控制压力大小的气动元件被称为压力控制阀，它包括安全阀（溢流阀）、减压阀

（调压阀）、顺序阀、压力比例阀、增压阀及多功能组合阀等。

安全阀（溢流阀）用来保持一定的进口压力，当管路中的压力超过允许压力时，为保证系统安全，需将部分压缩空气放掉，使气压传动系统压力下降并稳定在调定值上。

减压阀（调压阀）主要用来调节或控制压力的变化，并保持降压后的压力值稳定在需要的值上，确保气压传动系统压力的稳定。

顺序阀用在当压力达到设定值时，便允许压缩空气从进口向出口流动。采用顺序阀按压力大小来控制多个气动执行元件的顺序动作。顺序阀常与单向阀并联，构成单向顺序阀。

### 14.2.1　安全阀（Pressure relief valves）

安全阀也是溢流阀。安全阀在气压传动系统中起过压保护作用。安全阀的结构和工作原理及图形符号，如图 14.10 所示。当气压传动系统压缩空气压力在调定范围内时，作用在阀芯 3 上的力小于调压弹簧 2 的预紧力，阀门处于关闭状态，如图 14.10(a)所示；当气压传动系统的压力升高，作用在阀芯 3 上的力大于调压弹簧 2 的预紧力时，阀芯 3 被顶起，阀门开启，压缩空气从 P 到 T 排气，实现溢流，如图 14.10(b)所示。直到气压传动系统的压力降至调定范围以下，阀芯 3 在弹簧力的作用下向下移动重新关闭溢流阀口。

(a) 关闭状态　　(b) 开启状态　　(c) 职能符号

**图 14.10　安全阀的结构和工作原理图及图形符号**

(FIGURE 14.10　Schematic illustration of structure and operating principles and diagram symbols of pressure relief valves)

1—调节手轮；2—调压弹簧；3—阀芯；4—壳体

### 14.2.2　减压阀（Pressure reducing valves）

减压阀是将较高的进口压力调节并降到符合使用要求的出口压力，保证调节后出口压力的稳定。

减压阀按压力调节方式可分为直动式减压阀和先导式减压阀，先导式减压阀又可分为普通先导式减压阀和精密减压阀。按排气方式可分为溢流式、非溢流式和恒量排气式 3 种。

**1. 直动式减压阀（Direct operated pressure reducing valve）**

利用手轮直接调节调压弹簧的压缩量来改变阀的出口压力的控制阀，称为直动式减压阀。直动式减压阀的结构和工作原理及图形符号，如图 14.11 所示。

直动式减压阀的工作原理是：当顺时针旋转手轮 11 时，调压弹簧 1、2 被压缩，推动膜片 9 和进气阀门 6 向下移动，进气阀口被打开，压缩空气从左端进气口输入，经进气阀口节流后减压，从右端出气口输出，一部分气流经反馈导管 8 进入膜片气室 4，反馈的压缩空气对膜片 9 产生一个向上的推力，当此推力与弹簧 1、2 的作用力互相平衡时，出口压力便稳定在一定值。

当进口压力波动时，若输入压力瞬时升高，那么输出压力也随之升高，作用在膜片 9 上的推力也随之增大，破坏了原来的力平衡，使膜片 9 向上移动，有少量气体经溢流孔 10、排气孔 3 排出。同时，因复位弹簧 5 及压缩空气压力的作用，使进气阀门 6 也向上移动，阀口开度减小，节流作用增大，使输出压力下降，直到达到新的平衡为止。重新平衡后的输出压力又基本上恢复至原值。反之，如进口压力瞬时降低时，则膜片 9 向下移动，阀口开度增大，节流作用减小，就又会使输出压力基本上恢复至原值。

当进口压力不变，输出流量变化引起出口压力波动时，依靠溢流孔 10 的溢流作用和膜片 9 力的平衡作用推动阀杆 7，仍能起到稳压作用。

(a) 结构　　(b) 职能符号

图 14.11　直动式减压阀结构和工作原理图及图形符号

(FIGURE 14.11　Schematic illustration of structure and operating principles and diagram symbols of direct operated pressure reducing valve)

1、2—调压弹簧；3—排气孔；4—膜片气室；
5—复位弹簧；6—进气阀门；7—阀杆；
8—反馈导管；9—膜片；
10—溢流孔；11—手轮

直动式减压阀在使用过程中，经常会从溢流孔排出少量气体，因此称为溢流式减压阀。恒量排气式减压阀始终有微量气体从溢流阀座上的小孔排出，即人为增加一点泄漏，使主阀芯保持微小开度，从而避免了咬死现象，提高了稳压精度。

图 14.12　非溢流式减压阀的使用

(FIGURE 14.12　Application of non‑leakiness direct operated pressure reducing valve)

在介质为有害气体(如煤气)的气压传动系统中，为防止污染工作场所，应选用无溢流孔的减压阀。非溢流式减压阀必须在其出口侧装一个小型放气阀，才能改变出口压力并保持其稳定。譬如要降低出口压力，除调节非溢流式减压阀的手轮外，还必须开启放气阀，向室外放出部分气体，如图 14.12 所示。非溢流式减压阀也常用于经常耗气的气马达和吹气系统。

2. 普通型先导式减压阀(General pilot operated pressure reducing valve)

用压缩空气的作用力代替调压弹簧力以改变出口压力的阀，被称为先导式减压阀。它调压操作轻便，流量特性好，稳压精度高，压力特性也好，适用于通径较大的减压阀。

先导式减压阀调压用的压缩空气，一般是由小型直动式减压阀供给的。若把小型直动式减压阀装在主减压阀的内部，被称为内部先导式减压阀；若将其装在主减压阀的外部，则被称为外部先导式减压阀，它可实现远距离控制。

普通型内部先导式减压阀结构和工作原理，如图 14.13 所示。其工作原理是：当顺时

**图 14.13 普通型内部先导式减压阀的结构和工作原理图**

(FIGURE 14.13 Schematic illustration of structure and operating principles of general pilot operated pressure reducing valve)

1—上阀盖；2—上膜片；3—上膜片下腔；4—先导阀芯；5—下阀体；6—恒节流孔；7—主进气阀门；8—复位弹簧；9—下阀盖；10—阀杆；11—反馈孔；12—下膜片；13—下膜片组件；14—中盖；15—上膜片组件；16—调压弹簧；17—手轮

针旋转手轮 17 时，压缩调压弹簧 16，使上膜片组件 15 向下移动，推动先导阀芯 4 也向下移动并打开进气阀口，来自气源的压缩空气通过恒节流孔 6 流入上膜片下腔 3，此气流压力作用在上膜片 2 上产生向上的力与调压弹簧 16 向下的力相平衡。由于下膜片上腔与上膜片下腔 3 相通，气流压力推动下膜片组件 13 向下移动，同时推动阀杆 10 和主进气阀门 7 也向下移动，使主减压阀打开，这时先导式减压阀输出口就有气压输出。与此同时，输出口的一部分气流通过反馈孔 11 流入下膜片 12 下腔，与下膜片 12 上腔的气压相平衡，以维持输出口的气体压力不变。

当进气压力波动时，如输入压力瞬间增大，输出压力也瞬时增大，与反馈孔 11 相通的下膜片 12 下腔的压力也随之增大，与此同时，通过先导阀口和恒节流孔 6 相通的上膜片下腔 3 的气压相应也增大，破坏了原来的力平衡，使上膜片及其组件 15 向上移动，先导阀芯 4 开口减小，上膜片下腔 3 的气压下降，由于下膜片上腔与上膜片下腔 3 相通，下膜片上腔的气压也相应下降，下膜片 12 在上下压差的作用下，和下膜片组件 13 一起向上移动，阀杆 10 和主进气阀门 7 在复位弹簧的作用下，也向上移动，主减压阀开口量减小，使输出口的气压下降到原来的输出压力值。反之，如输入压力瞬间减小，其工作原理与上述过程正好相反，将使输出口的气压上升到原来的输出压力值。

### 14.2.3 单向顺序阀(Pressure sequence valves with check valves)

单向顺序阀是由顺序阀与单向阀并联组合而成。它依靠气压传动系统中压力的作用而控制气动执行元件的顺序动作。其结构和工作原理图及图形符号，如图 14.14 所示。当作用在活塞 3 上的气体推力大于弹簧 2 的预紧力时，将活塞 3 顶起，顺序阀呈开启状态，压缩空气从 P 口经工作腔 4、6 流到 A 口，然后输出到气缸或气控换向阀，此时单向阀 5 是关闭的，如图 14.14(b)所示；当切换气源后，顺序阀工作腔 4 内压力下降，顺序阀关闭，压缩空气从 A 口流向 P(T)口时，此时工作腔 6 内的压力高于工作腔 4 内压力，在压差作用下，单向阀 5 被打开，压缩空气从 A 口到 T 口排出，如图 14.14(c)所示。

图 14.14　单向顺序阀结构和工作原理图及图形符号

(FIGURE 14.14　Schematic illustration of structure and operating principles and diagram symbols of pressure sequence valves with check valves)

1—调节手轮；2—弹簧；3—活塞；5—单向阀；4、6—工作腔

## 14.3　流量控制阀
### (Flow control valves)

流量控制阀是通过改变阀的通流面积来实现流量或流速控制的元件。流量控制阀包括节流阀、单向节流阀、排气消声节流阀等。

### 14.3.1　节流阀(Throttle valves)

节流阀是依靠改变阀的流通截面面积来调节流量的，用于控制气动执行元件的运动速度。圆柱斜切型节流阀的结构和工作原理图及图形符号，如图 14.15 所示。其工作原理是：压缩空气由 P 口进入，经过节流口，由 A 口流出，旋转阀芯螺杆，就可改变节流口开度，从而调节压缩空气的流量。

### 14.3.2　单向节流阀(Throttle check valves)

单向节流阀是由单向阀和节流阀组合而成的流量控制阀，常用于气缸的速度控制，又称为速度控制阀。单向节流阀的结构和工作原理及图形符号，如图 14.16 所示。当压缩空气沿着一个方向由 P 口向 A 口流动时，经过节流阀，旁路的单向阀关闭，如图 14.16(a)所示；当压缩空气由 A 口向 P 口反方向流动时，单向阀打开，不节流，如图 14.16(b)所示。

图 14.15　节流阀结构和工作原理图及图形符号
(FIGURE 14.15　Schematic illustration of structure and operating principles and diagram symbol of throttle valves)

图 14.16　单向节流阀结构和工作原理图及图形符号
(FIGURE 14.16　Schematic illustration of structure and operating principles and diagram symbol of throttle check valves)

单向节流阀常用于气缸的调速和延时回路中，使用时尽可能直接安装在气缸上。

### 14.3.3　排气消声节流阀(Exhaust muffler and throttle valves)

排气消声节流阀只能安装在气动元件的排气口，用来调节排入大气的流量，从而改变气动执行元件的运动速度。排气节流阀常带有消声器以减小排气噪声，并能防止环境中的粉尘通过排气口污染气压元件。图 14.17 所示为排气消声器的结构和工作原理图及图形符号。

图 14.17　排气消声节流阀结构和工作原理图及图形符号
(FIGURE 14.17　Schematic illustration of structure and operating principles and diagram symbol of exhaust muffler and throttle valves)

## 本 章 小 结(Summary)

本章重点介绍了气动控制元件的方向控制阀、压力控制阀、流量控制阀的组成和工作原理,并强调了它的重要性,介绍了气压传动逻辑元件的工作原理,指出了气压传动逻辑元件如何正确使用。

## 思考题和习题(Review Questions)

1. 气压控制换向阀分为_____、_____、_____和_____控制。
2. 在气压传动控制元件中,哪些元件具有记忆功能?记忆功能是如何实现的?
3. 快速排气阀为什么能快速排气?在使用和安装快速排气阀时应注意哪些问题?
4. 单电磁铁直动式气压传动换向阀与单电磁铁先导式气压传动换向阀在工作原理和使用性能方面有什么区别?
5. 压力控制阀是利用_____和弹簧力相平衡的原理进行工作的。
6. 流量控制阀是通过_____来调节压缩空气的流量,从而控制气缸的运动速度。
7. 请画出下列气压传动元件的图形符号:减压阀、单向顺序阀、安全阀;单电控先导式二位五通电磁换向阀;梭阀、双压阀、快速排气阀;排气节流阀。
8. 带消音器的排气节流阀一般用在什么场合?有何特点?

# 第15章
# 气动基本回路

## Chapter 15　Basic circuits of pneumatic transmission

本章教学要点

| 知识要点 | 掌握程度 | 相关知识 |
| --- | --- | --- |
| 速度控制回路 | 掌握双作用气缸的双向调速控制回路工作原理及其应用 | 双作用气缸的双向调速控制回路 |
| 压力控制回路 | 掌握二次压力控制回路工作原理及其应用 | 二次压力控制回路 |
| 方向控制回路 | 掌握双作用气缸的换向回路工作原理及其应用 | 双作用气缸的换向回路 |
| 气—液联动控制回路 | 了解气—液联动控制回路工作原理及其应用 | 气—液联动控制回路 |
| 连续往复运动回路 | 了解连续往复运动回路工作原理及其应用 | 连续往复运动回路 |

导入案例

### 计数回路的具体应用

图1是由气动控制阀组成的计数回路。依次按动二位三通手动换向阀1，便使二位五通双气控换向阀4输出口交替地出现$S_1$、$S_0$输出状态。图示状态是$S_0$输出状态。当推动二位三通手动换向阀1后，通过二位三通单气控换向阀2、二位三通双气控换向阀3而把加压信号送给二位三通双气控换向阀3、二位五通双气控换向阀4的右腔，切换二位五通双气控换向阀4到右位而出现$S_1$输出状态。与此同时二位三通双气控换向阀3

也被切换到右位，但二位三通双气控换向阀3、二位五通双气控换向阀4的右腔都处于加压状态，因此二位三通双气控换向阀3、二位五通双气控换向阀4都没被切换，仍是$S_1$输出状态。当关闭二位三通手动换向阀1后，单向阀5、6都随着开启，使二位三通双气控换向阀3、二位五通双气控换向阀4左右两腔的空气全部排出。若再一次推动二位三通手动换向阀1，因二位三通双气控换向阀3已被切换至右位，加压信号送到二位三通双气控换向阀3、二位五通双气控换向阀4的左腔。这时，再关闭二位三通手动换向阀1，使二位三通双气控换向阀3、二位五通双气控换向阀4两腔的空气全部排出，而又恢复到$S_0$的输出状态。

单向节流阀7可将二位三通手动换向阀1输入的长信号变为脉冲信号。调整单向节流阀7可调整$S_1$、$S_0$输出的脉冲宽度。

图1 计数回路

(FIGURE 1 Schematic illustration of the count circuits)

1—二位三通手动换向阀；2—二位三通单气控换向阀；3—二位三通双气控换向阀；
4—二位五通双气控换向阀；5、6—单向阀；7—单向节流阀

虽然气动系统和液压传动系统一样越来越复杂，但都是由一些基本回路组成的。气动基本回路是由有关气动元件组成的、能完成某种特定功能的气动回路。熟悉和掌握常用的基本回路是分析和设计气动系统的必要基础。

## 15.1　速度控制回路
### (Speed control circuits)

速度控制回路主要是指通过对气动流量控制阀的调节，控制进入气动执行元件的流量，以便使气动执行元件的速度发生变化。气动系统所使用的功率一般都不大，如果对气动执行元件的运动平稳性要求也不是太高的话，采用速度调节的方法主要是节流调速。

1. 单作用气缸的节流调速控制回路(Throttle adjusting speed control circuits of single-acting piston pneumatic cylinders)

单作用气缸的节流调速控制回路，如图15.1所示。在图15.1（a）中，气缸5活塞杆慢速伸出，缩回时则通过快速排气阀4排气，活塞杆在弹簧的作用下快退。在图15.1（b）所示的回路中，活塞杆伸出和缩回均通过节流阀调速。

2. 双作用气缸的双向调速控制回路（Two-way throttle adjusting speed control circuits of double-acting and single-piston-rod pneumatic cylinders）

双作用气缸的双向调速控制回路，如图15.2所示。图15.2(a)所示为采用两个单向节流阀3和4进行双向调速的回路；图15.2(b)所示的回路是在二位五通双气控换向阀4的两个排气口上安装两个排气节流阀6和7，进行双向调速的回路。

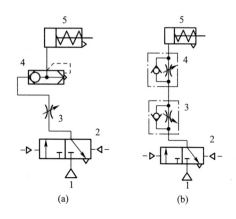

图 15.1 单作用气缸的节流调速控制回路
(FIGURE 15.1 Schematic illustration of throttle adjusting speed control circuits of single-acting piston pneumatic cylinders)
1—压缩空气源；2—二位三通双气控换向阀；
3(a)—节流阀；4(a)—快速排气阀；
3(b)、4(b)—单向节流阀；5—气缸

图 15.2 双作用气缸的双向调速回路
(FIGURE 15.2 Schematic illustration of two-way throttle adjusting speed control circuits of double-acting piston pneumatic cylinders)
1—压缩空气源；2—二位五通双气控换向阀；
3、4—单向节流阀；5—液压缸；6、7—节流阀

## 15.2 压力控制回路
### (Pressure control circuits)

压力控制回路的功用是使系统保持在某一规定的压力范围内。常用的压力控制回路有一次压力控制回路、二次压力控制回路和高低压选择回路。

1. 一次压力控制回路（First grade pressure control circuits）

一次压力控制回路，如图15.3所示。常用外控式溢流阀3保持供气压力基本恒定，用电接点式压力表4来控制空气压缩机1的转、停，使储气罐5内压力保持在规定的范围内。

当电接点式压力表4发生故障而失灵时，用来实现一旦储气罐5内超过规定压力就向大气放气。外控式溢流阀3压力调整在0.7MPa。

2. 二次压力控制回路（Second grade pressure control circuits）

二次压力控制回路是指经过一次压力控制回路的压缩空气再经过减压阀二次减压，作为气动系统的工作气压使用。由分水过滤器2、溢流减压阀3和油雾器5（也称气动三联

件)组成的二次压力控制回路,如图15.4所示。利用溢流式减压阀3来实现定压控制。油雾器5用于给油润滑的气动系统中的气动方向控制阀和气动执行元件的润滑。

3. 高低压选择回路(High-low pressure selection control circuits)

高低压选择回路,如图15.5所示。在实际应用中,某些气动系统在不同的工作阶段需要有高、低压力的切换,其工作原理是先将压缩空气源1的压力用低压溢流减压阀3调出低压值和高压溢流减压阀5调出高压值,再由二位三通气控换向阀7控制高、低压力的输出。

图15.3 一次压力控制回路
(FIGURE 15.3 Schematic illustration of first grade pressure control circuits)
1—空气压缩机;2—单向阀;3—溢流阀;
4—电接点式压力表;5—储气罐

图15.4 二次压力控制回路
(FIGURE 15.4 Schematic illustration of second grade pressure control circuits)
1—压缩空气源;2—分水过滤器;
3—溢流式减压阀;4—压力表;5—油雾器

图15.5 高低压转换回路
(FIGURE 15.5 Schematic illustration of high-low pressure selection control circuits)
1—压缩空气源;2—分水过滤器;
3—低压溢流减压阀;4、6—压力表;
5—高压溢流减压阀;7—二位三通气控换向阀

## 15.3 方向控制回路
## (Directional control circuits)

方向控制回路又称换向回路,它是通过换向阀的换向,来实现改变气动执行元件运动方向的回路。因为控制换向阀的方式比较多,所以方向控制回路的形式也比较多,下面介绍几种较为典型的方向控制回路。

1. 单作用气缸的换向回路(Single-acting pneumatic piston cylinder directional circuits)

单作用气缸的换向回路,如图15.6所示。当二位三通电磁换向阀2通电时,左位处于工作状态,压缩空气进入液压缸3的无杆腔,推动活塞并压缩弹簧使活塞杆伸出;当二位三通电磁换向阀2断电时,右位处于工作状态,活塞杆在弹簧力的作用下缩回,液压缸

3无杆腔压缩空气经二位三通电磁换向阀 2 右位排气口排入大气。

2. 双作用气缸的换向回路(Double - acting pneumatic piston cylinder directional circuits)

1) 采用二位五通换向阀控制(Five - way - two - position directional spool valve directional circuits)

采用二位五通双气控换向阀的换向回路,如图 15.7 所示。当操作二位三通手动换向阀 2 按钮使该阀上位处于工作状态时,二位五通双气控换向阀 3 处于左位,气缸 5 无杆腔进气,有杆腔排气,活塞杆伸出;当操作二位三通手动换向阀 4 按钮使该阀上位处于工作状态时,二位五通双气控换向阀 3 处于右位,液压缸 5 有杆腔进气,无杆腔排气,活塞杆缩回。

图 15.6 单作用气缸换向回路
(FIGURE 15.6 Schematic illustration of single - acting pneumatic piston cylinder directional circuits)
1—压缩空气源;2—二位三通电磁换向阀;3—液压缸

图 15.7 采用二位五通换向阀双作用气缸的换向回路
(FIGURE 15.7 Schematic illustration of five - way - two - position directional spool valve control double - acting pneumatic piston cylinder directional circuits)
1—压缩空气源;2、4—二位三通手动换向阀;3—二位五通双气控换向阀;5—液压缸

二位三通手动换向阀 2 和 4 的按钮不能同时操作,否则将出现误动作,其回路具有"双稳"的逻辑功能。

2) 采用三位五通换向阀控制(Five - way - three - position directional spool valve directional circuits)

采用三位五通电磁换向阀双作用气压缸的换向回路,如图 15.8 所示。当电磁铁 1YA 通电时,三位五通电磁换向阀 2 左位处于工作状态,双作用液压缸 3 无杆腔进气,有杆腔排气,活塞杆向外伸出;当电磁铁 2YA 通电、1YA 断电时,三位五通电磁换向阀 2 右位处于工作状态,双作用液压缸 3 有杆腔进气,无杆腔排气,活塞杆缩回;当电磁铁都断电时,活塞杆可在中途任意位置停止运动,但定位精度不高。

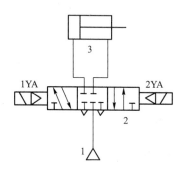

图 15.8 采用双电控三位五通换向阀双作用气压缸的换向回路
(FIGURE 15.8 Schematic illustration of five - way - three - position directional spool valve double - acting pneumatic piston cylinder directional circuits)
1—压缩空气源;2—三位五通电磁换向阀;3—液压缸

## 15.4 气—液联动控制回路
### (Pneumatic and hydraulic acting circuits)

1. 气—液缸同步动作控制回路（Synchronizing motion control circuits of pneumatic and hydraulic cylinders）

图 15.9 所示为气缸与液压缸串联的同步动作控制回路。气—液缸 5 的无杆腔面积与气—液缸 6 的有杆腔面积相同，在这个密闭工作容积内封入液压油，为了排掉混入油液中的空气，加设排气装置 7。两个单向节流阀 3 和 4 分别调节气—液缸 5 和 6 活塞杆向上和向下同步运动速度。

2. 气—液联动速度控制回路（Speed control circuits of pneumatic and hydraulic acting）

采用气—液联动，获得平稳运动速度的常用回路有如下两种。

（1）图 15.10 所示为气缸与液压缸串联的速度控制回路。串联气—液阻尼缸 3 用同一个活塞杆，利用液压阻尼缸进行速度控制。两个单向节流阀 4 和 5 可以调节串联气—液阻尼缸 3 活塞杆两个方向的运动速度，高位液压补油箱 6 用以补充回路漏油。

（2）图 15.11 所示为气缸与液压缸并联的速度控制回路。气缸 3 与液压缸 4 活塞杆通过一个刚性结构件 7 固连在一起，使两缸并联，通过单向节流阀 6 调节气缸 3 与液压缸 4 活塞杆单方向的运动速度，活塞式蓄能器 5 用来调节液压缸 4 中油量的变化。

图 15.9 气缸与液压缸串联的同步动作控制回路
(FIGURE 15.9 Schematic illustration of synchronizing motion control circuits of serial pneumatic and hydraulic cylinders)
1—压缩空气源；2—二位五通双气控换向阀；3、4—单向节流阀；
5、6—气—液缸；7—排气装置

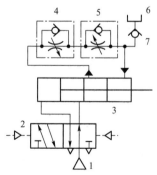

图 15.10 气缸与液压缸串联的速度控制回路
(FIGURE 15.10 Schematic illustration of speed control circuits of serial pneumatic and hydraulic cylinders)
1—压缩空气源；2—二位五通双气控换向阀；
3—串联气与液压缸；4、5—单向节流阀；
6—补油箱；7—单向阀

图 15.11 气缸与液压缸并联的速度控制回路
(FIGURE 15.11 Schematic illustration of speed control circuits of parallel pneumatic and hydraulic cylinders)
1—压缩空气源；2—二位五通双气控换向阀；
3—气缸；4—液压缸；5—活塞式蓄能器；
6—单向节流阀；7—刚性结构件

## 15.5 连续往复运动回路
(Reciprocating circuits)

图 15.12 所示为连续往复运动控制回路。当按下二位三通手动换向阀 6 的手动按钮后，二位五通双气控换向阀 2 左位工作，压缩空气经二位五通双气控换向阀 2 左位进入气缸 3 无杆腔，活塞杆向外伸出；当活塞杆行程终点挡块压下行程阀 5 后，二位五通双气控换向阀 2 换向右位工作，活塞杆快退至原位，在原点压下行程阀 4，二位五通双气控换向阀 2 换向左位工作，活塞杆再次向外伸出，从而形成了连续的往复运动。这种回路非常适用于易燃、易爆、强磁场等恶劣的工作环境。

图 15.12 连续往复运动控制回路

(FIGURE 15.12 Schematic illustration of uninterrupted reciprocating circuits)

1—压缩空气源；2—二位五通双气控换向阀；3—气缸；4、5—行程阀；6—二位三通手动换向阀

## 本 章 小 结 (Summary)

本章讲述了气动基本回路的类型及功用；强调了掌握速度控制回路、压力控制回路、方向控制回路、气液联动控制回路和连续往复控制回路的重要性；指出在工程实际中正确使用气动基本回路的必要性。

## 思考题和习题 (Review Questions)

1. 速度控制回路的功用是_____。
2. 二次压力控制回路的主要作用是_____。
3. 单作用气缸和双作用气缸的换向回路主要区别是什么？
4. 设计一个三缸互锁气动回路。
5. 设计一种可实现"快进—慢进—快退"的气动回路。
6. 要求双作用气缸能实现左、右换向，可在其行程内任意位置停止，并使其左、右运动速度不等。试绘出气动回路图。

# 第16章 气动控制系统分析

## Chapter 16　Analysis of pneumatic transmission control system

本章教学要点

| 知识要点 | 掌握程度 | 相关知识 |
| --- | --- | --- |
| 工件夹紧气动控制系统 | 掌握工件夹紧气动控制系统特点及其工作原理 | 工件夹紧气动控制系统分析 |
| 数控加工中心换刀气动控制系统 | 掌握数控加工中心换刀气动控制系统特点及其工作原理 | 数控加工中心换刀气动控制系统分析 |
| 气动控制系统的安装、调试、使用与维修 | 了解气动控制系统的安装、调试、使用与维修 | 气动控制系统的安装、调试、使用与维修 |

导入案例

**行程程序控制系统 $X-D$ 线图法设计**

大型锻、铸、热处理件的生产环境通常较为恶劣，因此经常使用气动控制机械手模拟人手的部分动作按预先制定的程序、轨迹和工艺要求实现自动抓取、搬运，完成工件的上料和卸料。

图1所示为热、压、锻造加工机械手结构图。该机械手可做3个坐标方向的运动，实现升降、旋转、伸缩等一系列运动。它由四个气缸A、B、C、D和一个机械手手爪E组成，气缸A为夹紧缸，其活塞伸出时松开工件，退回时夹紧工件；气缸B为长臂伸缩缸，可实现长臂的伸出和缩回动作；气缸C为立柱升降缸；气缸D为立柱回转缸，其特点是具有两个活塞，分别装在带齿条的同一根活塞杆两端，齿条的往复运动带动立柱上的齿轮做正反向旋转，从而实现了立柱及长臂的正反向回转。

图1 气动机械手结构示意图

(FIGURE 1  Schematic illustration of structure of pneumatic transmission control manipulator)

1. 制定工作程序（Compiling operating procedures）

根据生产实际的要求，该气动机械手的控制要求是：在手动启动后，气动机械手能从第一个动作开始自动执行到最后一个动作。规定的动作程序为：启动 $F_q \to$ 立柱下降 $C_0 \to$ 伸臂 $B_1 \to$ 夹紧工件 $A_0 \to$ 缩臂 $B_0 \to$ 立柱正转 $D_1 \to$ 立柱上升 $C_1 \to$ 放开工件 $A_1 \to$ 立柱反转 $D_0$。

由此可以看出，该气动机械手是一个典型的多缸单往复气动系统。

2. 绘制、分析 $X-D$ 线图（Drawing and analysis $X-D$ schematic illustration）

由上述规定的动作程序可绘制出 $X-D$ 线图，如图2所示。从图2中可以看出原始信号 $c_0$ 和 $b_0$ 均为障碍信号。考虑到气动机械手的工作特点，应尽可能减少气动控制系统的元件数量，因此可采用逻辑"与"回路消除障碍信号。经分析研究后，以原始信号 $a_1$、$a_0$ 作为制约信号，消除障碍信号后的执行信号分别为 $c_0^*(B_1) = c_0 \cdot a_1$ 和 $b_0^*(D_1) = b_0 \cdot a_0$。

| $X-D$ 程序 | 1 $C_0$ | 2 $B_1$ | 3 $A_0$ | 4 $B_0$ | 5 $D_1$ | 6 $C_1$ | 7 $A_1$ | 8 $D_0$ | 执行信号及表达式 |
|---|---|---|---|---|---|---|---|---|---|
| 1 | $d_0(C_0)$ $C_0$ | | | | | | | | $d_0^*(C_0)=F_q \cdot d_0$ |
| 2 | | $c_0(B_1)$ $B_1$ | | | | | | | $c_0^*(B_1)=c_0 \cdot a_1$ |
| 3 | | | $b_1(A_0)$ $A_0$ | | | | | | $b_1(A_0)=b_1$ |
| 4 | | | | $a_0(B_0)$ $B_0$ | | | | | $a_0(B_0)=a_0$ |
| 5 | | | | | $b_0(D_1)$ $D_1$ | | | | $b_0^*(D_1)=b_0 \cdot a_0$ |
| 6 | | | | | | $d_1(C_1)$ $C_1$ | | | $d_1(C_1)=d_1$ |
| 7 | | | | | | | $c_1(A_1)$ $A_1$ | | $c_1(A_1)=c_1$ |
| 8 | | | | | | | | $a_1(D_0)$ $D_0$ | $a_1(D_0)=a_1$ |

图2 气动控制机械手 $X-D$ 线图

(FIGURE 2  $X-D$ schematic illustration of pneumatic transmission control manipulator)

3. 绘制逻辑原理图和气动回路原理图（Drawing logic principles schematic illustration and pneumatic transmission control circuits）

图3所示为根据 $X-D$ 线图中的执行信号绘制出的逻辑原理图。图3中列出了4个气缸的8个工作状态以及与它们相对应的主控制气压阀的输出信号，左侧列出的是由机动行程阀和启动阀等发出的原始信号。在3个与门中，两端的两个与门起消除障碍信号的作用，中间的一个说明启动信号 $F_q$ 对 $d_0$ 起开关作用。

4. 绘制气动系统图（Drawing pneumatic transmission control system operating principles schematic illustration）

根据图3气动逻辑原理图绘制出气动行程程序控制系统图，如图4所示。其工作原理是：推动二位三通手动启动阀 $F_q$，启动阀 $F_q$ 左位处于工作状态，使二位五通主控阀 C 右位处于工作状态后松开，压缩空气进入气缸 C 有杆腔，无杆腔经二位五通主控阀 C 右位排气，气缸 C 活塞杆退回，压下 $c_0$，使二位五通主控阀 B 左位处于工作状态；压缩空气进入气缸 B 无杆腔，有杆腔经二位五通主控阀 B 左位排气，气缸 B 活塞杆伸出，压下 $b_1$，使二位五通主控阀 A 右位处于工作状态；压缩空气

图3 气动逻辑原理图
（FIGURE 3 Logic principles schematic illustration of pneumatic transmission）

进入气缸 A 有杆腔，无杆腔经二位五通主控阀 A 右位排气，气缸 A 活塞杆退回，压下 $a_0$，使二位五通主控阀 B 右位处于工作状态；压缩空气进入气缸 B 有杆腔，无杆腔经二位五通主控阀 B 右位排气，气缸 B 活塞杆退回，压下 $b_0$，使二位五通主控阀 D 左位处于工作状态；回转气缸 D 活塞杆右移，压下 $d_1$，使二位五通主控阀 C 左位处于工作状态；压缩空气进入气缸 C 无杆腔，有杆腔经二位五通主控阀 C 左位排气，气缸 C 活塞杆伸出，压下 $c_1$，使二位五通主控阀 A 左位处于工作状态；压缩空气进入气缸 A 无杆腔，有杆腔经二位五通主控阀 A 左位排气，气缸 A 活塞杆伸出，压下 $a_1$，使二位五通主控阀 D 右位处于工作状态；回转气缸 D 活塞杆左移，压下 $d_0$，整个行程程序动作过程结束。如果再次推动二位三通手动启动阀 $F_q$，就又开始进行新的一轮行程程序工作循环。

图4 气动行程程序控制系统图
（FIGURE 4 Operating principles schematic illustration of distance programmable control manipulator pneumatic transmission system）

随着现代科学技术的进步和国民经济的迅速发展,气动控制系统作为一种快速灵敏、安全环保、简单实用、适应性强的单独控制手段或机、电、液控制的辅助手段,正在从民用到军事等各个领域得到越来越广泛的应用。这里主要介绍其在机械制造行业中的几个应用实例。

## 16.1 气动控制系统举例
### (Examples of pneumatic transmission control system)

由于气动控制系统中的工作介质压缩空气的黏性小、可压缩性大,有利于构成柔软型驱动机构和实现高速运动。随着现代控制理论的引入和新型的气动控制阀的开发与应用,气动控制系统的控制性能和精度都得到了极大的提高。

**16.1.1 工件夹紧气动控制系统分析**(Analysis of pneumatic transmission control system used in workpiece clamped on the tooling and fixture)

在机械加工自动化生产线、组合机床中通常都采用气动控制系统来实现对加工工件的夹紧动作。图 16.1 所示为工件夹紧气动控制系统工作原理图。

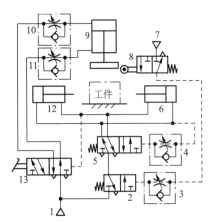

图 16.1 工件夹紧气动控制系统工作原理图
(FIGURE 16.1 Schematic illustration of operating principles of pneumatic transmission control system used in workpiece clamped on the tooling and fixture)

1、7—压缩空气源;2—二位三通单气控换向阀;3、4、10、11—单向节流阀;
5—二位五通单气控换向阀;
6、9、12—气缸;8—二位三通机动行程阀;
13—二位五通换向阀

当踩下二位五通换向阀 13 时,二位五通换向阀 13 左位处于工作状态,来自压缩空气源 1 的压缩空气经单向节流阀 10 进入定位锁紧气缸 9 无杆腔,有杆腔经单向节流阀 11、二位五通换向阀 13 左位排气,定位锁紧气缸 9 的活塞杆和夹紧头一起下降至锁紧位置后使二位三通机动行程阀 8 换向,二位三通机动行程阀 8 左位处于工作状态,来自压缩空气源 7 的压缩空气经单向节流阀 3 进入二位三通气控换向阀 2 右腔,使其换向右位处于工作状态(调节节流阀 3 的开度可控制二位三通气控换向阀 2 的延时接通时间)。气源 1 的压缩空气经二位三通气控换向阀 2 的右位再通过二位五通气控换向阀 5 的左位进入两侧夹紧气缸 6 和 12 的无杆腔,有杆腔经二位五通气控换向阀 5 左位排气,使两夹紧气缸 6 和 12 活塞杆同时伸出,夹紧工件;与此同时,一部分压缩空气经单向节流阀 4 作用于二位五通气控换向阀 5 右腔,使其换向到右位(调节节流阀 4 的开度可控制二位五通气控换向阀 5 的延时接通时间,使其延时时间比加工时间略长),气源 1 的压缩空气经二位三通气控换向阀 2 右位和二位五通气控换向阀 5 右位进入夹紧气缸 6 和 12 有杆腔,无杆腔经二位五通气控换向阀 5 右位排气,两夹紧气缸 6 和 12 活塞杆同时快退返回。在两夹紧气缸 6 和 12 活塞杆返回的过程中,有杆腔的压缩空气使二位五通换向阀

13 复位，气源 1 的压缩空气经二位五通换向阀 13 右位和单向节流阀 11 进入定位锁紧气缸 9 有杆腔，无杆腔经单向节流阀 10 和二位五通换向阀 13 右位排气，使定位锁紧气缸 9 活塞杆向上返回，带动夹紧头上升，二位三通机动行程阀 8、二位五通气控换向阀 5 和二位三通气控换向阀 2 也相继复位，夹紧气缸 6 和 12 的无杆腔通过二位五通气控换向阀 5 左位和二位三通气控换向阀 2 左位排气，至此完成一个工作循环。

### 16.1.2　数控加工中心换刀气动控制系统分析（Exchanging tool control system analysis of pneumatic transmission on numerical control machine center）

图 16.2 所示为某型数控加工中心换刀气动控制系统工作原理图。利用该系统可以在换刀过程中完成主轴定位、主轴松刀、拔刀、向主轴锥孔吹气和插刀等一系列加工时的必要动作。

图 16.2　某型数控加工中心换刀气动控制系统工作原理图
（FIGURE 16.2　Schematic illustration of exchanging tool control system operating principles of pneumatic transmission on numerical control machine center）

1—压缩空气源；2—气动三联件；3—二位二通电磁换向阀；4—二位三通电磁换向阀；
5—二位五通电磁换向阀；6—三位五通电磁换向阀；7、8、9、10—单向节流阀；
11—单向阀；12—补油箱；13、16—快速排气阀；14、17—气缸；15—气液增压缸

当数控加工中心发出换刀指令时，主轴立刻停止旋转，同时 6YA 通电，二位三通电磁换向阀 4 右位处于工作状态，来自压缩空气源 1 的压缩空气经气动三联件 2、二位三通电磁换向阀 4 右位、单向节流阀 9 进入主轴定位气缸 14 无杆腔，气缸 14 的活塞杆向外伸出，使主轴自动定位。定位后压下无触点开关，使 4YA 通电，二位五通电磁换向阀 5 右位处于工作状态，压缩空气经二位五通电磁换向阀 5 右位、快速排气阀 16 进入气液增压缸 15 的气缸无杆腔，增压腔的高压油推动活塞杆向外伸出，实现主轴松刀，同时 2YA 通

电、三位五通电磁换向阀 6 右位处于工作状态，压缩空气经三位五通电磁换向阀 6 右位、单向节流阀 7 进入气缸 17 无杆腔，有杆腔排气，活塞杆向外伸出，实现拔刀。然后再由回转刀库交换刀具，同时 7YA 通电，二位二通电磁换向阀 3 左位处于工作状态，压缩空气经二位二通电磁换向阀 3 左位、单向节流阀 10 向主轴锥孔吹气。稍后 7YA 断电、8YA 通电，停止吹气，然后 2YA 断电、1YA 通电，三位五通电磁换向阀 6 左位处于工作状态，压缩空气经三位五通电磁换向阀 6 左位、单向节流阀 8 进入气缸 17 有杆腔，气缸 17 无杆腔排气，气缸 17 活塞杆向里缩回，实现插刀动作。随后 4YA 断电、3YA 通电，二位五通电磁换向阀 5 左位处于工作状态，压缩空气经二位五通电磁换向阀 5 左位进入气液增压缸 15 的气缸有杆腔，使活塞杆缩回，通过主轴的机械传动机构夹紧刀具。最后 6YA 断电、5YA 通电，二位三通电磁换向阀 4 左位处于工作状态，主轴定位气缸 14 无杆腔经单向节流阀 9、二位三通电磁换向阀 4 左位排气，主轴定位气缸 14 的活塞杆在弹簧力的作用下复位，恢复到开始状态，至此完整地换刀动作循环结束。

## 16.2 气动行程程序控制系统的 $X-D$ 线图法设计
### ($X-D$ method design of pneumatic transmission distance programmable control system)

前面几章已经介绍了气动元件、气动基本回路等知识，在此基础上学习气动控制系统设计。其中的重要内容是气动回路的设计。在气动回路设计中，重点介绍气动行程程序控制回路的设计方法。气动行程程序控制回路是一种闭环控制系统，能在给定的位置准确地实现动作转换的气动回路。根据控制方式的不同，程序控制被分为时间程序控制、行程程序控制和混合程序控制 3 种。

气动行程程序控制回路的设计方法比较多，常用的有信号—动作状态线图法（$X-D$ 线图法）、扩展卡诺图图解法、步进回路法和分组供气法（也称级联法）等。其中，$X-D$ 线图法是根据已知的工作程序，将各个行程信号及各个气动执行元件在整个动作过程中的工作状态全部用图线的方法表示出来。$X-D$ 线图法是一种常用的简便、直观的气动行程程序控制回路设计方法。其常用符号有如下规定。

(1) 用 A、B、C、D 等大写字母表示气缸和控制气缸换向的主控制阀，下标 1、0 分别代表气缸和主控制阀的两种工作状态，下标 1 表示气缸活塞杆伸出，下标 0 表示气缸活塞杆退回。比如 $A_1$ 表示气缸 A 活塞杆处于伸出状态；$B_0$ 表示气缸 B 活塞杆处于退回状态。

(2) 用 $a_1$、$b_0$ 等小写字母分别表示与动作 $A_1$、$B_0$ 等相对应的机控行程阀及其输出信号。

(3) 用右上角带"*"的信号表示执行信号，如 $a_1^*$、$b_0^*$ 等；不带"*"的信号表示原始信号，如 $a_1$、$b_0$。

$X-D$ 线图法设计步骤如下。

(1) 根据自动化生产的控制要求，编制工作程序。

(2) 绘制 $X-D$ 线图。

(3) 分析、查找障碍信号并加以消除，列出执行信号。

① 分析、查找障碍信号。障碍信号又被称为干扰信号，是指气动控制阀的两个控制

腔在同一时刻同时存在控制信号,妨碍阀芯按预定程序产生换向动作。可利用 $X$-$D$ 线图法确定障碍信号,对每组信号线和动作线进行检查,凡是信号线超出动作线的部分即为障碍段,障碍段要用锯齿线标出如图 16.4 所示。

② 消除障碍信号。无障碍信号就是执行信号,而障碍信号则必须消除后才能做执行信号使用。消除的方法主要有逻辑回路法和脉冲信号法。逻辑回路法消除障碍信号是用"与门"逻辑元件或回路消除障碍。通过选择一个制约信号 $x$ 与有障碍信号 $m$ 相"与"得到无障碍信号,从而实现缩短信号、消除障碍的目的。脉冲信号法消除障碍信号是通过采用可通过式机控行程阀或机械活络挡铁,使得气缸在一个行程中只发出一个短脉冲信号,从而达到缩短信号长度、消除障碍的目的。前者所需逻辑元件比较少,后者定位精度比较高,可根据实际需要选用。

(4) 绘制逻辑原理图和气动控制系统图。

## 16.3 气动控制系统的安装、调试、使用与维修（Installation, adjusting, application and maintenance of pneumatic transmission control system）

对工程技术人员来说,在理解了各种气动元件的结构、气动基本回路和气动控制系统的组成、工作原理及应用以后,还应该掌握气动控制系统的安装、调试、使用与维修保养等方面的知识,以适应现代科技的飞速发展。

1. 气动控制系统的安装（Installation of pneumatic transmission control system）

(1) 在安装前应检查管道的材质、内径是否符合设计要求,并进行认真清洗。

(2) 在安装前应对各种自动控制仪表、压力继电器、自动控制器等进行校验。

(3) 在安装前应检查气动元件的型号、规格是否符合设计要求,并进行清洗。气动元件的连接处应保证密封,不得泄漏,必要时还要进行密封试验。

(4) 气动执行元件的轴心线与外负载的轴心线要保持同轴。

(5) 在安装软管时,长度应有一定的余量。软管应远离热源或安装隔热板。在直线使用时,不要使端部接头和软管之间受拉伸。在弯曲使用时,不要从端部接头处开始弯曲。

(6) 管道安装的间距、弯曲半径、倾斜度等应符合设计要求。

(7) 管道、管接头连接要紧固,密封要完整、可靠,不允许泄漏。

(8) 在管道安装完毕后,可向气动控制系统中通入压力为 0.6MPa 的干燥空气来清除可能存在的污物。

2. 气动控制系统的调试（Adjusting of pneumatic transmission control system）

(1) 调试前必须要做好相应的准备工作。首先要全面了解气动控制系统的功能要求、工作原理、结构组成,认真阅读使用说明书等有关技术资料,并严格按照说明书的要求准备好调试工具、仪表,连接测试管路。了解需要调整的气动元件在设备上的具体位置、调节机构的旋向和操作方法等有关规定。

(2) 采用气密封试验检查气动控制系统的密封性,试验方法是:将气动控制系统处于

1.5 倍的额定压力下保压 2~3h,其压力变化不得超过设计规定值。试压时要注意安全。

(3) 进行空载试运转。空载试运转的时间根据国家有关标准规定进行,同时要注意观察压力、流量、温度的变化。

(4) 带外负载试运转。经空载试运转检验正常后,可通过由低到高、分段加载的方式,进行带外负载试运转,运转时间根据国家有关标准规定进行,同时要测试、记录有关数据。

3. 气动控制系统的使用与维护(Application and maintenance of pneumatic transmission control system)

为了保证气动控制系统的正常工作、减少故障率、延长使用寿命,就必须对气动元件和气动控制系统定期进行维护和保养。这将有利于减少设备因空气泄漏、修理和故障或气动控制系统损坏而停止使用造成的经济损失。气动控制系统的设备在使用中注意事项如下。

(1) 使用前要详细阅读说明书及有关资料,了解气动元件和气动控制系统工作原理、功能及其特点。

(2) 要定期给油雾器加油,在高温环境下使用高黏度润滑油,低温环境下使用低黏度润滑油。

(3) 如果气动设备长期停用,应注意防火、防潮、防尘,将各旋钮放松,以免弹性气动元件长期受力失效而影响其使用性能。

(4) 开机前后要放掉气动控制系统中的冷凝水。

(5) 开机前要对导轨、活塞杆等运动部件外露部分的配合表面擦拭干净,认真地检查各旋钮是否在正确位置。

(6) 随时观察压缩空气的清洁度,经常检查自动排水器、干燥器工作是否正常,定期清洗自动排水器、分水过滤器。

4. 气动控制系统的定期检修(Periodicity examine and repair of pneumatic transmission control system)

一般来说,对气动设备要进行定期检修,通常定期检修的时间间隔为 3 个月,检修内容主要有以下几点。

(1) 检查气动控制系统中连接件及气动元件的密封性,泄漏会影响气动元件动作的灵敏性、降低气动控制系统的效率,造成较大的经济损失。例如,一个直径仅为 3mm 的小泄漏孔,当气动控制系统压力为 0.6MPa 时,就能造成约 $36m^3/h$ 的泄漏量,要补偿这个泄漏损失,空气压缩机就要多消耗 2kW 功率,因此就增加了设备的运行成本。

(2) 观察各气动控制阀的动作是否灵活、可靠,检查阀芯或密封件是否有磨损,磨损严重的零件就应该立即更换。

(3) 认真检查气动控制系统中紧急安全开关、安全阀的动作是否可靠,以确保人身和设备安全。

(4) 定期检查行程开关、行程阀及行程挡块安装的牢固程度,避免出现执行动作的混乱。

(5) 检查气动方向控制阀排气口,判断气动控制系统中润滑油的量是否适度,冷凝水排放是否彻底。如发现明显有冷凝水排出,检查冷凝水的排放装置是否合适,过滤器的安装位置是否恰当;如发现润滑不良,检查油雾器滴油数是否正常,安装位置是否恰当。

(6) 反复使气动换向阀换向,观察气缸活塞杆的动作,检查活塞杆与缸盖的密封;判断活塞与缸体内表面的密封。

上述定期检修的结果应详细记录下来,作为以后对气动控制系统进行中、大修时的重要参考依据。

5. 气动控制系统常见故障的分析与维修方法(Troubleshooting of pneumatic transmission control system)

气动控制系统产生故障的原因是多种多样的,有时是某一元件引起的,有时则是几方面问题的综合反映。常见故障产生的原因和维修方法见表 16-1～表 16-6。

表 16-1 气动控制系统气缸常见故障的分析与维修方法
(TABLE 16-1 Troubleshooting of pneumatic cylinders of pneumatic transmission control system)

| 元件故障现象 | | 可能引起元件故障的原因 | 维修方法 |
|---|---|---|---|
| 内泄漏(活塞两侧串气) | | 杂质挤入密封面 | 清除杂质 |
| | | 活塞密封圈损坏 | 更换 |
| 外泄漏 | 缸盖与缸体之间 | 固定螺钉松动 | 重新紧固 |
| | | 密封圈损坏 | 更换 |
| | 缸盖与活塞杆之间 | 活塞杆与导向套间有杂质 | 除去杂质,安装防尘圈 |
| | | 活塞杆偏磨;活塞杆与导向套密封圈磨损 | 改善活塞杆受力状态,使用导轨;更换 |
| | | 活塞杆有腐蚀、伤痕 | 及时清除冷凝水;更换 |
| 气液联动缸速度调节不灵 | | 油路中节流口处出现气穴现象 | 防止节流过大 |
| | | 液压缸内有气泡存在 | 使气液联动缸活塞杆走满行程以彻底排除气泡 |
| | | 流量阀内混入杂质,使流量调节失灵 | 清洗 |
| | | 漏油 | 检查油路并修理 |
| 气缸速度太快 | | 缸径太小 | 更换较大缸径的气缸 |
| | | 回路设计不合理 | 使用气—液阻尼缸控制气缸的低速运动 |
| | | 无速度控制阀 | 增设 |
| | | 速度控制阀的通径太大,调节小流量困难 | 更换通径合适的阀 |
| 气缸速度太慢 | | 供气量不足 | 使用快排阀让气缸迅速排气或查明气源至气缸之间哪个(或哪些)元件节流太大,将其更换成较大通径的元件 |
| | | 外负载过大或气压低 | 增大缸径或提高压力 |

(续)

| 元件故障现象 | 可能引起元件故障的原因 | 维修方法 |
|---|---|---|
| 气缸动作不平稳 | 润滑不良 | 检查油雾器是否正常工作 |
| | 外负载变动大 | 提高使用压力或增大气缸内径 |
| | 气压不足 | 调整到正常使用压力 |
| 气缸爬行 | 回路中耗气量大 | 增设储气罐 |
| | 低于使用压力 | 提高使用压力 |
| | 内泄漏大 | 参见本表"内泄漏"项目 |
| 气缸不动作 | 安装不同轴 | 保证气缸轴线与导向装置的滑动面平行 |
| | 有横向载荷 | 使用导轨 |
| | 无气压或供气压力不足 | 调整到正常使用压力 |
| | 漏气严重 | 参见本表"外泄漏"、"内泄漏"两项目 |
| | 活塞杆、活塞锈蚀、损伤而卡住 | 更换并检查排污装置及润滑状况 |

表 16-2 气动控制系统减压阀常见故障的分析与维修方法

(TABLE 16-2 Troubleshooting of pressure reducing valves of pneumatic transmission control system)

| 元件故障现象 | 可能引起元件故障的原因 | 维修方法 |
|---|---|---|
| 不能溢流 | 溢流孔座橡胶垫太软 | 更换 |
| | 溢流孔堵塞 | 清洗并疏通气通道 |
| 阀体漏气 | 密封件破损 | 更换 |
| | 紧固螺钉受力不匀 | 均匀紧固 |
| 溢流口总是漏气 | 膜片破裂或溢流座有伤痕 | 更换 |
| | 进出气口接反了 | 改正 |
| | 输出口压力意外升高 | 检查输出侧回路 |
| 压力调不高 | 弹簧断裂 | 更换 |
| | 膜片破裂 | 更换 |
| 输出压力波动大于10% | 输入气量不足 | 检查输入侧回路 |
| | 减压阀通径或进出口配管通径选小了,当输出流量变动大时,输出压力波动大 | 根据最大输出流量选择减压阀通径或配管通径 |
| 压力调不低,输出压力不高 | 复位弹簧断裂 | 更换 |
| | 阀芯上密封垫剥离,阀座处有异物或伤痕 | 更换 |
| | 阀杆变形 | 更换 |

表 16-3 气动控制系统换向阀常见故障的分析与维修方法

(TABLE 16-3 Troubleshooting of directional control valves of pneumatic transmission control system)

| 元件故障现象 | | 可能引起元件故障的原因 | 维修方法 |
|---|---|---|---|
| 主阀部分 | 从排气口漏气 | 密封件、阀芯与阀套磨损 | 更换 |
| | | 气缸活塞密封圈损伤 | 更换 |
| | | 换向不到位 | 清洗 |
| | 换向不到位或不换向 | 接错管口 | 改正 |
| | | 弹簧损坏 | 更换 |
| | | 压力低于最低使用压力 | 查找压力低的原因 |
| | | 油泥或异物侵入滑动部位 | 清洗并检查气源处理系统 |
| | | 阀芯与阀套严重损伤 | 更换 |
| | | 密封件损坏 | 更换 |
| | | 控制信号是短脉冲信号 | 找出原因,更正或使用延时阀将短脉冲信号调整为长脉冲信号 |
| | | 润滑不良,滑动阻力大 | 改善润滑条件 |
| 电磁先导阀部分 | 交流电磁铁振动有蜂鸣声 | 使用电压过低,吸力不足 | 使用电压不得比额定电压低20%以上 |
| | | 电磁铁吸合面不平,生锈或有异物 | 除锈或修平并清除异物 |
| | | 分磁环损坏 | 更换静磁铁铁芯 |
| | 动铁芯动作时间过长或不动作 | 动铁芯被油泥粘连或锈蚀、被异物卡住 | 清洗,检查气源处理系统 |
| | | 电压太低,吸力不足 | 提高电压 |
| | 线圈烧毁或有过热预兆 | 双电控气阀的两个电磁铁同时通电 | 设互锁电路避免同时通电 |
| | | 继电器触点接触不良 | 更换触点 |
| | | 工作频率过高 | 改用高频阀 |
| | | 环境温度过高 | 改用高温线圈 |
| | | 交流线圈的动铁芯被卡住 | 清洗,改善气源质量 |
| | | 电压过低,吸力过小,交流线圈通过的电流过大 | 使用电压不得比额定电压低20%以上 |

表 16-4 气动控制系统油雾器常见故障的分析与维修方法

(TABLE 16-4 Troubleshooting of lubricators of pneumatic transmission control system)

| 元件故障现象 | 可能引起元件故障的原因 | 维修方法 |
|---|---|---|
| 油杯损裂 | 空气压缩机排出某种焦油 | 更换空气压缩机润滑油或使用金属杯 |
| | 在有机溶剂的环境中使用 | 使用金属杯 |

(续)

| 元件故障现象 | 可能引起元件故障的原因 | 维修方法 |
|---|---|---|
| 不滴油或滴油量太小 | 油雾器接反了 | 改正 |
| | 润滑油黏度太大 | 换油 |
| | 节流阀未开或开度不够；油道堵塞 | 调节节流阀开度；清洗油道 |
| | 通过流量太小，压差不足以形成油滴 | 更换合适规格的油雾器 |
| | 气通道堵塞，油杯上腔未加压 | 清洗并疏通气通道 |
| 耗油过多 | 节流阀开度太大或节流阀失效 | 重新调节或更换 |

表 16-5 气动控制系统分水过滤器常见故障的分析与维修方法

(TABLE 16-5 Troubleshooting of separators of pneumatic transmission control system)

| 元件故障现象 | 可能引起元件故障的原因 | 维修方法 |
|---|---|---|
| 水杯破裂 | 空气压缩机排出某种焦油 | 更换空气压缩机润滑油或使用金属杯 |
| | 在有机溶剂的环境中使用 | 使用金属杯 |
| 漏气 | 排水阀、自动排水器失灵 | 修理或更换 |
| | 密封不良 | 更换密封件 |
| 从输出端流出冷凝水 | 超过使用流量范围 | 在允许的流量范围内使用 |
| | 未及时排放冷凝水 | 安装自动排水器或每天排放 |
| | 自动排水器有故障 | 修理或更换 |
| 在输出端出现异物 | 错用有机溶剂清洗滤芯 | 改用煤油清洗或清洁热水 |
| | 滤芯破损 | 更换滤芯 |
| | 滤芯密封不严 | 更换滤芯密封垫 |
| 压力降太大 | 滤芯过滤精度太高 | 选择合适的过滤精度 |
| | 通过流量太大 | 选更大规格过滤器 |
| | 滤芯堵塞 | 清洗或更换 |

表 16-6 气动控制系统常见故障的分析与维修方法

(TABLE 16-6 Troubleshooting of pneumatic transmission control system)

| 元件故障现象 | 可能引起元件故障的原因 | 维修方法 |
|---|---|---|
| 长时间停止工作后再启动或每天首次启动，动作不正常 | 因密封圈使静摩擦力大于动摩擦力，造成回路中部分气动控制阀、气缸及外负载部分的动作不正常 | 注意气源净化，及时排除水分及油污，改善润滑条件 |
| 异常高压 | 减压阀损坏 | 更换 |
| | 因外部振动产生了冲击压力 | 在适当部位安装压力继电器或安全阀 |

(续)

| 元件故障现象 | 可能引起元件故障的原因 | 维修方法 |
| --- | --- | --- |
| 气路没有气压 | 环境温度太低或工作介质造成管路冻结 | 及时清除冷凝水,增设除水设备 |
| | 滤芯冻结或堵塞 | 更换滤芯 |
| | 气动控制系统中的启动阀、开关阀、速度控制阀等未打开 | 予以开启 |
| | 管路压扁或扭曲 | 更换管路或校正 |
| | 换向阀未换向 | 查明原因后排除 |
| 供气压力不足 | 各支路管道流量匹配不合理 | 改善各支路管道流量匹配性能,采用环型管道供气 |
| | 速度控制阀开度太小 | 将速度控制阀打开到合适开度 |
| | 管接头选用不当或管路细长,压力损失大 | 选用流通能力大的管接头,重新设计管路,加大管内径 |
| | 空气压缩机输出流量不足,耗气量太大 | 增设一定容积的储气罐或选择输出流量合适的空气压缩机 |
| | 漏气严重 | 紧固管接头及螺钉;更换损坏的密封件或软管 |
| | 空气压缩机活塞环等磨损 | 更换零件 |
| | 减压阀输出压力低 | 调节减压阀至正常使用压力 |

# 重点和难点课堂讨论
# (Important and difficult understanding knowledge points discussion in this chapter)

**课堂讨论**:$X-D$ 线图法的实际应用。

# 本 章 小 结(Summary)

本章强调了掌握气动控制系统工作原理和应用的重要性;指出在工程实际中正确使用 $X-D$ 线图法绘制逻辑原理图和气动回路图的必要性;简明扼要地叙述了气动控制系统的安装、调试、使用与维修要点。

## 思考题和习题(Review Questions)

1. 气动控制系统的调试必须在_____进行。
2. 消除气动控制系统噪声的主要方法是_____和_____。
3. 设计一种可实现"快进—Ⅰ工进—Ⅱ工进—快退"的气动回路。
4. 什么是障碍信号,有哪些消除方法?
5. 使用 $X$-$D$ 线绘图方法,画出下列气动行程程序控制回路图:
   ① $A_0B_1C_0B_0A_1B_1C_1B_0$　② $C_1C_0B_0A_1A_0B_0$　③ $A_0C_0B_0A_1B_1C_1$
6. 如何保证气动控制系统正常运转?

# 参 考 文 献
# Bibliography

[1] 马恩,李素敏,液压与液力传动 [M].北京:清华大学出版社,2015.

[2] 马恩,李素敏,高佩川.液压与气压传动 [M].北京:清华大学出版社,2013.

[3] 马恩,李素敏.液压与气压传动 [M].北京:高等教育出版社,2010.

[4] 马恩.液压与气压传动 [M].北京:电子工业出版社,2007.

[5] 刘延俊.液压与气压传动 [M].北京:清华大学出版社,2010.

[6] 左健民.液压与气压传动 [M].5版.北京:机械工业出版社,2016.

[7] 王积伟,章宏甲,黄谊.液压与气压传动 [M].2版.北京:机械工业出版社,2007.

[8] 许福玲,陈尧明.液压与气压传动 [M].3版.北京:机械工业出版社,2008.

[9] 杨文生.液压与气压传动 [M].北京:电子工业出版社,2007.

[10] 李壮云.液压元件与系统 [M].北京:机械工业出版社,2005.

[11] 姜继海,宋锦春,高常识.液压与气压传动 [M].2版.北京:高等教育出版社,2009.

[12] 雷天觉.新编液压工程手册 [G].北京:北京理工大学出版社,1998.

[13] 全国液压气动标准化技术委员会.液压气动标准汇编 [G].北京:中国标准出版社,2001.

[14] 官忠范.液压传动系统 [M].3版.北京:机械工业出版社,2014.

[15] 路甬祥.液压气动技术手册 [G].北京:机械工业出版社,2002.

[16] 王守城,容一鸣.液压与气压传动 [M].北京:北京大学出版社,2010.

[17] 路甬祥.流体传动与控制技术的历史进展与展望 [J].机械工程学报,2001,37(10)1-9.

[18] 何存兴,张铁华.液压传动与气压传动 [M].武汉:华中科技大学出版社,2000.

[19] 马恩,李素敏.拖拉机挂车制动气室推力的试验研究 [J].农业机械学报,1999,30(1)84-88.

[20] 马恩,李素敏.拖拉机挂车气制动阀静特性的试验研究 [J].农业机械学报,2000,31(3)116-119.

[21] 马恩,李素敏.膜片式气制动阀静动特性 [J].机械工程学报,2005,41(9)62-66.

[22] 王益群,张伟.流体传动与控制技术的综述 [J].机械工程学报,2003,39(10)95-99.

[23] 盛敬超.工程流体力学 [M].北京:机械工业出版社,1988.

[24] 左健民.液压与气压传动学习指导与例题集 [M].北京:机械工业出版社,2009.

[25] James A. Sullivan. Fluid Power:Theory and Applications [M]. $4^{th}$ Edition. Columbus,Ohio,New York:Prentice Hall,1998.

[26] Hehn,A. H. Fluid Power Troubleshooting [M]. New York:Marcel Dekker,Inc. 1995.

[27] 陆元章.现代机械设备设计手册 [G].北京:机械工业出版社,1996.

[28] SMC(中国)有限公司.现代实用气动技术 [G].2版.北京:机械工业出版社,2004.

[29] 王春行.液压控制系统 [M].北京:机械工业出版社,2003.

[30] 王洁,赵晶.液压元件 [M].北京:机械工业出版社,2013.

[31] 赵应樾.名优机械液压系统及其修理 [G].上海:上海交通大学出版社,2002.

[32] 机械设计手册编委会.机械设计手册(液压传动与控制) [G].北京:机械工业出版社,2007.

[33] 朱洪涛. 液压与气压传动 [M]. 北京：清华大学出版社，2005.

[34] 成大先. 机械设计手册（液压传动）[G]. 北京：化学工业出版社，2005.

[35] 宋锦春，苏东海，张志伟. 液压与气压传动 [M]. 北京：科学出版社，2006.

[36] 陈淑梅. 液压与气压传动 [M]. 北京：机械工业出版社，2009.

[37] 吴根茂，邱敏秀，王庆丰. 实用电液比例技术 [G]. 杭州：浙江大学出版社，1993.

[38] 刘忠. 液压传动与控制实用技术 [M]. 北京：北京大学出版社，2009.

[39] 齐晓杰. 汽车液压与气压传动 [M]. 2版. 北京：机械工业出版社，2015.